AF771711

Die Verbrennungskraftmaschine

Herausgegeben von

Prof. Dr. **Hans List**
Graz

Band 9

Die Steuerung der Verbrennungskraftmaschinen

Springer-Verlag Wien GmbH

Die Steuerung der Verbrennungskraftmaschinen

Von

Dr. techn. Ing. **A. Pischinger**
Professor an der Technischen Hochschule Graz

Mit 269 Textabbildungen

Springer-Verlag Wien GmbH

ISBN 978-3-211-80075-1 ISBN 978-3-7091-5054-2 (eBook)
DOI 10.1007/978-3-7091-5054-2

Alle Rechte, auch das der Übersetzung in fremde Sprachen, vorbehalten.

Copyright 1948 by Springer-Verlag Wien

Ursprünglich erschienen bei Springer-Verlag Wien 1948.

Vorwort.

Die Steuerung des Ladungswechsels, das Anlassen und das Umsteuern von Verbrennungskraftmaschinen erfordern Baugruppen, die in vieler Hinsicht eine selbständige Bearbeitung im Rahmen eines größeren Werkes über Verbrennungskraftmaschinen rechtfertigen.

Ich bin dem Wunsche von Prof. Dr. List, diese Schrift abzufassen, nachgekommen und habe mich bemüht, die während meiner Tätigkeit in der Industrie, als Hochschullehrer und als Leiter eines Forschungsinstitutes gewonnenen Erfahrungen so niederzulegen, daß sie sowohl dem Studierenden als auch dem fortgeschrittenen Ingenieur zur Erweiterung seines Wissensgebietes verhelfen können.

Um dem Buch den Charakter der Unmittelbarkeit niedergelegter eigener Erkenntnisse zu wahren, habe ich den Schwerpunkt der Ausführungsbeispiele im Gebiete des Fahrzeug- und Stationärmotors belassen, wogegen der theoretische Teil gleichermaßen auch für andere Sonderkonstruktionen gilt.

Herr Oberingenieur Dr.-Ing. Otto Cordier hat mich bei der Bearbeitung durch Rechenarbeit und durch Mithilfe am Studium der Literatur tatkräftig unterstützt. Herr S. Pachernegg hat mir bei Durchsicht des Manuskriptes und bei der Bearbeitung der Abbildungen wertvolle Anregungen gegeben. Beiden Herren sei an dieser Stelle besonders gedankt. Herrn Dr.-Ing. F. Mramor danke ich für die mühevolle Arbeit des Korrekturlesens.

Ebenso danke ich den Firmen für die Bereitstellung des Bildstoffes.

Graz 1947. **A. Pischinger.**

Inhaltsverzeichnis.

Einleitung.

Die Steuerungseinrichtung einer Verbrennungskraftmaschine hat den Wechsel des Zylinderinhaltes (Ladungswechsel) zwischen zwei Arbeitsspielen und den Beginn des Energieumsatzes so zu lenken, daß der Arbeitsprozeß möglichst wirtschaftlich und unter Abgabe hoher Leistung ablaufen kann. Unter Wirtschaftlichkeit ist hiebei nicht allein der Wirkungsgrad des Arbeitsumsatzes, sondern auch der Ausnützungsgrad des Werkstoffes und seines Bearbeitungsaufwandes zu verstehen.

Die Ladung wird entweder durch die Verdrängerwirkung des Arbeitskolbens des Motors selbst (Viertakt) oder durch hiezu vorgesehene Fördereinrichtungen (Pumpen oder Gebläse beim Zweitakt) oder auch durch beide zusammen (aufgeladener Viertakt) in und aus den Arbeitszylinder geschoben. Die Verbindung des Zylinderinneren mit den Ein- und Auslaßleitungen wird dabei sinngemäß durch Absperrorgane freigegeben und unterbrochen. Als Absperrorgane dienen Ventile oder Schieber, als solcher im besonderen Fall der Kolben.

Im einzelnen sind vorgesehen:

1. *Einlaßorgane.* Durch sie gelangt die Frischladung in den Arbeitszylinder. Bei allen gemischansaugenden Motoren (Gas- und Vergasermotoren) ist außer dem Absperrorgan ein Mischorgan (Vergaser, Mischventil) vorhanden, das zum Teil baulich und in der Wirkung mit ersterem verbunden ist (Mischventil bei Gasmotoren). In anderen Fällen tritt Luft und Brennstoff durch getrennte Organe ein (Dieselmaschine, Ottomotoren mit Brennstoffeinspritzung oder Gaseinblasung).

2. *Auslaßorgane.* Diese geben den Weg für die Abgase aus dem Zylinder frei.

3. *Anlaßorgane.* Sie werden nur bei Inbetriebnahme der Maschine betätigt, um hochgespannte Luft oder Gas als Treibmittel während eines Teiles des Arbeitshubes in den Zylinder zu leiten. Wenn der Motor die für den Normalbetrieb notwendige Mindestdrehzahl erreicht hat, werden sie unter gleichzeitigem Umschalten der Steuerungsbewegungen auf den Normalbetrieb stillgesetzt. Bei elektrisch oder durch andere Maschinen „fremdangelassenen" Motoren entfallen diese Anlaßeinrichtungen.

4. *Zündeinrichtungen* dienen zur Einleitung der Verbrennung bei Ottomotoren.

Die stoffliche Aufteilung des Gesamtwerkes, in dessen Rahmen dieses Heft erscheint, läßt eine Beschränkung der Erörterungen auf jene Fragen zu, die noch nicht an anderer Stelle ausführlich behandelt wurden. Über die Steuerungseinrichtungen der Gasmaschinen und die dazugehörigen Misch- und Regeleinrichtungen, sowie über Zündeinrichtungen wird eingehend in Heft 5 berichtet [4]. Ebenso sind die Einspritzorgane ausführlich in Heft 7 dieses Werkes behandelt, so daß sich ein weiteres Eingehen auch darauf erübrigt [7]. Den Zündeinrichtungen von Ottomotoren mit Benzinbetrieb ist das Heft 6 dieses Werkes vorbehalten [6].

A. Steuerzeiten, Steuerdiagramme.

Der Ablauf des Arbeitsprozesses steht zeitlich im festen Zusammenhang mit der Bewegung des Kolbens. Demnach muß die Steuerbewegung zwangsläufig mit der Kolbenbewegung gekuppelt sein. Sie wird, soferne nicht der Kolben selbst als Steuerorgan dient (Zweitakt), von der Drehbewegung der Kurbelwelle abgeleitet. In Sonderfällen, wenn keine Kurbelwelle vorhanden ist, betätigt der Kolben selbst die Steuerorgane (z. B. Rammen und andere). Die kinematische Kette zwischen Kurbeltrieb und Steuerorgan ist fest, wenn der Drehsinn des Motors unveränderlich ist und sinngemäß veränderlich, wenn der Motor umsteuerbar ist.

Der Steuervorgang wiederholt sich nach jedem Arbeitsspiel: Beim Viertaktverfahren also nach je zwei Kurbelumdrehungen, welche die vier Hübe: Saug-, Verdichtungs-, Arbeits- und Ausschubhub beinhalten; beim Zweitaktverfahren nach je einer Umdrehung, wobei der Entlade- und Ladevorgang im Bereich der unteren Totpunktslage des Kolbens zwischen Arbeits- und Verdichtungshub abläuft.

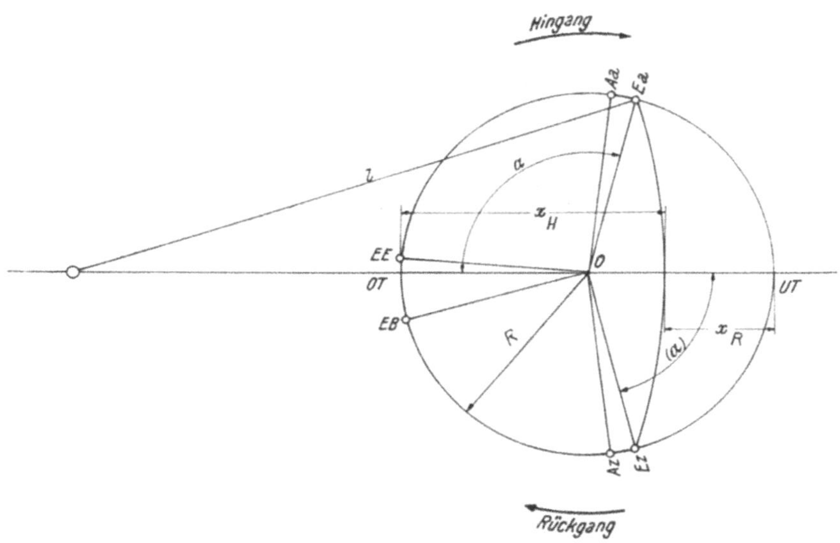

Abb. 1. Steuerdiagramm eines Zweitakt-Dieselmotors.

OT	obere Totlage der Kurbel.	A_a	Auslaß öffnet.
UT	untere Totlage der Kurbel.	A_z	Auslaß schließt.
E_a	Einlaß öffnet.	*EB*	Einspritzbeginn.
E_z	Einlaß schließt.	*EE*	Einspritzende

Als Steuerzeiten oder Steuerdaten bezeichnet man jene Stellung der Kurbelwelle, bezogen auf die obere oder untere Totpunktslage, bei der die Steuerquerschnitte geöffnet oder geschlossen werden. Bei Ventilsteuerung entspricht dies dem Beginn und dem Ende der Bewegung der Steuerorgane. Statt des Winkels wird manchmal auch die Kolbenlage selbst in bezug auf den Totpunkt angegeben.

Man pflegt gelegentlich, ähnlich wie im Dampfmaschinenbau, die Aufeinanderfolge der Steuerzeiten im *Steuerdiagramm* festzulegen. Als Beispiel zeigt

Abb. 1 ein Diagramm für eine Zweitaktdieselmaschine. Auf dem Kurbelkreis um den Drehpunkt O sind die Kurbelstellungen bei Beginn und Ende des Steuervorganges gezeichnet. Jede Kurbelstellung ist durch Angabe des Winkels a zu einer der beiden Totlagen gekennzeichnet. In *Aa* öffnet der Auslaß, in *Ea* der Einlaß. Bis zur Stellung *Ez*, bei der der Einlaß wieder schließt, sind beide Steuerquerschnitte zum Ausspülen und Laden offen. *Az* bedeutet den Schluß der Auslaßschlitze, *EB* und *EE* den Beginn und das Ende der Einspritzung.

Die zu einer bestimmten Kurbelstellung (z. B. *Ea* in Abb. 1) gehörige Kolbenstellung findet man durch Bogenprojektion des Kurbelradius auf die Kolbenweglinie *OT-UT* mit der Schubstangenlänge l als Radius des Projektionsstrahles. Statt der Bogenprojektion kann die Näherungskonstruktion nach *Brix* [1] (Abb. 2) angewendet werden, wonach der Schnittpunkt A' des von O nach O' parallel verschobenen Kurbelstrahls mit dem Kurbelkreis orthogonal auf die Kolbenweglinie projiziert wird. Der Ausgangspunkt des Kurbelstrahls ist um die Strecke $OO' = \frac{R^2}{2l}$ im Sinne des Hingangs der Kurbel verschoben. Der größte Fehler beträgt selbst bei kleinem Schubstangenverhältnis weniger als 1 v. H.

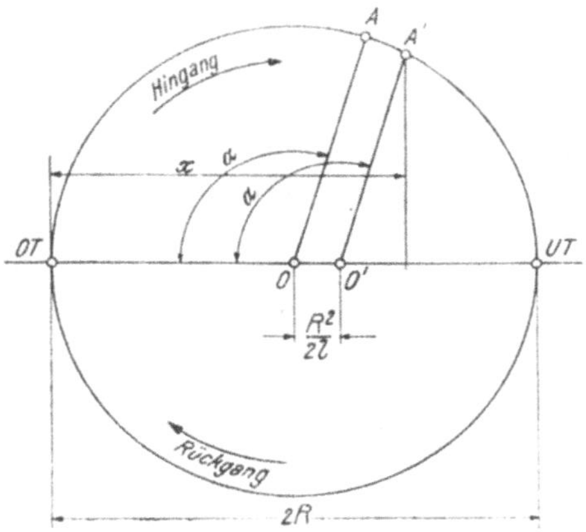

Abb. 2. Ermittlung des Kolbenweges aus dem Kurbelwinkel. (Näherungsmethode nach Brix.)

Aus Tab. I kann unmittelbar der Kolbenweg x, bezogen auf den Hub $2R = 1$, zu dem dazugehörigen Kurbelwinkel für die Schubstangenverhältnisse

$$\lambda = \frac{R}{l} = \frac{1}{3{,}5}, \frac{1}{4}, \frac{1}{4{,}5}, \frac{1}{5} \text{ u } \frac{1}{\infty}$$

entnommen werden [2].

Darin ist der Kolbenweg und der Kurbelwinkel für den Hingang von der oberen, für den Rückgang von der unteren Totpunktstellung aus gezählt (Abb. 1). Zwischen den benachbarten Schubstangenverhältnissen kann mit hinreichender Genauigkeit linear interpoliert werden. Die bekannte Gleichung für den Kolbenweg, nach der die Tab. I für den Kurbelradius $R = 0{,}5$ berechnet wurde, lautet:

$$x = R\,(1 - \cos\alpha) \pm l\left[1 - \sqrt{1 - (\lambda \sin\alpha)^2}\right]$$

mit dem Pluszeichen für den Hingang, dem Minuszeichen für den Rückgang.

Für Viertaktmotoren wurde von *Magg* ein Diagramm nach Abb. 3 vorgeschlagen [3]. Hiebei ist der Kurbelkreis zweimal nebeneinander gezeichnet. Um den Berührungspunkt als Mittelpunkt ist ein weiterer Kreis geschlagen, der die Umfangsbewegung der Steuerwelle versinnbildlicht. Zusammengehörige Stellungen der mit den beiden Wellen umlaufenden Vektoren schneiden sich jeweils auf dem Kurbelkreis, weil dann für jede Stellung der Steuerwinkel gleich dem halben Kurbelwinkel ist und somit die Bedingung erfüllt ist, daß die Kreisfrequenz der Kurbelwelle doppelt so groß ist wie die der Steuerwelle. Die Kolbenstellung findet man wie in Abb. 1 oder Abb. 2 angegeben.

Tab. I. Kolbenweg zur Kurbelstellung für einen Hub $2R = 1$

(berechnet von *Mehlig* und *Schütz* [2])

α^0	x_H *für Hingang* $\lambda = \frac{1}{3,5}$	$\lambda = \frac{1}{4}$	$\lambda = \frac{1}{4,5}$	$\lambda = \frac{1}{5}$	$\lambda = \frac{1}{\infty}$	x_R *für Rückgang* $\lambda = \frac{1}{5}$	$\lambda = \frac{1}{4,5}$	$\lambda = \frac{1}{4}$	$\lambda = \frac{1}{3,5}$
0	0,0000	0,0000	0,0000	0,0000	0,0000	0,0000	0,0000	0,0000	0,0000
1	0,0001	0,0001	0,0001	0,0001	0,0001	0,0001	0,0001	0,0001	0,0001
2	0,0004	0,0004	0,0004	0,0004	0,0003	0,0002	0,0002	0,0002	0,0002
3	0,0009	0,0009	0,0008	0,0008	0,0007	0,0005	0,0005	0,0005	0,0005
4	0,0016	0,0015	0,0015	0,0015	0,0012	0,0010	0,0009	0,0009	0,0009
5	0,0024	0,0024	0,0023	0,0023	0,0019	0,0015	0,0015	0,0014	0,0014
6	0,0035	0,0034	0,0033	0,0033	0,0027	0,0022	0,0021	0,0021	0,0020
7	0,0048	0,0047	0,0046	0,0045	0,0037	0,0030	0,0029	0,0028	0,0027
8	0,0063	0,0061	0,0059	0,0058	0,0049	0,0039	0,0038	0,0037	0,0035
9	0,0079	0,0077	0,0075	0,0074	0,0062	0,0049	0,0048	0,0046	0,0044
10	0,0098	0,0095	0,0093	0,0091	0,0076	0,0061	0,0059	0,0057	0,0054
11	0,0118	0,0115	0,0112	0,0110	0,0092	0,0074	0,0072	0,0069	0,0066
12	0,0140	0,0136	0,0133	0,0131	0,0109	0,0088	0,0085	0,0082	0,0078
13	0,0164	0,0160	0,0156	0,0153	0,0128	0,0103	0,0100	0,0096	0,0092
14	0,0190	0,0185	0,0181	0,0178	0,0149	0,0119	0,0116	0,0112	0,0107
15	0,0218	0,0212	0,0208	0,0204	0,0170	0,0137	0,0133	0,0128	0,0122
16	0,0248	0,0241	0,0236	0,0232	0,0194	0,0156	0,0151	0,0146	0,0139
17	0,0280	0,0272	0,0266	0,0261	0,0219	0,0176	0,0171	0,0165	0,0157
18	0,0313	0,0304	0,0298	0,0293	0,0245	0,0197	0,0192	0,0185	0,0176
19	0,0348	0,0339	0,0331	0,0325	0,0272	0,0219	0,0213	0,0206	0,0197
20	0,0385	0,0375	0,0367	0,0360	0,0302	0,0243	0,0236	0,0228	0,0218
21	0,0424	0,0413	0,0404	0,0396	0,0332	0,0268	0,0261	0,0252	0,0240
22	0,0465	0,0452	0,0442	0,0434	0,0364	0,0294	0,0286	0,0276	0,0264
23	0,0507	0,0493	0,0482	0,0474	0,0398	0,0321	0,0313	0,0302	0,0288
24	0,0551	0,0536	0,0524	0,0515	0,0432	0,0349	0,0340	0,0329	0,0314
25	0,0597	0,0580	0,0568	0,0558	0,0468	0,0379	0,0369	0,0357	0,0340
26	0,0644	0,0626	0,0613	0,0602	0,0506	0,0410	0,0399	0,0386	0,0368
27	0,0693	0,0674	0,0660	0,0648	0,0545	0,0442	0,0430	0,0416	0,0397
28	0,0743	0,0723	0,0708	0,0696	0,0585	0,0475	0,0462	0,0447	0,0427
29	0,0796	0,0774	0,0758	0,0745	0,0627	0,0509	0,0496	0,0479	0,0458
30	0,0849	0,0827	0,0809	0,0795	0,0670	0,0545	0,0531	0,0513	0,0490
31	0,0905	0,0881	0,0862	0,0847	0,0714	0,0581	0,0566	0,0548	0,0524
32	0,0962	0,0936	0,0916	0,0901	0,0760	0,0619	0,0603	0,0583	0,0558
33	0,1020	0.0993	0.0972	0.0955	0,0807	0,0658	0,0641	0,0620	0,0593
34	0,1080	0,1051	0,1029	0,1012	0,0855	0,0698	0,0680	0,0658	0,0630
35	0,1141	0,1111	0,1088	0,1069	0,0904	0,0739	0,0721	0,0698	0,0668
36	0,1203	0,1172	0,1148	0,1128	0,0955	0,0782	0,0762	0,0738	0,0706
37	0,1267	0,1234	0,1209	0,1189	0,1007	0,0825	0,0805	0,0779	0,0746
38	0,1333	0,1298	0,1272	0,1250	0,1060	0,0870	0,0848	0,0822	0,0787
39	0,1399	0,1363	0,1335	0,1313	0,1114	0,0915	0,0893	0,0865	0,0829
40	0,1467	0,1430	0,1401	0,1377	0,1170	0.0962	0.0939	0.0910	0,0872
41	0,1537	0,1497	0,1467	0,1443	0,1226	0,1010	0,0986	0,0956	0,0916
42	0,1607	0,1566	0,1534	0,1509	0,1284	0,1059	0,1034	0,1002	0,0961
43	0,1679	0,1636	0,1603	0,1577	0,1343	0,1110	0,1083	0,1050	0,1008
44	0,1751	0,1707	0,1673	0,1646	0,1403	0,1161	0,1134	0,1099	0,1055
45	0,1825	0,1779	0,1744	0,1716	0,1464	0,1213	0,1185	0,1149	0,1104
46	0,1900	0,1853	0,1816	0,1787	0,1527	0,1267	0,1237	0,1201	0,1153
47	0,1976	0,1927	0,1889	0,1859	0,1590	0,1321	0,1291	0,1253	0,1204
48	0,2053	0,2003	0,1963	0,1932	0,1654	0,1377	0,1345	0,1306	0,1255
49	0,2131	0,2079	0,2038	0,2006	0,1720	0,1433	0,1401	0,1360	0,1308
50	0,2210	0,2156	0,2114	0,2081	0,1786	0,1491	0,1458	0,1416	0,1362

α^0	x_H *für Hingang*					x_R *für Rückgang*			
	$\lambda = \frac{1}{3,5}$	$\lambda = \frac{1}{4}$	$\lambda = \frac{1}{4,5}$	$\lambda = \frac{1}{5}$	$\lambda = \frac{1}{\infty}$	$\lambda = \frac{1}{5}$	$\lambda = \frac{1}{4,5}$	$\lambda = \frac{1}{4}$	$\lambda = \frac{1}{3,5}$
51	0,2290	0,2235	0,2191	0,2157	0,1853	0,1550	0,1515	0,1472	0,1417
52	0,2371	0,2314	0,2269	0,2234	0,1922	0,1609	0,1574	0,1530	0,1472
53	0,2453	0,2394	0,2348	0,2312	0,1991	0,1670	0,1634	0,1588	0,1529
54	0,2535	0,2474	0,2428	0,2391	0,2061	0,1732	0,1694	0,1648	0,1587
55	0,2618	0,2556	0,2508	0,2470	0,2132	0,1794	0,1756	0,1708	0,1646
56	0,2702	0,2638	0,2589	0,2550	0,2204	0,1858	0,1819	0,1770	0,1706
57	0,2787	0,2721	0,2671	0,2631	0,2277	0,1923	0,1883	0,1832	0,1767
58	0,2872	0,2805	0,2754	0,2713	0,2350	0,1988	0,1947	0,1896	0,1829
59	0,2958	0,2889	0,2837	0,2795	0,2425	0,2055	0,2013	0,1960	0,1892
60	0,3044	0,2974	0,2921	0,2878	0,2500	0,2122	0,2079	0,2026	0,1956
61	0,3131	0,3060	0,3005	0,2961	0,2576	0,2191	0,2147	0,2092	0,2021
62	0,3219	0,3146	0,3090	0,3046	0,2653	0,2260	0,2215	0,2159	0,2087
63	0,3307	0,3233	0,3176	0,3130	0,2730	0,2330	0,2285	0,2228	0,2153
64	0,3395	0,3320	0,3262	0,3215	0,2808	0,2401	0,2355	0,2297	0,2221
65	0,3484	0,3407	0,3348	0,3301	0,2887	0,2473	0,2426	0,2367	0,2290
66	0,3573	0,3495	0,3435	0,3387	0,2966	0,2545	0,2498	0,2438	0,2360
67	0,3662	0,3583	0,3522	0,3474	0,3046	0,2619	0,2571	0,2510	0,2430
68	0,3752	0,3672	0,3610	0,3561	0,3127	0,2693	0,2644	0,2582	0,2502
69	0,3842	0,3761	0,3698	0,3648	0,3208	0,2769	0,2719	0,2656	0,2574
70	0,3932	0,3850	0,3786	0,3735	0,3290	0,2844	0,2794	0,2730	0,2647
71	0,4023	0,3939	0,3874	0,3823	0,3372	0,2921	0,2870	0,2805	0,2722
72	0,4113	0,4028	0,3963	0,3911	0,3455	0,2998	0,2947	0,2881	0,2796
73	0,4204	0,4118	0,4052	0,4000	0,3538	0,3077	0,3024	0,2958	0,2872
74	0,4295	0,4208	0,4141	0,4088	0,3622	0,3155	0,3102	0,3036	0,2949
75	0,4386	0,4298	0,4230	0,4177	0,3706	0,3235	0,3181	0,3114	0,3026
76	0,4476	0,4388	0,4320	0,4266	0,3790	0,3315	0,3261	0,3193	0,3104
77	0,4567	0,4478	0,4409	0,4355	0,3875	0,3396	0,3341	0,3273	0,3183
78	0,4658	0,4568	0,4498	0,4443	0,3960	0,3477	0,3422	0,3353	0,3263
79	0,4748	0,4658	0,4588	0,4532	0,4046	0,3559	0,3504	0,3434	0,3344
80	0,4839	0,4747	0,4677	0,4621	0,4132	0,3642	0,3586	0,3516	0,3425
81	0,4929	0,4837	0,4766	0,4710	0,4218	0,3725	0,3669	0,3599	0,3507
82	0,5019	0,4927	0,4856	0,4799	0,4304	0,3809	0,3753	0,3682	0,3589
83	0,5109	0,5016	0,4945	0,4888	0,4391	0,3893	0,3837	0,3765	0,3672
84	0,5199	0,5105	0,5034	0,4977	0,4477	0,3978	0,3921	0,3849	0,3756
85	0,5288	0,5194	0,5122	0,5065	0,4564	0,4063	0,4006	0,3934	0,3840
86	0,5377	0,5283	0,5211	0,5154	0,4651	0,4149	0,4091	0,4019	0,3925
87	0,5466	0,5372	0,5299	0,5242	0,4738	0,4235	0,4177	0,4105	0,4011
88	0,5554	0,5460	0,5387	0,5330	0,4826	0,4321	0,4264	0,4191	0,4097
89	0,5642	0,5548	0,5475	0,5418	0,4913	0,4408	0,4350	0,4278	0,4184
90	0,5729	0,5635	0,5563	0,5505	0,5000	0,4495	0,4437	0,4365	0,4271
91	0,5816	0,5722	0,5650	0,5592	0,5087	0,4582	0,4525	0,4452	0,4358
92	0,5903	0,5809	0,5736	0,5679	0,5175	0,4670	0,4613	0,4540	0,4446
93	0,5989	0,5895	0,5823	0,5765	0,5262	0,4758	0,4701	0,4628	0,4534
94	0,6075	0,5981	0,5909	0,5851	0,5349	0,4846	0,4789	0,4717	0,4623
95	0,6160	0,6066	0,5994	0,5937	0,5436	0,4935	0,4878	0,4806	0,4712
96	0,6244	0,6151	0,6079	0,6022	0,5523	0,5023	0,4966	0,4895	0,4801
97	0,6328	0,6235	0,6163	0,6107	0,5609	0,5112	0,5055	0,4984	0,4891
98	0,6411	0,6318	0,6247	0,6191	0,5696	0,5201	0,5144	0,5073	0,4981
99	0,6493	0,6401	0,6331	0,6275	0,5782	0,5290	0,5234	0,5163	0,5071
100	0,6575	0,6484	0,6414	0,6358	0,5868	0,5379	0,5323	0,5253	0,5161
101	0,6656	0,6566	0,6496	0,6441	0,5954	0,5468	0,5412	0,5342	0,5252
102	0,6737	0,6647	0,6578	0,6523	0,6040	0,5557	0,5502	0,5432	0,5342
103	0,6817	0,6727	0,6659	0,6604	0,6125	0,5645	0,5591	0,5522	0,5433
104	0,6896	0,6807	0,6739	0,6685	0,6210	0,5734	0,5680	0,5612	0,5524

	x_H *für Hingang*					x_R *für Rückgang*			
α^0	$\lambda = \frac{1}{3,5}$	$\lambda = \frac{1}{4}$	$\lambda = \frac{1}{4,5}$	$\lambda = \frac{1}{5}$	$\lambda = \frac{1}{\infty}$	$\lambda = \frac{1}{5}$	$\lambda = \frac{1}{4,5}$	$\lambda = \frac{1}{4}$	$\lambda = \frac{1}{3,5}$
105	0,6974	0,6886	0,6819	0,6765	0,6294	0,5823	0,5770	0,5702	0,5614
106	0,7051	0,6964	0,6898	0,6845	0,6378	0,5912	0,5859	0,5792	0,5705
107	0,7128	0,7042	0,6976	0,6923	0,6462	0,6000	0,5948	0,5882	0,5796
108	0,7204	0,7119	0,7053	0,7002	0,6545	0,6089	0,6037	0,5972	0,5887
109	0,7278	0,7195	0,7130	0,7079	0,6628	0,6177	0,6126	0,6061	0,5977
110	0,7353	0,7270	0,7206	0,7156	0,6710	0,6265	0,6214	0,6150	0,6068
111	0,7426	0,7344	0,7281	0,7231	0,6792	0,6352	0,6302	0,6239	0,6158
112	0,7498	0,7418	0,7356	0,7307	0,6873	0,6439	0,6390	0,6328	0,6248
113	0,7570	0,7490	0,7429	0,7381	0,6954	0,6526	0,6478	0,6417	0,6338
114	0,7640	0,7562	0,7502	0,7455	0,7034	0,6613	0,6565	0,6505	0,6427
115	0,7710	0,7633	0,7574	0,7527	0,7113	0,6699	0,6652	0,6593	0,6516
116	0,7779	0,7703	0,7645	0,7599	0,7192	0,6785	0,6738	0,6680	0,6605
117	0,7847	0,7772	0,7715	0,7670	0,7270	0,6870	0,6824	0,6767	0,6693
118	0,7913	0,7841	0,7785	0,7740	0,7347	0,6954	0,6910	0,6854	0,6781
119	0,7979	0,7908	0,7853	0,7809	0,7424	0,7039	0,6995	0,6940	0,6869
120	0,8044	0,7974	0,7921	0,7878	0,7500	0,7122	0,7079	0,7026	0,6956
121	0,8108	0,8040	0,7987	0,7945	0,7575	0,7205	0,7163	0,7111	0,7042
122	0,8171	0,8104	0,8053	0,8012	0,7650	0,7287	0,7246	0,7195	0,7128
123	0,8233	0,8168	0,8117	0,8077	0,7723	0,7369	0,7329	0,7279	0,7213
124	0,8294	0,8230	0,8181	0,8142	0,7796	0,7450	0,7411	0,7362	0,7298
125	0,8354	0,8292	0,8244	0,8206	0,7868	0,7530	0,7492	0,7444	0,7382
126	0,8413	0,8352	0,8306	0,8268	0,7939	0,7609	0,7572	0,7526	0,7465
127	0,8471	0,8412	0,8366	0,8330	0,8009	0,7688	0,7652	0,7606	0,7547
128	0,8528	0,8470	0,8426	0,8391	0,8078	0,7766	0,7731	0,7686	0,7629
129	0,8583	0,8528	0,8485	0,8450	0,8147	0,7843	0,7809	0,7765	0,7710
130	0,8638	0,8584	0,8542	0,8509	0,8214	0,7919	0,7886	0,7844	0,7790
131	0,8692	0,8640	0,8599	0,8567	0,8280	0,7994	0,7962	0,7921	0,7869
132	0,8745	0,8694	0,8655	0,8623	0,8346	0,8068	0,8037	0,7997	0,7947
133	0,8796	0,8747	0,8709	0,8679	0,8410	0,8141	0,8111	0,8073	0,8024
134	0,8847	0,8799	0,8763	0,8733	0,8473	0,8213	0,8184	0,8147	0,8100
135	0,8896	0,8851	0,8815	0,8787	0,8536	0,8284	0,8256	0,8221	0,8175
136	0,8944	0,8901	0,8866	0,8839	0,8597	0,8354	0,8327	0,8293	0,8249
137	0,8992	0,8950	0,8917	0,8890	0,8657	0,8423	0,8397	0,8364	0,8321
138	0,9039	0,8998	0,8966	0,8941	0,8716	0,8491	0,8466	0,8434	0,8393
139	0,9084	0,9044	0,9014	0,8990	0,8774	0,8557	0,8533	0,8503	0,8463
140	0,9128	0,9090	0,9061	0,9038	0,8830	0,8623	0,8599	0,8570	0,8533
141	0,9171	0,9135	0,9107	0,9085	0,8886	0,8687	0,8665	0,8637	0,8601
142	0,9213	0,9178	0,9152	0,9130	0,8940	0,8750	0,8728	0,8702	0,8667
143	0,9254	0,9221	0,9195	0,9175	0,8993	0,8811	0,8791	0,8766	0,8733
144	0,9294	0,9262	0,9238	0,9218	0,9045	0,8872	0,8852	0,8828	0,8797
145	0,9332	0,9302	0,9279	0,9261	0,9096	0,8931	0,8912	0,8889	0,8859
146	0,9370	0,9342	0,9320	0,9302	0,9145	0,8988	0,8971	0,8949	0,8920
147	0,9407	0,9380	0,9359	0,9342	0,9193	0,9045	0,9028	0,9007	0,8980
148	0,9442	0,9417	0,9397	0,9381	0,9240	0,9099	0,9084	0,9064	0,9038
149	0,9476	0,9452	0,9434	0,9419	0,9286	0,9153	0,9138	0,9119	0,9095
150	0,9510	0,9487	0,9469	0,9455	0,9330	0,9205	0,9191	0,9173	0,9151
151	0,9542	0,9521	0,9504	0,9491	0,9373	0,9255	0,9242	0,9226	0,9204
152	0,9573	0,9553	0,9538	0,9525	0,9415	0,9304	0,9292	0,9277	0,9257
153	0,9603	0,9584	0,9570	0,9558	0,9455	0,9352	0,9340	0,9326	0,9307
154	0,9632	0,9614	0,9601	0,9590	0,9494	0,9398	0,9387	0,9374	0,9356
155	0,9660	0,9643	0,9631	0,9621	0,9532	0,9442	0,9432	0,9420	0,9403
156	0,9686	0,9671	0,9659	0,9650	0,9568	0,9485	0,9476	0,9464	0,9449
157	0,9712	0,9698	0,9688	0,9679	0,9603	0,9526	0,9518	0,9507	0,9493
158	0,9736	0,9724	0,9714	0,9706	0,9636	0,9566	0,9558	0,9548	0,9535

α^0	x_H *für Hingang* $\lambda = \frac{1}{3,5}$	$\lambda = \frac{1}{4}$	$\lambda = \frac{1}{4,5}$	$\lambda = \frac{1}{5}$	$\lambda = \frac{1}{\infty}$	x_R *für Rückgang* $\lambda = \frac{1}{5}$	$\lambda = \frac{1}{4,5}$	$\lambda = \frac{1}{4}$	$\lambda = \frac{1}{3,5}$
159	0,9760	0,9748	0,9739	0,9732	0,9668	0,9604	0,9596	0,9587	0,9576
160	0,9782	0,9772	0,9764	0,9757	0,9698	0,9640	0,9633	0,9625	0,9615
161	0,9803	0,9794	0,9787	0,9781	0,9728	0,9675	0,9669	0,9661	0,9652
162	0,9824	0,9815	0,9808	0,9803	0,9755	0,9707	0,9702	0,9696	0,9687
163	0,9843	0,9835	0,9829	0,9824	0,9782	0,9739	0,9734	0,9728	0,9720
164	0,9861	0,9854	0,9849	0,9844	0,9806	0,9768	0,9764	0,9759	0,9752
165	0,9878	0,9872	0,9867	0,9863	0,9830	0,9796	0,9792	0,9788	0,9782
166	0,9893	0,9888	0,9884	0,9881	0,9851	0,9822	0,9819	0,9815	0,9810
167	0,9908	0,9904	0,9900	0,9897	0.9872	0,9847	0,9844	0,9840	0,9836
168	0,9922	0,9918	0,9915	0,9912	0,9891	0,9869	0,9867	0,9864	0,9860
169	0,9934	0,9931	0,9928	0,9926	0,9908	0,9890	0,9888	0,9885	0,9882
170	0,9946	0,9943	0,9941	0,9939	0,9924	0,9909	0,9907	0,9905	0,9902
171	0,9956	0,9954	0,9952	0,9951	0,9938	0,9926	0,9925	0,9923	0,9921
172	0,9965	0,9963	0,9962	0,9961	0,9951	0,9942	0,9941	0,9939	0,9938
173	0,9973	0,9972	0,9971	0,9970	0,9963	0,9955	0,9954	0,9953	0,9952
174	0,9980	0,9979	0,9979	0,9978	0,9973	0,9967	0,9967	0,9966	0,9965
175	0,9986	0,9986	0,9985	0,9985	0,9981	0,9977	0,9977	0,9976	0,9976
176	0,9991	0,9991	0,9991	0,9990	0,9988	0,9985	0,9985	0,9985	0,9984
177	0,9995	0,9995	0,9995	0,9995	0,9993	0,9992	0,9992	0,9991	0,9991
178	0,9998	0,9998	0,9998	0,9998	0,9997	0,9996	0,9996	0,9996	0,9996
179	0,9999	0,9999	0,9999	0,9999	0,9999	0,9999	0,9999	0,9999	0,9999
180	1,0000	1,0000	1,0000	1,0000	1,0000	1,0000	1,0000	1,0000	1,0000

In der Praxis kommt dem Steuerdiagramm der Verbrennungskraftmaschine nur geringe Bedeutung zu, weil im Gegensatz zur Dampfmaschine die Steuerzeiten der Ein- und Auslaßorgane im allgemeinen fest sind. Da aus dem Diagramm nichts über die Gesetzmäßigkeit der Querschnittsveränderung — von wenigen Ausnahmen abgesehen — zu ersehen ist, genügt es im allgemeinen, unmittelbar die Steuerdaten anzugeben, ohne hiezu ein Diagramm zu zeichnen. Häufig werden die Steuerdaten auch in der Art nach Abb. 4 angegeben. Darin sind die einzelnen Hübe *I* bis *IV* als Teile einer Spirale aneinandergereiht.

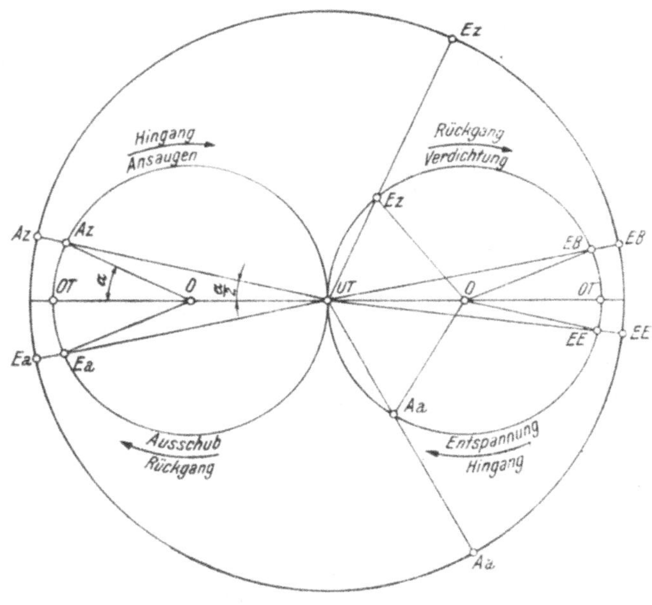

Abb. 3. Steuerdiagramm einer Viertakt-Dieselmaschine (nach Magg).

OT	obere Totlage der Kurbel.	A_a	Auslaß öffnet.
UT	untere Totlage der Kurbel.	A_z	Auslaß schließt.
E_a	Einlaß öffnet.	*EB*	Einspritzbeginn.
E_z	Einlaß schließt.	*EE*	Einspritzende.

Die Steuerdaten sind durch die Forderungen aus der Mechanik des Gaswechselvorganges sowie durch den Verbrennungsablauf bestimmt. Die Grundlagen des Ladungswechsels werden in Heft 4 dieses Werkes behandelt [8]. Als erste An-

Tab. II. Steuerdaten von Verbrennungskraftmaschinen (mittlere Werte)

Motorenart	Einlaß auf	Einlaß zu	Auslaß auf	Auslaß zu	Anlaß-Vent. auf	Anlaß-Vent. zu	Einspr. Beginn	Einspr. Ende	Zünd-zeitpunkt
Langsamlaufende Viertakt-Dieselmotoren (Großmotoren)	5—30° v. OT.	30—50° n. UT.	30—50° v. UT.	5—30° n. OT.	5—0° v. OT.	30—50° n. OT.	10—20° v. OT.	10—20° n. OT.	—
Schnellaufende Viertakt-Dieselmotoren (Kleinmotoren, Fahrzeugm.)	0—30° v. OT.	30—50° n. OT.	30—55° v. UT.	5—40° n. OT.	—	—	10—25° v. OT.	0—20° n. OT.	—
Aufgeladene Viertakt-Dieselmotoren (Büchi-Aufladung)	50—80° v. OT.	30—50° n. UT.	45—70° v. UT.	50—70° n. OT.	—	—	10—25° v. OT.	0—20° n. OT.	—
Langsamlaufender Zweitakt-Dieselmotor (Großmotoren)	40—50° v. UT.	40—50° [1] n. UT.	60—75° v. UT.	60—75° [1] n. UT.	0—10° n. OT.	—	10—20° v. OT.	10—20° n. OT.	—
Schnellaufende Zweitakt-Dieselmotoren	45—55° v. UT.	45—55° [1] n. UT.	70—85° v. UT.	70—85° [1] n. UT.	—	—	10—25° v. OT.	0—20° n. OT.	—
Aufgeladene Zweitakt-Dieselmotoren	45—55° v. UT.	45—55° n. UT.	70—85° v. UT.	45—55° [2] n. UT.	—	—	10—25° v. OT.	0—20° n. OT.	—
Langsamlaufende Viertakt-Ottomotoren (Gasmaschinen)	10—20° v. OT.	30—40° n. UT.	35—50° v. UT.	0—10° n. OT.	—	—	—	—	0—15° v. OT.
Schnellaufende Viertakt-Ottomotoren (Fahrzeug)	10—20° v. OT.	35—45° n. UT.	45—55° v. UT.	5—15° n. OT.	—	—	—	—	10—35° v. OT.
Aufgeladene Viertakt-Ottomotoren (Flugmotoren)	25—60° v. OT.	50—60° n. UT.	50—80° v. UT.	20—60° n. OT.	—	—	—	—	10—40° v. OT.
Schnellaufende Zweitakt-Ottomotoren (Fahrzeug)	55—70° v. UT.	55—70° n. UT.	60—85° v. UT.	50—85° n. UT.	—	—	—	—	3—35° v. OT.
Niederdruckmotoren (Hesselmann)	0—20° v. OT.	30—55° n. OT.	30—55° v. UT.	5—20° n. OT.	—	—	65—45° v. OT.	35—15° v. OT.	5—15° v. OT.

[1] Motoren mit symmetrischem Steuerdiagramm. [2] Motoren mit unsymmetrischem Steuerdiagramm.

haltspunkte können die Angaben der Tab. II gelten. Weiters sind als Richtlinie für Viertaktmotoren in Abb. 5 bis 7 für eine größere Zahl ausgeführter Motoren die Ein- und Auslaßzeiten über der mittleren Kolbengeschwindigkeit geordnet aufgetragen worden. Eine Abhängigkeit der Steuerzeiten von der Kolbengeschwindigkeit ist daran nicht festzustellen. Außerdem fällt auf, daß auch bei Maschinen gleicher Art die Steuerzeiten stark streuen. Dem Konstrukteur ist demnach für die Wahl ein verhältnismäßig weiter Spielraum gegeben.

Die allgemeinen Gesichtspunkte für die Wahl der Steuerzeiten sind kurz zusammengefaßt die folgenden:

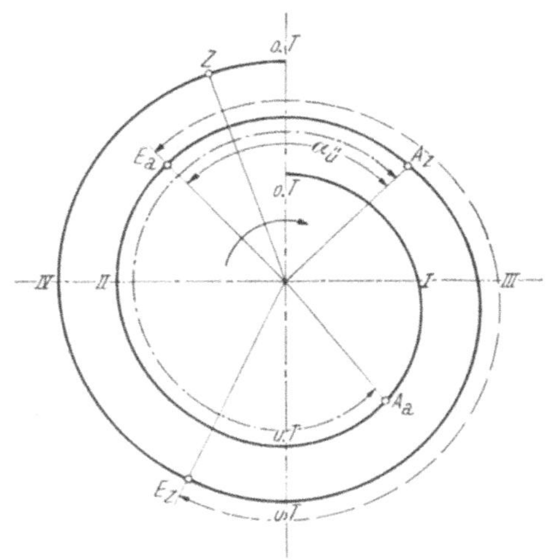

Abb. 4. Steuerschema eines Viertakt-Ottomotors.

Der *Ladungswechsel* (Ausschub- und Ansaugvorgang) soll möglichst vollständig und bei kleinstem Arbeitsaufwand vor sich gehen. Dies erfordert möglichst große Ein- und Auslaßquerschnitte und möglichst lange Öffnungszeiten. Die Querschnitte sind räumlich durch die Zylinder- und Brennraumwandungen, sowie durch die Form und Größe des Steuerorgans selbst begrenzt.

Beim Viertaktmotor sind die Steuerzeiten so zu legen, daß einerseits die Verdrängerwirkung des Arbeitskolbens voll zur Wirkung kommt, anderseits die Ausschub- und Ansaugarbeit möglichst klein ist. Nach Beendigung des Arbeitshubes entspannen sich die Verbrennungsgase durch den Auslaßkanal auf Außendruck. Da dieser Vorgang mit endlicher Geschwindigkeit abläuft, ist es zweckmäßig, den Auslaß schon vor dem unteren Totpunkt zu öffnen, so daß der Zylinderinhalt weitgehend entspannt ist, wenn der Ausschubhub beginnt. Der Arbeitsverlust durch vorzeitigen Abbruch der Expansion ist auch bei starkem Vorauslaß unbedeutend und wird durch die kleinere Ausschubarbeit aufgewogen. Im oberen Totpunkt läßt man in der Regel eine geringe Überdeckung der Öffnungszeiten von Aus- und Einlaß zu ($\alpha_ü$ in Abb. 4.). Der Auslaß schließt erst nach oberem Totpunkt, während der Einlaß im allgemeinen vor oder seltener im oberen Totpunkt öffnet. Dadurch wird einerseits eine Drosselung der Abgase am Ende des Ausschubhubes und anderseits ein zu hoher Unterdruck zu Beginn des Ansaughubes vermieden. Durch die Drosselung im Auslaß würde sich der im Zylinder verbleibende Restgehalt erhöhen, was weiter eine Verminderung der Frischladung zur Folge hätte. Starke Unterdruckbildung zu Beginn des Saughubes verursacht erhöhte Ansauggeräusche. Zur Verminderung des Restgasgehaltes kann auch ein geringes Durchspülen des Verbrennungsraumes infolge der nachsaugenden Wirkung des Abgasstromes beitragen, solange Ein- und Auslaß gleichzeitig offen sind.

Die Überdeckung pflegt man besonders stark bei aufgeladenen Motoren, vor allem bei Motoren mit getrennter Luft- und Kraftstoffzufuhr zu machen, nicht allein um die Restgase auszuspülen, sondern um mit der Spülluft die heißen Wandungen und den Kolben zu kühlen, wodurch erst ein störungsfreier Betrieb bei der erhöhten Belastung möglich wird.

Der Einlaßquerschnitt wird stets nach *UT* geschlossen. Nur so ist gegen Ende des Ansaughubes noch ein genügender Querschnitt offen, durch den die Saugwirkung des Kolbens voll ausgenützt wird. Außerdem kann nach *UT* noch etwas

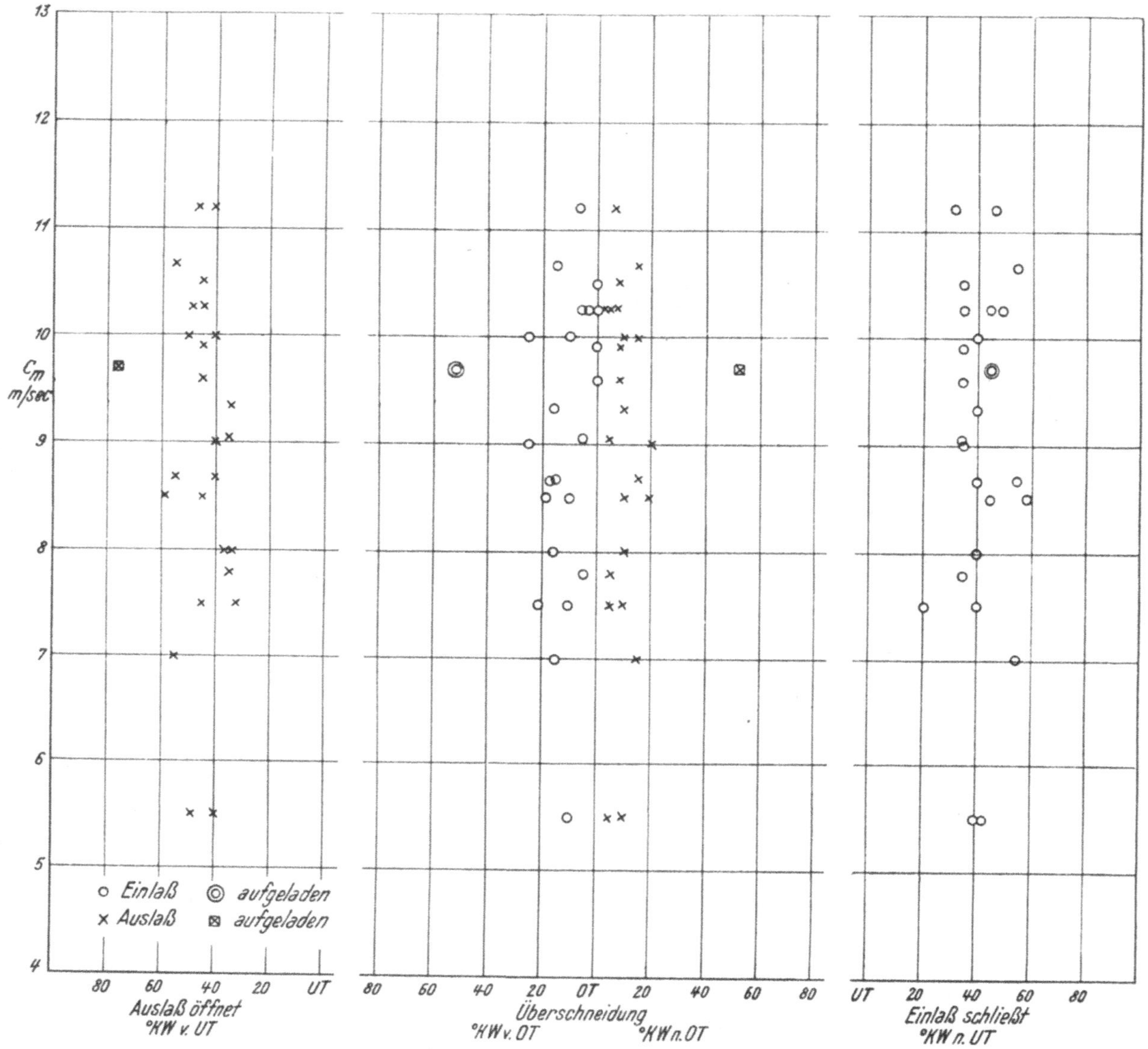

Abb. 5. Steuerzeiten von schnellaufenden Dieselmotoren ($n \geqq 1500$ U/min.) über der mittleren Kolbengeschwindigkeit aufgetragen.

nachgeladen werden, bis sich der vom Saughub her noch im Zylinder bestehende Unterdruck ausgeglichen hat. Die Variation der Schlußzeit ergibt ein Maximum für die angesaugte Ladungsmenge. Je höher die Drehzahl ist, um so später muß der Schluß nach *UT* gelegt werden, wenn dieses Maximum angestrebt wird. In vielen Fällen ist jedoch nicht dies allein maßgebend für die Wahl der Schlußzeit. Bei spätem Schluß springt der Motor schlechter an, weil bei niedriger Drehzahl ein Teil der Ladung zurückgeschoben wird und das Verdichtungsverhältnis für den Rest zu niedrig wird. Bei Motoren, die in weiten Drehzahlgrenzen arbeiten, kann dieses Zurückschieben der Ladung überdies eine unzulässige Herabsetzung des Höchstdrehmomentes im unteren Drehzahlbereich zur Folge haben,

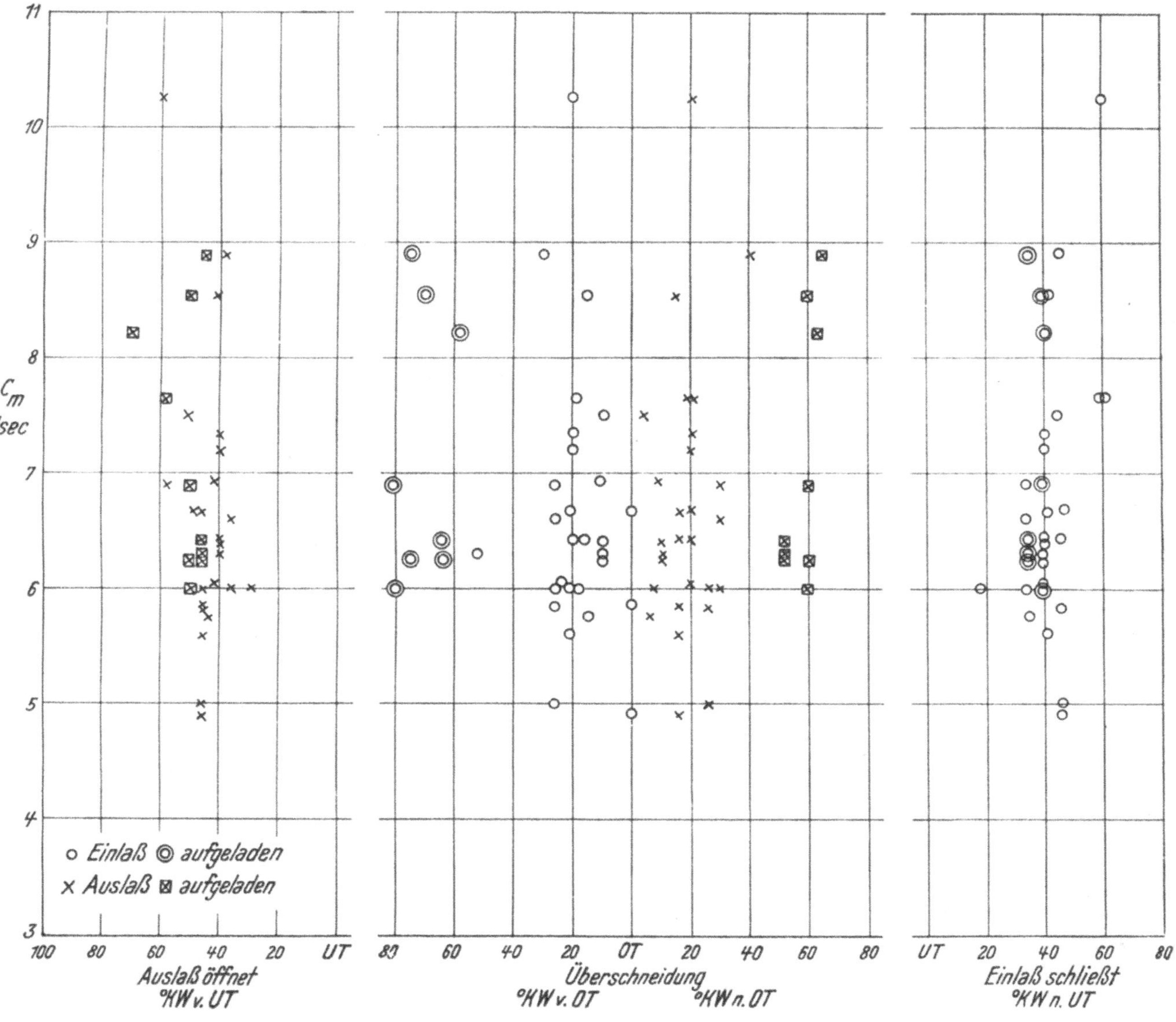

Abb. 6 Steuerzeiten von Dieselmotoren (n < 1500 U/min.) über der mittleren Kolbengeschwindigkeit aufgetragen.

was besonders bei Fahrzeugmotoren dem angestrebten Drehmomentanstieg mit abnehmender Drehzahl entgegenwirkt. Bei diesen Motoren wird man daher stets möglichst allen drei Forderungen nach gutem Anspringen, günstigem Verlauf des höchsten Drehmomentes über der Drehzahl und Höchstleistung durch die Wahl der Steuerzeiten Rechnung tragen.

Bei Dieselmotoren, vor allem bei solchen mit abgeschnürten Brennräumen, ist wegen der geringen Höhe des Verdichtungsraumes beim Entwurf zu achten, daß während der Überschneidung der Steuerzeiten im oberen Totpunkt ein notwendiger Sicherheitsabstand (1 bis 5 mm, je nach Größe) des Kolbens vom öffnenden bzw. schließenden Ventilteller eingehalten wird. Unter Umständen sind deshalb Ventiltaschen in den Kolbenboden einzuarbeiten.

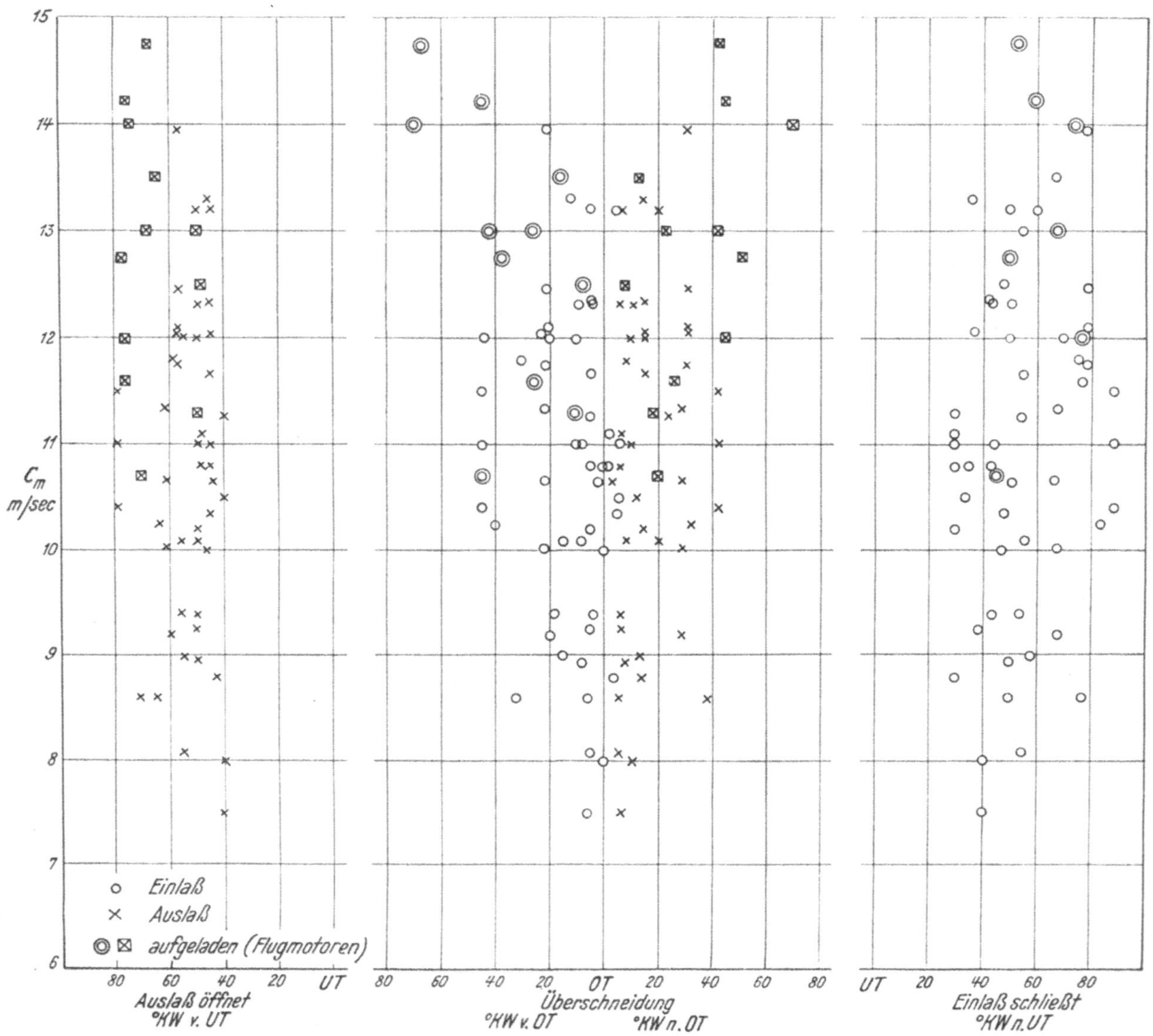

Abb. 7. Steuerzeiten von Ottomotoren über der mittleren Kolbenweggeschwindigkeit aufgetragen.

Beim Zweitaktmotor folgt einem kurzen Vorauspuff der Spülvorgang. Die Vorauspuffzeit zwischen den Öffnungszeitpunkten des Aus- und Einlaßquerschnittes soll zur Entspannung des Zylinderinhaltes möglichst bis auf den Spüldruck ausreichen, damit ein Rückströmen der Abgase in die Einlaßleitung beim Öffnen des Einlaßquerschnittes möglichst vermieden wird. Der Arbeitsaufwand für die Spülung nimmt mit Vergrößerung der Ein- und Auslaßquerschnitte und mit der Spülzeit ab. Ein sehr früher Abbruch der Expansion kann sich hier allerdings schon ungünstig auf die Wirtschaftlichkeit des Arbeitsprozesses auswirken. Die günstigsten Steuerzeiten ergeben sich beim Zweitaktmotor daher im Hinblick auf Wirtschaftlichkeit und Höchstlast verschieden.

Wird bei Zweitaktmotoren der Ladungswechsel nur durch einen Kolben je Zylinder ohne zusätzliche Absperrorgane gesteuert, so wird das Steuerdiagramm symmetrisch (vgl. Abb. 1) mit dem Nachteil, daß nach der Spülperiode der Auslaß erst nach dem Einlaß schließt. Bei einem solchen Steuerdiagramm ist, wenn vom Abgasturbinenbetrieb abgesehen wird, ein erfolgreicher Aufladebetrieb unmöglich. Ein unsymmetrisches Steuerdiagramm mit späterem Schluß des Einlasses kann durch folgende Maßnahmen verwirklicht werden:

1. Gesondert gesteuerte Auslaßorgane im Zylinderkopf (Gleichstromspülung).
2. Am Kurbelkreis entsprechend versetzte gegenläufige Kolben (Gegenkolbenmaschine mit Gleichstromspülung).
3. Doppelkolben als Abart der Gegenkolbenmaschine (Gleichstromspülung).
4. Hochliegende Einlaßschlitze mit zusätzlichen Absperrorganen im Einlaßkanal (Rückschlagventile).
5. Zusätzliche Absperrorgane im Auslaßkanal, die den Auslaß vorzeitig abschließen oder drosseln (Nachladeschieber).

Für die Einspritz- und Zündzeiten sind Gemischbildungs- und Verbrennungsfragen maßgebend. Dazu sei auf die Hefte 5 [4] (Gasmaschinen), 6 [6] (Benzinmotoren) und 7 [7] (Dieselmotoren) dieses Werkes verwiesen.

Bei Festlegung der Steuerdaten für die Anlaßorgane ist darauf Bedacht zu nehmen, daß ein Rückwärtslauf nicht möglich ist. Das Anlaßorgan soll daher grundsätzlich erst im oder kurz vor *OT* öffnen. Die Öffnungsdauer ist so lange zu wählen, daß die Füllung ausreicht, um bei einem vorzuschreibenden Mindestdruck in der Anlaßluftflasche den kalten Motor auf die für die ersten Zündungen notwendige Drehzahl zu beschleunigen.

B. Ventilsteuerung.

I. Bauarten.

Als Ventile werden, soferne sie als Abschlußorgane und nicht, wie z. B. bei Gasmaschinen, als Mischorgane wirken, ausschließlich Einsitzventile mit der Öffnungsrichtung nach dem Zylinderinneren hin verwendet. Doppelsitzventile sind bei hoher Wärmebelastung wegen der Gefahr des Undichtwerdens unbrauchbar. Die Ventilschluß- und Dichtkraft gibt zusätzlich zum Innendruck eine Feder. Sowohl Auslaß- als auch Einlaßventile sind stets zwangsläufig gesteuert. Selbsttätige Rückschlagventile werden mit Ausnahme der Rückschlagventile vor den Einlaßschlitzen einiger nach dem Zweitaktverfahren arbeitenden Großmotoren nicht mehr verwendet.

Die hin- und hergehende Bewegung des Ventils wird durch das Steuerungsgetriebe von der Drehbewegung der Kurbelwelle abgeleitet. In Anlehnung an den Dampfmaschinenbau wurden früher bei großen Motoren die Ventile über Exzenter, Wälzhebel oder Schwingdaumen betätigt. Auf diese Art der Ventilbetätigung wird hier nicht eingegangen, weil sie gegenüber dem Nockentrieb von untergeordneter Bedeutung ist. Eingehende Beschreibungen finden sich unter [3]. Weiters sind Ausführungsbeispiele von Großgasmaschinen mit Exzenterbetätigung der Ventile im Heft 5 dieses Werkes gebracht [4].

Der Nockentrieb gliedert sich in die Nockenwelle samt Antrieb als rotierende Teile und in die Ventile mit dem Gestänge zwischen den Ventilen und der Nockenwelle als hin- und hergehende Teile. Je nach der Lage der Ventile zum Brennraum, der Zahl der Ventile je Zylinderkopf, der Lage der Nockenwelle und der Motorbauweise ergeben sich eine Reihe von Bauformen, wie sie in ihrer Vielfältigkeit schon in Heft 11 [9] und 12 [5] aufscheinen. Nach dem besonderen Kennzeichen für die Steuerung seien sie im folgenden unterteilt:

1. Einteilung der Bauformen nach der Lage der Ventile und der Nockenwellen.

a) Stehende Ventile.

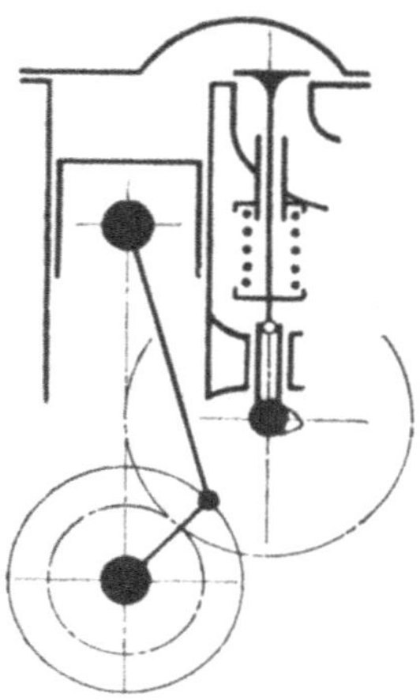

Abb. 8. Schema der Anordnung stehender Ventile

Den schematischen Aufbau einer Steuerung mit stehenden Ventilen zeigt Abb. 8. Die Gaskanäle liegen im Gehäuseblock, die Öffnungsrichtung der Ventile weist vom Kurbeltrieb weg. Die Nockenwelle liegt im Kurbelgehäuse und wird in der Regel mit Stirnrädern, seltener mit Kette angetrieben. Die Ventile werden über einen Pilzstößel, vereinzelt auch unmittelbar von den Nocken bewegt.

Stehende Ventile erfordern den geringsten Aufwand an Steuerungsteilen, da dabei der Übertragungsweg von der Kurbelwelle zum Ventil am kürzesten ist. Die Bauweise wird nur für Ottomotoren angewendet, da es bis jetzt nicht gelungen ist, brauchbare Dieselbrennräume für diese Art der Steuerung zu gestalten. Die Brennraumentwicklung für stehende Ventile in Fahrzeug-Ottomotoren hat, ausgehend von England, besonders in USA in neuerer Zeit große Erfolge gebracht, so daß ein großer Teil der Fahrzeug-Ottomotoren, auch höherer spezifischer Leistung, mit dieser Steuerung ausgerüstet wird.

Die stehenden Ventile beeinflussen, abgesehen von der Steuerung, auch das Bild der übrigen Motorkonstruktion. Der Zylinderkopf ist ohne Ventilführungen und Gaskanäle einfach, der Zylinderblock jedoch, der die Ventile aufzunehmen hat, verwickelter. Die Verwendung eingesetzter nasser Zylinderlaufbüchsen ist aus Dichtungsgründen schwierig und nicht üblich.

Das Anwendungsgebiet erstreckt sich im wesentlichen auf Ottomotoren für Automobile und Krafträder.

Abb. 9 zeigt den Aufbau der Steuerung eines Fahrzeug-Ottomotors mit stehenden Ventilen (Adler). Die Ventile werden durch ebene Pilzstößel, die unmittelbar im Kurbelgehäuseoberteil gelagert sind, betätigt. Das Ventilspiel kann durch eine Kopfschraube im Ventilstößel, welche mit Gegenmutter gesichert wird, nachgestellt werden.

Abb. 10 zeigt den Querschnitt durch einen Fahrzeug-Ottomotor in V-Bauweise (Ford). Die für beide Zylinderreihen gemeinsame Nockenwelle wirkt auf ebene

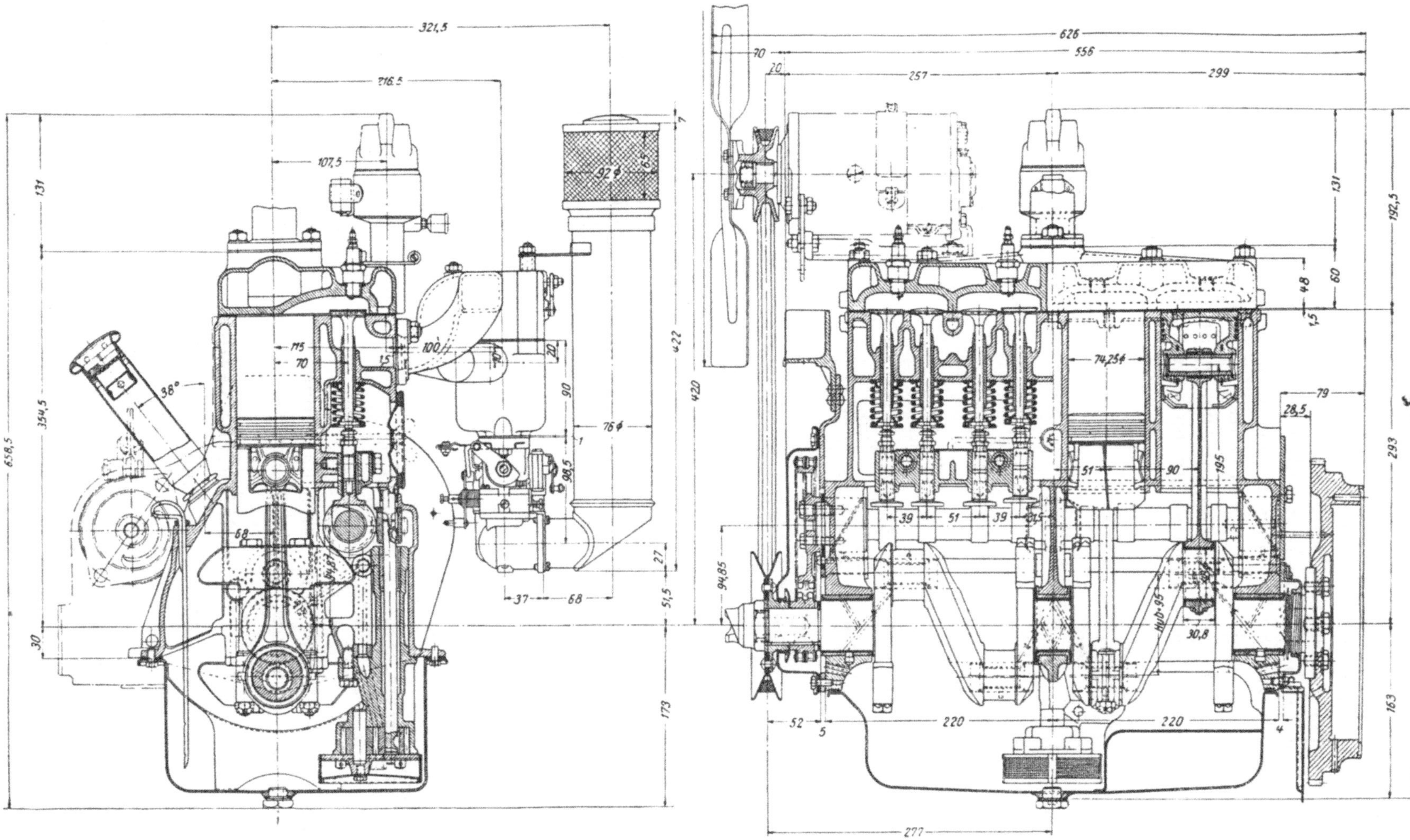

Abb. 9. Fahrzeugmotor mit stehenden Ventilen („Adler-Triumph", 1,7 l).
4 Zyl., 74,25 mm Bohrung, 95 mm Hub, n = 3800 U/min.

Pilzstößel. Die Stößel sind gegossen, ihre Lauffläche ist in der Kokille gehärtet. Abweichend von der üblichen Form des Ventilschaftes ist hier der Konus zur Befestigung des Federtellers am Ventilschaft angeschmiedet. Der Federteller ist daher geschlitzt. Die Ventilführung ist geteilt und durch einen Klemmbügel gesichert. Eine Vorrichtung zur Nachstellung des Ventilspiels ist an diesem Motor nicht vorhanden. Beim Nachschleifen des Ventilsitzes wird das Spiel durch Abschleifen des Ventilschaftes korrigiert, ein Vorgang, der bei der großen Stückzahl dieser Motoren und bei der guten Werkstättenorganisation wirtschaftlich ist.

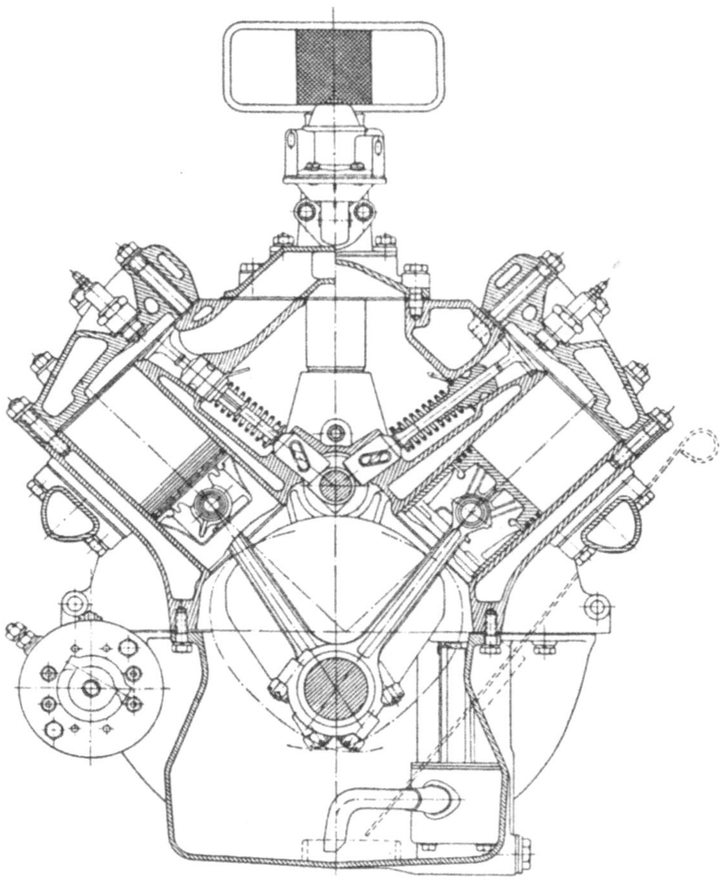

Abb. 10. Fahrzeugmotor, 8 Zyl., V-Bauweise (Ford). 66 mm Bohrung, 81,5 mm Hub, n = 3500 U/min.

Abb. 11 zeigt die Steuerung eines Fahrzeug-Ottomotors (Wanderer), bei welcher die Ventile ohne Zwischenschaltung eines Stößels unmittelbar von der Nockenwelle betätigt werden. Die Reibungskraft zwischen Nocken und Ventil wird hierbei von der Ventilführung aufgenommen. Das Ventilspiel wird mit einer Schraubkappe am Ventilschaft, welche die gehärtete ebene Lauffläche für den Nocken trägt, nachgestellt. Zur Sicherung dient eine Gegenmutter, von der gleichzeitig der Federteller getragen wird.

Abb. 12 zeigt die Steuerung eines Fahrzeug-Ottomotors kleinerer Leistung in Boxerbauweise (Steyr 50). Die Ventile stehen schräg zur Zylinderachse. Die Nockenwelle liegt über der Kurbelwellenachse und betätigt die Stößel beider Zylindergruppen. Die hohlen Stößel und die Ventile gleiten ohne Führungen unmittelbar im Kurbelgehäuseoberteil. Das Ventilspiel wird durch eine Kopfschraube mit Gegenmutter nachgestellt.

b) Hängende Ventile.

Unter der gebräuchlichen Bezeichnung „hängende Ventile“ ist eine Anordnung zu verstehen, bei der die Ventile im Zylinderkopf liegen und nach dem Zylinderinneren öffnen. Die Ventile „hängen“ also nur bei senkrecht stehendem Zylinder.

Hängende Ventile erlauben die Ausbildung wenig zerklüfteter Brennräume und entsprechen so den grundsätzlichen Forderungen einer wirkungsvollen und möglichst klopffreien Brennraumgestaltung besser als stehende Ventile, bei denen zur Unterbringung der Ein- und Auslaßöffnungen eine Zerklüftung des Brennraums notwendig ist. Nur mit hängenden Ventilen können also die sogenannten scheibenförmigen, dachförmigen und halbkugelförmigen Brennräume verwirklicht werden.

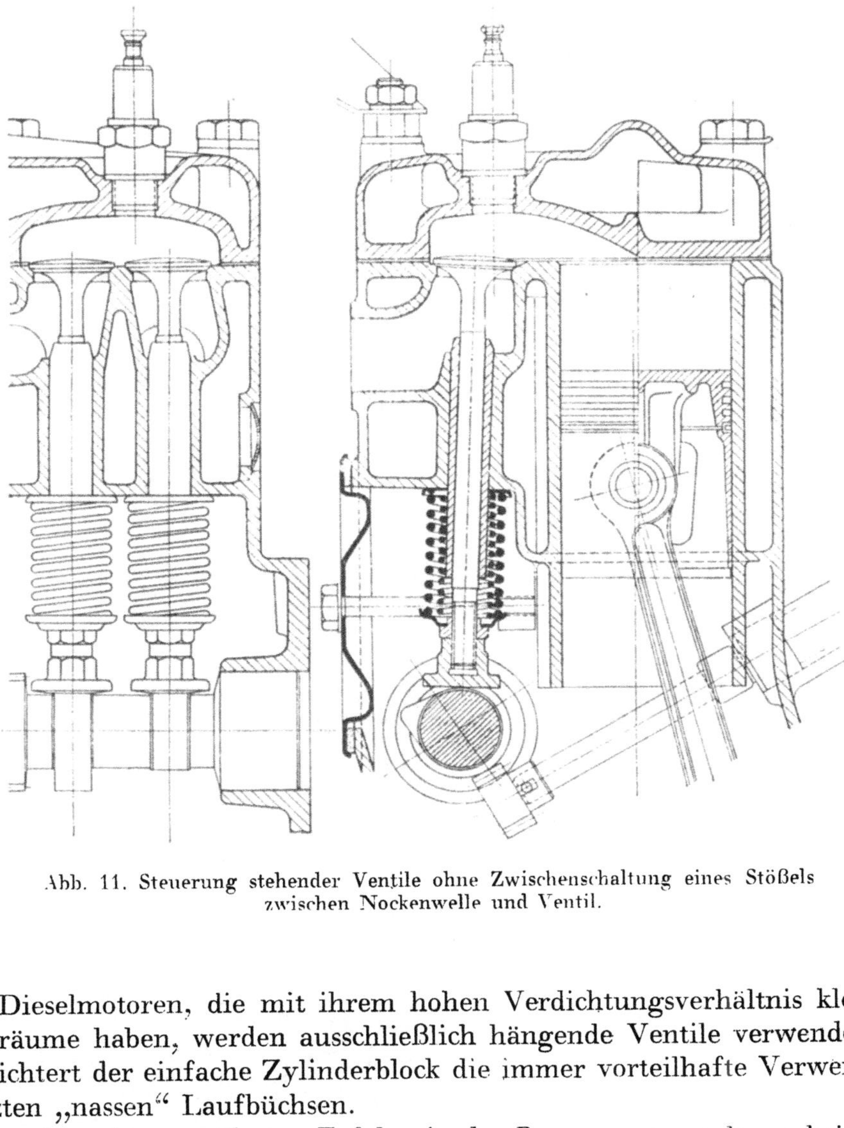

Abb. 11. Steuerung stehender Ventile ohne Zwischenschaltung eines Stößels zwischen Nockenwelle und Ventil.

Für Dieselmotoren, die mit ihrem hohen Verdichtungsverhältnis kleine Kompressionsräume haben, werden ausschließlich hängende Ventile verwendet. Außerdem erleichtert der einfache Zylinderblock die immer vorteilhafte Verwendung von eingesetzten „nassen" Laufbüchsen.

Wegen der schon erwähnten Erfolge in der Brennraumgestaltung bei stehenden Ventilen werden bei Fahrzeug-Ottomotoren im allgemeinen hängende Ventile nur für Hochleistungsmaschinen verwendet, die den erforderlichen größeren Bauaufwand rechtfertigen. An Flugmotoren werden sie jedoch in der Regel ausgeführt, da die Forderung nach geringem Leistungsgewicht die volle Ausnützung des Kraftstoffes, die höhere Klopffestigkeit eines unzerklüfteten „geschlossenen Brennraumes" und eine klare Führung der Lade- und Abgaskanäle und Leitungen verlangt.

An großen ortsfesten Motoren, Schiffsmaschinen und Gasmotoren werden ebenfalls nur hängende Ventile angeordnet. Hier wird der Unterschied der Übertragungswege zwischen stehender und hängender Ventilanordnung bei zunehmenden

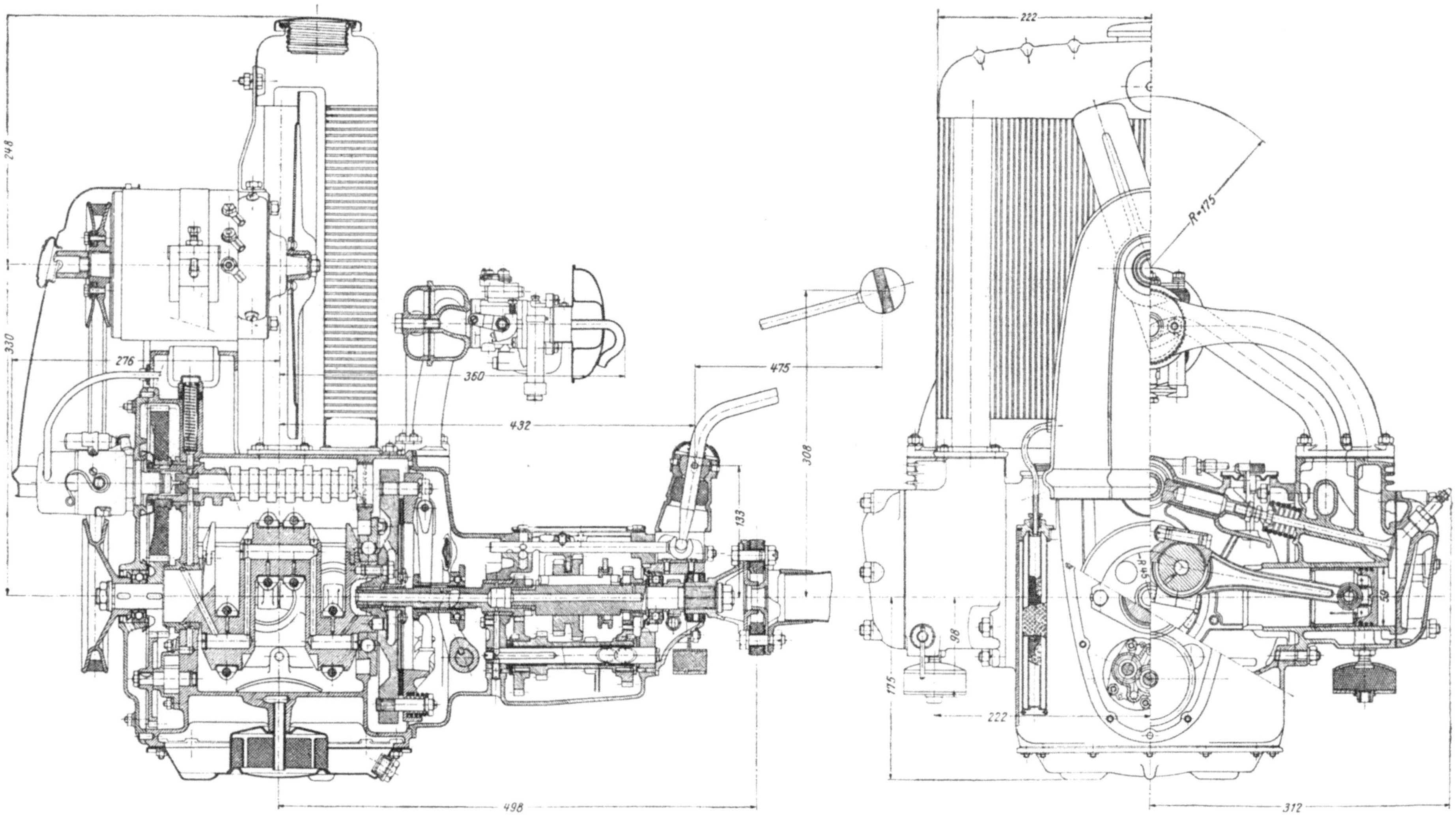

Abb. 12. Fahrzeugmotor in „Boxer"-Bauweise (Steyr).
4 Zyl., 64 mm Bohrung, 90 mm Hub. n = 3600 U/min.

Abmessungen relativ geringer und die Unterbringung der Gaskanäle im Zylinderkopf einfacher als im Zylinderblock bei stehenden Ventilen.

α) *Senkrecht hängende Ventile.*

Senkrecht, d. h. parallel zur Zylinderachse hängende Ventile nach Abb. 13 ergeben geschlossene, scheibenförmige Brennräume. Die Ventilbetätigung ist in vielen Fällen einfacher, die Bearbeitung des Zylinderkopfes in allen Fällen billiger als für geneigt angeordnete Ventile. Im folgenden sind die wichtigsten Antriebsarten beschrieben.

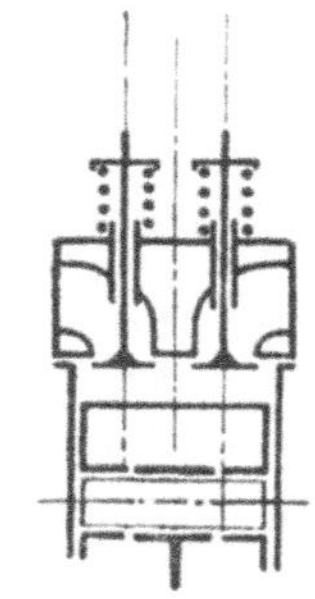

Abb. 13. Schema der Anordnung hängender Ventile.

N o c k e n w e l l e i m K u r b e l g e h ä u s e g e l a g e r t. Abb. 14 zeigt die grundsätzliche Anordnung der Steuerung senkrecht hängender Ventile mit unten liegender Nockenwelle. Damit ist die gebräuchlichste Ausführung des Steuerungsantriebes von Dieselmotoren in Reihenbauart dargestellt. Die Nockenwelle ist im Kurbelgehäuse gelagert und wird mit Stirn- oder Kettenrädern angetrieben.

Bei Dieselmotoren ist der Stirnradantrieb der Nockenwelle womöglich an die Schwungradseite des Motors zu verlegen, da dort die Drehschwingungsausschläge der Kurbelwelle am kleinsten sind. Dies ist allerdings teurer, als wenn die Nockenwelle vorne angetrieben wird. Die Montage des Zahn- oder Kettenrades auf der Kurbelwelle ist auch umständlich, da der Schwungradflansch in der Regel angeschmiedet ist. Bei kleinen Motoren muß daher das Zahnrad auf die Welle geschnitten, bei größeren Motoren zweiteilig aufgesetzt werden. Der Ausbau der Nockenwelle erfordert überdies in der Regel den Abbau des Schwungrades. Bei Fahrzeugmotoren kleinerer Abmessungen genügen zum Nockenwellenantrieb zwei Stirnräder. Bei Motoren mit größeren Abmessungen werden Zwischenräder verwendet, da kleinere Zahnräder in der Herstellung billiger sind und eine stärkere Ausladung des Gehäuses bzw. des Räderkastens über die Kontur des Kurbelgehäuses hinaus vermieden wird.

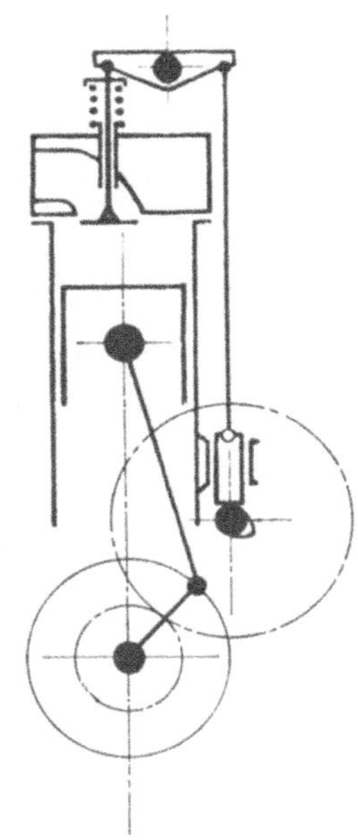

Abb. 14. Schema des Antriebes hängender Ventile durch unten liegende Nockenwelle.

Bei Ottomotoren, deren Triebwerksmassen kleiner sind, kann die Nockenwelle ohne Nachteil auch am vorderen lüfterseitigen Kurbelwellenende angetrieben werden.

Bei Kettenantrieb kann auch bei Dieselmotoren die Nockenwelle ohne Bedenken vom vorderen Kurbelwellenende aus angetrieben werden, da die elastische Kettenübertragung etwaige Kurbelwellenschwingungen ausgleicht.

Über den Nocken sind im Kurbelgehäuse die Stößel gelagert. Es werden Pilz- oder Rollenstößel verwendet. Die Bewegung wird über Stoßstangen und Kipphebel weitergeleitet. Statt des gerade geführten Stößels werden auch Lenker verwendet.

Abb. 15 zeigt den Aufbau der Steuerung eines Fahrzeug-Dieselmotors (Deutz). Die Nockenwelle wird an der Schwungradseite durch schräg verzahnte Stirnräder ohne Zwischenrad angetrieben. Die hohlen, ebenen Pilzstößel laufen unmittelbar

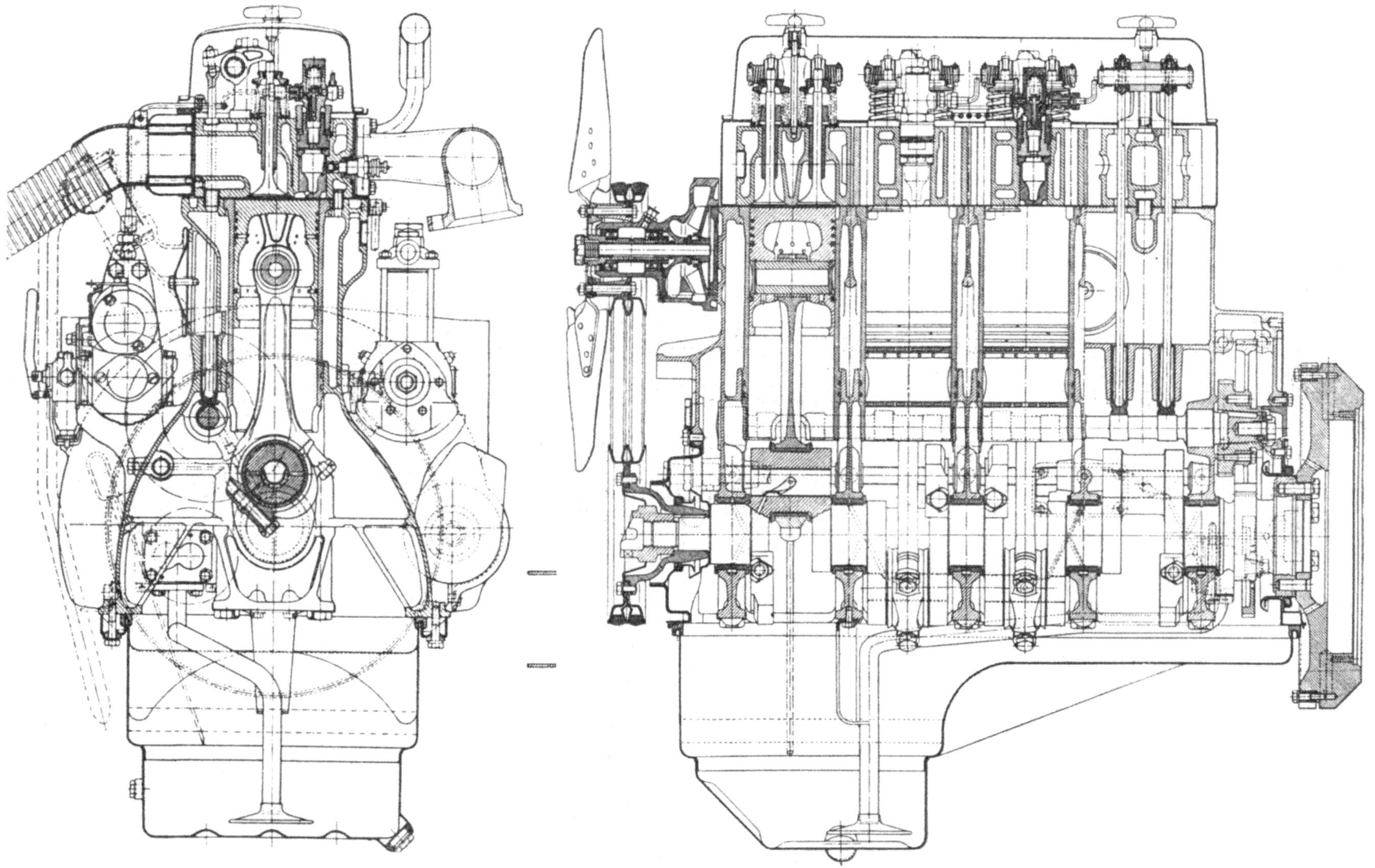

Abb. 15. Fahrzeugdieselmotor mit hängenden Ventilen und untenliegender Nockenwelle.
110 mm Bohrung, 130 mm Hub. n = 2200 U/min. (Deutz).

im Kurbelgehäuse. Die Kipphebel sind nadelgelagert, wodurch die Schmierung wesentlich erleichtert und ein Anschluß der Kipphebelschmierung an die Druckschmierung unnötig wird. Zur Einstellung des Ventilspiels dient die Einstellschraube im Kipphebel.

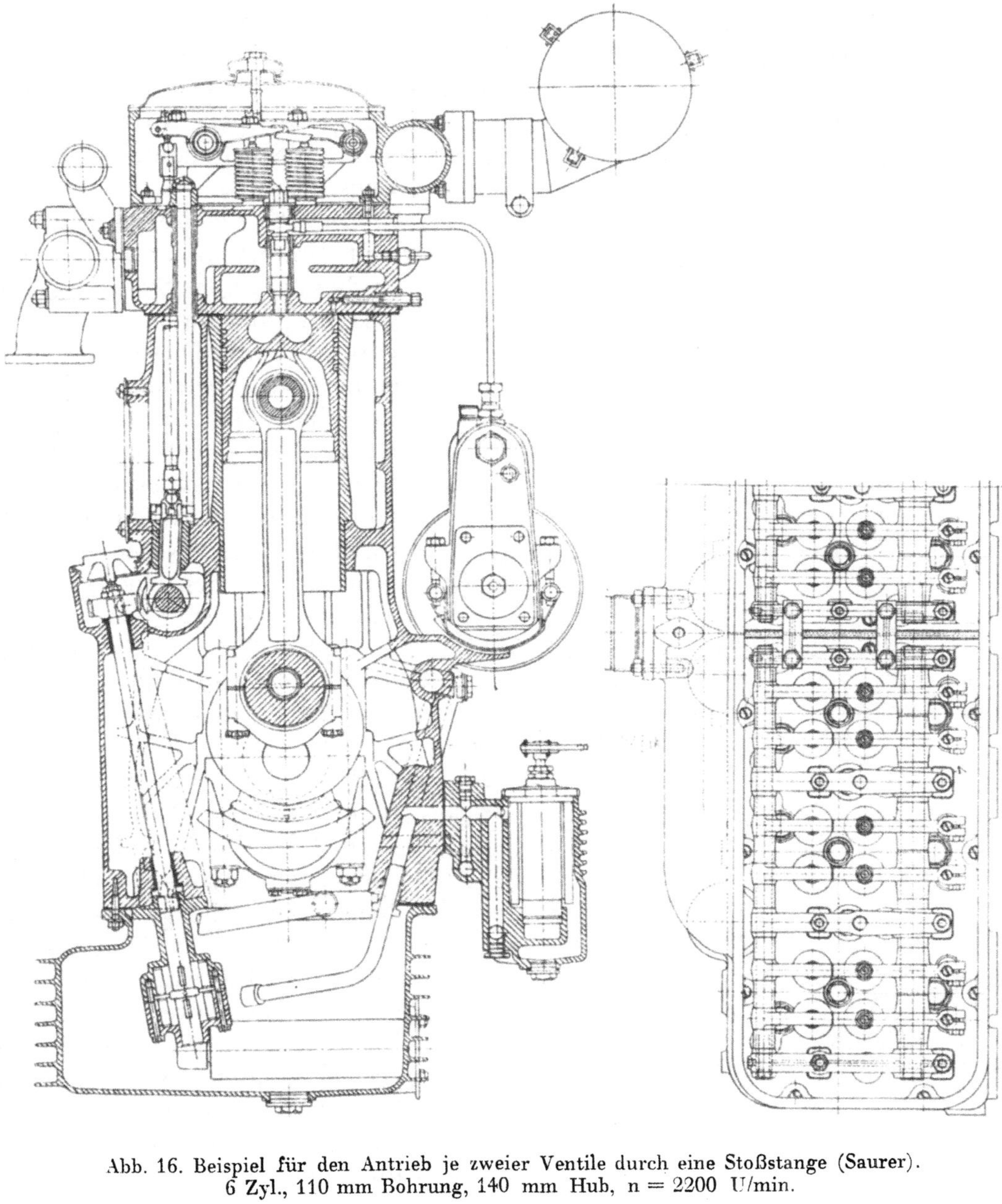

Abb. 16. Beispiel für den Antrieb je zweier Ventile durch eine Stoßstange (Saurer). 6 Zyl., 110 mm Bohrung, 140 mm Hub, n = 2200 U/min.

Bei der Steuerung von Vierventilmaschinen kann je eine Stoßstange jeweils zwei gleichzeitig öffnende Ventile nach dem Schema der Abb. 16 antreiben. Der Kipphebel betätigt ein Ventil und über einen Schwinghebel auch das zweite. Zur Nachstellung des Ventilspiels sind zwei Einstellschrauben am Kipphebel erforderlich.

Abb. 17 und 18 zeigen den Querschnitt durch einen ortsfesten Dieselmotor

(Deutz), Abb. 19 die Ventilbetätigung eines ortsfesten Dieselmotors über Rolle, Lenker, Stoßstange, Einstellschraube und Kipphebel.

Nockenwelle außerhalb des Kurbelgehäuses in halber Maschinenhöhe gelagert. Bei großen, langsam laufenden Motoren werden aus Gründen des Gesamtaufbaues, die im Heft 12 [5] dieser Buchausgabe näher erörtert sind, die Nockenwellen häufig nach Abb. 20 in einem Trog oder in einer Nische außerhalb des Kurbelgehäuses gelagert. Die Ventile werden wie üblich über Stößel oder Lenker, Stoßstangen und Kipphebel angetrieben. Die außen liegende Nockenwelle wird wegen der größeren Entfernung zwischen Kurbelwelle und Nockenwelle vorteilhaft über Ketten angetrieben. Der Stirnradantrieb erfordert Zwischenräder.

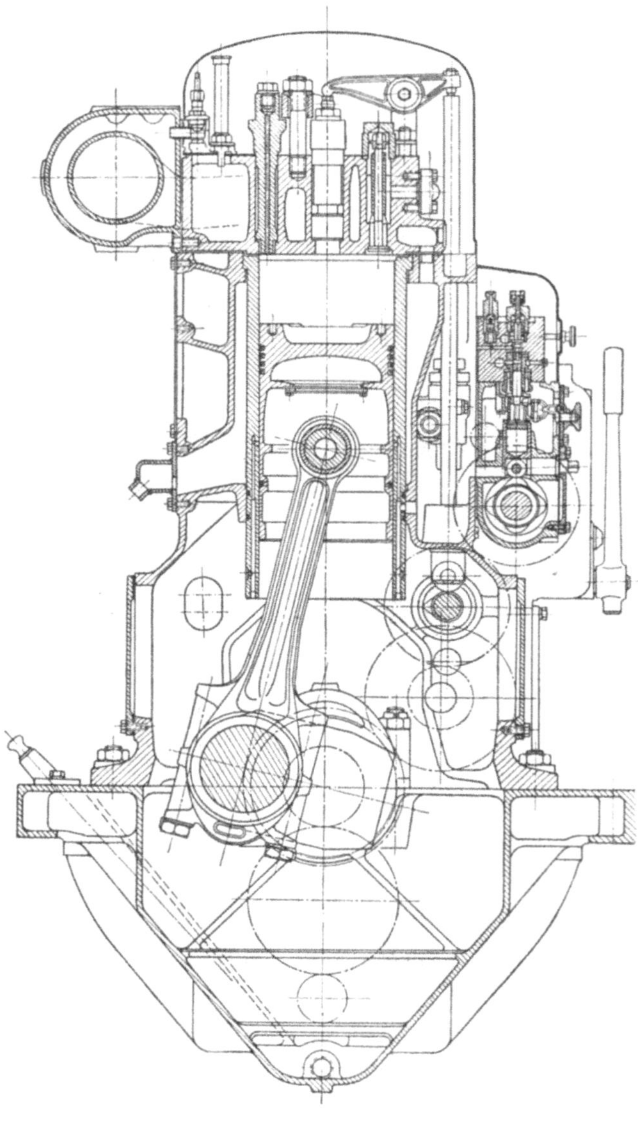

Abb. 17. Steuerung durch untenliegende Nockenwelle bei einem ortsfesten Dieselmotor (Deutz). 220 mm Bohrung, 280 mm Hub, n = 600 U/min.

In Abb. 21 liegt die Nockenwelle in einem Trog. Die Rolle ist diesmal in der Stoßstange selbst gelagert, die durch einen Lenker geführt wird. Diese Ausführung eignet sich besonders für umsteuerbare Maschinen, da mit dem Lenker die Stoßstangen auf einfache Weise während der zum Umsteuern notwendigen Verschiebung der Nockenwelle aus dem Bereich des Nockens ausgeschwenkt werden kann.

Abb. 22 zeigt die Steuerung eines Triebwagendieselmotors in V-Bauweise. Die für beide Zylinderreihen gemeinsame Nockenwelle liegt in einer vom Kurbelraum getrennten Nische und wirkt über Rollen und Lenker, die auf einer gemeinsamen Achse über der Nockenwelle gelagert sind.

Eine in Zylinderkopfhöhe gelagerte Nockenwelle. Die Nockenwelle liegt dabei über oder seitlich entlang den Zylinderköpfen. Ohne Stößel und Stoßstange, in manchen Fällen auch ohne Kipphebel, werden die hin- und hergehenden Massen des Antriebes klein. Die Verwendung einer oben liegenden Nockenwelle ist daher bei Motoren mit besonders hohen Ventilbeschleunigungen, hervorgerufen entweder durch hohe Drehzahlen oder kurze Öffnungszeiten (Zweitakt-

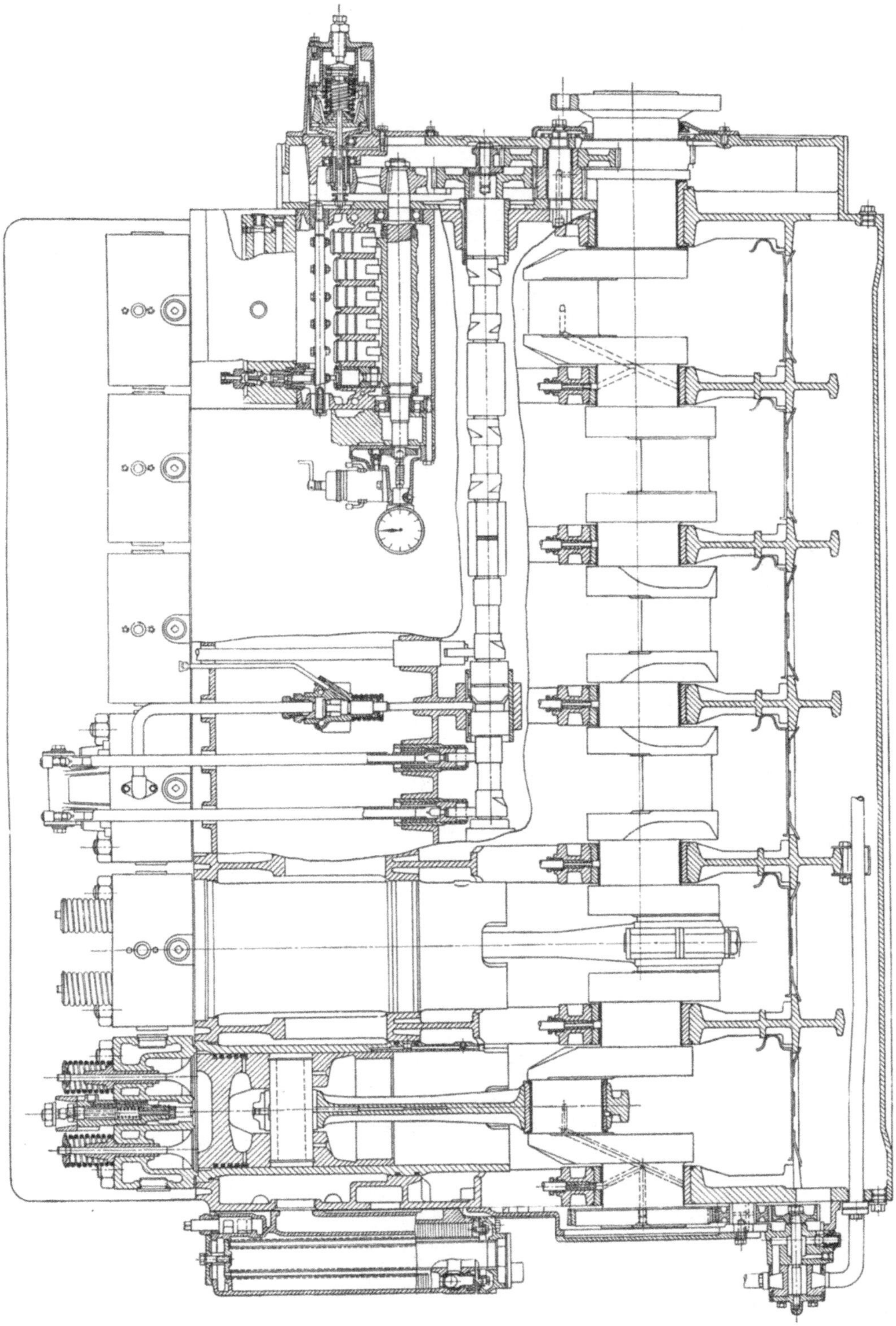

Abb. 18. Längsschnitt zu Abb. 17.

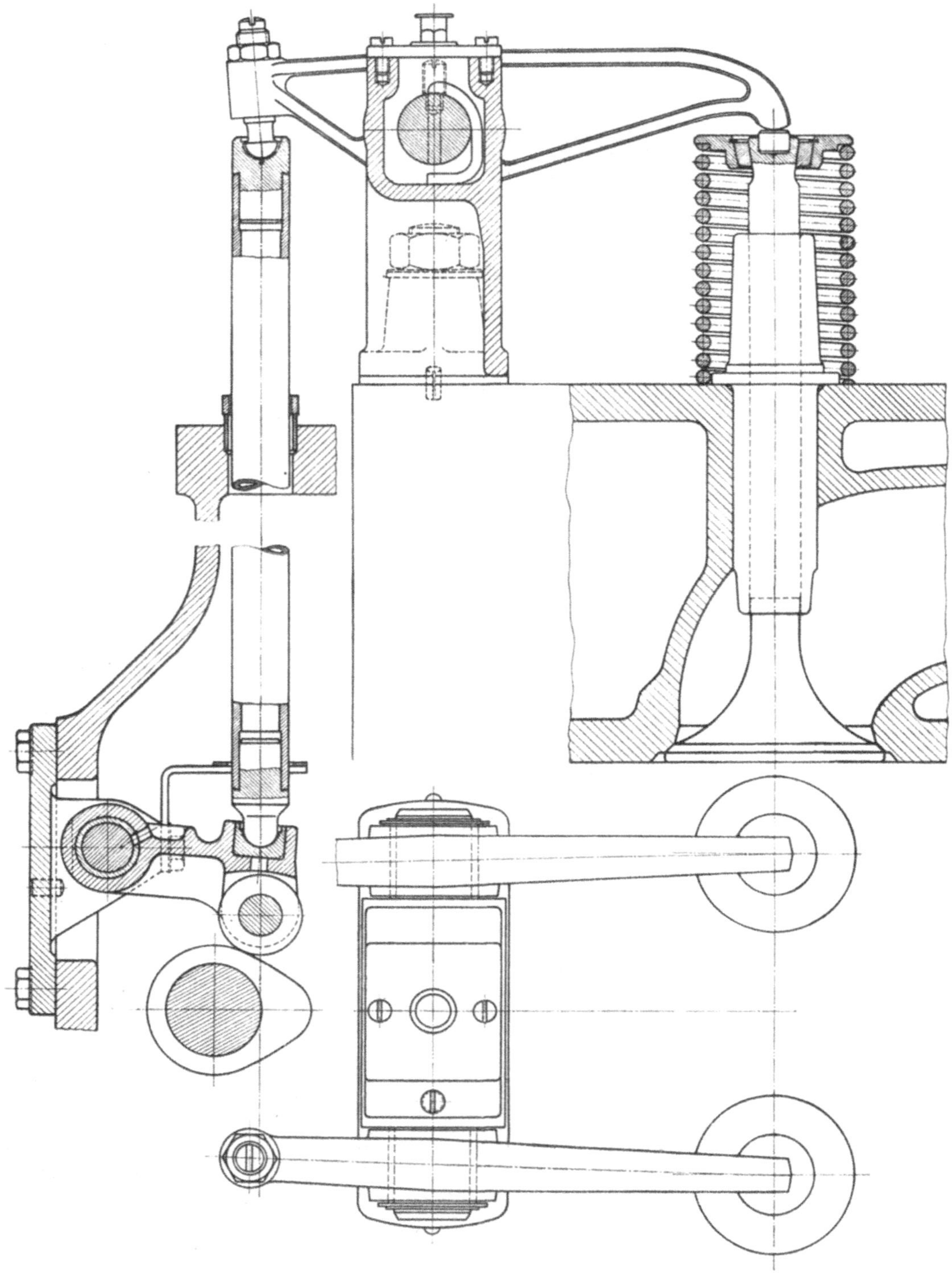

Abb. 19. Ventilantrieb über Lenker und Stoßstange.

ventilmotoren), gerechtfertigt. Auch dann, wenn eine kleine Stirnfläche angestrebt wird (Flugmotoren) ist die Bauart am Platze. Sie bedingt im ganzen einen größeren Aufwand und höhere Herstellungskosten der Maschine.

Die Nockenwelle wird entweder über eine Rollenkette oder über Kegelräder und eine senkrechte Welle, eine sogenannte Königswelle angetrieben. Auch Stirnradgetriebe werden ausgeführt. Ihre Herstellung erfordert jedoch bei hohen Drehzahlen eine besonders genaue und daher teure Bearbeitung der Räder und Lager.

Bei einer oben liegenden Nockenwelle ist bei Ottomotoren kleinerer Abmessungen die Unterbringung und Zugänglichkeit der Zündkerzen erschwert. Bei Dieselmotoren ist die Bauart wegen der Schwierigkeit der Unterbringung und wegen der schlechten Zugänglichkeit der Einspritzventile nicht zu empfehlen.

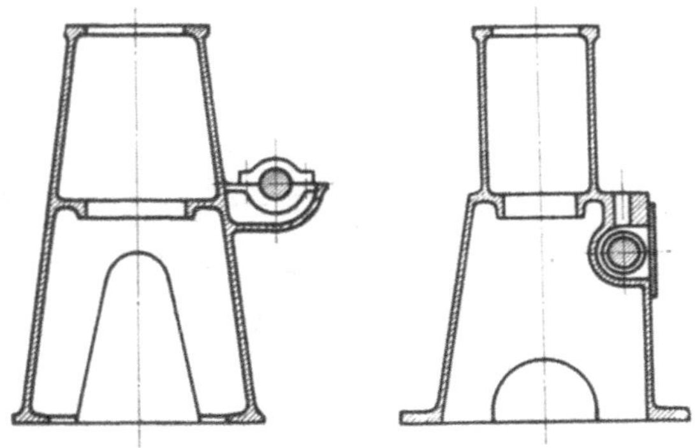

Abb. 20. Schema des Gestells bei Lagerung der Steuerwelle in halber Maschinenhöhe außerhalb des Kurbelkastens.

Die Abb. 23 a—c zeigen im Schema Anordnungen oben liegender Nockenwellen. Im Beispiel der Abb. 23 a liegt die Welle seitlich entlang der Zylinderköpfe. Diese Ausführung wird heute noch vorwiegend bei großen ortsfesten Motoren und Schiffsmotoren. vereinzelt auch bei schnellaufenden Motoren mit einzelnen Zylinderköpfen verwendet, weil dabei der Abbau eines Kopfes nicht behindert wird. In der Ausführung nach Abb. 23 b und c liegt die Welle über den Zylinderköpfen. Die Baubreite der Maschine wird dabei ein Minimum, weshalb diese Bauweise vorteilhaft bei Flugmotoren angewendet wird. Die einzelnen Zylinderköpfe bei Reihenmaschinen werden dabei zweckmäßig zu einem Block vereinigt, wodurch die Ölabdichtung erleichtert wird.

Abb. 24 zeigt die unmittelbare Ventilbetätigung durch die Nockenwelle ohne Zwischenschaltung weiterer Übertragungselemente. Hiebei ist die Reibungskraft des Nockens von der Ventilführung aufzunehmen. Um das Ventilspiel einstellbar zu machen, sind besondere konstruktive Maßnahmen erforderlich (vergleiche Abb. 44).

In Bild 25 ist die Ventilbetätigung eines Flugmotors (Daimler-Benz) mit vier Ventilen je Zylinder dargestellt. Die geringe Schräglage der Ventile zur Zylinderachse bedeutet hiebei noch keine Abweichung von den kennzeichnenden Eigenheiten der Steuerung mit senkrecht hängenden Ventilen.

Abb. 26 und 27 zeigen die Steuerung eines Triebwagen-Dieselmotors in V-Bauweise (Maybach). Die beiden seitlich über den Zylinderköpfen gelagerten Nockenwellen werden an der Schwungradseite über Stirnräder angetrieben. Je ein Ventilpaar der Vierventilköpfe wird durch verschieden lange Kipphebel betätigt. Der kurze Schwinghebel wirkt mit seinem der Rolle abgekehrten Doppelarm gleichzeitig auf zwei Ventile, in gleicher Weise betätigt der andere Hebel gleichzeitig die beiden anderen Ventile. Das Ventilspiel wird mittels Stellschraube am Kipphebel eingestellt.

Abb. 28 zeigt die Steuerung eines Ottomotors höherer Leistung in V-Bauweise (Daimler-Benz). Die beiden über den Zylinderreihen liegenden Nockenwellen werden über eine senkrechte Steuerwelle, ein Kegelradgetriebe und zwei weitere parallel zu den Zylinderachsen liegende Steuerwellen angetrieben.

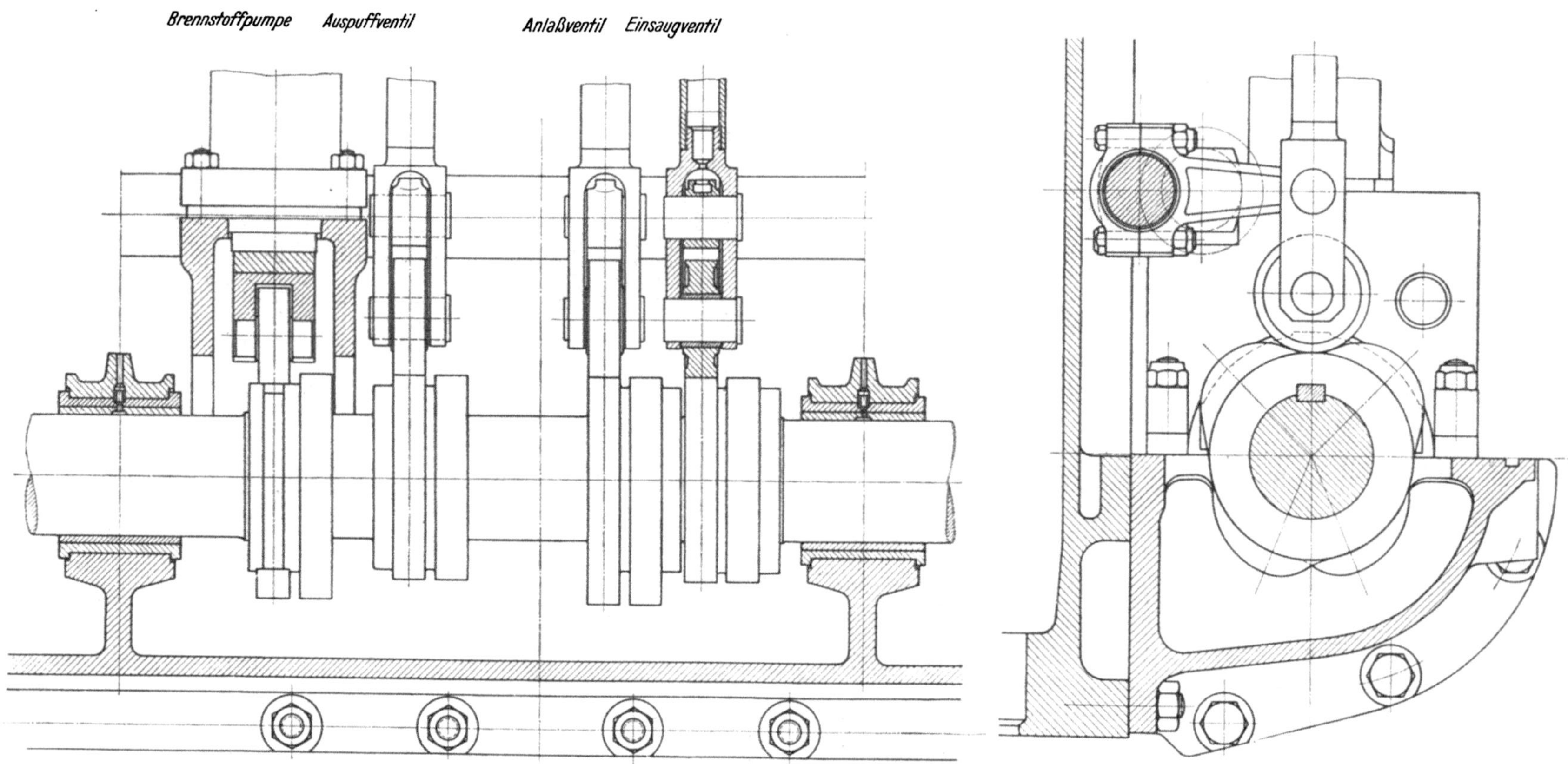

Abb. 21. Steuerung über angelenkte Stoßstangen.

Die Abb. 29 und 30 zeigen den Aufbau eines großen langsamlaufenden Viertaktdieselmotors mit Kreuzkopf (MAN). Die Nockenwelle liegt seitlich entlang den Zylinderköpfen in einem am Zylinderblock abgestützten Trog. Sie ist durch Kette angetrieben. Das geteilte Abtriebsrad sitzt in Mitte der dort geteilten Kurbelwelle am Kupplungsflansch. Die Kette treibt im Übersetzungsverhältnis 1:1 eine unterhalb der Nockenwelle liegende Zwischenwelle, von der aus die Nockenwelle durch Stirnräder angetrieben wird. Die Ventile werden durch Kipphebel betätigt. Das Ventilspiel wird wie üblich mit Einstellschrauben an den Kipphebeln eingestellt.

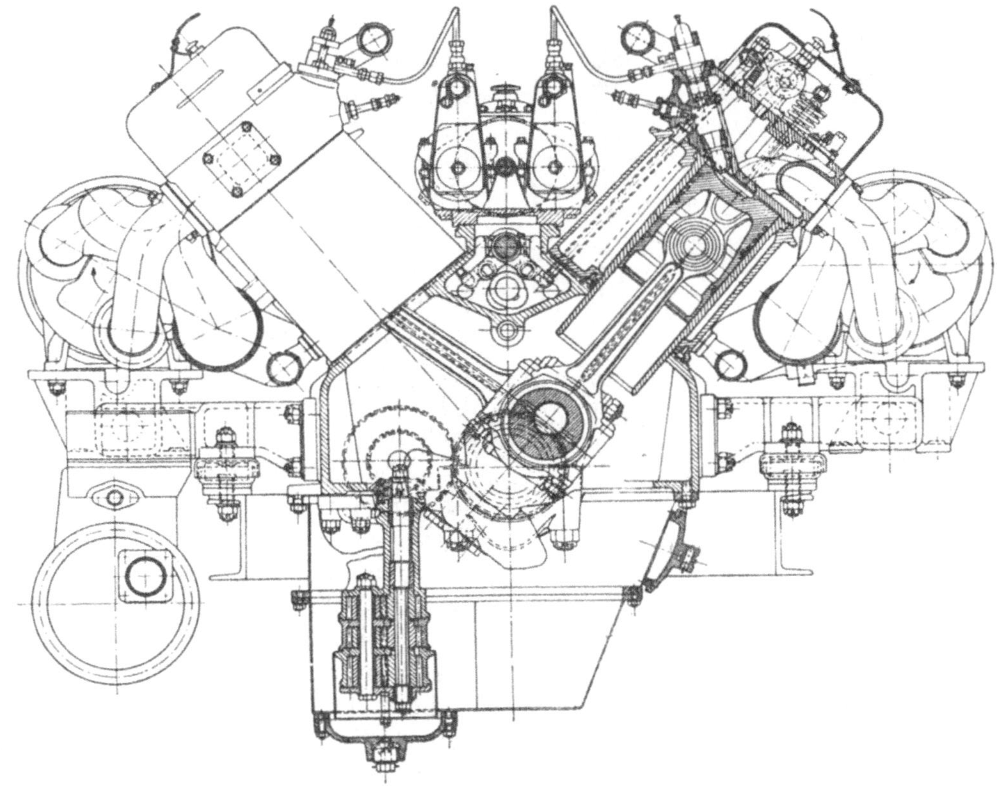

Abb. 22. Steuerung eines Triebwagenmotors mit V-förmig angeordneten Zylindern durch eine Nockenwelle für beide Zylinderreihen (Simmeringer Maschinen- und Waggonbau-AG.) 12 Zyl., 150 mm Bohrung, 190 mm Hub, n = 1300 U/min.

Zwei über dem Zylinderkopf liegende Nockenwellen. Für Zylinderköpfe mit senkrecht hängenden Ventilen werden zwei oben liegende Nockenwellen selten und dann nur für mehr als zwei Ventile je Kopf ausgeführt.

Bild 31 zeigt das Schema eines Vierventilantriebes. Eine der Nockenwelle kann durch eine senkrechte Steuerwelle getrieben werden, die zweite mit ihr durch ein Stirnräderpaar gekuppelt sein. Die Möglichkeit einer Einstellung des Ventilspiels muß dabei ähnlich wie nach Abb. 44 geschaffen sein.

β) Geneigt hängende Ventile.

Soll ein dach- oder halbkugelförmiger Brennraum ausgeführt werden, so ist eine mehr oder minder stark geneigte Lage der im Zylinderkopf angeordneten Ventile nach Abb. 32 erforderlich. Dabei ist es überdies möglich, größere Ventile unterzubringen als bei parallel liegenden Ventilen. Die Herstellung des Zylinderkopfes wird jedoch teurer.

Nockentrommel oder Nockenwelle im Kurbelgehäuse gelagert. Geneigt hängende Ventile sind üblich bei ventilgesteuerten Sternmotoren, da in diesem Falle, wie bei allen anderen Motoren mit einzeln stehenden Zylindern für die Gestängeführung in räumlicher Hinsicht größere Freiheiten gegeben sind. Bei Sternmotoren werden die Ventile in der Regel von einer um die Kurbelwelle rotierenden Nockentrommel nach Abb. 33 und 34 angetrieben. Bei luftgekühlten Motoren bietet sich bei geneigt hängenden Ventilen Möglichkeit zu guter Kühlung. Für Einzylinder-Kraftradmotoren werden statt der Nockentrommel in der Regel zwei kurze Nockenwellen angeordnet.

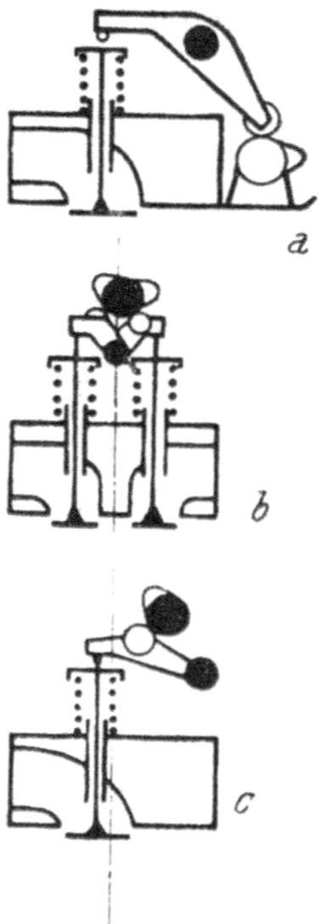

Abb. 23. Schema der Ventilsteuerung durch obenliegende Nockenwelle

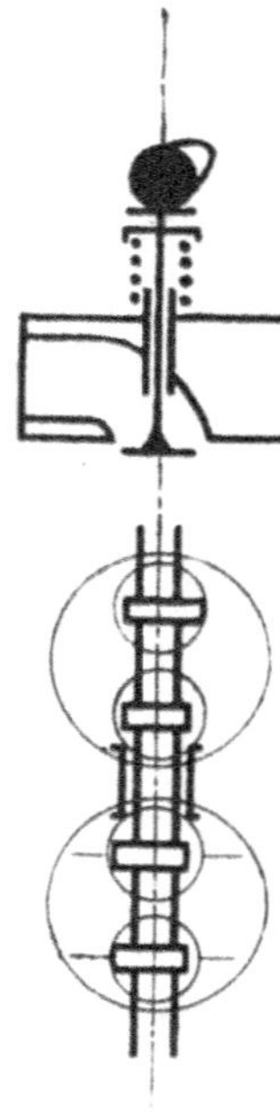

Abb. 24. Schema einer Ventilsteuerung bei unmittelbarer Betätigung des Ventiles durch die Nockenwelle.

Bei Reihenmotoren mit unten liegender, im Kurbelgehäuse gelagerter Nockenwelle ist die Steuerung schräg gestellter Ventile über Stoßstangen schwieriger, als die von senkrecht stehenden Ventilen.

Abb. 35 zeigt die Steuerung eines Sternmotors. Die Stoßstangen sind öldicht gekapselt und werden von der Nockenscheibe über Rollenstößel getrieben. Die geschlitzten Stößel sind durch einen in der Stößelführung befestigten Stift gegen Verdrehung gesichert. Die Feder im Stößel bewirkt ein Anliegen von Stößel, Stoßstange, Kipphebel und Ventilschaft, so daß das erforderliche Ventilspiel immer zwischen Rolle und Nockentrommel entsteht. Die Nachstellung des Ventilspiels ist wie üblich durch Stellschraube möglich. Abb. 36 gibt einen Einblick in das Steuergestänge eines Doppelsternmotors. Jede Sternreihe ist durch je eine Trommel am vorderen und hinteren Motorende gesteuert.

Abb. 37 zeigt einen luftgekühlten Fahrzeug-Ottomotor in V-Bauweise (Steyr). Die Nockenwelle liegt zentral und wirkt über ebene Pilzstößel, öldicht gekapselte Stoßstangen und Kipphebel. Die Stoßstangen dringen hiebei in den Umriß des Zylinderblocks ein. In den Einzelzylinderköpfen sind die Kipphebel auf verschiedenen Achsen gelagert. Bemerkenswert ist die Art der Kipphebelschmierung von der Stößelführung aus durch die hohle Stoßstange.

Als grundsätzlich ähnliches Ausführungsbeispiel zeigt Abb. 38 einen wassergekühlten Fahrzeug-Ottomotor (Daimler-Benz). Die Stoßstangen durchdringen auch hier den Zylinderblock und den Kopf, wodurch die Gußformen verwickelter werden.

In Abb. 39 ist der Querschnitt durch den Zylinderkopf eines Fahrzeug-Ottomotors höherer Literleistung für Sportwagen gezeigt (BMW). Auch daraus ist der

Aufwand ersichtlich, der zur Betätigung schräg hängender Ventile von einer unten liegenden Nockenwelle aus erforderlich ist. Das Auspuffventil wird über einen einfachen Kipphebel getrieben, während zur Betätigung des Einlaßventils ein Winkelhebel vorgesehen ist, der durch eine weitere Stange über einem Kipphebel auf das Ventil einwirkt. Wie üblich, wird das Ventilspiel durch Stellschrauben eingestellt. Der Ausbau der Zündkerze erfordert einen besonderen Schlüssel und Geschicklichkeit. Trotzdem hat sich dieser Motor mit einer Literleistung von 40 bis 50 PS bei hohen Drehzahlen bewährt.

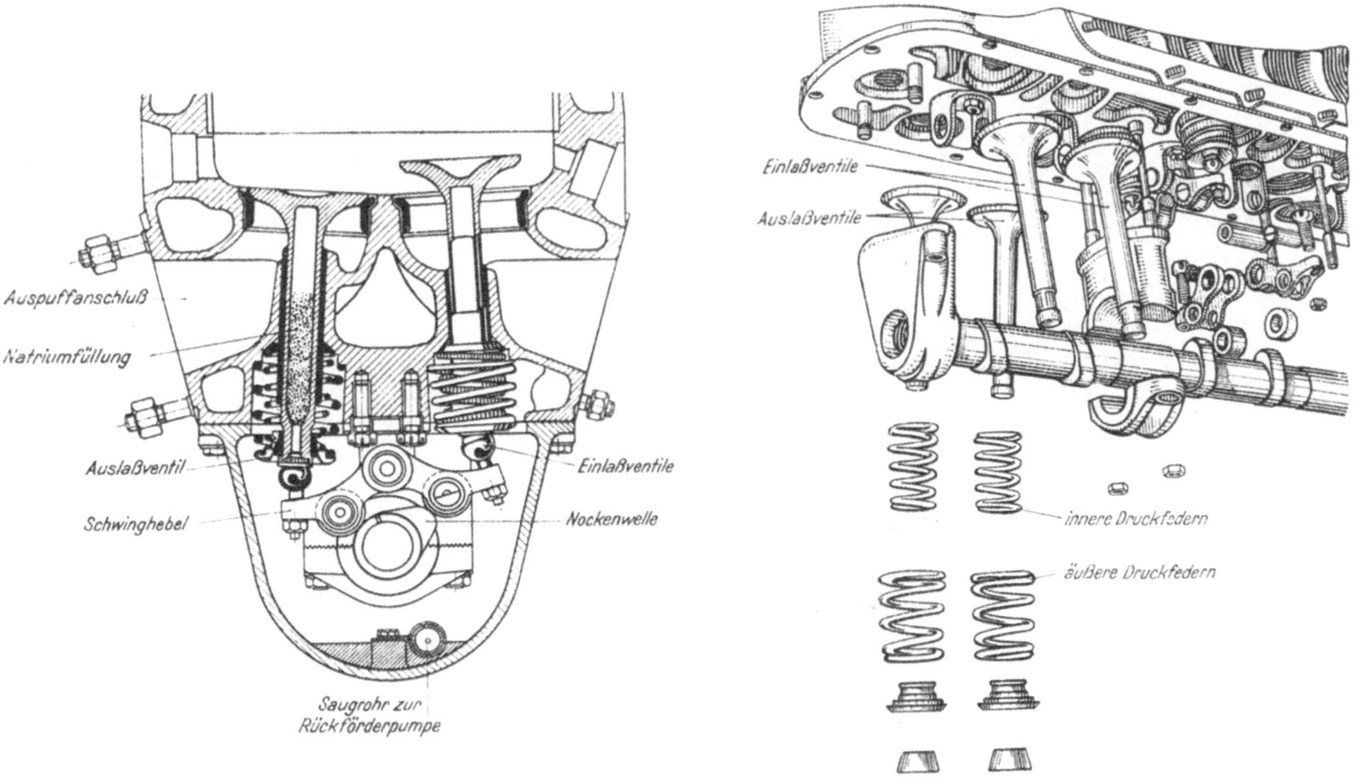

Abb. 25. Vierventilantrieb mit obenliegender Nockenwelle (Daimler-Benz).

E i n e ü b e r d e m Z y l i n d e r k o p f l i e g e n d e N o c k e n w e l l e. Einfacher ist der Antrieb geneigter Ventile von einer über den Zylinderköpfen liegenden Nockenwelle mit Kipphebel. Für eine erwünschte zentrale Anordnung von Zündkerzen oder Einspritzventilen ergeben sich allerdings auch hier Schwierigkeiten.

Abb. 40 und 41 zeigen einen luftgekühlten Fahrzeug-Ottomotor in V-Bauweise (Tatra). Die beiden über den Zylinderreihen liegenden Nockenwellen sind durch Rollenketten getrieben und wirken über Kipphebeln mit gewölbten Gleitflächen auf die Ventile. Die Einstellschrauben für das Ventilspiel sind durch Öffnungen im Nockenwellengehäuse zugänglich, die durch Blechdeckel verschlossen werden.

Abb. 42 zeigt das Kipphebelpaar eines Flugmotors mit Vierventilsteuerung (Allison), bei dem die Nockenwelle über dem Zylinderkopf liegt. Die Kipphebel tragen nockenwellenseitig eine Rolle. Die gegabelten ventilseitigen Enden wirken über Stellschrauben auf die schräg hängenden Ventile.

Zwei über dem Zylinderkopf liegende Nockenwellen. Die Verwendung schräg hängender Ventile und ihre unmittelbare Betätigung durch zwei oben liegende Nockenwellen erfordern vor allem bei Köpfen mit nur zwei Ventilen einen verhältnismäßig großen Aufwand, der nur bei Forderung nach besonders

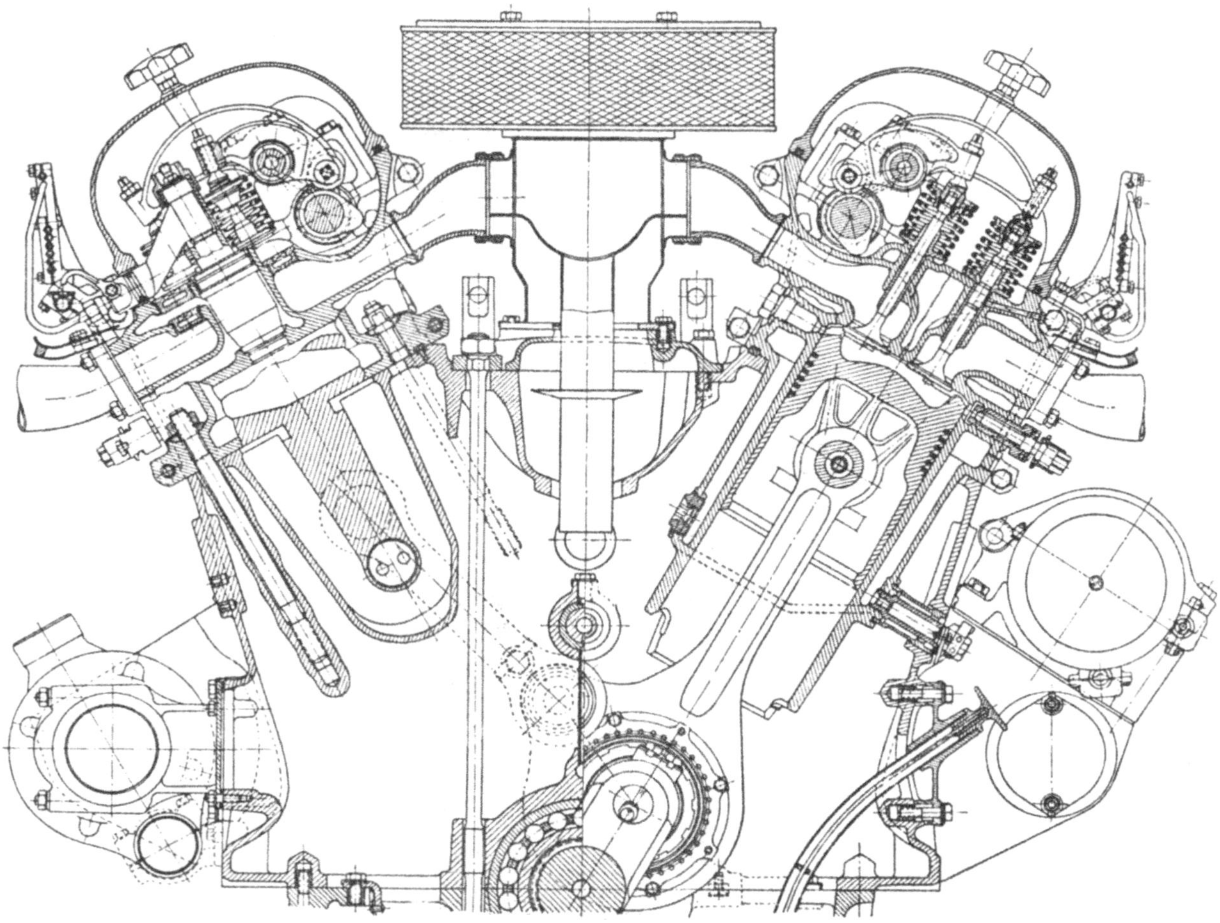

Abb. 26. Vierventilsteuerung mit seitlich von den Zylinderköpfen liegender Nockenwelle (Triebwagenmotor Maybach).
12 Zyl., 160 mm Bohrung, 200 mm Hub, n = 1400 U/min.

hohen spezifischen Leistungen und bei hohen Drehzahlen gerechtfertigt erscheint. Die Ausführung ist daher nur bei Fahrzeug-Rennmotoren und einzelnen Flugmotoren zu finden. In Abb. 43 ist der Antrieb der beiden oben liegenden Nockenwellen eines Fahrzeug-Ottomotors für Sport- und Rennwagen (Alfa Romeo) gezeigt. Mit einer Dreifachrollenkette ist ein Zwischenrad angetrieben, das in die beiden Stirnräder auf den Nockenwellen eingreift. Zur Nachstellung der Kette dient ein verschiebbar gelagertes Kettenspannrad. In Abb. 44 ist der Ventileingriff des Nocken desselben Motors gezeigt. Der obere Federteller ist in einem hülsenförmigen Fortsatz am Ventilschaft gegen Verdrehung gesichert verschiebbar. Die mit dem Nocken zusammenarbeitende Pilzplatte hingegen ist auf dem Ventilschaft

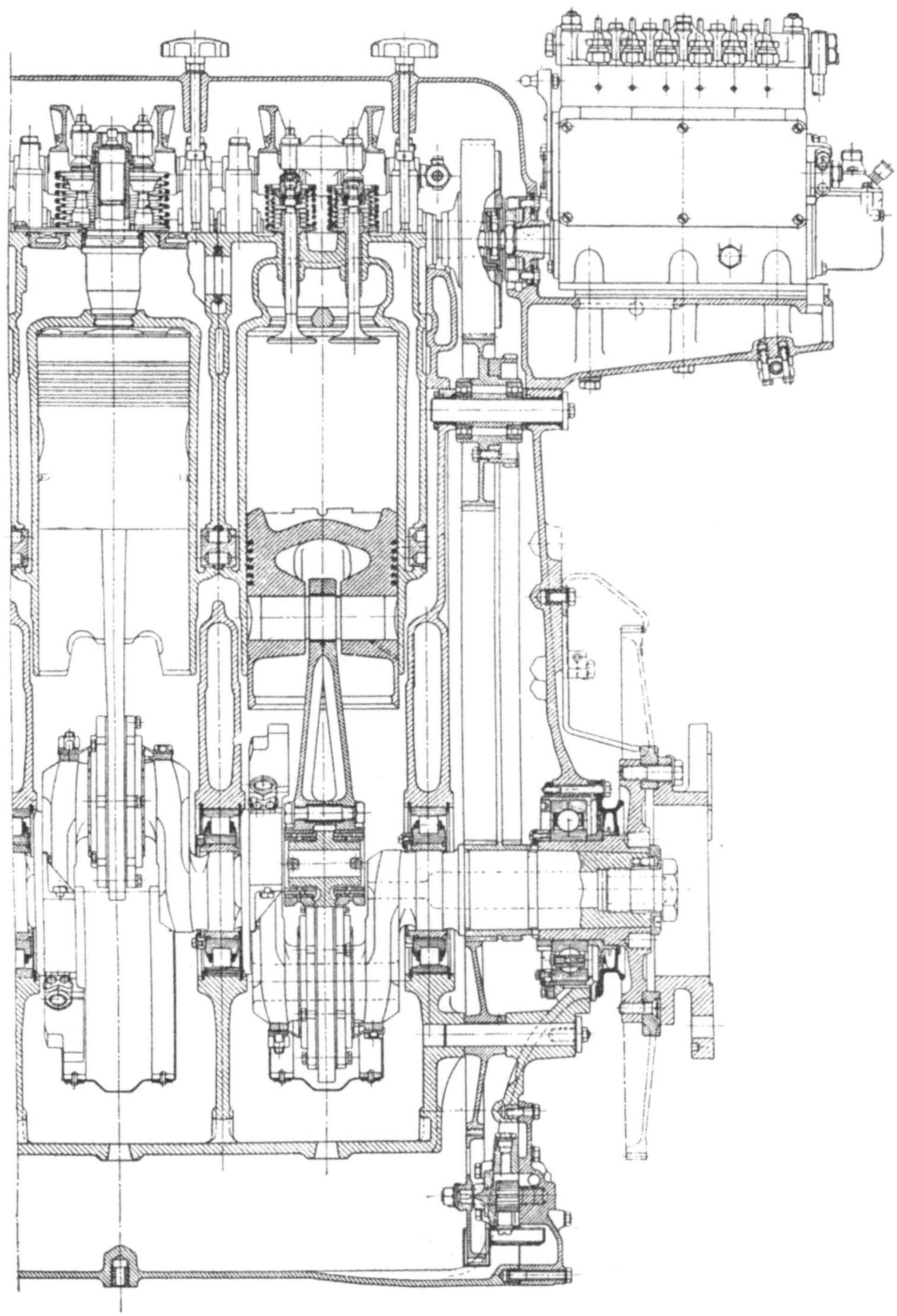

Abb. 27. Längsschnitt zu Abb. 26.

aufgeschraubt. Das Ventilspiel wird durch Verdrehen der Pilzplatte eingestellt. Federteller und Pilzplatte sind durch eine Stirnverzahnung gegenseitig gesichert, die eine Verdrehung des Pilzes im Betrieb verhindert.

2. Einteilung der Bauformen nach der Zahl der Ventile je Kopf.

Kennzeichnend sowohl für den Aufbau des Steuerungsmechanismus als auch für die Konstruktion des Zylinderkopfes ist die Zahl der Ventile für jede der Funktionen des Einlasses und des Auslasses. Darnach unterscheidet man für Zweitaktmaschinen mit Gleichstromspülung Zylinderköpfe mit einem, drei oder vier Auslaßventilen; für Viertaktmotoren Zylinderköpfe mit zwei, drei oder vier Ventilen. Zylinderköpfe mit mehr als vier Ventilen sind nicht gebräuchlich.

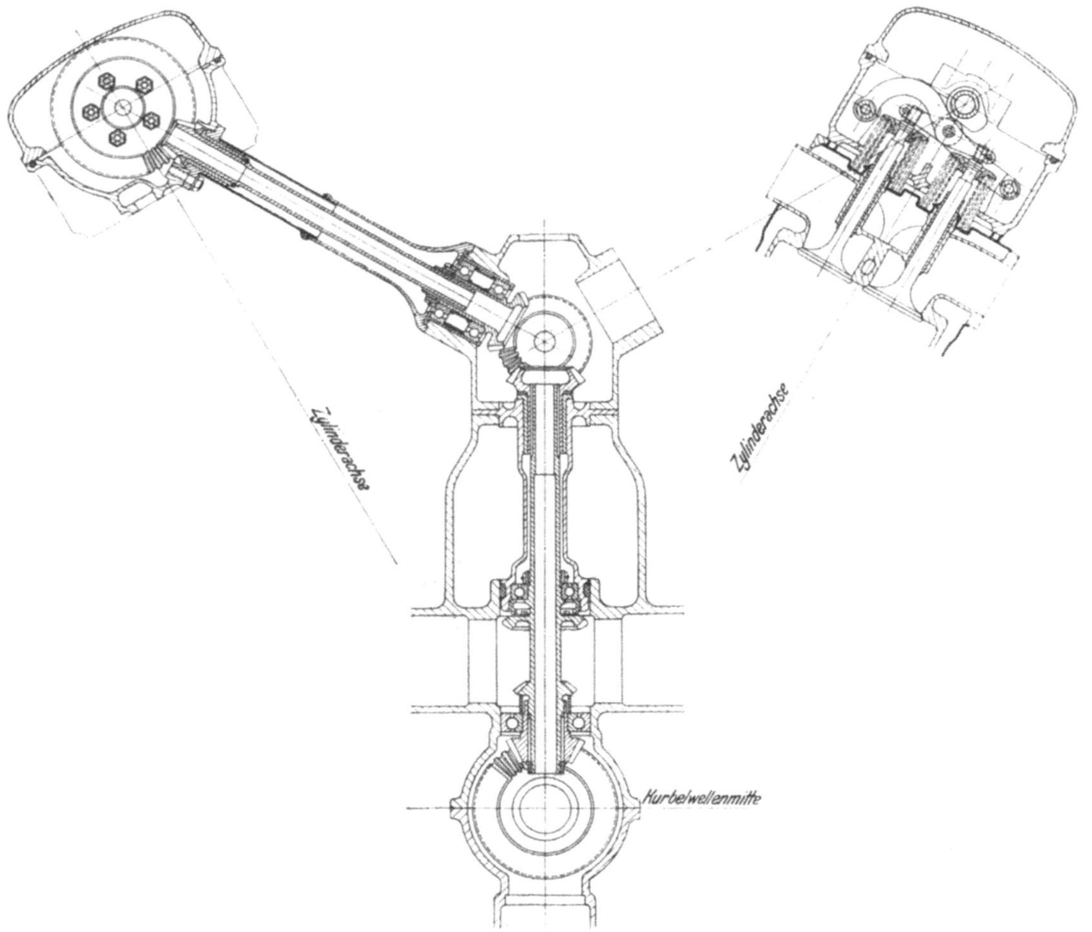

Abb. 28. Antrieb der obenliegenden Nockenwelle eines Motors mit V-förmig angeordneten Zylindern durch Kegelradgetriebe.

Das Beispiel einer langsam laufenden Zweitakt-Dieselmaschine mit einem Ventil zeigt Abb. 45. Das zentral im Zylinderkopf sitzende Auslaßventil wird von der außerhalb und oberhalb des Kurbelgehäuses gelagerten Nockenwelle in schon beschriebener Art über Rollenstößel, Stoßstange und Kipphebel betätigt.

Zwei Ventile je Kopf (je eines für Ein- und Auslaß) werden bei den meisten schnellaufenden Otto- und Dieselmotoren und bei fast allen Viertaktlangsamläufern

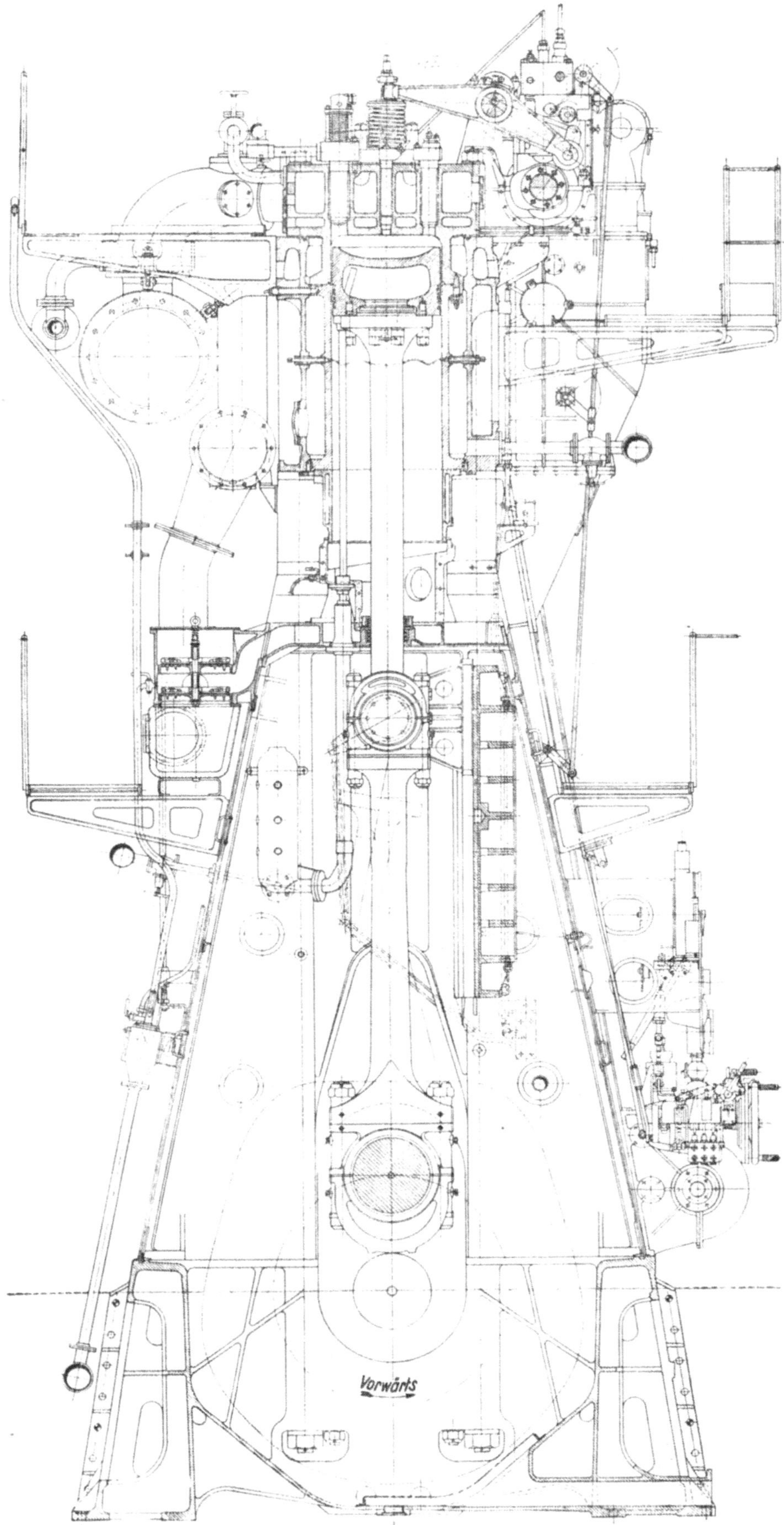

Abb. 29. Steuerung eines Großmotors (650 mm Zylinderdurchmesser, 1400 mm Hub). Obenliegende Nockenwelle durch Kette getrieben (MAN). n = 115 1/min.

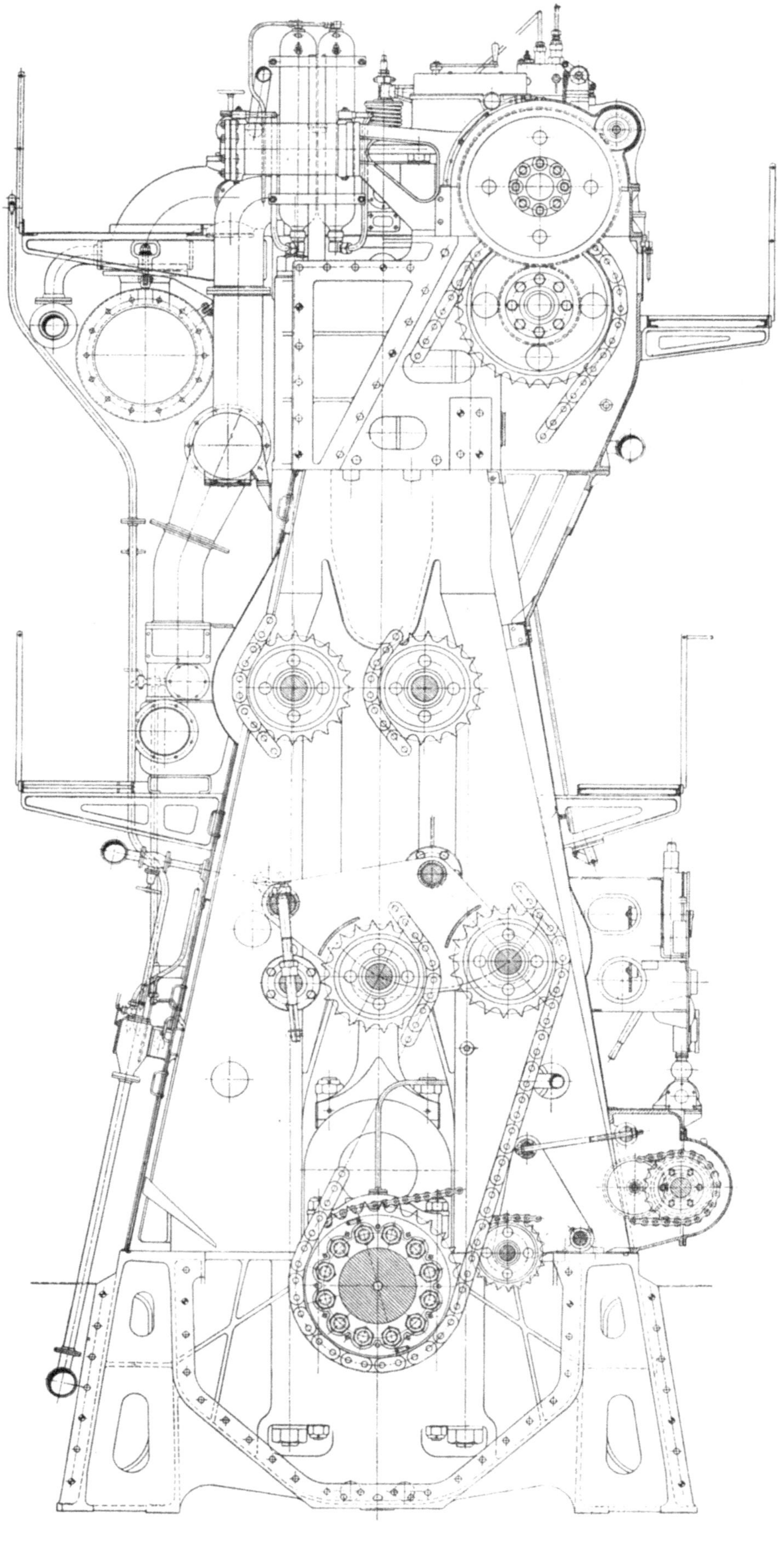

Abb. 30. Kettentrieb der Maschine nach Abb. 29.

verwendet. Für die Betätigung von zwei Ventilen je Kopf kommen alle im vorhergehenden Abschnitt beschriebenen Ausführungen in Betracht.

Bei Verwendung von mehr als einem Ventil für jede der Funktionen des Aus- und Einlasses wird die Unterbringung größerer Ladungswechselquerschnitte aus

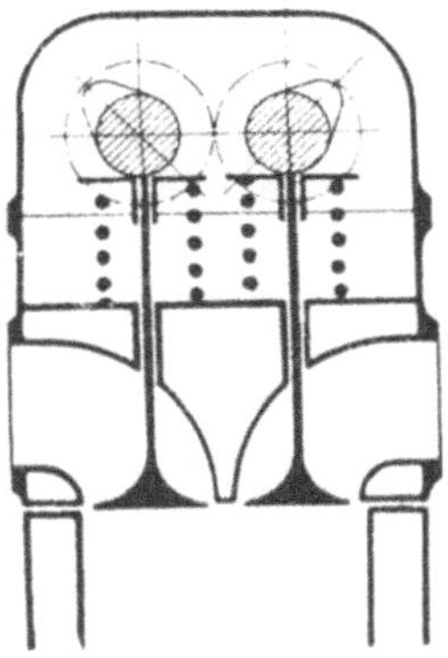

Abb. 31. Vierventiltrieb mit zwei über dem Zylinderkopf liegenden Nockenwellen (schematisch).

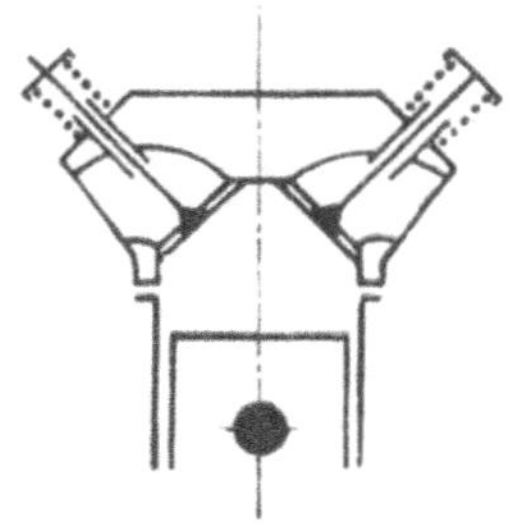

Abb. 32. Schema der Anordnung geneigt hängender Ventile.

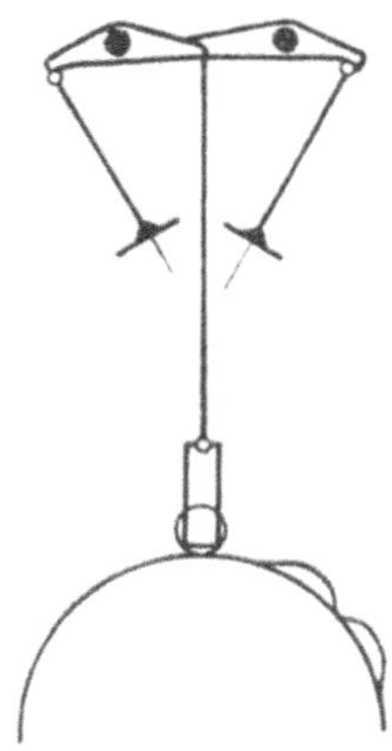

Abb. 33. Schema des Antriebes geneigt hängender Ventile bei Einzylinderanordnung.

geometrischen Gründen möglich. Bei je zwei Ventilen (Vierventilausführung) wird auch der zentrale Einbau von Einspritzventilen oder Zündkerzen vor allem bei Motoren mit kleineren Abmessungen erleichtert. Durch die Aufteilung des Ladungs-

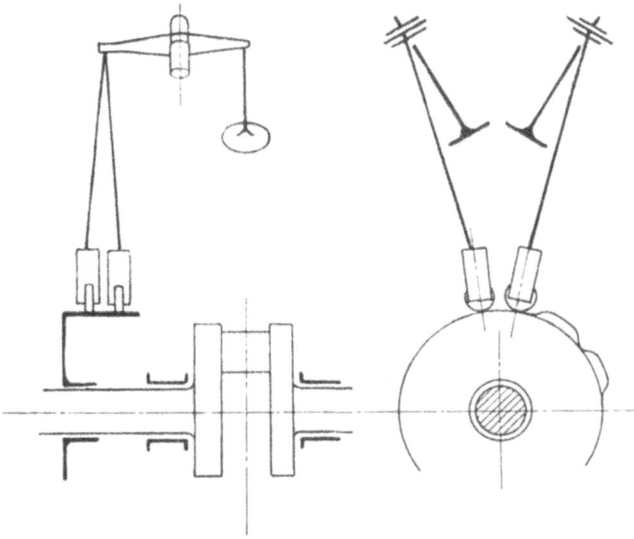

Abb. 34. Schema des Antriebes geneigt hängender Ventile bei Einzelzylinderanordnung.

wechselquerschnittes auf zwei oder mehr Ventile wird außerdem die thermische Beanspruchung der kleineren Auspuffventile geringer als die eines äquivalenten einzelnen Ventils (vergl. auch Abschnitt B III 2). Die Konstruktion des Zylinderkopfes ist jedoch bei mehr als zwei Ventilen schwieriger, ebenso die Kühlwasserführung zu den gefährdeten Stellen zwischen den Ventilen.

Neben der Vierventilausführung werden seltener auch Dreiventilköpfe entweder mit einem Einlaß- und zwei Auslaßventilen oder mit einem Auslaß- und zwei Einlaßventilen gebaut.

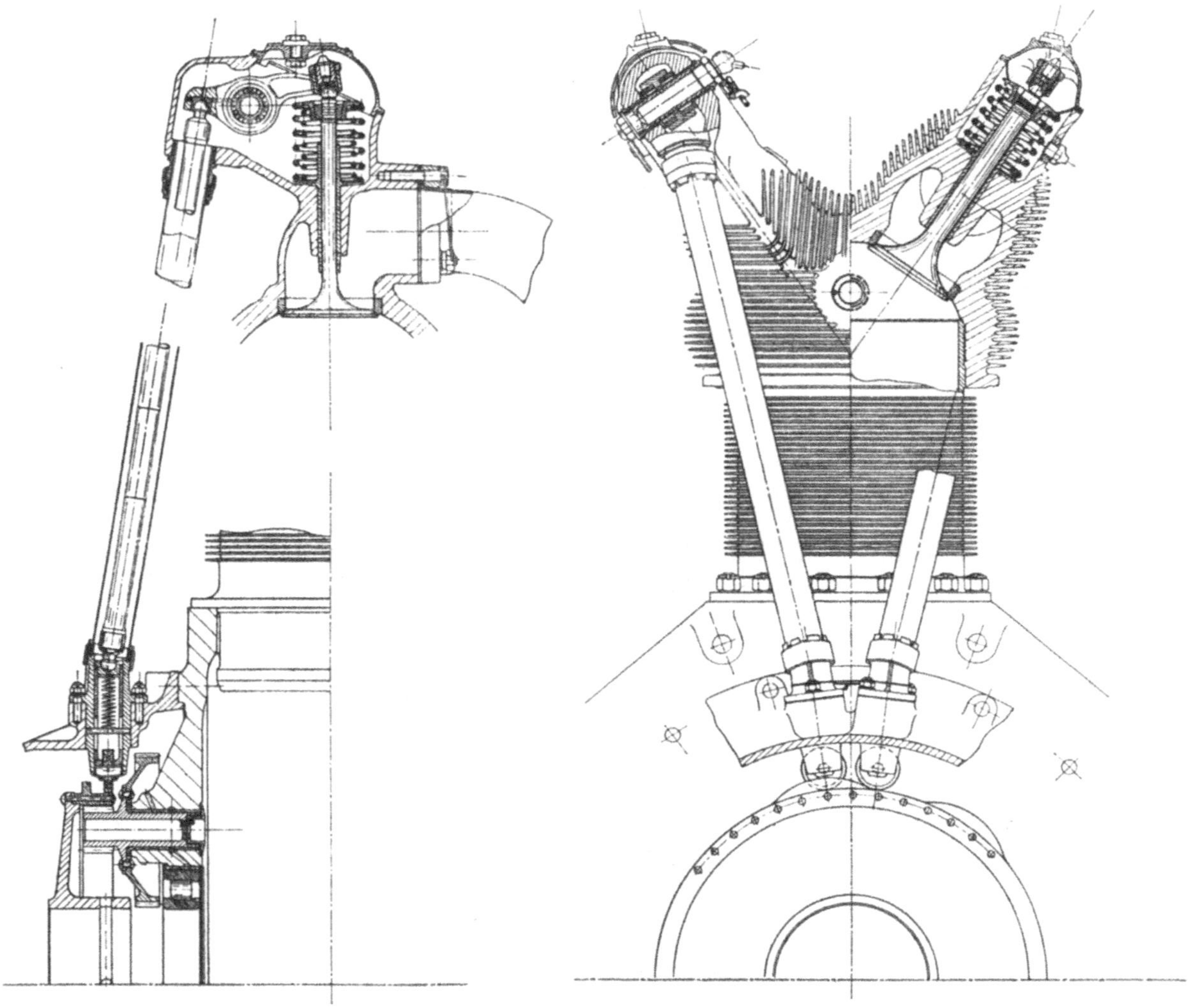

Abb. 35. Steuerungsgestänge eines luftgekühlten Sternmotors (BMW).

Zur Betätigung von vier (2×2) hängenden und parallelen Ventilen können grundsätzlich Steuerungen sowohl mit unten liegender als auch mit oben liegender Nockenwelle gewählt werden.

Zur Betätigung von vier geneigt hängenden Ventilen wird in der Regel dem Steuerungsantrieb mit einer oder zwei oben liegenden Nockenwellen der Vorzug gegeben.

Abb. 46 zeigt die Steuerung eines schnellaufenden Dieselmotors mit vier Ventilen je Zylinderkopf (Daimler-Benz), der für den Antrieb von Luftschiffen verwendet wurde. Für die linke Zylinderreihe ist in der Abbildung die Steuerung des

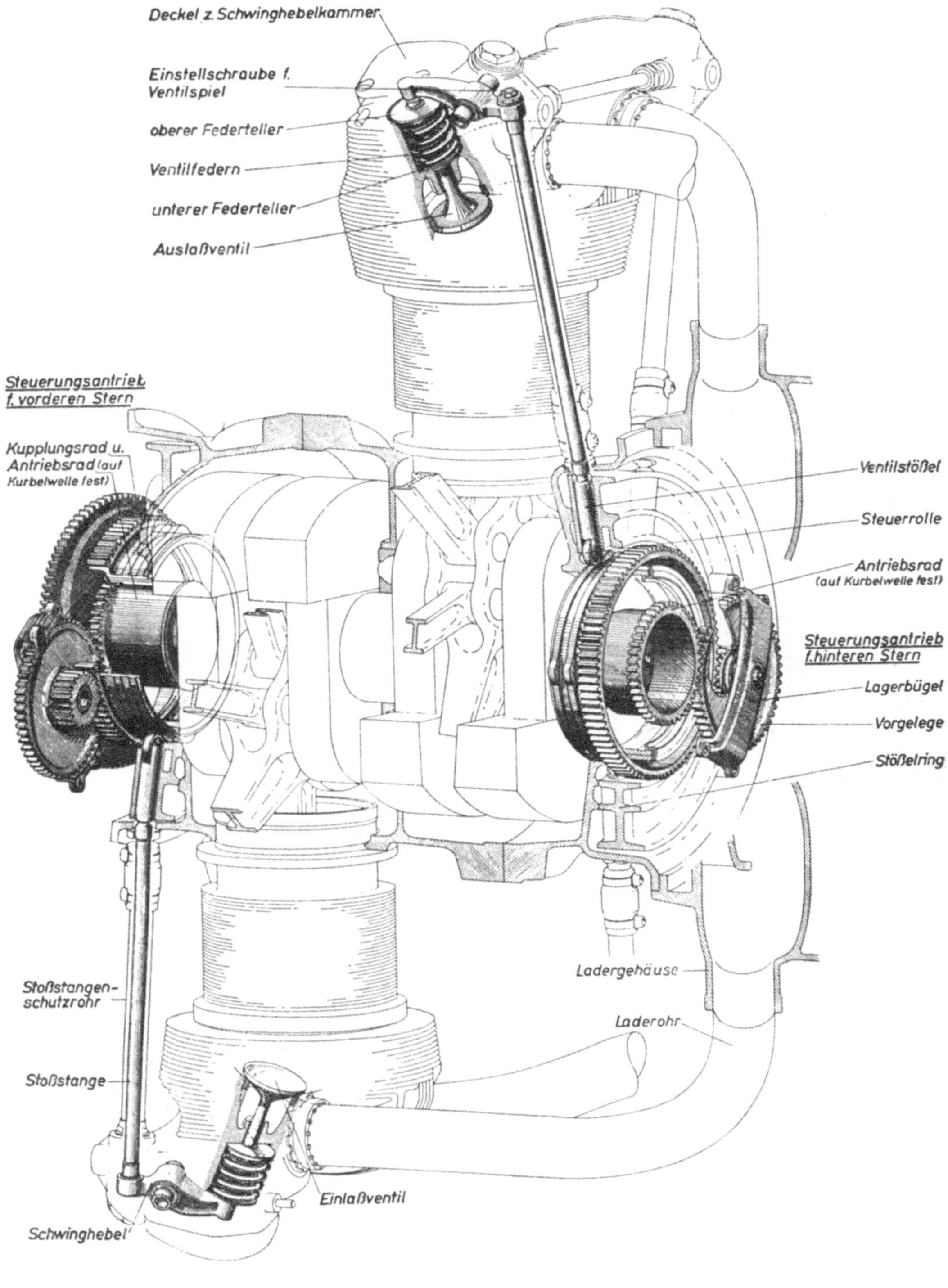

Abb. 36. Steuerungsgestänge eines Doppelsternmotors (BMW).

Einlaßventilpaares, für die rechte Reihe die Steuerung des Auslaßventilpaares dargestellt. Die Nockenwelle wirkt auf Rollen, die im Schwinghebel gelagert sind. Die

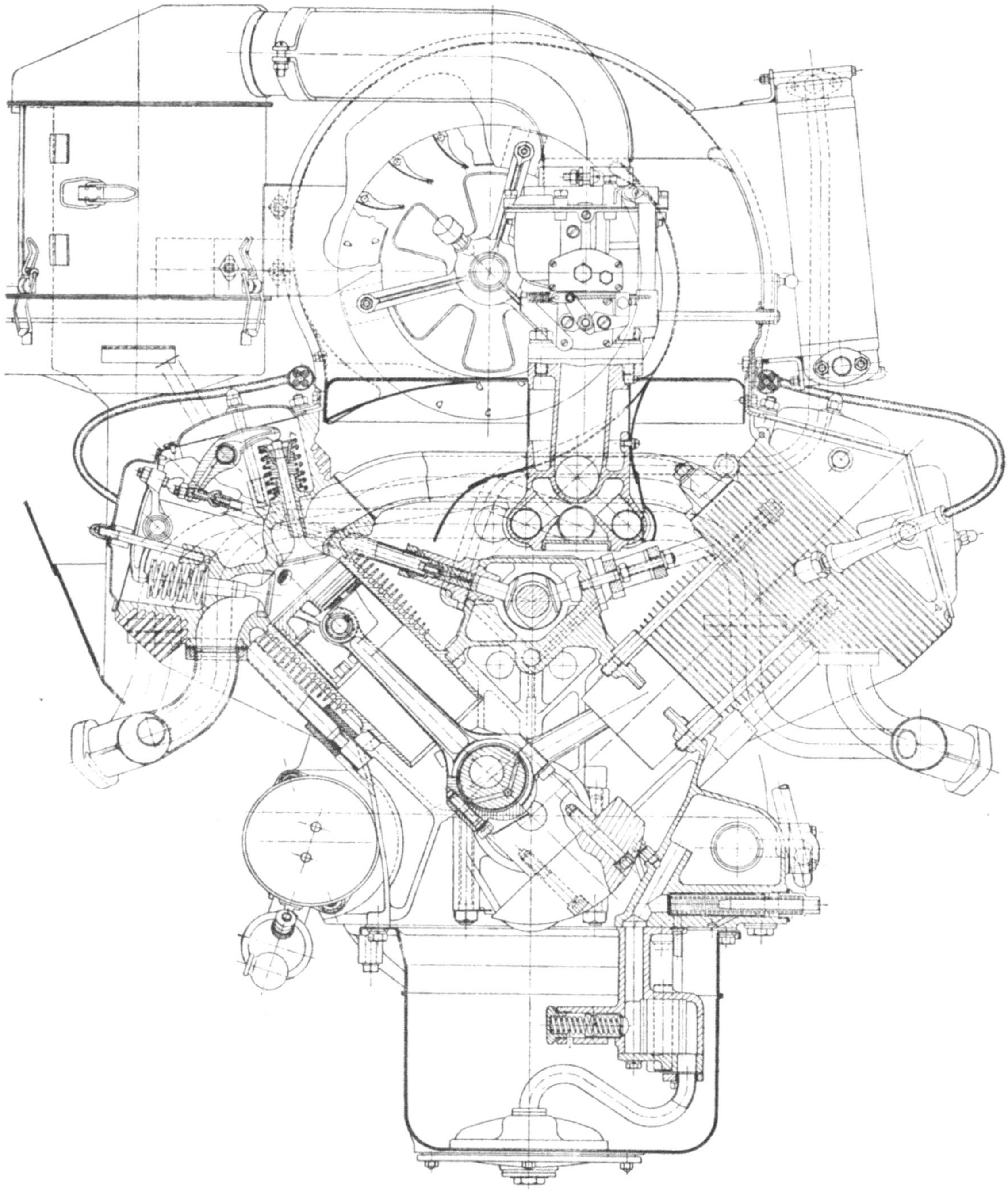

Abb. 37. Steuerung von schräghängenden Ventilen an einem luftgekühlten Fahrzeug-Ottomotor (Steyr). 78 mm Bohrung, 90 mm Hub, n = 3200 U/min., 8 Zyl.

Schwinghebel je zweier in V gegenüberliegenden Stoßstangen werden von einem einzigen Nocken gesteuert. Damit die Steuerzeiten richtig eingehalten werden, müssen in diesem Beispiel bei 50° V-Winkel die Berührungspunkte der zusammengehörigen Rollen unter einem Winkel von 155° anliegen. Die Kipphebel sind ventilseitig zweiarmig ausgeführt. Da die beiden Kipphebellager in verschiedener

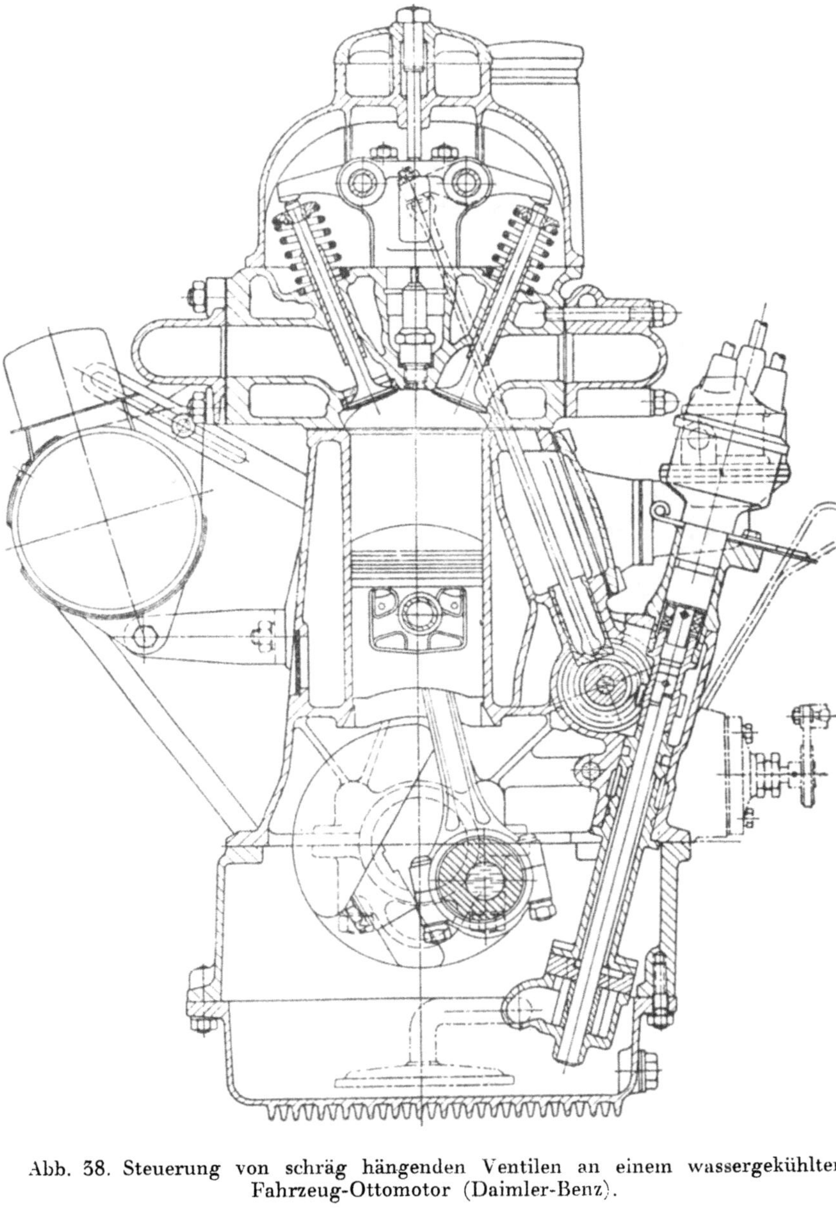

Abb. 38. Steuerung von schräg hängenden Ventilen an einem wassergekühlten Fahrzeug-Ottomotor (Daimler-Benz).

Höhe liegen, haben Stoßstangen und Ventilschäfte für Ein- und Auslaß verschiedene Längen.

Eine andere Art der Vierventilsteuerung zeigt Abb. 47 für eine ortsfeste Dieselmaschine (MAN). Das der Nockenwelle abgekehrte Ventilpaar wird über einen Kipphebel, eine Lasche und ein Schwinghebelsystem getrieben, während das zugekehrte Paar durch den zweiarmigen Kipphebel direkt von der Stoßstange betätigt wird. Jeder Ventilhebel trägt am Ende die Stellschraube zum Einstellen des Ventilspieles.

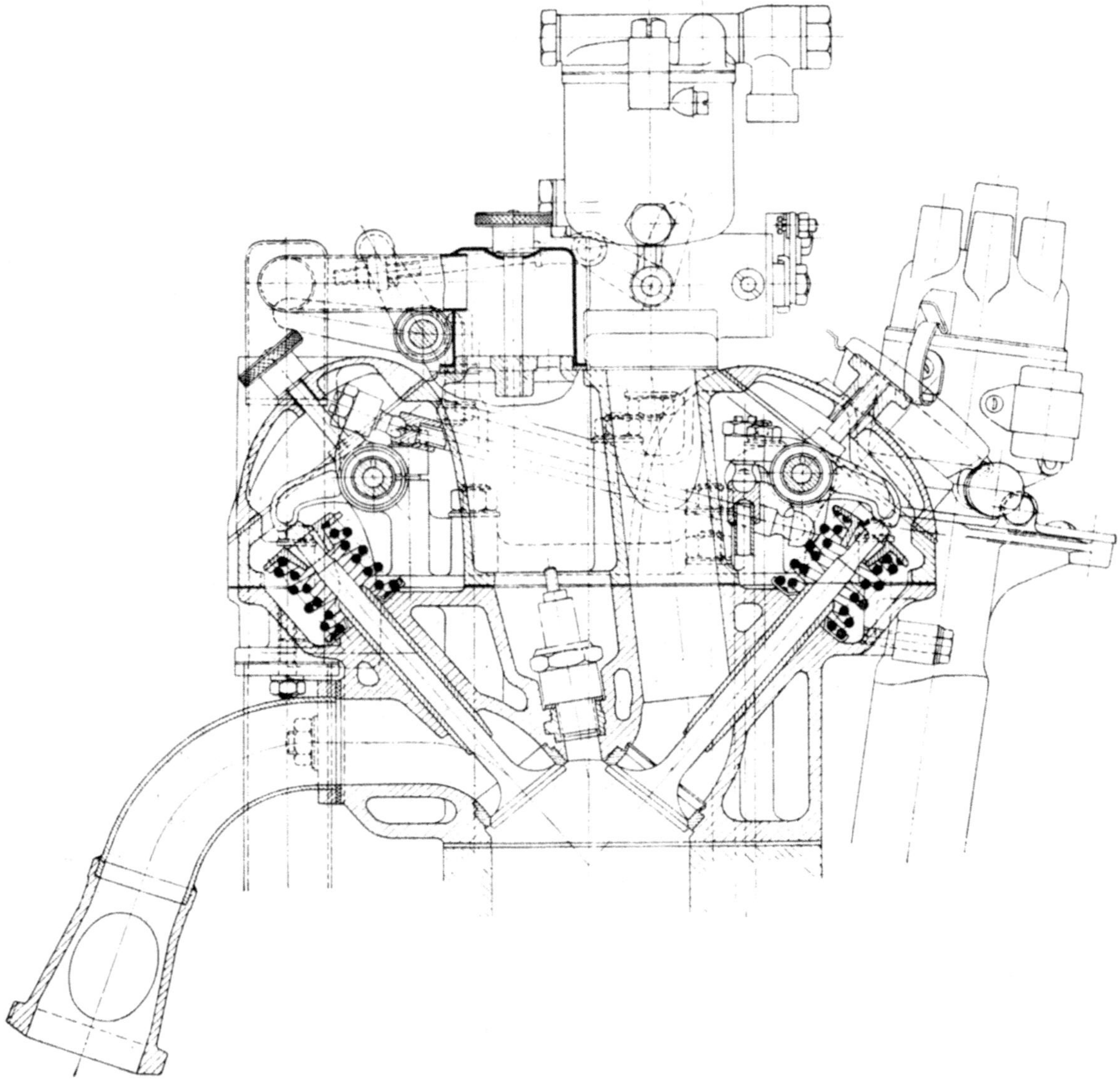

Abb. 39. Steuerung schräghängender Ventile durch parallel zur Zylinderachse liegende Stoßstangen (Fahrzeugmotor BMW).

In Abb. 48 liegen die Kipphebelachsen eines Vierventilkopfes nebeneinander in gleicher Höhe, was die gekropften Kipphebel bedingt. Das Übersetzungsverhältnis der gegabelten, verschieden langen Ventilhebel ist gleich groß, damit bei gleichem Ventilhub auch der gleiche Nockenhub ausgeführt werden kann.

Bezüglich weiterer Ausführungen von Vierventilsteuerungen sei nochmals auf die Beispiele der Abb. 16, 25, 26, 27, 31 und 42 hingewiesen.

Im Ausführungsbeispiel nach Abb. 49 sind drei Auslaßventile eines Zweitakt-Fahrzeug-Dieselmotors mit Gleichstromspülung (Krupp) über einen Kipphebel

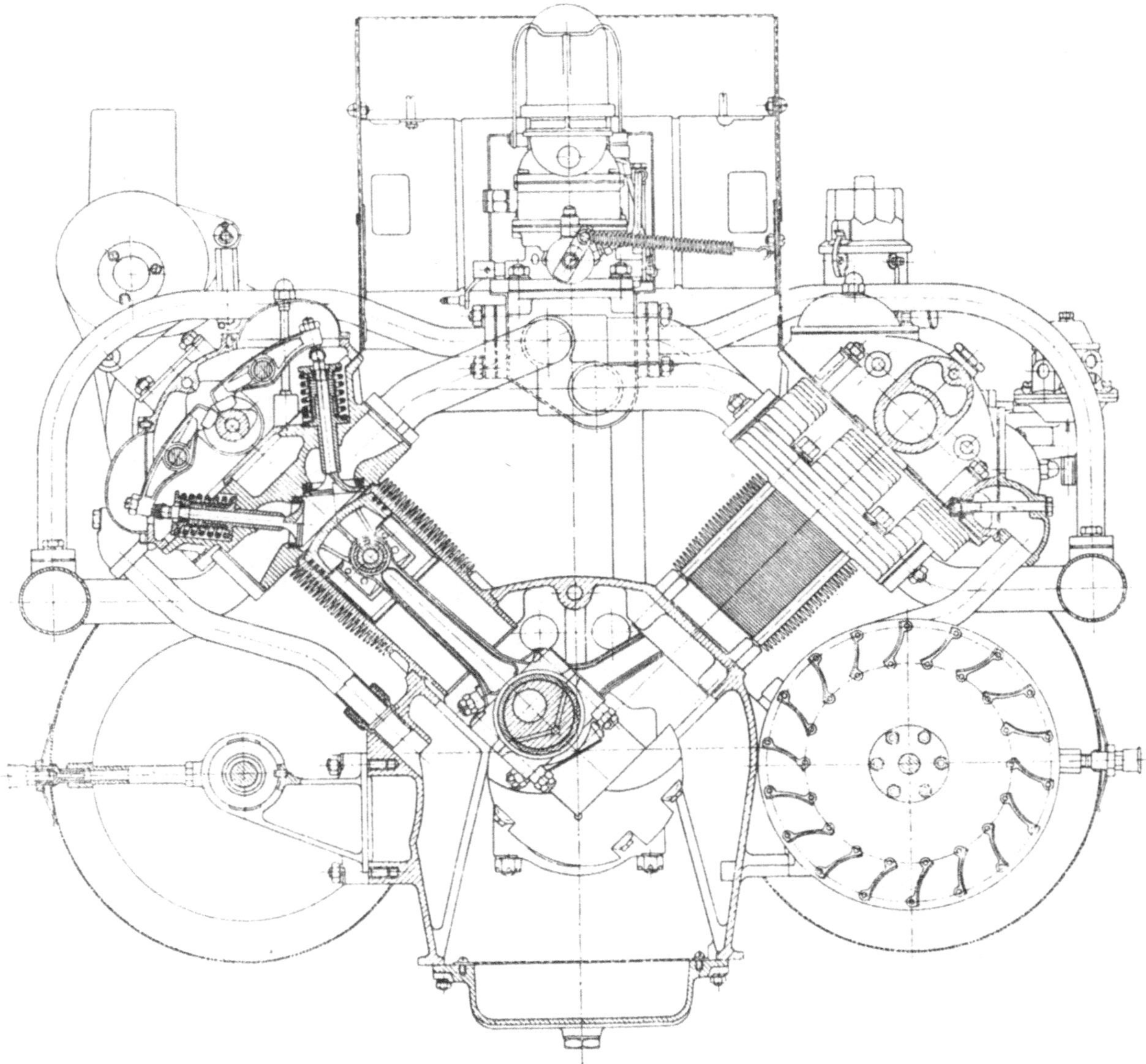

Abb. 40. Betätigung schräghängender Ventile durch eine oben liegende Nockenwelle (Fahrzeugmotor Tatra). 8 Zyl. 75 mm Bohrung, 84 mm Hub, n = 3600 U/min.

von einer seitlich in Zylinderkopfhöhe liegenden Nockenwelle aus betätigt. Der Kipphebel wirkt auf eine über alle Ventile greifende Stempelplatte, die zwischen den Ventilen geführt ist. Auch bei der Steuerung von zwei Ventilen wurden solche Stempelplatten verwendet.

3. Einteilung der Bauformen nach der Anordnung der Zylinder.

a) Mehrzylinder-Einreihenmotoren.

Da man aus Gründen des Gesamtaufbaues eines Reihen-Motors den Zylinderabstand ohne Rücksicht auf die Steuerung so klein als möglich wählt, steht für die Anordnung der Steuerungsgestänge nur der Raum seitlich der Zylinderreihe und

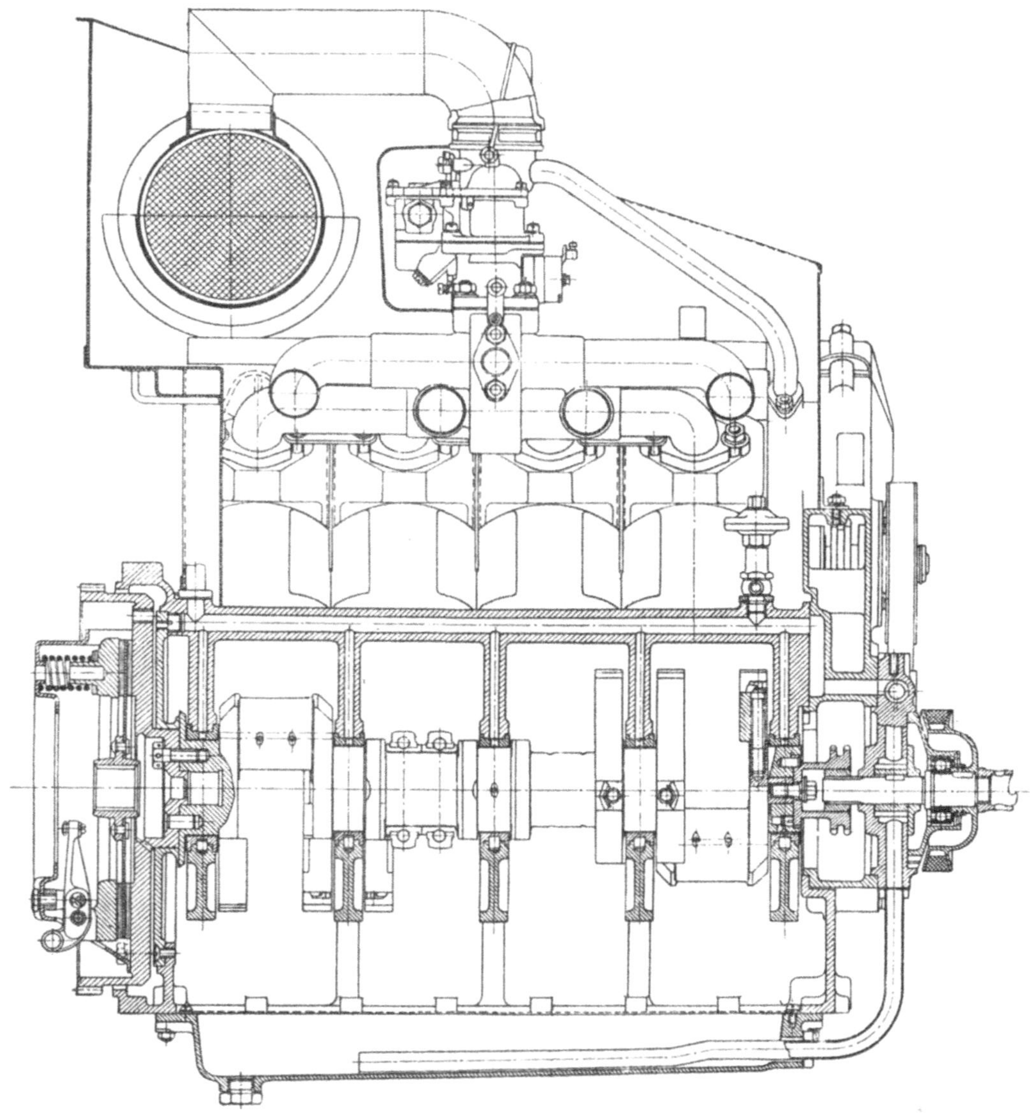

Abb. 41. Längsschnitt zu Abb. 40.

oberhalb des Zylinderkopfes, sowie an den Stirnflächen zur Verfügung. Geneigte Ventile müssen in einer Ebene senkrecht zur Kurbelwelle liegen. Außerdem sind bei der Anordnung des Gestänges die fallweise auf derselben Seite des Kopfes gelegenen Einspritzventile oder Brennkammern, in anderen Fällen der Austritt eines der Gaskanäle zu berücksichtigen. Grundsätzlich können alle in den Abschnitten I und II erwähnten Steuerungsarten für Einreihen-Motoren angewendet werden.

b) Mehrzylinder-Zweireihenmotoren.

α) *Motoren mit V-förmig angeordneten Zylindern.*

Für „V-Motoren" kommen grundsätzlich alle für Reihenmotoren möglichen Steuerungsantriebe in Betracht. In der Regel wird eine Nockenwelle zwischen die Zylinderreihen gelegt. Seltener sind zwei Wellen außenliegend ausgeführt. Der Stoßstangenantrieb für schräg hängende Ventile eines 8-Zylinder-V-Motors wurde in Abb. 37 gezeigt. Den Schnitt durch einen V-Motor mit stehenden Ventilen zeigt Abb. 10.

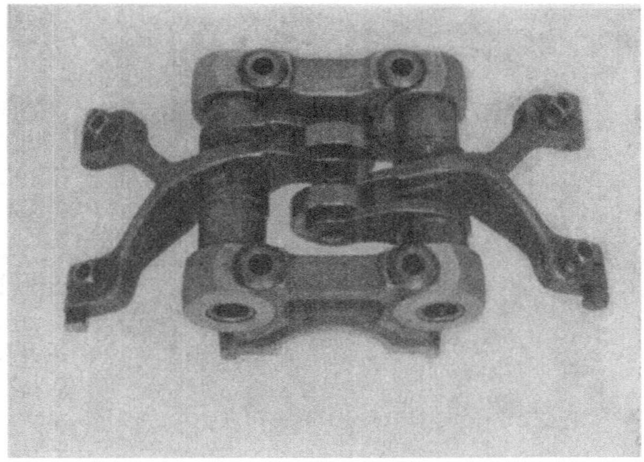

Abb. 42. Gegabeltes Ventilhebelpaar für Vierventilantrieb bei obenliegender Nockenwelle (Allison-Flugzeugmotor).

Wegen der Möglichkeit einer einfacheren Führung des Steuergestänges werden V-Motoren mit schräg hängenden Ventilen auch

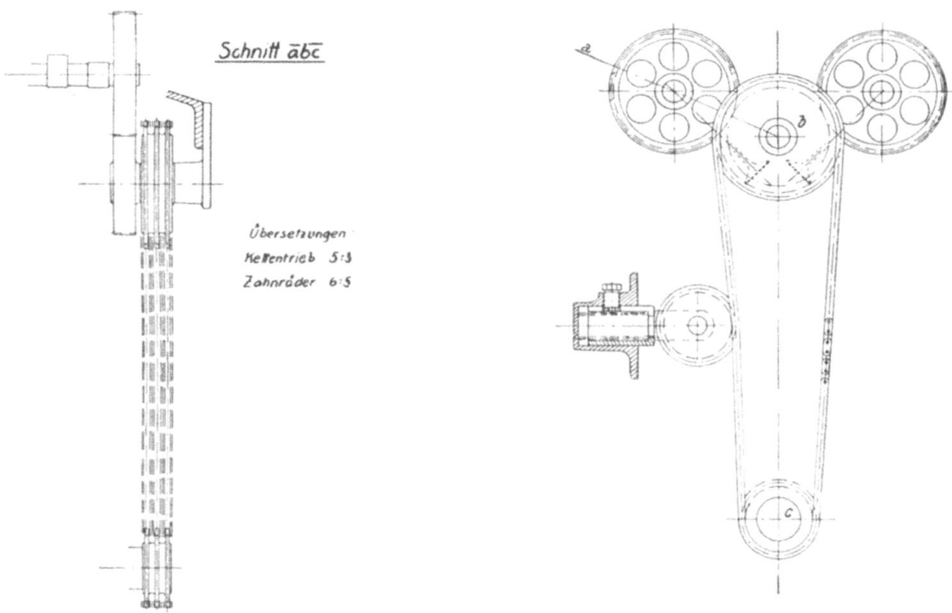

Abb. 43. Antrieb schräg hängender Ventile durch zwei obenliegende Nockenwellen (Fahrzeugmotor Alfa-Romeo).

mit drei Nockenwellen ausgeführt (Abb. 50). Die mittlere Welle steuert im allgemeinen die Einlaßventile beider Zylinderreihen, während die äußeren Wellen die Auslaßventile je einer Zylinderreihe betätigen.

Die Nockenwellen von V-Motoren werden entweder über eine Kette nach Art der Abb. 51 und 52 oder durch Stirnräder nach Abb. 53 und 54 angetrieben. Bei oben liegender Nockenwelle werden zweckmäßig auch zwei Königswellen nach Abb. 28 ausgeführt.

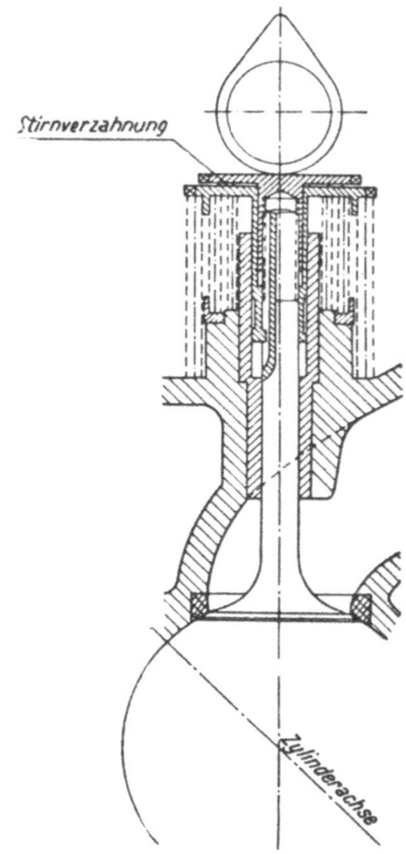

Abb. 44. Eingriff der Nockenwelle auf das Ventil für die Anordnung nach Abb. 43.

β) *Boxer-Motoren.*

Für die Ventilbetätigung von Boxer-Motoren sind die Grundsätze des Steuerungsantriebes von Reihen- und V-Motoren anwendbar. Die Anordnung nur einer Nockenwelle über der Motormitte nach Abb. 12 ist bei stehenden Ventilen zweckmäßig, bedingt aber bei hängend angeordneten Ventilen lange Stoßstangen. Bei größeren Maschinen werden daher zweckmäßig zwei Nockenwellen nach Abb. 55 ausgeführt. Bei oben liegenden Nockenwellen erfordert der Kettentrieb den geringsten Aufwand (Abb. 56).

γ) *Einfach- und Doppelsternmotoren.*

Die Sternmotoren gehören hinsichtlich der Steuerung zur Gruppe der Motoren mit einzeln stehenden Zylindern. Bei Ein- und Zweifach-Sternmotoren werden zum Ventilantrieb Nockenscheiben verwendet, die bei Viertaktmotoren sinngemäß durch Planetenräder untersetzt um die Kurbelwellenachse rotieren. Zur Ausbildung der Zylinderköpfe und der Steuerung schräg gestellter Ventile durch Stoßstangen ist reichlich Platz, so daß der Zweiventilkopf mit senkrecht zur Motorachse schräg gestellten Ventilen zur Normalausführung geworden ist (Abb. 35 und 36).

δ) *Mehrreihen- und Mehrfachsternmotoren.*

An Mehrfachsternmotoren werden statt der Nockenscheiben Nockenwellen und Steuerungseinrichtungen nach den Baugrundsätzen von Reihenmotoren angewendet. Die Nockenwellen und der Steuerungsantrieb können grundsätzlich nach den für V- und Boxer-Motoren gegebenen Richtlinien angeordnet sein.

ε) *Einzylindermotoren.*

Bei Einzylindermotoren und bei Mehrzylindermotoren mit einzeln stehenden, nicht zu einem Block vereinten Zylindern sind größere Freiheiten bei der Ausbildung des Steuerungsgetriebes gegeben, da praktisch statt einer vier Motorseiten dafür zur Verfügung stehen.

Die parallel zur Zylinderachse liegende Steuerwelle, wie sie in der ersten Zeit des Verbrennungsmotoren-Baues die Regel war, ist nur mehr bei größeren Gasmotoren gebräuchlich. Abb. 57 zeigt den dabei gebräuchlichen Abtrieb von der Nockenwelle. Die Ventile stehen senkrecht zur Zylinderachse.

Bei Großgasmaschinen, die meistens in Tandem-Ausführung gebaut werden, ist diese Bauart jedoch auch heute noch die Regel, weil damit die Steuerbewegung am einfachsten von der Kurbelwelle über die hintereinander liegenden, sich über große Längen erstreckenden Zylinder geleitet werden kann.

Im Kleinmotorenbau ist heute auch für Einzylindermaschinen eine öldicht im Kurbelgehäuse parallel zur Kurbelwelle gelagerte Nockenwelle gebräuchlich. Sie wird ähnlich wie bei Mehrzylindermaschinen in Reihenbauweise durch Zahnräder oder Kette angetrieben. Die Ventile werden herkömmlich über Stößel, Stoßstangen und Kipphebel betätigt.

Bei kleinen Einzylinder-Motoren liegender Bauweise ist eine weitere Ausführungsart der Steuerung nach dem Schema der Abb. 58 und nach Abb. 59 weit verbreitet. Hier liegt die Nockenwelle senkrecht zur Kurbelwelle und wird über Schraubenräder angetrieben.

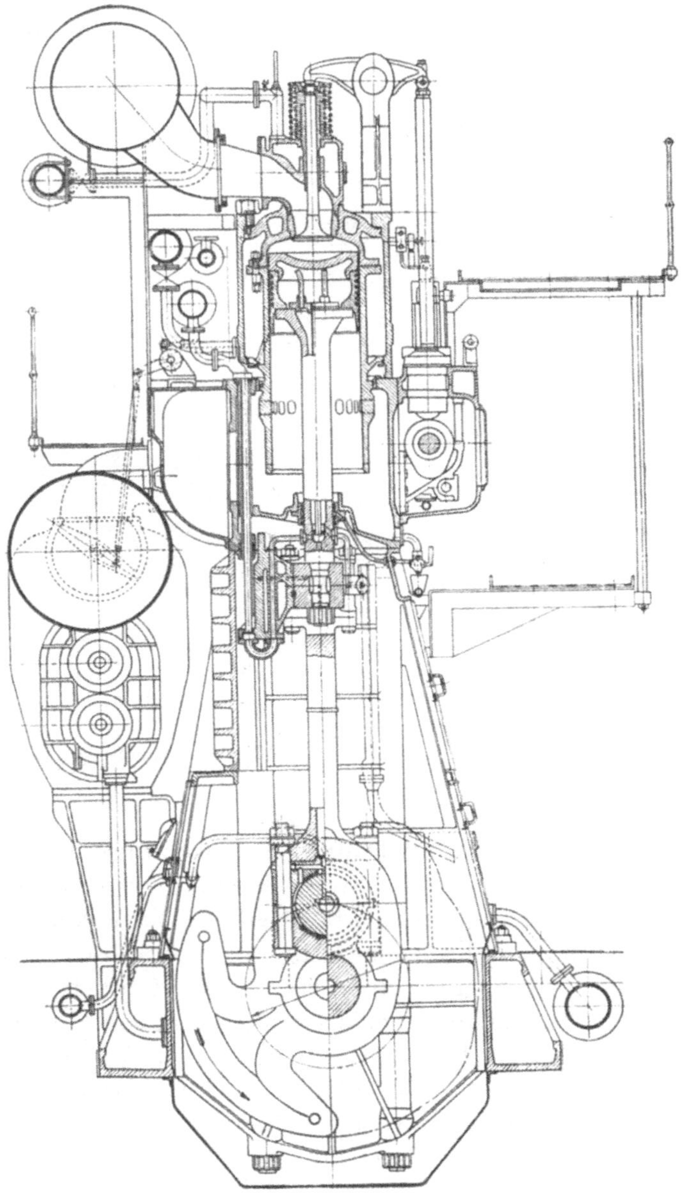

Abb. 45. Zweitakt-Dieselmotor mit einem zentralen Auslaßventil (Burmeister & Wain. 620 mm Zylinderdurchmesser, 1150 mm Hub).

Hochleistungsmotoren für Krafträder werden auch mit oben liegender, durch Kette oder senkrechte Steuerwelle angetriebene Nockenwelle ausgeführt.

4. Einteilung der Bauformen nach der Art des Übertragungsmittels.

Neben der kraftschlüssigen Bewegungsübertragung von der Nockenwelle zum Ventil durch mechanische Glieder ist auch eine Bewegungsübertragung durch Flüssigkeit oder Luft möglich. Von der Bewegungsübertragung durch Luft wird bei der Steuerung der Anlaßorgane sehr häufig Gebrauch gemacht (vergl. Ab-

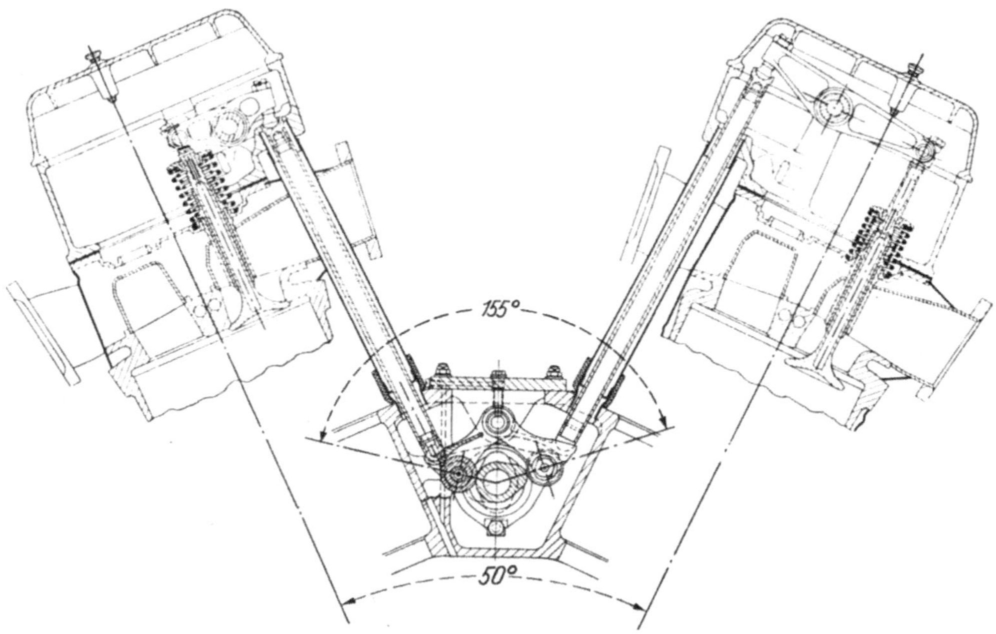

Abb. 46. Vierventilantrieb (Daimler-Benz).

schnitt D). Die hydraulische Bewegungsübertragung wird mit Erfolg für die Steuerung des Ladungswechsels nur ganz vereinzelt dann ausgeführt, wenn es auf exakte Öffnungs- und Schlußzeiten nicht ankommt (z. B. Gaszusatzventil bei Zweitaktmotoren). Trotzdem findet die hydraulische Übertragungsart beim Konstrukteur immer wieder Interesse, weil sie hinsichtlich des Gesamtaufbaues große Freiheit bietet. Es scheint daher als zweckmäßig, in einem späteren Abschnitt (B II 5) vornehmlich eine Untersuchung der inneren Vorgänge und der Baugrundsätze anzustellen, um die Möglichkeiten und Grenzen der hydraulischen Übertragung aufzuzeigen, auch ohne daß schon auf bewährte Anlagen der Praxis hingewiesen werden kann. Die hydraulische Steuerung der Kraftstoffeinspritzung ist in Heft 7 dieses Werkes eingehend behandelt [7].

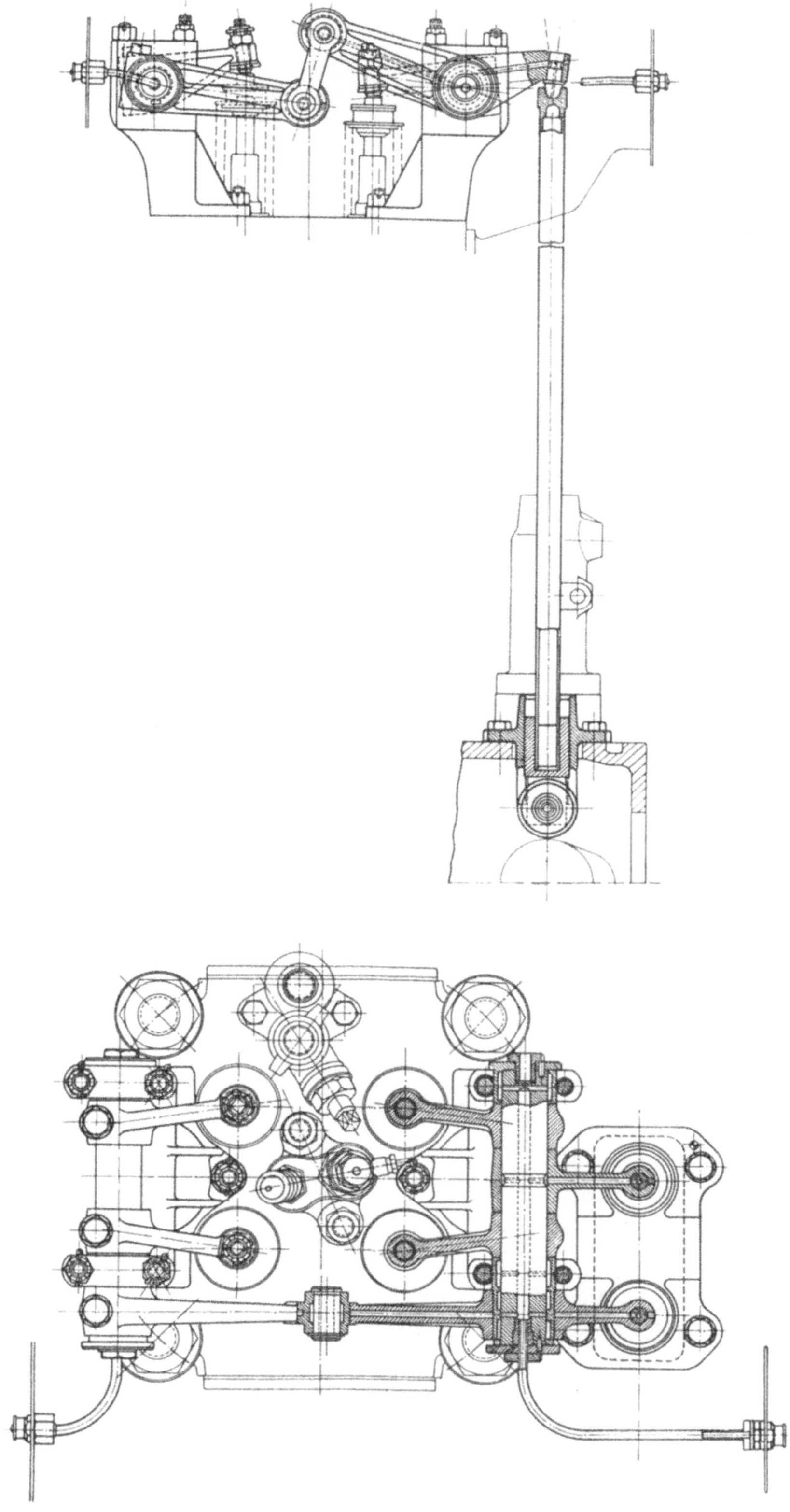

Abb. 47. Vierventilantrieb an einer ortsfesten Maschine (MAN).

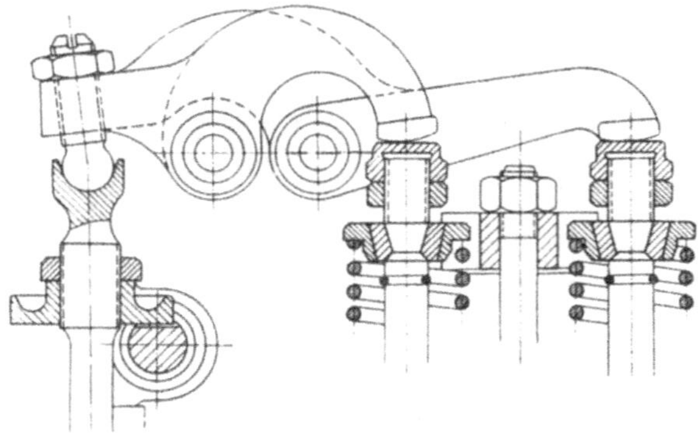

Abb. 48. Vierventilsteuerung mit gekröpftem Kipphebel.

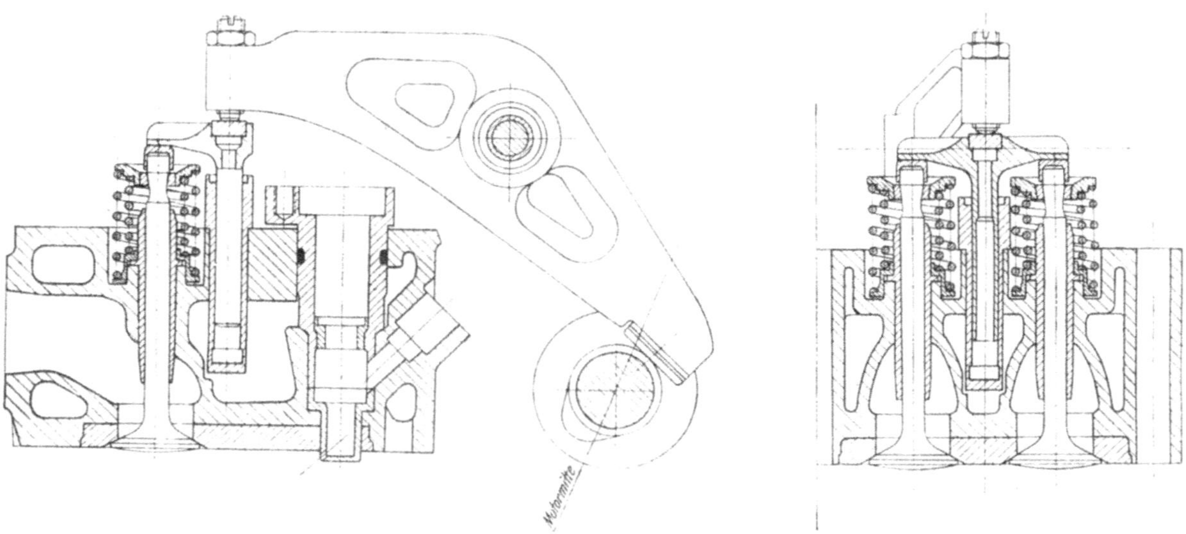

Abb. 49. Steuerung der drei Auslaßventile durch einen Kipphebel über eine Stempelplatte (Zweitakt-Fahrzeug-Dieselmotor. Krupp).

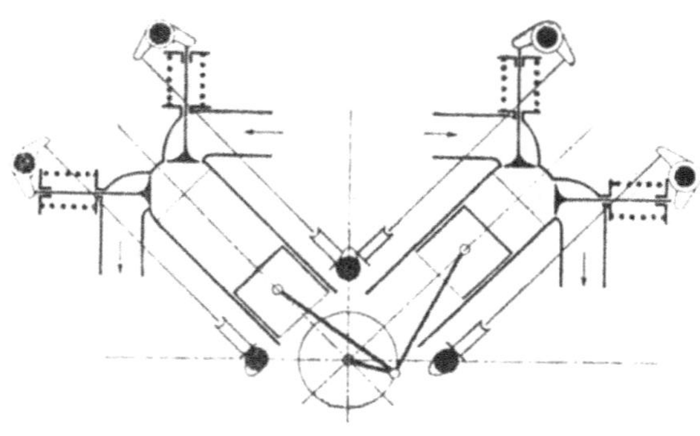

Abb. 50. Antrieb schräg hängender Ventile durch drei Nockenwellen.

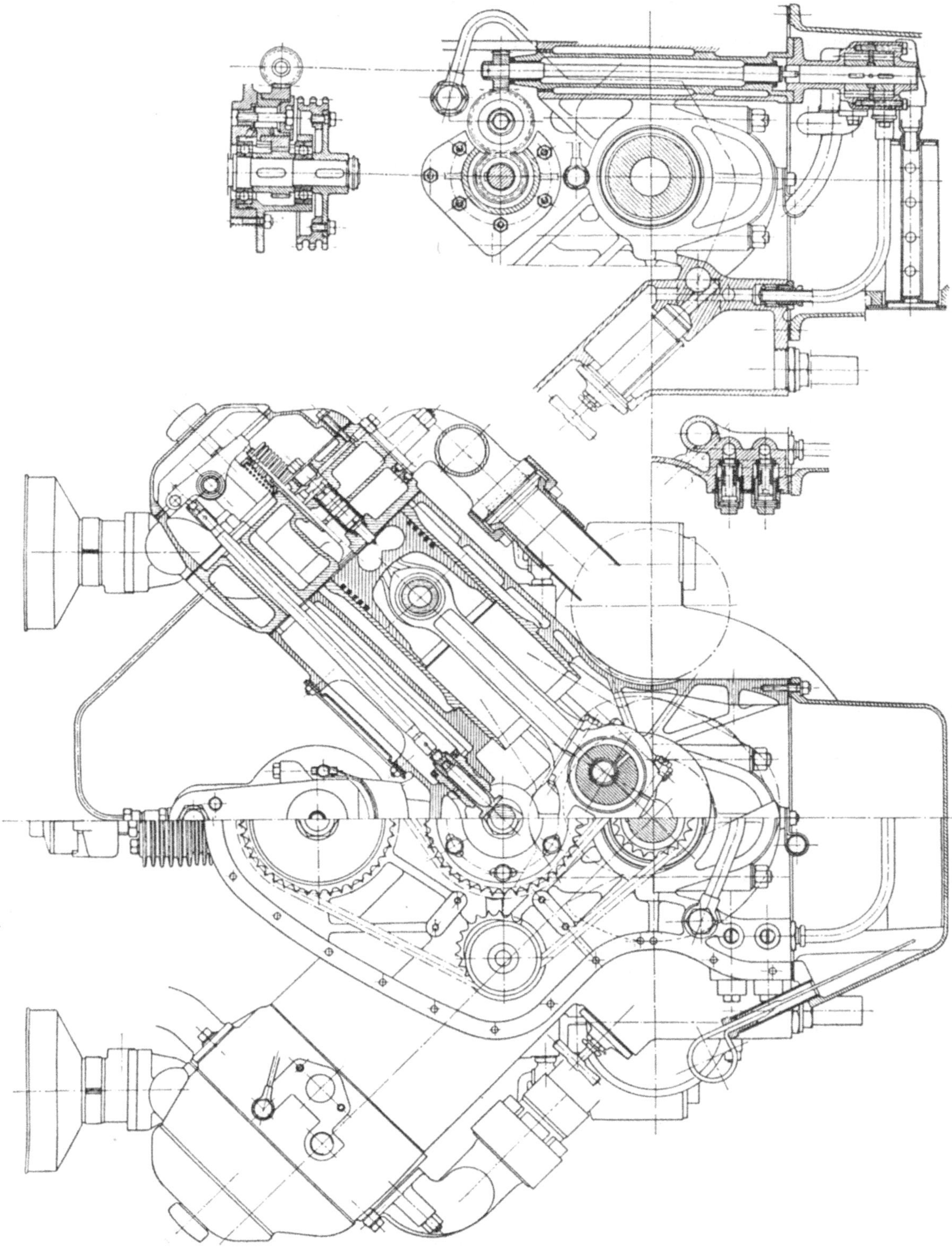

Abb. 51. Antrieb der Nockenwelle eines V-Motors durch Ketten. (Fahrzeug-Dieselmotor der österreichischen Saurerwerke.) 8 Zyl., 110 mm Bohrung, 140 mm Hub, n = 2200 U/min.

II. Mechanik des Nockenantriebes.

1. Drehzahl der Nockenwelle.

Die Kreisfrequenz der Ventilbewegung ist beim Viertaktmotor halb so groß, beim Zweitaktmotor gleich groß wie die der Kurbelwelle. Ist im allgemeinen Fall

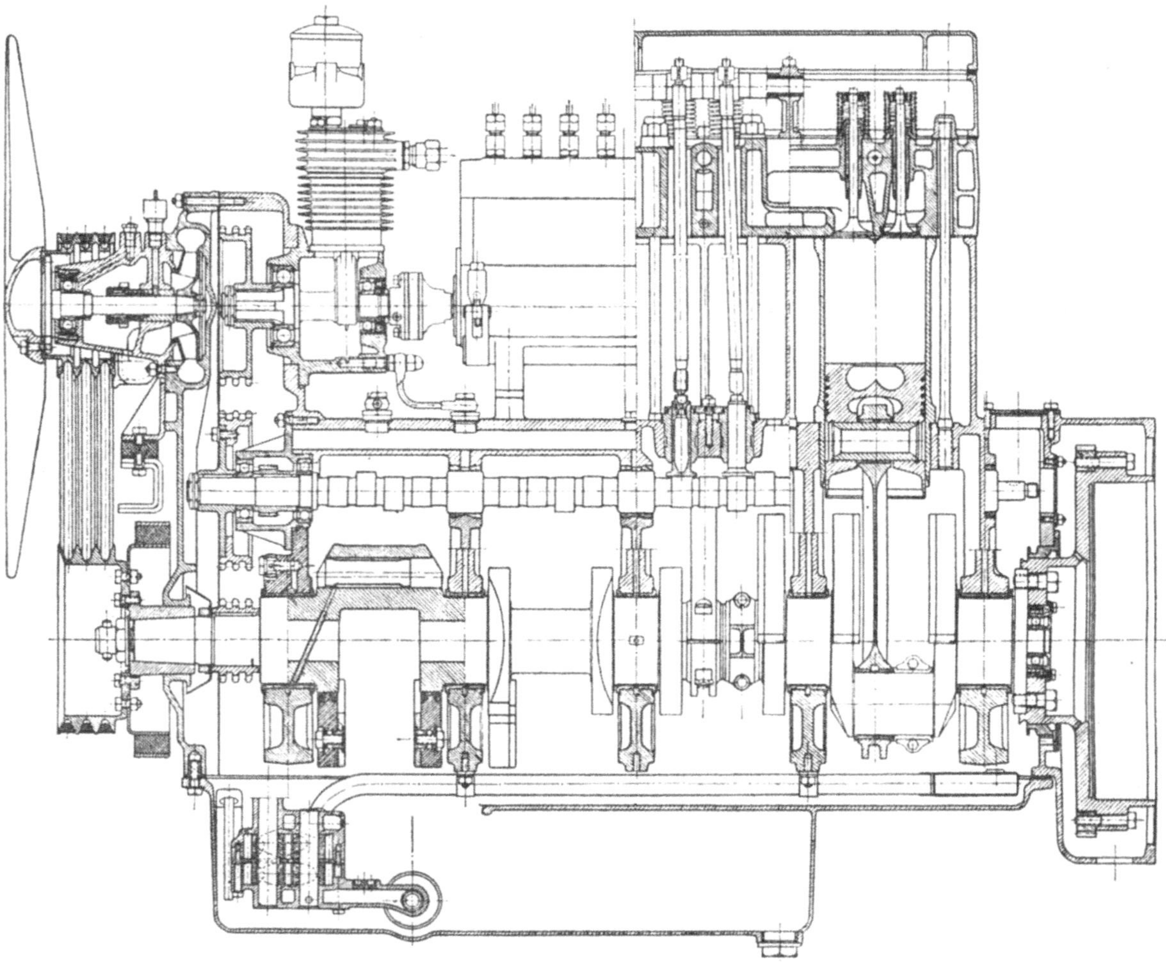

Abb. 52. Längsschnitt zu Abb. 51.

der Grundkreis N (Abb. 60) der Nockenwelle mit i gleichartigen Nocken besetzt, so ergibt sich daraus für die Drehzahl n_n der Nockenwelle, wenn n_k die der Kurbelwelle ist:

$$n_n = \frac{n_k}{2i} \text{ für den Viertaktmotor} \tag{1}$$

und

$$n_n = \frac{n_k}{i} \text{ für den Zweitaktmotor} \tag{2}$$

Gewöhnlich trägt der Grundkreis einen einzigen Nocken, so daß $n_n = \frac{n_k}{2}$ und $n_n = n_k$ für den Vier- bzw. Zweitaktmotor ist.

Beim Viertaktmotor in Sternbauweise (vergl. Abb. 35) muß die Nockentrommel mehrfach mit Nocken besetzt sein (Abb. 61a und b). Damit die in gleichen Winkelabständen α_z sternförmig um die Kurbelwelle K angeordneten Zylinder 1, 2, 3 .... z während zweier Umdrehungen in gleichen Zeitabständen ihr Arbeitsspiel durchlaufen, muß

1. die Zylinderzahl ungerade sein,
2. jeder zweite Zylinder in der Drehrichtung aufeinander folgend zünden.

Die Nockenwelle kann mit der Kurbelwelle gleich oder gegenläufig sein.

Im Gleichlauf (Abb. 61a) muß, wenn z. B. der Nocken *I* am Zylinder *1* anhebt, zwischen dem zweiten und dritten Zylinder ein zweiter Nocken bereitstehen, damit unter Auslassung des zweiten Zylinders zunächst der dritte im Arbeitsspiel folgt. Mit der Nockenzahl $i = \frac{360}{\alpha_n}$ wird nach Gleichung (1)

$$n_n = \alpha_n\, n_k \frac{1}{720} \qquad (3).$$

Während die Kurbelwelle den Winkel $2\alpha_z$ zurücklegt, muß der Nocken *II* den Winkel $2\alpha_z - \alpha_n$ bestreichen. Unter Benützung vorstehender Gleichung ist demnach

$$2\alpha_z - \alpha_n = 2\alpha_z \frac{n_n}{n_k} = 2\alpha_z\, \alpha_n \frac{1}{720} \qquad (4).$$

Mit $\alpha_z = \frac{360}{z}$ ergibt sich daraus für α_n und die notwendige Nockenzahl i

$$\alpha_n = \frac{720}{z+1};\ i = \frac{z+1}{2} \qquad (5)\ (6).$$

Das Übersetzungsverhältnis zwischen Kurbelwelle und Nockentrommel ist nach Gleichung (3)

$$\frac{n_k}{n_n} = z + 1 \qquad (7)$$

Im Gegenlauf (Abb. 61b) muß, wenn Nocken *I* angehoben hat, der nächste zum Eingriff kommende Nocken *II* zwischen dem dritten und vierten Zylinder stehen. Gleichung (3) gilt auch hier. Entsprechend Gleichung (4) gilt jetzt:

$$\alpha_n - 2\alpha_z = 2\alpha_z \frac{n_n}{n_k} = 2\alpha_z\, \alpha_n \frac{1}{720} \qquad (8)$$

woraus mit $\alpha_z = \frac{360}{z}$

$$\alpha_n = \frac{720}{z-1};\ i = \frac{z-1}{2} \qquad (9)\ (10)$$

und das Übersetzungsverhältnis

$$\frac{n_k}{n_n} = z - 1 \qquad (11)$$

wird.

2. Bewegungsverhältnisse unter Zugrundelegung starrer Getriebeketten.

Beim Entwurf des Nockenantriebes ist die Lage der Ventile, der Nockenwelle, sowie der Übertragungsgestänge zwischen beiden im wesentlichen durch den Ge-

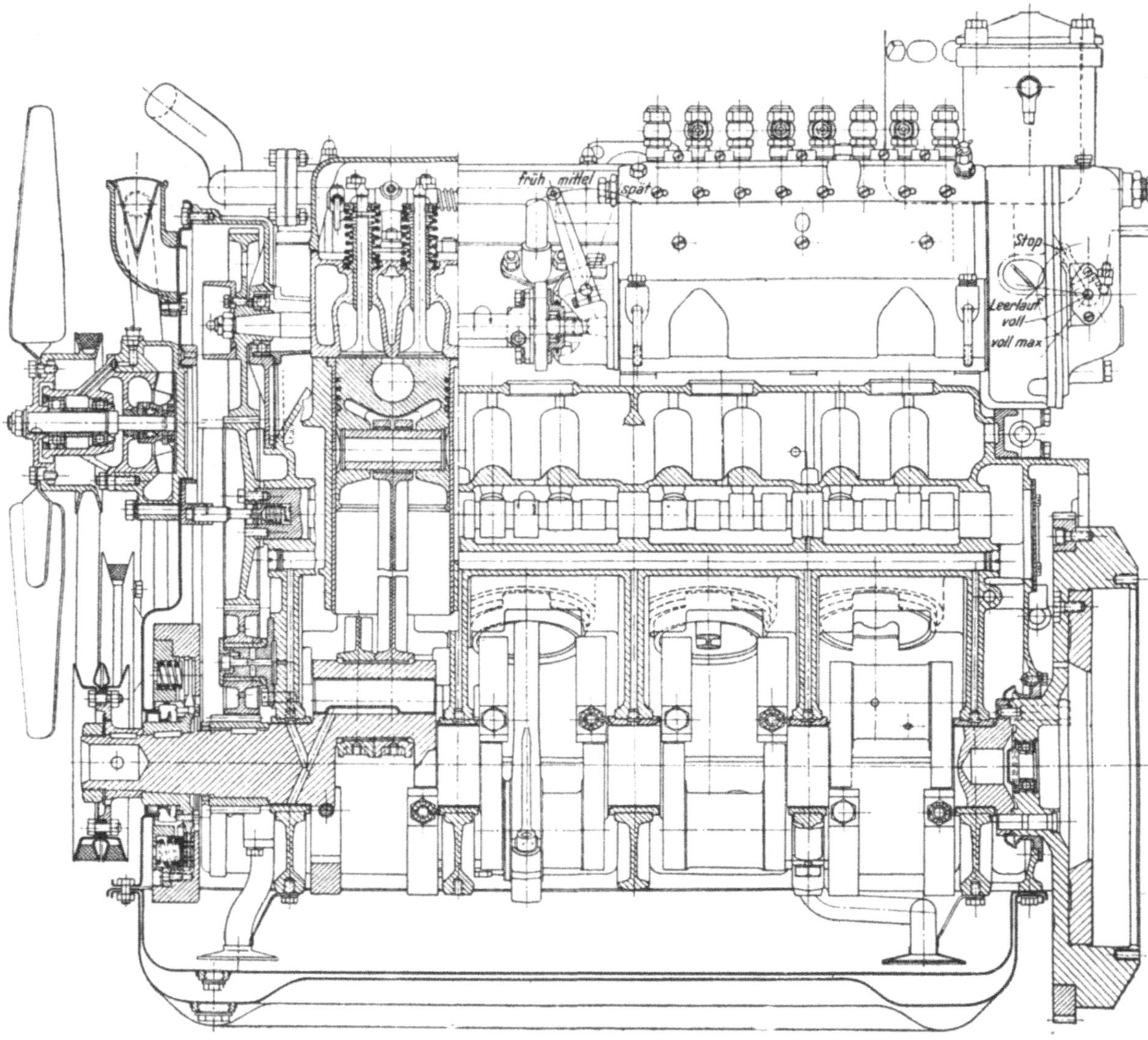

Abb. 53. Antrieb der Nockenwelle eines V-Motors durch Stirnradgetriebe (Fahrzeug-Dieselmotor der MAN). 8 Zyl., 110 mm Bohrung, 130 mm Hub, n = 2400 U/min.

samtaufbau der Maschine gegeben. Für die Formgebung des Nockens sind die Steuerdaten, der größte Ventilhub und die Forderung nach kleinen Getriebekräften bei möglichst großen Zeitquerschnitten maßgebend.

Durch die Steuerdaten sind die Ansatzpunkte V_a und V_z der Nockenflanken am Nockengrundkreis N bestimmt (Abb. 62). Ordnet man dem Vektor $O—OT$ eine bestimmte Kurbellage, z. B. die obere Totlage zu, so liegen diese Ansatzpunkte der Nockenflanke dazu um die Winkel α_1 und α_2 versetzt, die sich aus den ihnen entsprechenden Kurbelwinkeln (Steuerzeiten) im Verhältnis der Drehzahlübersetzung zwischen Kurbel und Nockenwelle ableiten, beim Zweitaktmotor demnach im Verhältnis 1 : 1, beim Viertaktmotor mit einfachen Nocken im Verhältnis 1 : 2 und

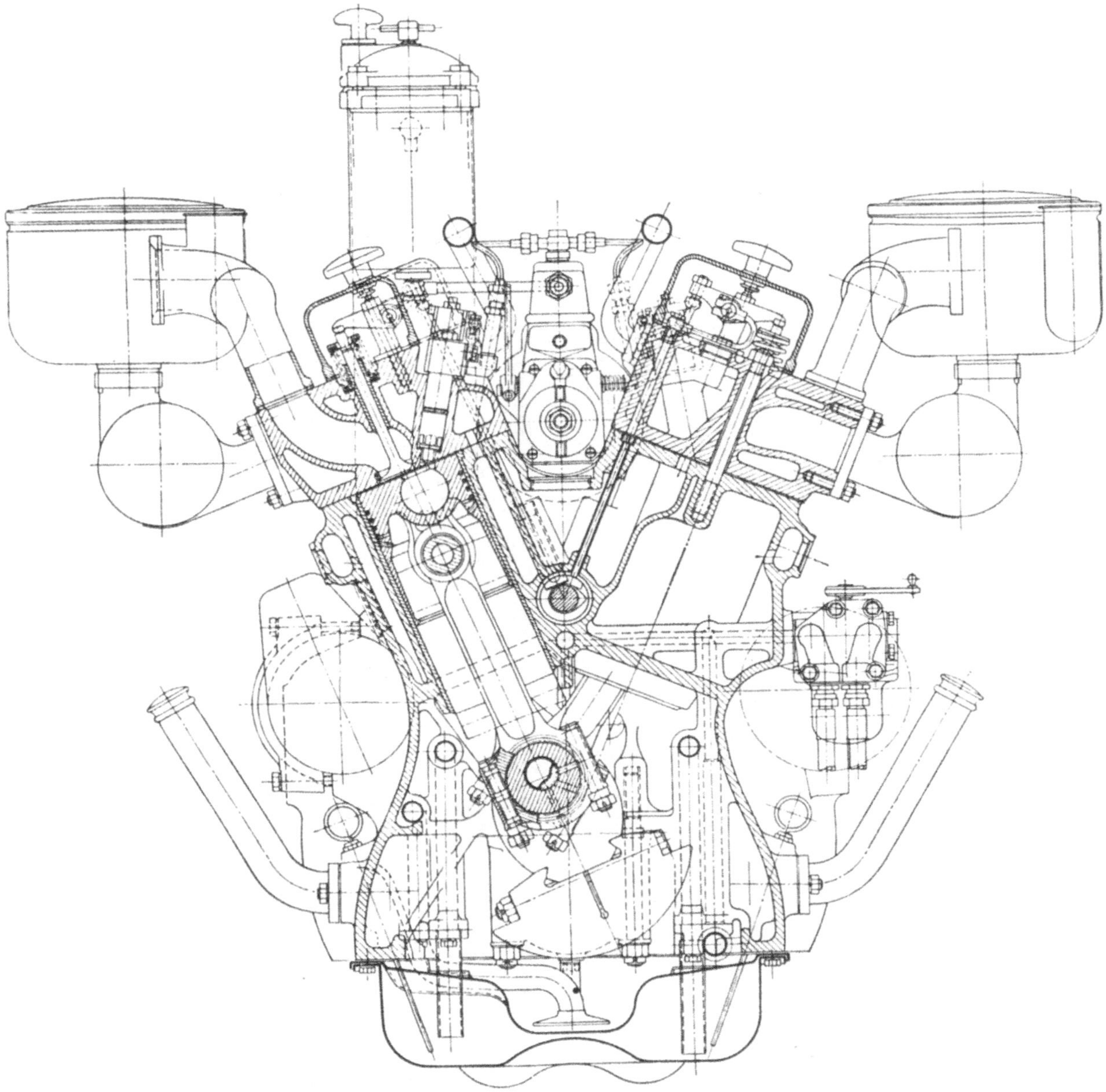

Abb. 54. Querschnitt zu Abb. 53.

bei mehrfach besetzter Nockentrommel im Verhältnis der nach den Gleichungen (7) und (11) gegebenen Übersetzungszahlen.

Die größte Nockenerhebung $r_h - r_o$ ergibt sich aus dem größten Ventilhub und dem Übersetzungsverhältnis des Gestänges.

Die Auf- und Ablaufflanken des Nockens, die zur Vermeidung von Schlägen

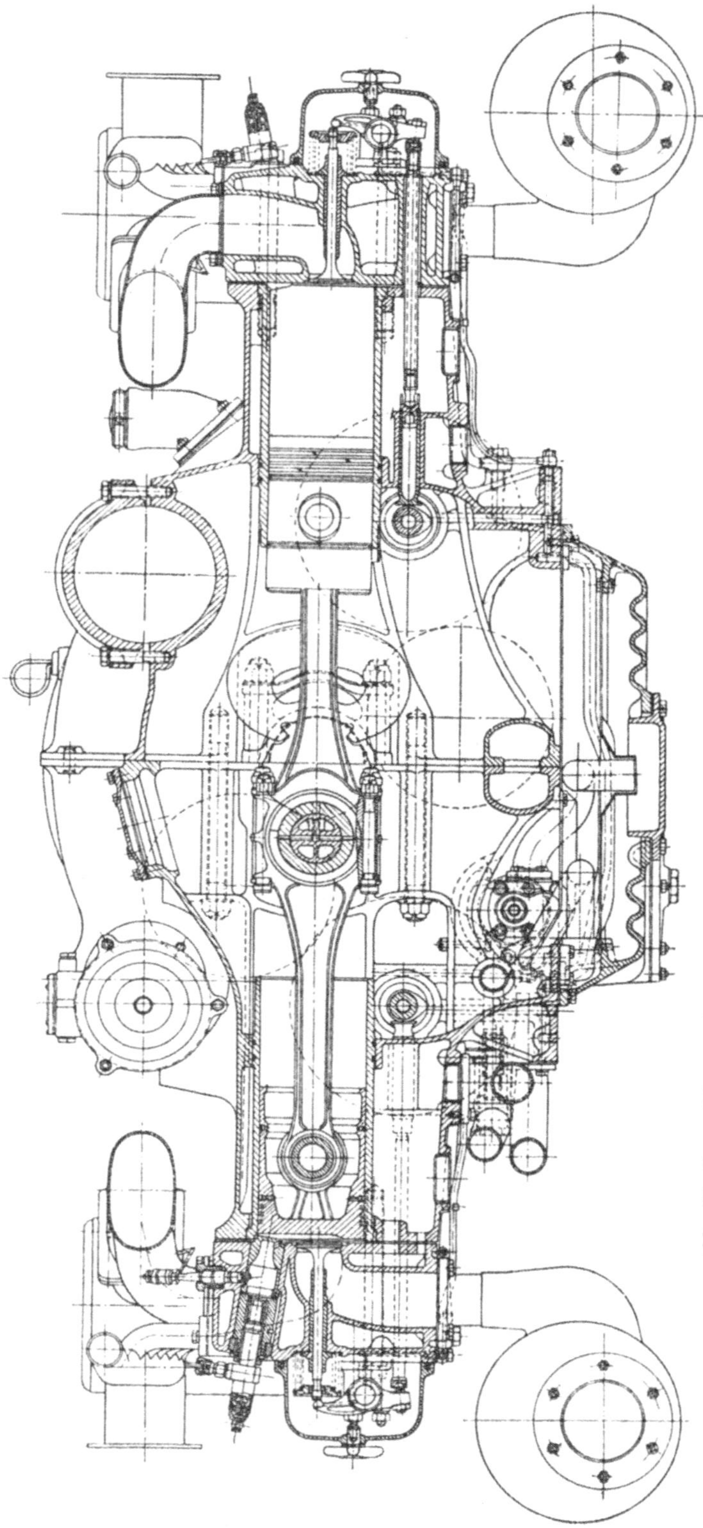

Abb. 55. Boxer-Motor mit zwei Nockenwellen (Triebwagenmotor der Klöckner-Humboldt-Deutz AG). 12 Zyl., 130 mm Bohrung, 190 mm Hub, n = 1500 U/min.

Abb. 55. **Boxer-Motor mit zwei Nockenwellen** (**Triebwagenmotor der Klöckner-Humboldt-Deutz AG**). **12 Zyl., 130 mm Bohrung, 190 mm Hub, n = 1500 U/min.**

tangential in den Grundkreis einmünden sollen, pflegt man aus Herstellungsgründen aus Geraden und Kreisbögen zusammenzusetzen. Sie bestimmen die Geschwindigkeit und Beschleunigung der Ventilbewegung. Ihnen ist in Hinblick auf

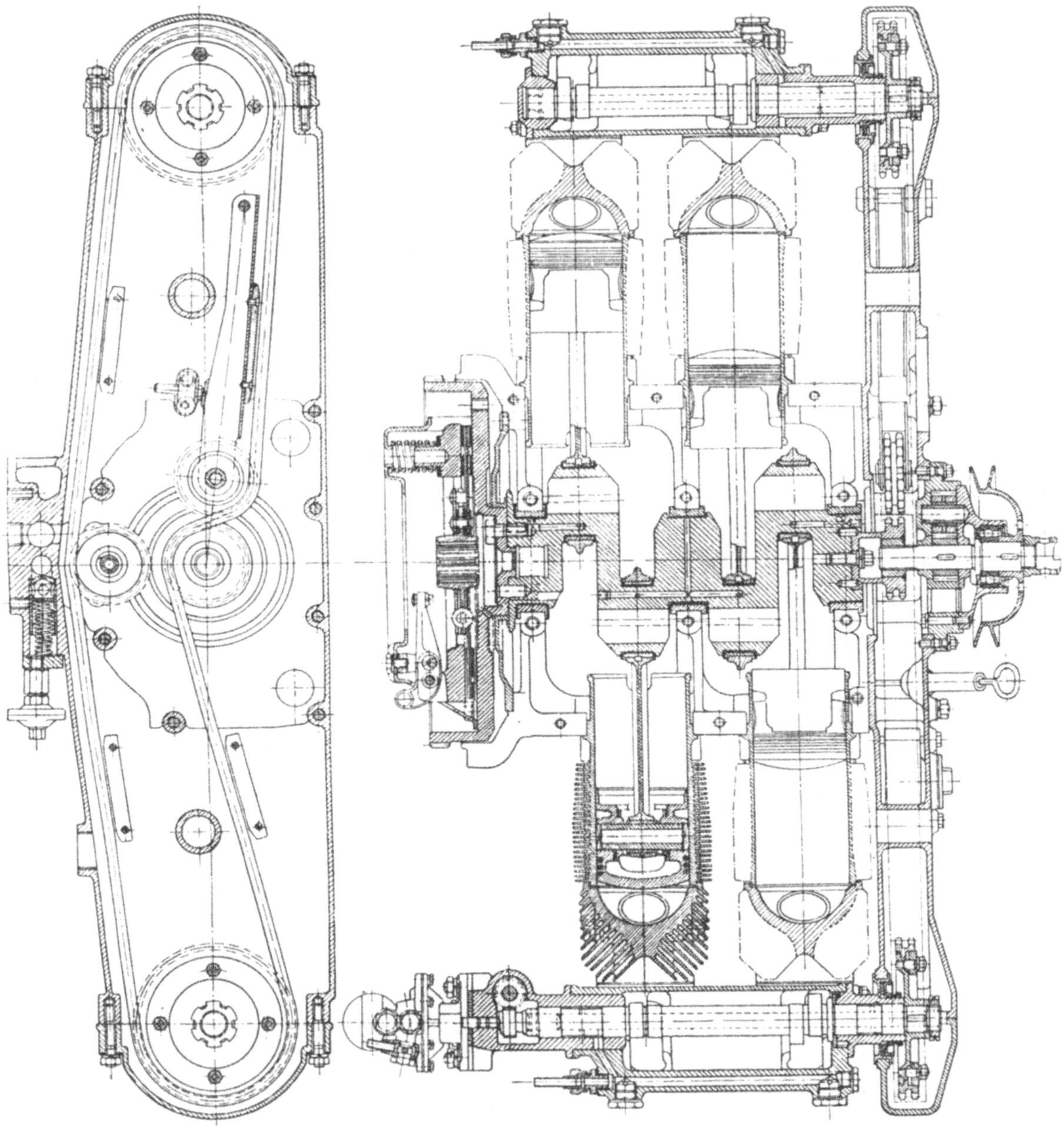

Abb. 56. Nockenwellenantrieb eines Boxermotors durch Ketten (Fahrzeug-Ottomotor, Tatra). 4 Zyl., 75 mm Bohrung, 99 mm Hub, n = 3500 U/min.

die Forderung nach raschem Öffnen und Schließen und nach kleinen Gestängekräften Aufmerksamkeit zuzuwenden.

Bei der Untersuchung der Bewegungsverhältnisse ist es im allgemeinen zulässig, Starrheit der Gliederkette vorauszusetzen. Nur bei hydraulischem Getriebe oder wenn es sich darum handelt, auftretende Stöße näher zu untersuchen, muß auch auf die Elastizität und Verformung des Materials oder der Übertragungsflüssigkeit

Rücksicht genommen werden. Darüber wird in einem gesonderten Abschnitt berichtet (II 5).

Für die Untersuchung der Bewegungsverhältnisse stehen zur Verfügung:

a) Näherungsverfahren durch punktweise Lösung. Dabei wird durch Aufzeichnen der Getriebekette in verschiedenen aufeinanderfolgenden Stellungen durch Abmessen aus der Zeichnung der Verlauf des Ventilhubes über der Nockenwellendrehung (Zeit) ermittelt und die Geschwindigkeit und Beschleunigung durch Näherungsrechnung oder -konstruktion gesucht. Umgekehrt kann bei gegebener Hubkurve des Ventils die Nockenform als Einhüllende der aufeinander folgenden Stellungen des Stößels bzw. der Rolle gefunden werden.

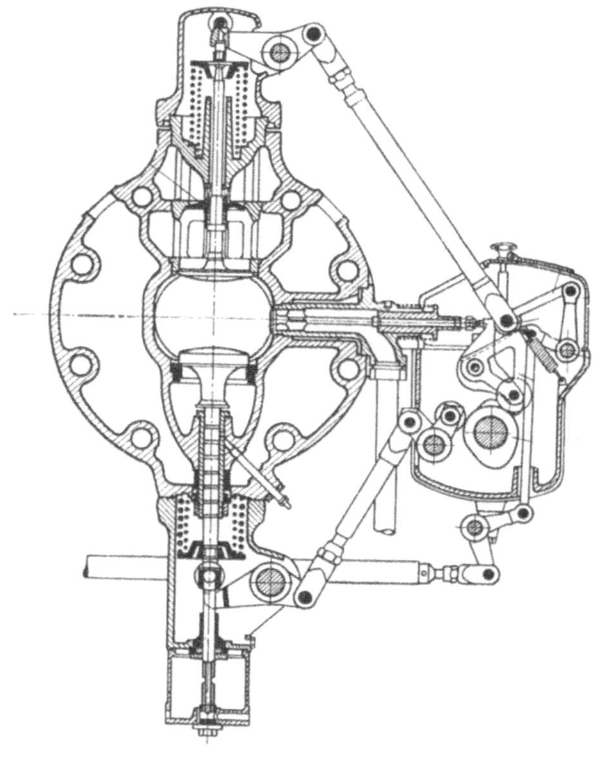

Abb. 57. Ventilantrieb über eine parallel zum Zylinder liegende Nockenwelle (liegende Gasmaschine).

b) Exakte Lösungsverfahren. Hiebei wird entweder der analytische Ausdruck für den Hub gesucht und die Geschwindigkeit und Beschleunigung durch exakte Differentation gefunden (rechnerisches Verfahren) oder unter Zuhilfenahme der Methoden der graphischen Kinematik Geschwindigkeit und Beschleunigung unmittelbar konstruiert.[1]

Die Näherungsverfahren nach a) führen trotz der Einfachheit ihrer Handhabung durchaus nicht immer am schnellsten zum Ziele; vor allem dann, wenn günstigste Verhältnisse aufzusuchen sind, arten sie in langwieriges Probieren aus. Sie müssen jedoch angewendet werden, wenn die Krümmungsverhältnisse der Nockenflanke unbekannt sind, also z. B. wenn an ausgeführten Nocken,

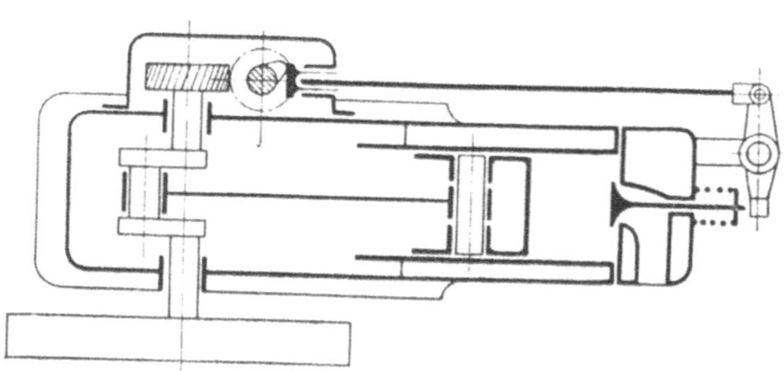

Abb. 58. Schema des Steuerungsantriebes mit einer senkrecht zur Kurbelwelle liegenden Nockenwelle.

[1] Über die Methoden der graphischen Kinematik geben u. a. die unter [10] und [11] angeführten Werke Aufschluß.

deren Flanke durch punktweises Ausmessen bekannt ist, die Bewegungsverhältnisse zu untersuchen sind. Wenn aber beim Entwurf die Krümmungsmittelpunkte der Nockenflanken bekannt sind, wendet man zweckmäßig die exakten Lösungsverfahren an. Insbesondere die Geschwindigkeiten lassen sich dabei stets durch Zeichnen weniger Linien finden.

a) Näherungsverfahren durch punktweise Lösung.

Durch Aufzeichnen verschiedener in bestimmten Winkelabständen $\triangle \alpha$ der Nockenwellendrehung aufeinanderfolgender Getriebestellungen ergibt sich der Verlauf des Ventilhubes s in Abhängigkeit von der Nockenwellendrehung α als punktweise gegebene Funktion (Abb. 63).

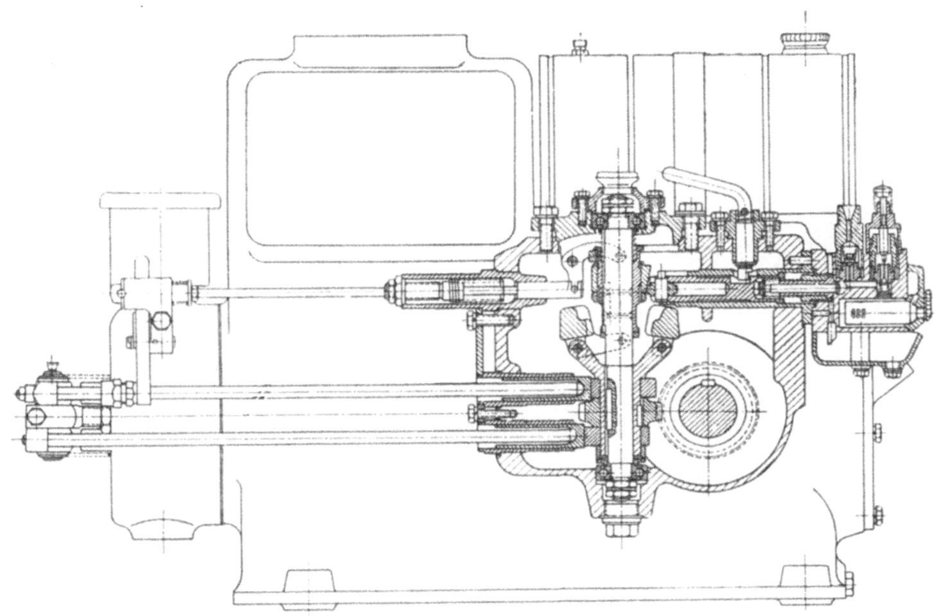

Abb. 59. Kleiner liegender Motor für gewerbliche Zwecke (Deutz).

Die erste Ableitung der Wegfunktion nach der Zeit gibt die Geschwindigkeit des Ventiles.

$$v = \frac{ds}{dt} = \frac{ds}{d\alpha} \cdot \frac{d\alpha}{dt} = \frac{ds}{d\alpha}\omega \qquad (12)$$

worin α den Drehwinkel der Nockenwelle im Bogenmaß, ω die Winkelgeschwindigkeit der Nockenwelle bedeuten.

Die zweite Ableitung ergibt die Beschleunigung

$$b = \frac{dv}{dt} = \frac{d^2 s}{d\alpha^2}\omega^2 \qquad (13)$$

Der Bewegungszustand ist somit durch die Ableitungen des Weges nach α gekennzeichnet. Diese geben die Geschwindigkeit und Beschleunigung für $\omega = 1$ an. Für eine

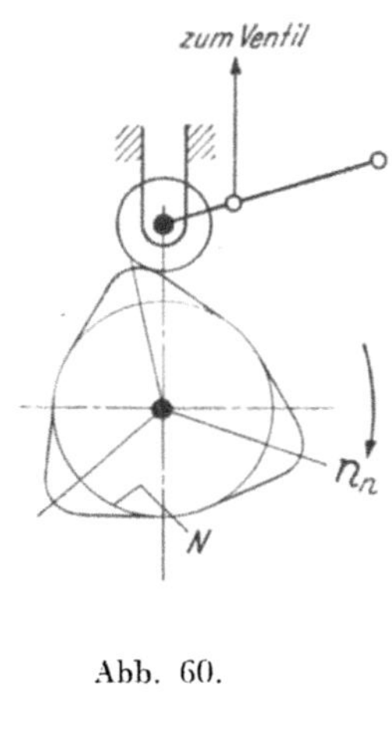

Abb. 60.

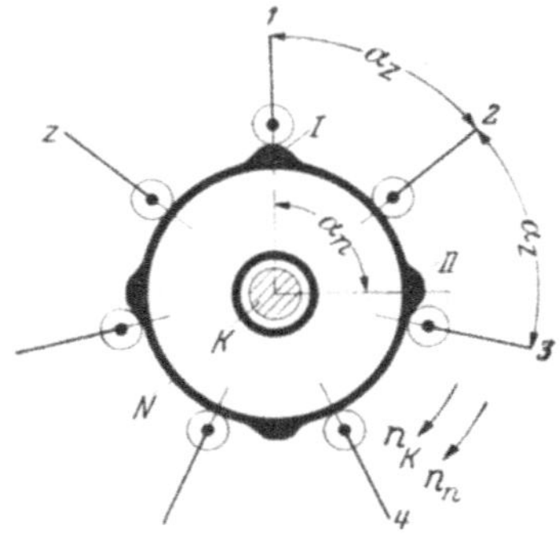

Abb. 61 a und b.

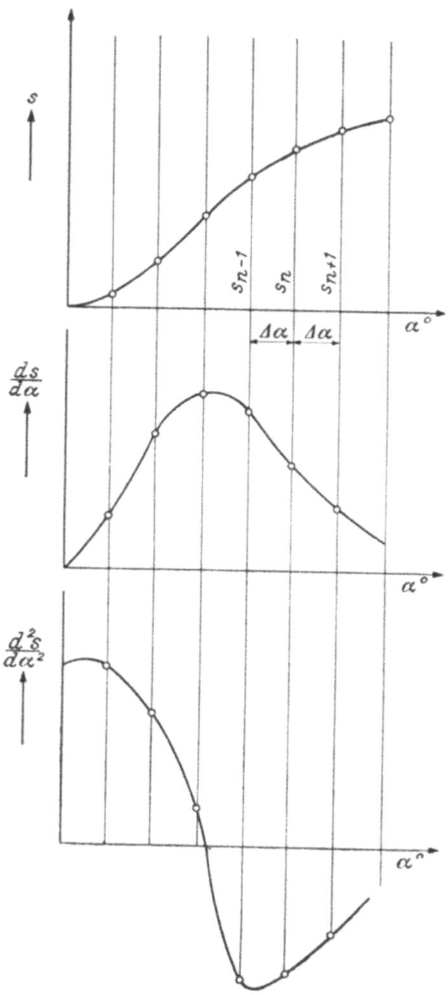

Abb. 63.

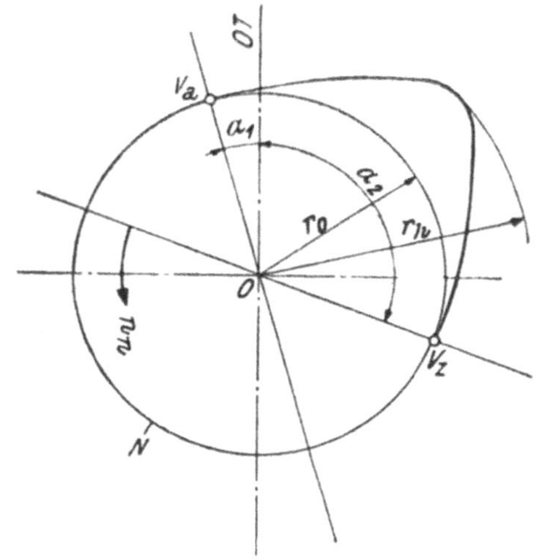

Abb. 62.

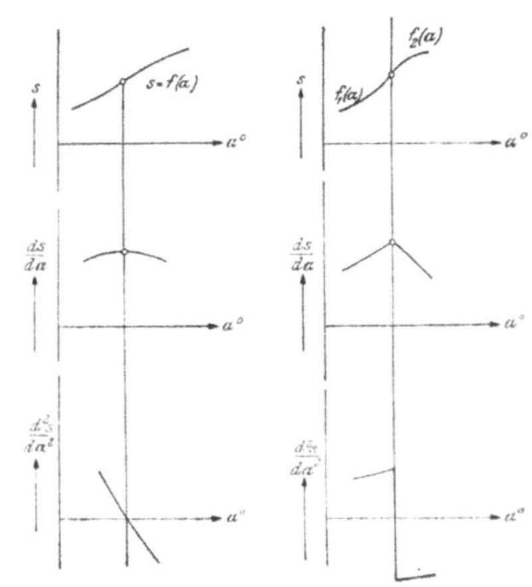

Abb. 64 und 65.

andere Drehzahl ergeben sich Geschwindigkeit und Beschleunigung durch Multiplizieren mit ω bzw. ω^2.

Betrachtet man drei im Abstand $\triangle\alpha$ aufeinanderfolgende Hubstellungen s_{n-1}, s_n und s_{n+1} (Abb. 63), so sind in erster Annäherung die Ableitungen nach α im Bogenmaß

$$\frac{ds}{d\alpha} = \frac{\pi}{180}\,\frac{ds}{d\alpha^0} \approx \frac{s_{n+1} - s_{n-1}}{2\triangle\alpha^0}\,\frac{\pi}{180} \tag{14}$$

$$\frac{d^2s}{d\alpha^2} = \left(\frac{\pi}{180}\right)^2 \frac{ds^2}{d\alpha^{0\,2}} \approx \frac{s_{n-1} - 2\,s_n + s_{n+1}}{\triangle\alpha^{0\,2}}\left(\frac{\pi}{180}\right)^2 \tag{15}$$

Die Genauigkeit des Verfahrens steigt mit der Anzahl der Lösungspunkte. Damit nimmt aber auch der Zeitaufwand für die Rechnung zu. Es genügt im allgemeinen $\triangle\alpha$ in der Größe von 5^0 Nockenwinkel zu wählen.

Statt durch punktweise Rechnung der Ableitungen aus den Ordinatendifferenzen können diese bekanntlich auch aus der Steigung der Tangenten an die Kurvenzüge gefunden werden. Man bedient sich dabei zweckmäßig eines Tangentenspiegels. Der Zeichenmaßstab wird möglichst groß gewählt. Die Genauigkeit des graphischen Verfahrens ist von der Anzahl der Lösungspunkte unabhängig.

Beim Aufzeichnen der Geschwindigkeits- und Beschleunigungskurven beachte man die allgemeinen Differentationsregeln:

Hat die Hubkurve eine horizontale Tangente, so ist die Geschwindigkeit Null.

Hat die Hubkurve einen Wendepunkt, so hat dabei die Geschwindigkeit einen Extremwert, die Beschleunigung ist Null (Abb. 64).

Stoßen im Wendepunkt zwei verschiedene Funktionen zusammen, wie dies praktisch z. B. der Fall ist, wenn die Hubkurven zweier verschiedener Kreisflanken zusammenstoßen, so stellt der Wendepunkt eine Unstetigkeitsstelle dar. Bei tangentialem Übergang der beiden Hubfunktionen, wie er zur Vermeidung von Schlägen auszuführen ist, hat die Geschwindigkeitskurve an dieser Stelle einen Knick, die Beschleunigungskurve einen Unstetigkeitssprung (Abb. 65).

b) Exakte Lösungsverfahren.

Sie sind anwendbar, wenn die Krümmungsverhältnisse der Nockenflanken bekannt sind. Neben den exakten Methoden der graphischen Kinematik können auch analytisch rechnerische Verfahren angewendet werden, wenn es nicht zu umständlich ist, die Gleichung für den Verlauf des Ventilhubes und deren ein- und zweimalige Ableitungen nach der Zeit aufzustellen. Die graphischen Verfahren sind in der Regel einfacher.

Die Getriebekette des Nockentriebes zwischen Nockenwelle und Ventil ist aus Gliedergruppen zusammengesetzt, die im allgemeinen für sich zwangsläufige Ketten einfachster Art darstellen und miteinander durch Drehglieder verbunden sind. Die wichtigsten, immer wieder aufscheinenden Elementarketten sind das Gelenkviereck, das Schubkurbelgetriebe und die Kurbelschleife in verschiedenen Variationen. In der Anordnung nach Abb. (66) z. B. folgt, ausgehend von der Nockenwelle, auf das Ersatzsystem für Nocken und Rolle (Gelenkviereck $O_1\,A\,B\,O_2$) der Hebel H_1 als einfaches Drehglied, das Gelenkviereck $O_2\,C\,D\,O_3$ und über das Drehglied H_2 gekuppelt die Kurbelschleife O_3EV

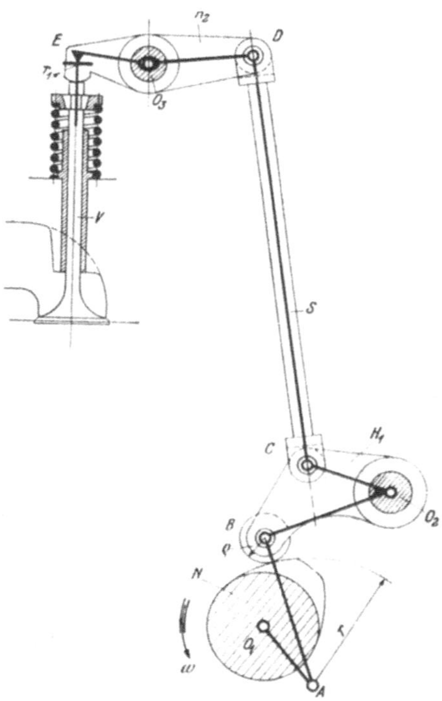

Abb. 66.

Der Lösungsweg beginnt bei der Nockenwelle mit der Ermittlung der Bewegungsverhältnisse der Rolle. Hierauf bestimmt man schrittweise über die Elementarketten die Bewegungsverhältnisse der Gelenkpunkte und schließlich die des Ventiles selbst. Im folgenden seien die einfachsten, praktisch verwertbaren Lösungsmethoden, deren es mehrere gibt, für die wichtigsten Ketten beschrieben.

α) Nocken und durch Schwinge geführte Rolle.

N o c k e n m i t n a c h a u ß e n (konvex) g e k r ü m m t e r F l a n k e (Abb. 67). Mit A als Krümmungsmittelpunkt des im Eingriff stehenden Teiles der Nockenflanke ist das getrieblich gleichwertige Ersatzsystem durch das Gelenkviereck $O_1\,ABO_2$ gegeben. Bei gleichbleibender Länge der Strecke AB bewegen sich dabei die Gelenkpunkte A und B um die festen Drehpunkte O_1 und O_2. Der Kurbelarm O_1A läuft mit der gleichbleibenden Winkelgeschwindigkeit ω_n der Nockenwelle um. Eine rechnerisch analytische Ermittlung der Bewegungsverhältnisse des Punktes B aus denen des Punktes A ist in diesem Falle umständlich und praktisch unbrauchbar. Statt dessen verwendet man mit Vorteil graphische Verfahren, von denen eines nachstehend beschrieben ist.

Die Betrachtungen werden zweckmäßig für die Winkelgeschwindigkeit $\omega = 1$ der Nockenwelle angestellt. Damit wird für den Punkt A die Geschwindigkeit

$$v_A = R\omega \tag{16}$$

und die nach dem Drehpunkt O_1 gerichtete Normalbeschleunigung

$$b_{An} = R\omega^2 \tag{17}$$

als Vektor gleich lang wie der Radius $R = O_1A$, wenn als Geschwindigkeits- und Beschleunigungsmaßstab der Zeichenmaßstab gewählt wird. Aus den unter diesen Annahmen ermittelten Geschwindigkeiten und Beschleunigungen erhält man jene für eine andere Drehzahl durch Multiplizieren mit ω bzw. ω^2.

Zur Ermittlung der Geschwindigkeit des Punktes B aus der des Punktes A benützt man zweckmäßig den momentanen Drehpol des Gliedes AB. Jede Bewegung kann als momentane Drehung um diesen Drehpol P aufgefaßt werden. P ist der Schnittpunkt der Normalen zu den Geschwindigkeitsrichtungen der Punkte A und B, also der Schnittpunkt der Kurbelrichtungen O_1A und O_2B. Für die Drehbewegung um P gilt der Satz, daß sich die Geschwindigkeiten von A und B so wie die Drehradien AP und BP verhalten. Aus dem im Sinne der Winkelgeschwindigkeit ω um 90^0 in die Richtung AO_1 „gedrehten Geschwindigkeitsvektor" (v_A) findet man nach diesem Satz den gedrehten Geschwindigkeitsvektor des Punktes B, (v_B), dessen Richtung in O_2B liegt, indem man $O_1 b \parallel AB$ zieht. Die Geschwindig-

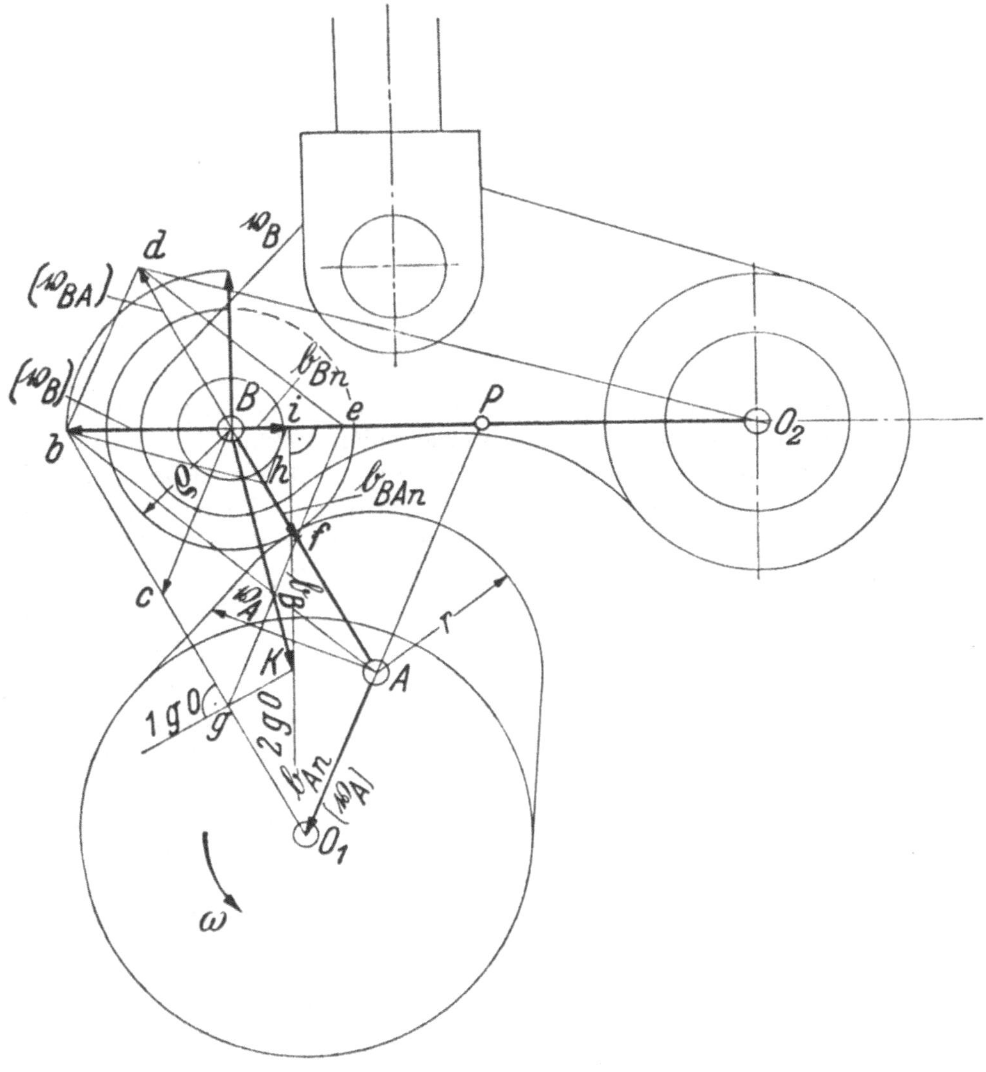

Abb. 67.

keit v_B des Punktes B selbst ergibt sich aus (v_B) durch Drehen um 90^0 gegen den Drehsinn der Nockenwelle.

Für den Punkt B gilt, wenn die Bewegung als zusammengesetzt aus der Bewegung des Punktes A als Systembewegung und der Relativbewegung von B gegen A aufgefaßt wird, die als Vektorgleichung aufzufassende Beziehung

$$v_B = v_A \mapsto v_{BA} \qquad (18)$$

Hierin ist v_{BA} die Relativgeschwindigkeit von B gegen A. Die Relativbewegung

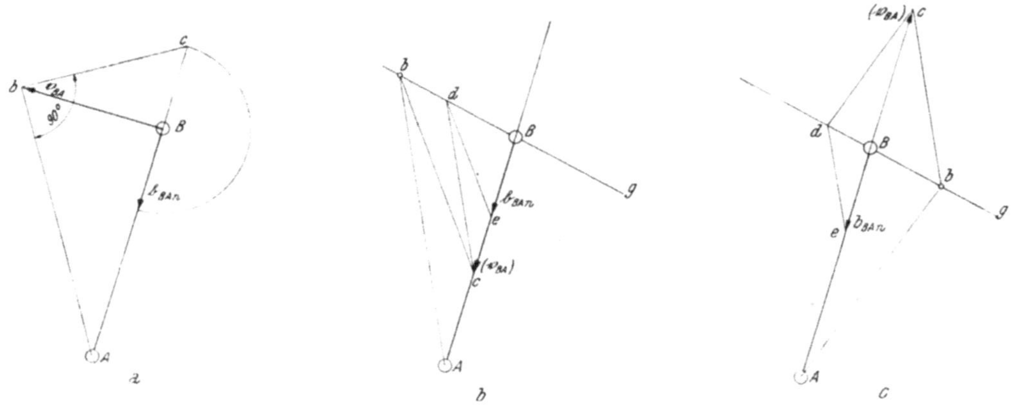

Abb. 68.

ist eine Kreisbewegung um A. Der gedrehte Vektor (v_{BA}) liegt demnach in Richtung BA. Setzt man cb an den von B ausgehenden Vektor $(v_A) = Bc$ parallel zu BA an, so ist nach obiger Gleichung $Bb = (v_B)$. (Damit ist auch ohne Verwendung des Drehpoles die Geschwindigkeit v_B gefunden.) $Bd = (v_{BA})$, gleich groß wie *cb* und parallel dazu, gibt die gedrehte Relativgeschwindigkeit von B gegen A.

Für die Beschleunigung des Rollenmittelpunktes B gilt:

$$b_B = b_A \mathbin{+\!\!\!\!\rightarrow} b_{BA} \qquad (19)$$

Die Relativbeschleunigung b_{BA} des um A kreisenden Punktes B setzt sich aus einer relativen Normalbeschleunigung (Zentripetalbeschleunigung) b_{BAn} die in Richtung BA liegt und einer Tangentialbeschleunigung b_{BAt} senkrecht dazu zusammen. Damit wird

$$b_B = b_A \mathbin{+\!\!\!\!\rightarrow} b_{BAn} \mathbin{+\!\!\!\!\rightarrow} b_{BAt} \qquad (20)$$

Für die Normalbeschleunigung gilt bekanntlich

$$b_{BAn} = \frac{v_{BA}^2}{AB} \qquad (21)$$

Abb. 68a—c zeigt Konstruktionsmöglichkeiten für diese Normalbeschleunigung. Wenn v_{BA} in richtiger Lage gegeben ist, zieht man (nach Abb. 68a) $bc \perp bA$ und richtet b_{BAn} mit der Länge Bc nach innen.

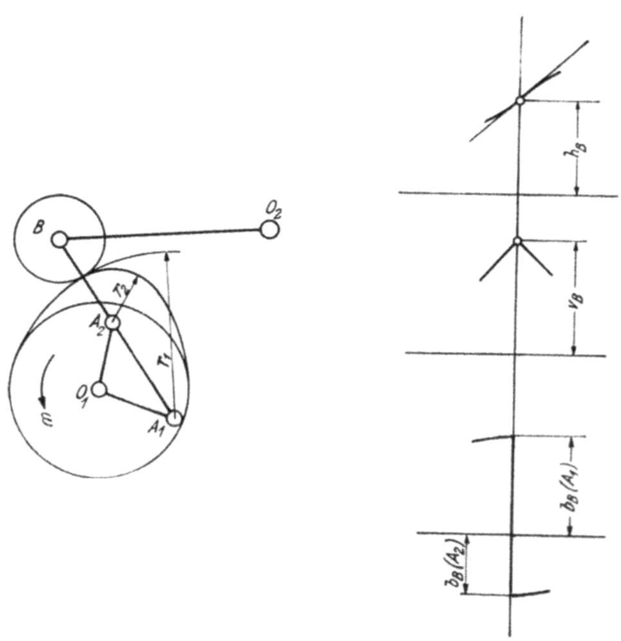

Abb. 69

Beweis: $BA/v_{BA} = v_{BA}/Bc$.

Wenn (v_{BA}) nach dem Drehpunkt gedreht gegeben ist (Abb. 68b), zieht man den Linienzug Ab — bc — $cd \,//\, Ab$ und $de \,//\, bc$. g ist dabei eine beliebig durch B gelegte Hilfsgerade und b ein beliebiger Punkt auf ihr. Be ist dann die gesuchte Normalbeschleunigung b_{BAn}. Beweis: Aus der Ähnlichkeit der Dreiecke ist

$$\left.\frac{AB}{Bc} = \frac{Bb}{Bd};\ \frac{Bc}{Be} = \frac{Bb}{Bd}\right\}\ Be = b_{BAn} = \frac{Bc^2}{AB} = \frac{v_{BA}^2}{AB}$$

Wenn (v_{BA}) nach außen gedreht gegeben ist, wird nach Abb. 68c verfahren. Im Linienzug Ab—bc—$cd//Ab$ und $de//bc$ ist der Punkt b wieder ein beliebiger Punkt auf der durch B beliebig gelegten Hilfsgeraden g. Beweis wie oben für Abb. 68b.

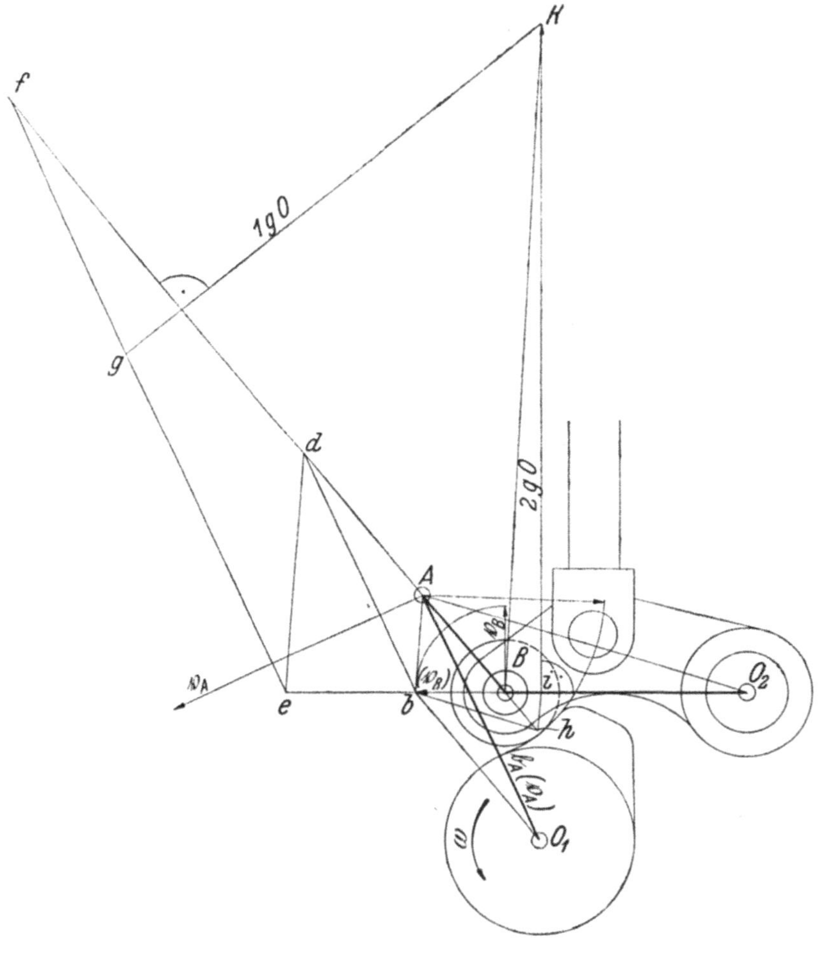

Abb. 70.

Die relative Normalbeschleunigung des Rollenmittelpunktes B ergibt sich demnach in Abb. 67 als Strecke Bf durch Zeichnen von $de // Ab$ und $ef // bd$. Nach Gleichung (20) ist daran die Beschleunigung b_A des Punktes A zu reihen. Weil sich die Nockenwelle gleichförmig dreht, ist diese gleich der Normalbeschleunigung von A und gleich O_1A (weil $\omega = 1$ ist). Also $fg // O_1A$ und gleich groß. Es fehlt nun noch die relative Tangentialbeschleunigung, um b_B zu erhalten. Ihre

Größe ist noch unbekannt, ihre Richtung aber $\perp AB$. Setzt man in g die Gerade $1gO \perp AB$ an, so ist diese der erste geometrische Ort, auf dem die Spitze des Vektors von b_B liegen muß.

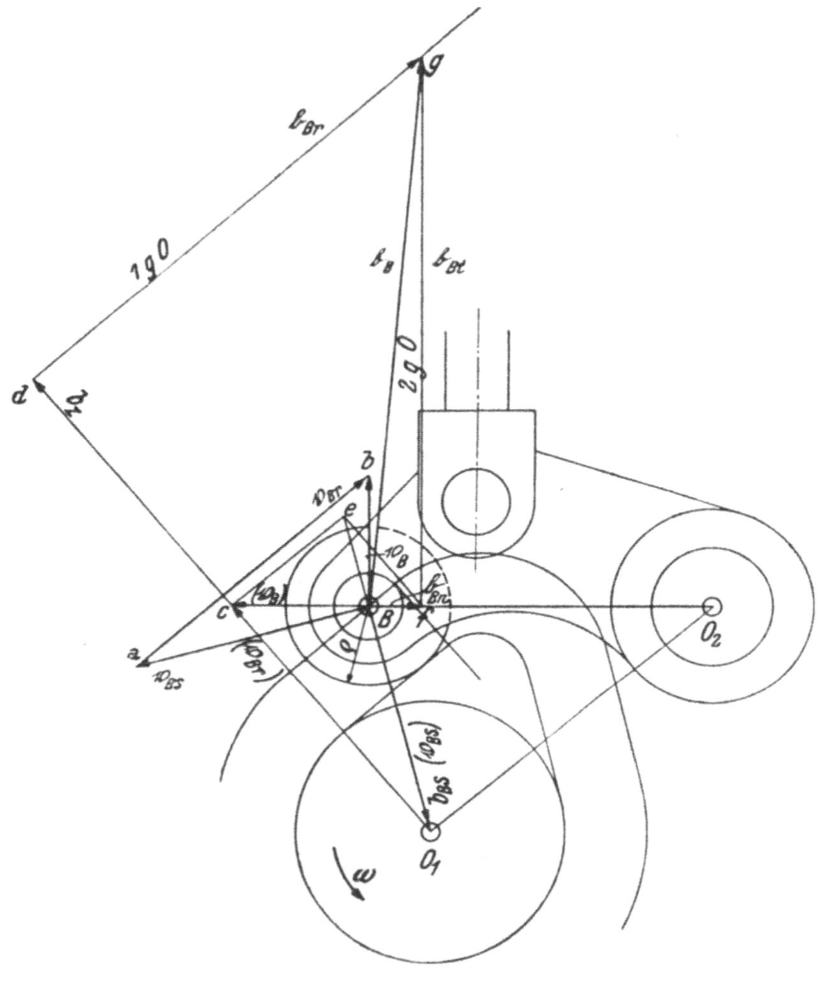

Abb. 71

Ein zweiter geometrischer Ort ergibt sich aus der Betrachtung der Drehbewegung von B um O_2. Hiefür gilt die Beziehung

$$b_B = b_{Bn} \mapsto b_{Bt} \tag{22}$$

b_{Bn} in Richtung BO_2 ist aus der Geschwindigkeit (v_B) gegen O_2 nach dem Schema von Abb. 68c durch Ziehen von $bh \parallel O_2d$ und $hi \parallel bd$ gegeben. Die Gerade $2\,g\,O$ durch $i \perp O_2B$ gibt die Richtung von b_{Bt} und ist zweiter geometrischer Ort für die Vektorspitze von b_B. Bk mit k als Schnittpunkt von $1gO$ und $2gO$ gibt die gesuchte Beschleunigung b_B. Die Beschleunigungskomponenten b_{BAt} und b_{Bt} sind durch gk (Gleichung 20) und ik gegeben.

Zusammenfassung: Bei Ermittlung der kinematischen Größen des Rollenmittelpunktes B wird demnach wie folgt verfahren:

Geschwindigkeit: $O_1b \,//\, AB$ schneidet auf O_2B den Vektor der gedrehten Geschwindigkeit $(v_B) = Bb$.

Beschleunigung: Linienzug Ab, $bd \,//\, O_1A$, $de \,//\, Ab$, $ef \,//\, db$, $fg \,//\, O_1A$ und gleich groß $1gO \perp AB$ durch g gibt 1. geometrischen Ort; Linienzug O_2d, db, $bh \,//\, O_2d$, $hi \,//\, bd$, $2gO \perp O_2B$ durch i gibt 2. geometrischen Ort; Bk (k Schnitt von $1gO$ und $2gO$) $= b_B$, die Beschleunigung des Punktes B.

Diese Konstruktion wird für eine Reihe aufeinanderfolgender Drehlagen der Nockenwelle durchgeführt und gibt den Verlauf des Hubes, der Geschwindigkeit und Beschleunigung der Rolle B. Solange ein Bogenteil der Nockenflanke im Eingriff ist, die Länge der Glieder der Ersatzkette O_1ABO_2 also ungeändert bleibt, ist der zeitliche Verlauf von Geschwindigkeit und Beschleunigung stetig. Wenn ein Flankenteil mit dem Krümmungsmittelpunkt A_1 (Abb. 69) in einen anderen mit dem Krümmungsmittelpunkt A_2 übergeht, was dann der Fall ist, wenn BA_2A_1 in einer Geraden liegen, geht die Ersatzkette vom Gelenkviereck $O_1A_1BO_2$ in jenes $O_1A_2BO_2$ über. Dann gelten in diesem Augenblick die Bewegungsgrößen beider Ketten. Die Hubkurven gehen tangentiell ineinander über, weil die beiden Kreisflanken eine gemeinsame Tangente haben. Die Geschwindigkeiten sind für beide Ketten gleich groß, die Beschleunigung als ihre zeitliche Änderung weist einen Unstetigkeitssprung auf, weil sich der dafür u. a. maßgebende Krümmungsradius sprunghaft ändert.

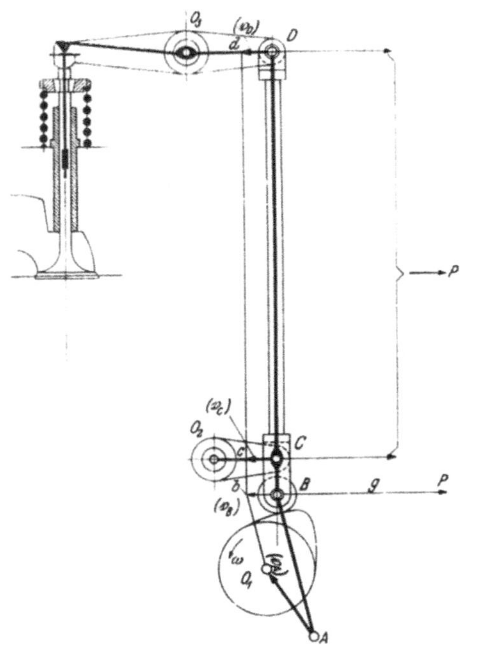

Abb. 72.

Bei der praktischen Durchführung der Untersuchung genügt es im allgemeinen, die kinematischen Größen für diese Übergangspunkte und für einen oder zwei Zwischenpunkte zu ermitteln, weil es sich hierbei um ein exaktes Verfahren handelt, dessen Genauigkeit im Gegensatz zur punktweisen Näherungslösung durch Differenzenbildung unabhängig ist von der Anzahl der Lösungspunkte.

Nocken mit nach innen (konkav) gekrümmter Flanke. Das Gelenkviereck O_1ABO_2 (Abb. 70) ist wie nach Abb. 67 zu behandeln.

Geschwindigkeit: $O_1b \,//\, AB$ gibt Bb als im Sinne von ω gedrehte Geschwindigkeit des Punktes B.

Beschleunigung: Linienzug Ab, $bd \,//\, O_1A$, $de \,//\, Ab$, $ef \,//\, O_1A$ gibt $Bf = b_{BAn}$. Dazu kommt $fg = AO_1$ als Beschleunigung des Punktes A. Die Normale $1gO$ in g senkrecht zu AB ist der erste geometrische Ort für die

Vektorspitze von b_B; Linienzug O_2A, Ab, $bh // O_2A$, $hi // Ab$ gibt $Bi = b_{Bn}$. $2gO \perp O_2B$ in i gibt den zweiten geometrischen Ort. Schnittpunkt k ist die Spitze von $b_B = Bk$.

N o c k e n m i t g e r a d e r F l a n k e. Ist ein Teil der Nockenflanke durch eine Gerade gebildet (Abb. 71), so liegt der entsprechende Gelenkpunkt A_1 des Kurbelvierecks im Unendlichen. Läßt man den mit dem Kurbelarm O_2B um O_2 geführten Rollenmittelpunkt auf einer Äquidistanten zur Nockenflanke mit dem Abstand des Rollenradius ρ gleiten, so sind die Bewegungsverhältnisse des Rollenmittelpunktes gleich, wie im System Rolle + Nocken. Wir legen nunmehr dieses Ersatzsystem (Kurbelschleife) unseren Betrachtungen zugrunde. Wenn in Abb. 67 die Bewegung des Punktes B aus der des Punktes A mit Hilfe der Gesetze für die Relativbewegung unter Zugrundelegung der Bewegung von A als translatorische Systembewegung abgeleitet wurde, finden jetzt, da die Geschwindigkeit und Beschleunigung von A unendlich groß werden, die allgemeineren Beziehungen für die Relativbewegung ihre Anwendung, wobei als Bezugssystem die um O_1 mit der Winkelgeschwindigkeit ω rotierende Ebene angenommen wird.

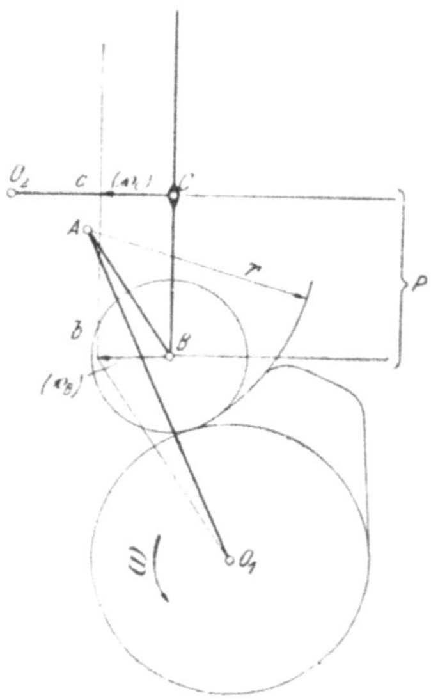

Abb. 75.

Der Punkt B (Abb. 71) hat dann eine Systemgeschwindigkeit v_{BS}, die normal zu O_1B gerichtet ist und bei dem gewählten Maßstab durch die Länge dieses Radius gegeben ist, wenn ω wieder gleich *1* gewählt wird. Die absolute Geschwindigkeit v_B ist senkrecht zu O_2B gerichtet. Die Geschwindigkeitsgleichung (18) gilt auch allgemein für die Relativbewegung im rotierenden System und ist durch das Geschwindigkeitsdreieck Bab verwirklicht, wobei die Relativgeschwindigkeit v_{Br} parallel zur Nockenflanke liegt, weil die Relativbewegung parallel zur Nockenflanke verlaufen muß.

Die Beschleunigungsgleichung für die Relativbewegung im rotierenden System lautet in ihrer allgemeinen Form bekanntlich:

$$b_B = b_{BS} \mathrel{+\!\!\!\rightarrow} b_{Br} \mathrel{+\!\!\!\rightarrow} 2\omega \times v_{Br} \qquad (23)$$

Hierin ist b_B die gesuchte absolute Beschleunigung, b_{BS} die Systembeschleunigung des Punktes B, b_{Br} die Relativbeschleunigung des Punktes B gegenüber dem rotierenden System und

$$b_z = 2\omega \times v_{Br} \qquad (24)$$

die Coriolisbeschleunigung.

Wenn ω wie üblich als Vektor versinnbildlicht wird, der parallel zur Drehachse des Systems, also senkrecht zur Zeichenebene liegt und aus letzterer bei Linksdrehung herauszeigt, so stellt das doppelte „äußere" Produkt aus ω und v_{Br} einen Vektor dar, der mit diesen beiden ein rechtsgerichtetes Koordinatensystem bildet. b_z liegt demnach in der Zeichenebene senkrecht zu v_{Br}. Wie man sich leicht überzeugen kann, liegt b_z stets in Richtung der im Sinne der Winkelgeschwindigkeit um 90^0 gedrehten Relativgeschwindigkeit. Die absolute Größe ist, weil $v_{Br} \perp \omega$,

$$b_z = 2\omega \,.\, v_{Br}$$

oder mit $\omega = 1$

$$b_z = 2v_{Br}$$

Nach Gleichung (23) wird an die Systembeschleunigung b_{BS} des Punktes B, die durch die Strecke BO_1 gegeben ist, $b_z = 2\,v_{Br} \perp$ zu v_{Br} angesetzt. Da b_{Br} in Richtung der Nockenflanke liegen muß, gibt die Gerade $1gO$ parallel zur Nockenflanke oder $\perp b_z$ einen ersten geometrischen Ort für die Spitze des von B ausgehenden Vektors $b_B \,.\, b_z$ findet man, indem man im Dreieck der gedrehten Geschwindigkeiten O_1cB die gedrehte Geschwindigkeit (v_{Br}) in Richtung und Größe zweimal aufträgt $(O_1d = 2O_1c)$. Ein zweiter geometrischer Ort ergibt sich wieder durch Analyse der Bewegung des Punktes B um O_2. An die Normalbeschleunigung b_{Bn} (gefunden durch $O_2O_1\,cef$ nach Schema Abb. 68c) reiht sich $\perp O_2B$ die Richtung $2gO$ für die Tangentialbeschleunigung. Der Schnitt von $1gO$ und $2gO$ gibt die Vektorspitze von b_B.

Zusammenfassung: Die Normale auf die Nockenflanke schneidet auf Richtung O_2B die gedrehte Geschwindigkeit $(v_B) = Bc$ ab. $O_1d = 2.O_1c$, $1gO \perp O_1d$ gibt 1. geometrischen Ort für die Beschleunigung. $ce \,//\, O_2\,O_1$, $ef \,//\, O_1\,c$ und $2gO \perp O_2B$ in f gibt 2. geometrischen Ort. $Bg = b_B$.

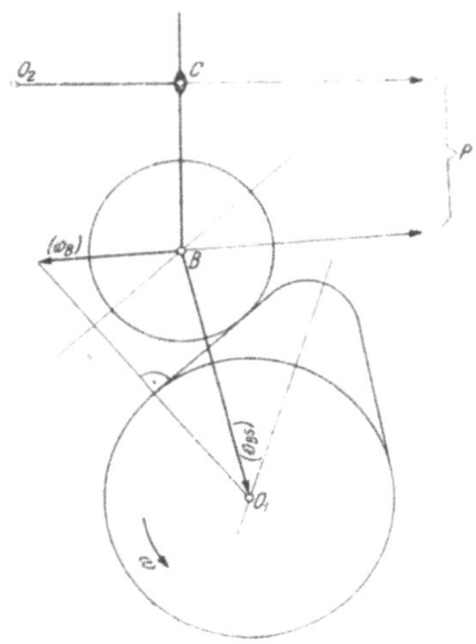

Abb. 74.

Wenn die Rolle nicht auf der Schwinge, sondern unmittelbar in der Stoßstange gelagert und letztere durch einen Lenker geführt ist, ergibt sich das Schema der Abb. 72. Die Rolle sitzt dabei nicht auf einem einfachen Drehglied, sondern auf dem verlängerten Kuppelglied des Gelenkviereckes $O_2\,C\,D\,O_3$. Die Geschwindigkeiten sind wieder durch Ziehen weniger Linien zu finden. (v_A) ist die gedrehte Geschwindigkeit des Punktes A, wenn $\omega = 1$ ist. Den Drehpol P des Kuppelgliedes CD findet man als Schnitt der Geraden O_3D und O_2C. Die im Sinne der Winkelgeschwindigkeit gedrehten Geschwindigkeiten (v_B), (v_C) und (v_D) der Punkte B, C und D findet man durch Ziehen der Linien $O_1b \,//\, Ab$ und $bd \,//\, BD$. Die Richtung der gedrehten Geschwindigkeit (v_B) geht dabei zum Pol P. Bei Ermittlung der Rollenbeschleunigung kann diesmal nicht, wie im vorigen Beispiel, durch Fortschreiten von einem Punkt zum anderen verfahren werden, weil für den Zwischenpunkt B die Krümmungsverhältnisse unbekannt sind. Es muß hierbei das System Nocken, Rolle und Stoßstangengestänge als Ganzes betrachtet werden. Die Beschleunigungen sind z. B. durch Konstruktion eines Beschleunigungsplanes zu ermitteln. (Es ist dies der einzige Fall unter den üblichen Steuerungssystemen, bei dem die einfachen Konstruktionen für das Schubkurbelgetriebe, das Gelenkviereck oder die Kurbelschleife nicht unmittelbar Anwendung finden können.) Auf diese erweiterten Konstruktionen sei jedoch im Rahmen dieser Erörterungen nicht eingegangen, weil hier der zweite Lösungsweg der näherungsweisen Ableitung der Geschwindigkeit nach der Zeit für die Beschleunigung rascher zum Ziele führt und zu empfehlen ist. Dieses kombinierte

Verfahren ist hinreichend genau, weil die auf exaktem Wege gefundenen Geschwindigkeitswerte zugrunde gelegt werden. Bei konkaver Nockenflanke ist die Konstruktion gleichartig (Abb. 73).

Wenn die Rolle auf einem geraden Flankenteil läuft, wird bei Ermittlung der Geschwindigkeit nach Abb. 74 verfahren. Durch B ist eine Parallele zur Nockenflanke gelegt. Die Richtung der gedrehten Geschwindigkeit durch B ist zum Pol gerichtet. (v_{B_0}) ist die im Sinne der Winkelgeschwindigkeit gedrehte Systemgeschwindigkeit im Punkte B, wenn als System die mit ω rotierende Nockenwelle aufgefaßt wird. Zieht man von O_1 eine Gerade senkrecht zur Nockenflanke, so schneidet diese auf der Richtung der gedrehten Geschwindigkeit des Punktes B, (v_B) ab.

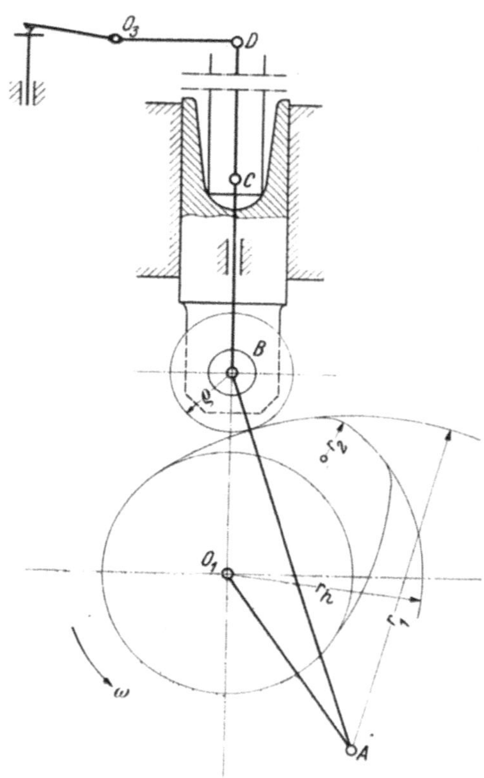

Abb. 75.

β) Nocken und gerade, mittig geführte Rolle.

Rückt der Drehpunkt der Rollenschwinge ins Unendliche, so gehen die beiden Gelenkvierecke O_1ABO_2 und O_2CDO_3 nach Abb. 66 über in die beiden Schubkurbeltriebe O_1AB und $CDO/_3$ nach Abb. 75. Bei dieser Konstruktion, die in der Praxis häufig Anwendung findet, pflegt man gelegentlich die Bewegungsverhältnisse auch rechnerisch zu erfassen, so daß im folgenden beide Methoden besprochen werden.

Nocken mit nach außen (konvex) gekrümmter Flanke. *Graphische Lösung.* Es kann dabei grundsätzlich gleich wie für das Gelenkviereck nach Abb. 67 verfahren werden. Die Normalbeschleunigung b_{Bn} des Punktes B wird Null und die Richtung von Geschwindigkeit und Beschleunigung liegen in der Schubrichtung.

Eine vereinfachte Lösung, wie sie hier möglich ist, zeigen die Abb. 76 a--d für verschiedene Lagen des Getriebes.

Für die innen liegende Kurbel O_1A ergibt nach Abb. 76 a der Linienzug $O_1a \perp O_1B$, $ab \,//\, O_1B$, $bc \perp O_1B$ und $cd \perp BA$ die im Sinne der Winkelgeschwindigkeit ω gedrehte Geschwindigkeit des Punktes B, $aO_1 = (v_B)$ und in $d\,O_1 = b_B$ nach O_1 gerichtet die Beschleunigung des Punktes B (für $\omega = 1$). Beweis: Leitet man aus den Bewegungsgrößen des Punktes B jene von A ab, so gilt für die Geschwindigkeit

$$v_A = v_B \dashrightarrow v_{AB} \qquad (24)$$

Diese Gleichung ist im Dreieck der gedrehten Geschwindigkeiten $O_1\,a\,A$ erfüllt. Denn (v_A) ist bei $\omega = 1$ durch $A\,O_1$, die Richtung von (v_B) und (v_{AB}) durch die senkrechte auf O_1A bzw. die Richtung AB gegeben.

Für die Beschleunigung gilt

$$b_A = b_B \dashrightarrow b_{ABn} \dashrightarrow b_{AB} \tag{25}$$

Diese Gleichung erfüllt das Vektorviereck $O_1A\,cd$. Die relative Normalbeschleunigung b_{ABn} ist nach Abb. 68 c mit O_1A als Hilfsgerade aus (v_{AB}) durch $BO_1\,abc$ in Ac gegeben. Die relative Tangentialbeschleunigung b_{ABt} ist senkrecht zu AB. b_B liegt in Richtung BO_1.

Für die außen liegende Kurbel (Abb. 76 b) liegt der mit gleichen Buchstaben bezeichnete entsprechende Linienzug etwas anders, weil (v_{AB}) nach innen gedreht erscheint und b_{ABn} gemäß Abb. 68 b zu suchen ist. Der Beweis entspricht dem vorigen. Wenn die Kurbel nahe der gestreckten Lage ist, verwendet man für die

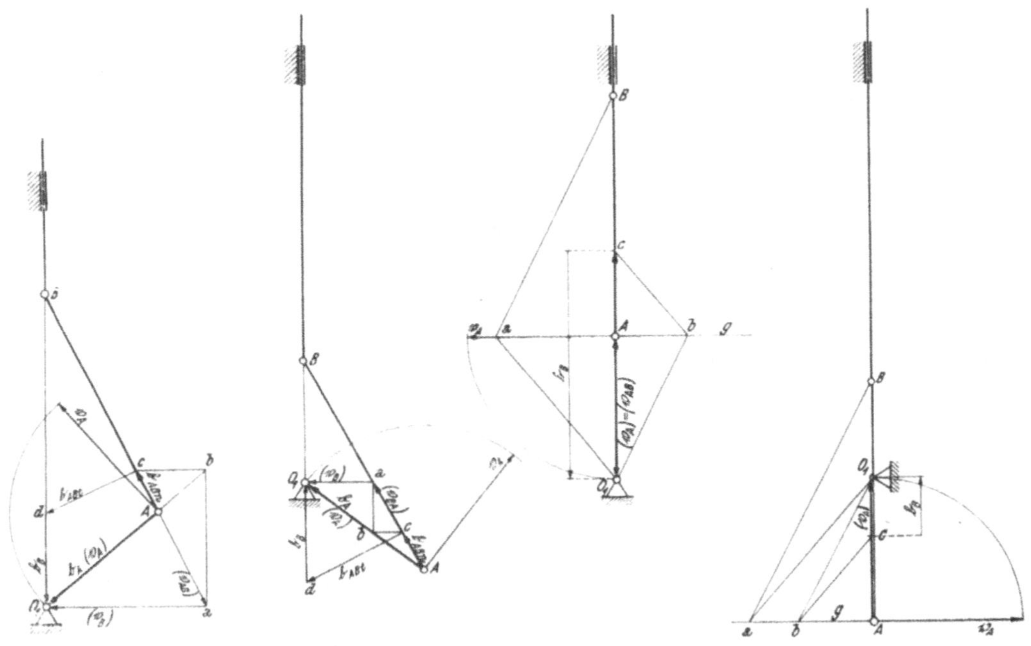

a *b* *c* *d*

Abb. 76.

Beschleunigungskonstruktion zur Vermeidung eines flachen Schnittes bei b nicht den Kurbelarm O_1A als Hilfsgerade, sondern eine beliebige, vorteilhafter durch A gelegte Gerade. Dasselbe muß für die g e s t r e c k t e L a g e selbst geschehen (Abb. 76 c und Abb. 76 d), g ist dabei senkrecht zu O_1B gelegt. Weil in der gestreckten Lage v_B Null ist, ist $(v_{AB}) = (v_A)$. Die Beschleunigung $b_B = cO_1$, stets zum Mittelpunkt O_1 gerichtet, erhält man für die innere und äußere Strecklage durch Ba, aO_1, $O_1b \,//\, Ba$, $bc \,//\, aO_1$. a ist hierbei ein beliebiger Punkt auf g. Der Beweis ist wie früher zu führen, wobei jetzt $b_{ABt} = O$ zu setzen ist. Ac ist die relative Normalbeschleunigung.

Lösung durch Rechnung. Es bedeuten (vergl. Abb. 77) $OA = R$ den Abstand des Krümmungsmittelpunktes der Nockenflanke vom Drehpunkt (Kurbelradius) (m)
r den Krümmungsradius der Nockenflanke (m)
ϱ den Rollenradius (m)

$r + \rho$ die Schubstangenlänge des Ersatzkurbelgetriebes (m)

$\lambda = \frac{R}{l}$ das Schubstangenverhältnis

α den Drehwinkel der Kurbel OA im Sinne der Winkelgeschwindigkeit vom unteren Totpunkt an gerechnet

h den Hub der Rolle (m)

v die Geschwindigkeit des Rollenmittelpunktes in der Schubrichtung (m/sek)

b die Beschleunigung des Rollenmittelpunktes in der Schubrichtung (m/sek²).

Aus der Bogenprojektion des Punktes A mit den Radien l und R von B bzw. O aus, ergibt sich der Hub h mit

$$h = R - R\cos\alpha - l + l\cos\beta \tag{26}$$

Zwischen α und β besteht der Zusammenhang

$$R\sin\alpha = l\sin\beta \tag{27}$$

Aus beiden Beziehungen folgt mit $\frac{R}{l} = \lambda$

$$h = R\left(1 - \cos\alpha - \frac{1}{\lambda} + \frac{1}{\lambda}\sqrt{1 - \lambda^2\sin^2\alpha}\right) = R f_1(\alpha, \lambda) \tag{28}$$

und daraus nach Differenzieren nach der Zeit

$$v = R\omega\left(\sin\alpha - \frac{\lambda}{2}\frac{\sin 2\alpha}{\sqrt{1 - \lambda^2\sin^2\alpha}}\right) = R\omega f_2(\alpha, \lambda) \tag{29}$$

$$b = R\omega^2\left(\cos\alpha - \frac{\lambda\cos 2\alpha}{\sqrt{1 - \lambda^2\sin^2\alpha}} - \frac{\lambda^3\sin^2 2\alpha}{4\sqrt{(1 - \lambda^2\sin^2\alpha)^3}}\right) = R\omega^2 f_3(\alpha, \lambda) \tag{30}$$

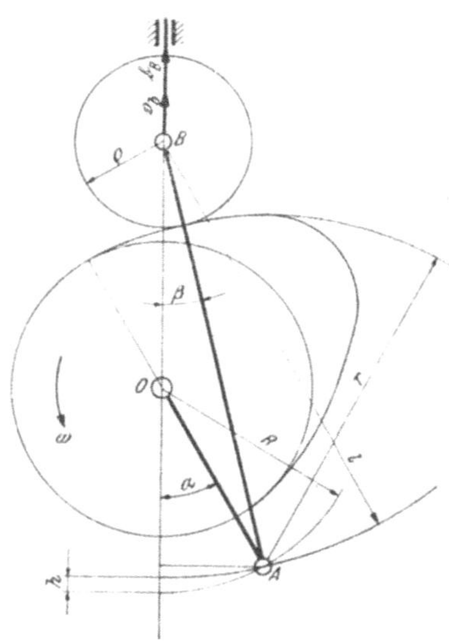

Abb. 77.

Die Veränderlichkeit der drei Größen mit α und λ ist hierin in den drei Funktionen f_1, f_2 und f_3 (α, λ) zusammengefaßt. Sie stellen einparametrige Kurvenscharen dar, die in Abb. (78) bis (80) dargestellt sind.

Die Hubfunktion f_1 (α, λ) Abb. (78) verläuft für $\lambda = 0$ (unendliche Stangenlänge) nach der harmonischen Funktion $(1 - \cos\alpha)$. Zwischen $\lambda = 0$ und $\lambda = 1$ erscheint sie in der Weise verformt, daß der Anstieg nach der unteren Streckenlage sanfter wird. Für $\lambda = 1$ ist zwischen 0 und 90° sowie zwischen 270 und 360° der Hub Null. Kurbel und Schubstange rotieren zusammengeklappt gemeinsam um O. Nur für Kurbelstellungen zwischen 90 und 270° NW ist der Hub des Punktes B endlich und durch eine harmonische Funktion definiert. Für $\lambda > 1$, d. h. wenn der Kurbelradius größer als die Schubstange wird, gibt es zwei Intervalle, bei denen eine Getriebestellung nicht möglich

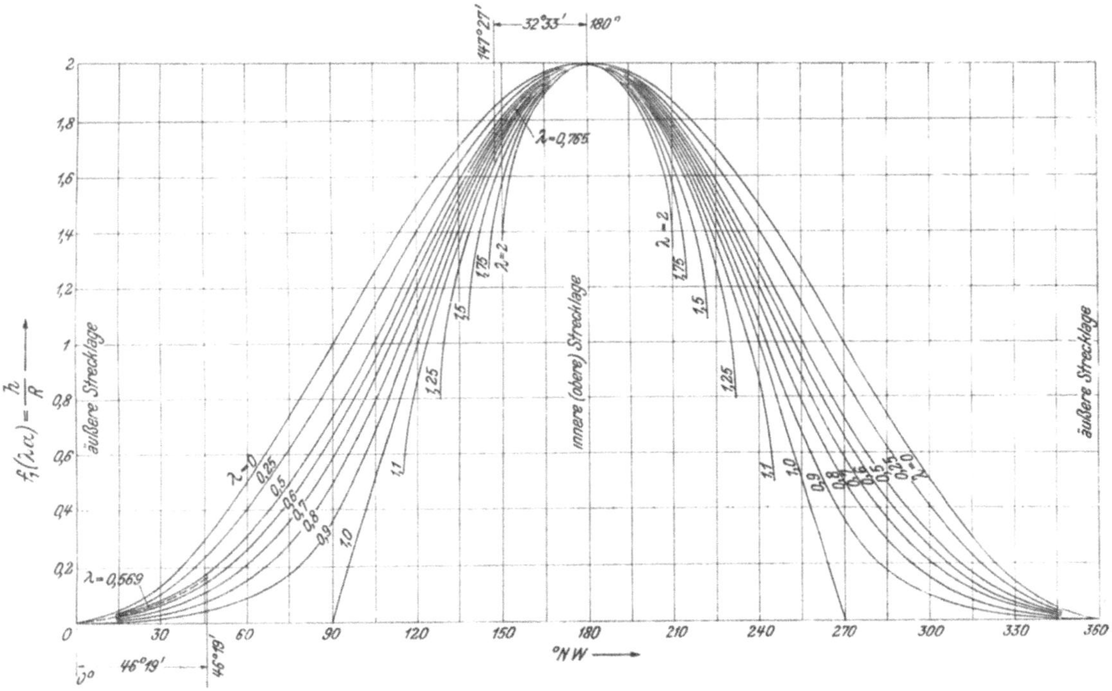

Abb. 78.

ist. Die Grenzstellungen dieser Bereiche α_1 und α_2 sowie α_3 und α_4 sind durch die Beziehung

$$\alpha_{1-4} = \text{arc sin}\left(\pm \frac{1}{\lambda}\right) \tag{31}$$

gegeben, wie an Hand der Abb. 81 ohne weiteres klar wird. Aus Abb. 82 sind diese Grenzwinkel abzulesen. Für den Nockenbetrieb interessiert in diesem Fall nur die Bewegung um die obere Strecklage von α_2 bis α_3. Die Hubfunktion setzt bei α_2 mit dem Wert

$$f_1(\alpha_2, \lambda) = 1 - \frac{1}{\lambda} + \sqrt{1 - \frac{1}{\lambda^2}} \tag{32}$$

mit vertikaler Tangente ein und läuft auf den Wert 2 zu.

Abb. 79 zeigt den Verlauf der Geschwindigkeitsfunktion $f_2(\alpha, \lambda)$. Die Verminderung der Geschwindigkeit bei äußerer Kurbellage und deren Erhöhung bei innerer Kurbellage mit zunehmenden λ ist daraus zu ersehen. Sämtliche Kurven für $0 < \lambda < 1$ gehen bei $\alpha = 90^0$ und $\alpha = 270^0$ durch einen Punkt im Abstand $+1$ bzw. -1 von der Abszissenachse. Die Kurven für $\lambda > 1$ haben vertikale Asymtoten im Abstand α_1, α_2, α_3 und α_4 (Grenzwinkel nach Abb. 82). Die Kurvenäste zwischen α_4 und α_1 (Bewegung um die äußere Strecklage) sind auch diesmal nicht gezeichnet, weil sie für den Nockentrieb keine Bedeutung haben. Zwischen den oberen Grenzlagen α_2 und α_3 sinkt die Geschwindigkeit vom Wert ∞ bei α_2 auf Null in der oberen Strecklage und weiter auf $-\infty$ bei α_3.

Die Beschleunigungsfunktion $f_3(\alpha, \lambda)$ (Abb. 80) zeigt einen sinngemäßen Verlauf. Für $\lambda > 1$ sind wieder nur die Äste für die Bewegung um die obere Strecklage gezeichnet, die allein interessieren. Wesentlich ist die starke Änderung der Beschleunigungswerte in den Strecklagen mit dem Schubstangenverhältnis λ. Darauf ist beim Entwurf des Nockens zu achten, besonders soweit dies den Wert

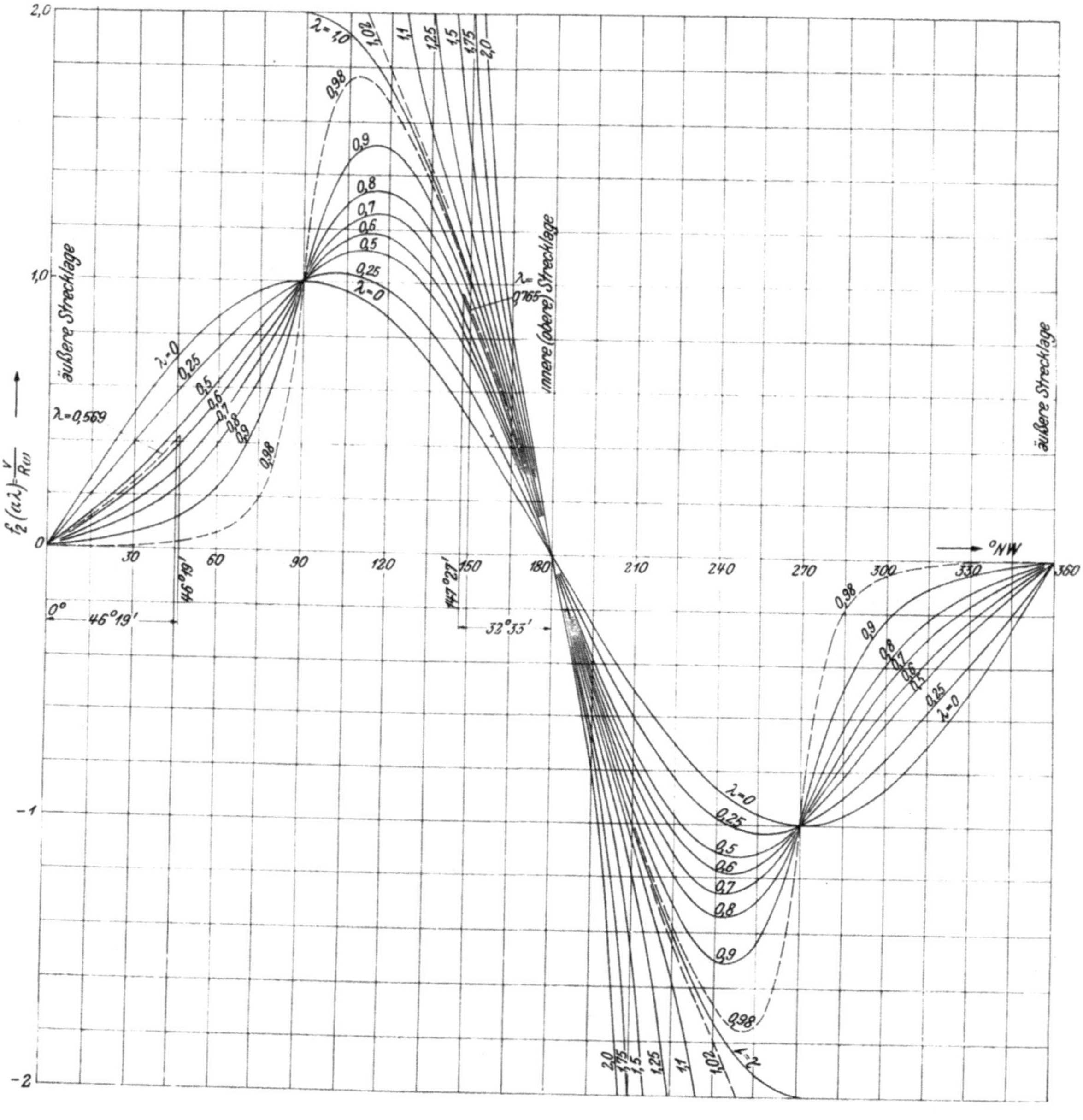

Abb. 79

um die obere Totlage betrifft, weil — wie später erörtert wird — davon im wesentlichen die notwendigen Federkräfte abhängen.

Die Schaubilder Abb. 78—80 für $f_1\, f_2\, f_3\; (\alpha, \lambda)$ können zur raschen Ermittlung der Hub-, Geschwindigkeits- und Beschleunigungsverhältnisse am Nocken unmittelbar verwendet werden, wie dies nachfolgend für die Auflaufflanke des in Abb. 83 vermaßten Nockentriebs gezeigt ist. Die Drehzahl beträgt $n = 2000\ \text{min}^{-1}$. Zwischen O und α_g ist für das Ersatzgetriebe $R_1 = 0{,}029$ m und $l_1 = 0{,}042 + 0{,}009 = 0{,}051$ m also $\lambda_1 = 0{,}569$ und zwischen α_g und

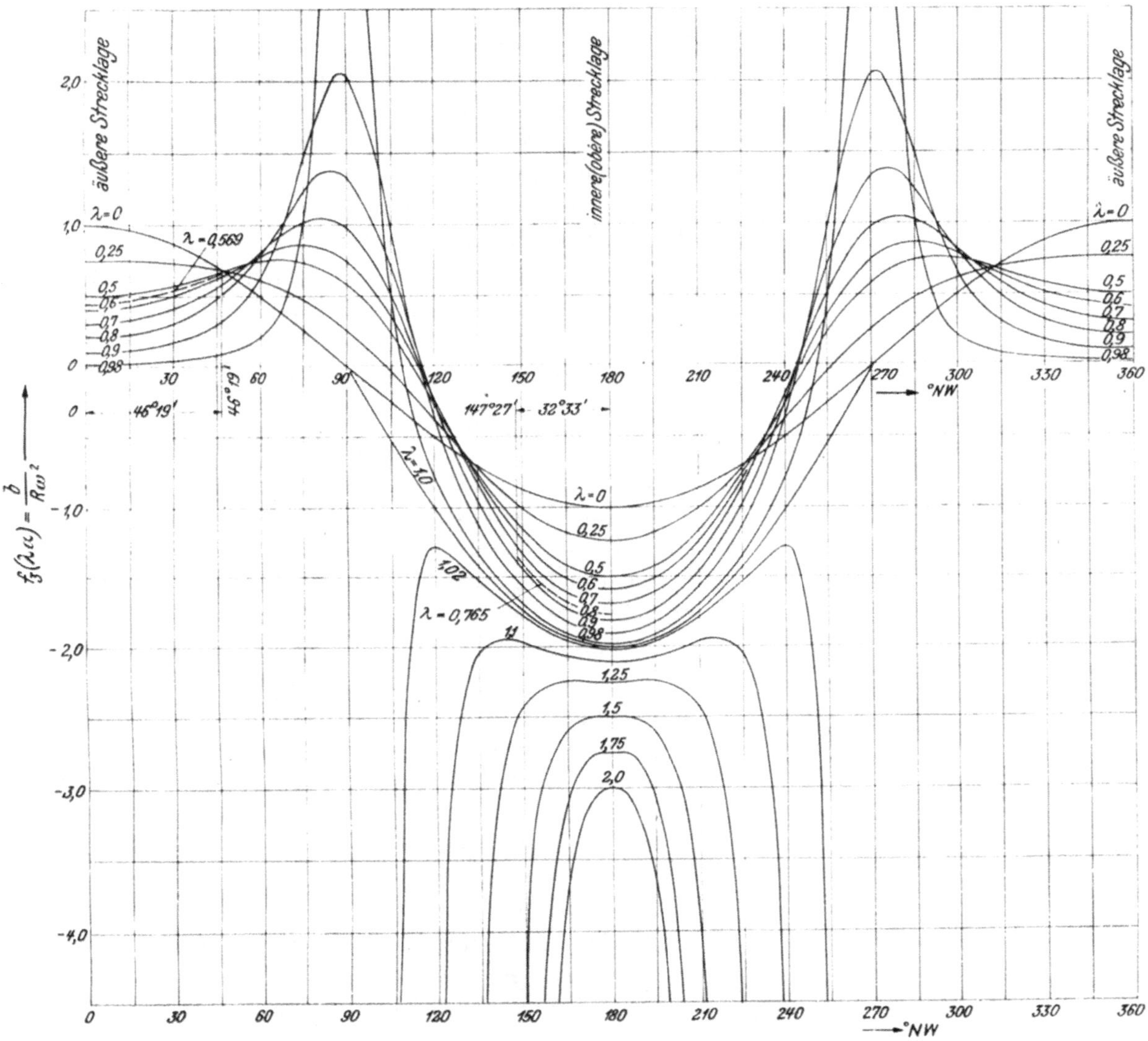

Abb. 80.

$\alpha_g + \beta$: $R_2 = 0{,}013$ m und $l_2 = 0{,}008 + 0{,}009 = 0{,}017$ m, also $\lambda_2 = 0{,}765$. α_g und β ergeben sich durch Rechnung mit Hilfe bekannter Dreieckbeziehungen mit $\alpha_g = 46^0\,19'$ und $\beta = 32^0\,33'$. Auf die untere Strecklage bezogen, betragen die Kurbelwinkelbereiche, zwischen welchen die beiden Ersatzgetriebe wirken, für das erste $\alpha = O$ bis $\alpha = 46^0 19'$ für das zweite $\alpha = 180 - \beta = 180 - 32^0 33' = 147^0 27'$ und $\alpha = 180^0$.

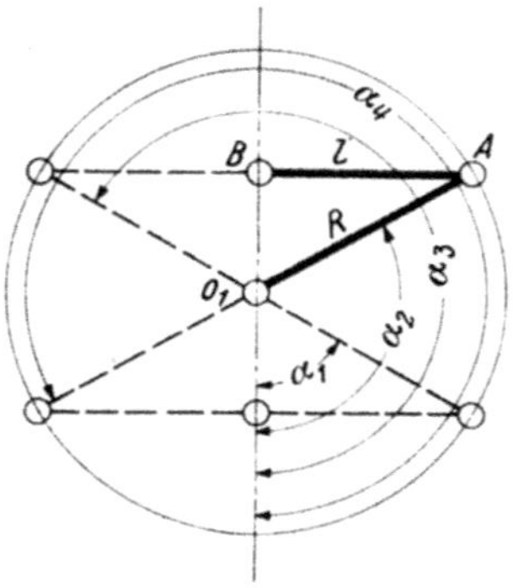

Abb. 81.

Interpoliert man in den Kurvenscharen innerhalb dieser Winkelgrenzen für obiges λ, wie in den Abb. 78—80 eingezeichnet die betreffenden Kurvenäste, so geben diese mit R_1, $R_1\,\omega$, $R_1\,\omega^2$ für das erste, bzw. R_2, $R_2\,\omega$, $R_2\,\omega^2$ für das zweite Ersatzsystem multipliziert die Schaulinien für h, v und b nach Abb. 83. Bei den Hubkurven ist zu beachten, daß die so gefundenen Äste verschiedene Anfangspunkte (äußere Strecklage für jedes Ersatzgetriebe) haben. Wenn der zweite Kurvenast in I angesetzt wird, ist damit die gesuchte Hubkurve der Rolle in bezug auf die unter Lage gegeben. Überdies ist h für die obere Strecklage durch die Nockenerhebung gegeben.

Nocken mit nach innen (konkav) gekrümmter Flanke. Das Ersatzgetriebe für Rolle und Nocken ist dabei der Kurbeltrieb OAB (Abb. 84) mit nach innen geschlagener Schubstange. Das Schubstangenverhältnis $\lambda = \frac{R}{l} = \frac{R}{r-\rho}$ ist dabei stets größer als 1. Demgemäß liegen die möglichen Betriebsstellungen zwischen den Kurbelstellungen α_2 und α_3 nach Abb. 81 und 82, wenn der Winkel α wie früher vom unteren Totpunkt gerechnet wird.

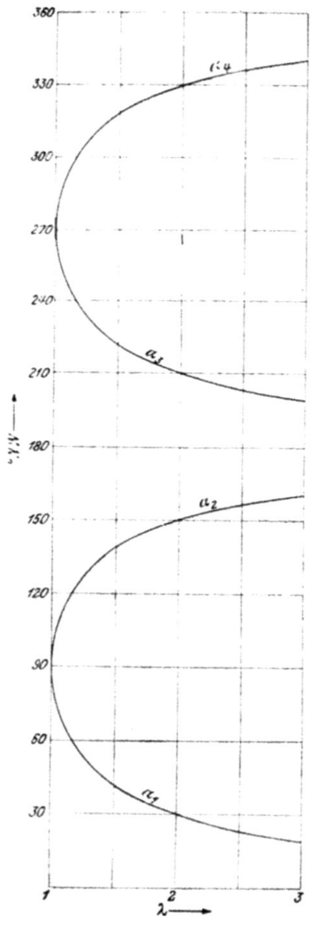

Abb. 82.

Graphische Lösung. Sie erfolgt nach Abb. 85 analog der Abb. 76: aO_1 normal auf die Rollenbewegungsrichtung gibt die gedrehte Geschwindigkeit von B. Gemäß Abb. 68 führt der Linienzug BO_1, O_1a, $ab \,//\, BO_1$, $bc \,//\, O_1a$ auf die normale Relativbeschleunigung $Ac = b_{ABn}$ des Punktes A gegen B. Die normale in c auf die Schubstange schneidet sodann auf der Richtung O_1B die Beschleunigung des Punktes B in der Größe dO_1 zum Drehpunkt gerichtet ab. Der Beweis für die Konstruktion ist gleich wie zu Abb. 76.

In der Strecklage ist nach Abb. 86 vorzugehen: Die Geschwindigkeit von B ist Null. Die Relativ-Normalbeschleunigung von A gegen B ist in der Strecke $b_{ABn} = Ac$ durch den Linienzug Ba (a beliebig gewählter Punkt), aO_1, $O_1\,b \,//\, Ba$, $bc \,//\, O_1a$ gefunden. cO_1 ist die gesuchte Beschleunigung. Beweis wie zu Abb. 76d.

Lösung durch Rechnung. Bei Beibehaltung der Bezeichnungen von früher ergibt sich an Hand der Abb. 84 für den Hub

$$h = l + l\cos\beta - (R + R\cos\alpha) \qquad (35)$$

zwischen α und β besteht der Zusammenhang

$$R \sin \alpha = l \sin \beta \tag{34}$$

Daraus ist mit $\frac{R}{l} = \lambda$

$$h = R\left(-1 - \cos \alpha + \frac{1}{\lambda} - \frac{1}{\lambda}\sqrt{1 - \lambda^2 \sin^2 \alpha}\right) = R f_1(\alpha\lambda) \tag{35}$$

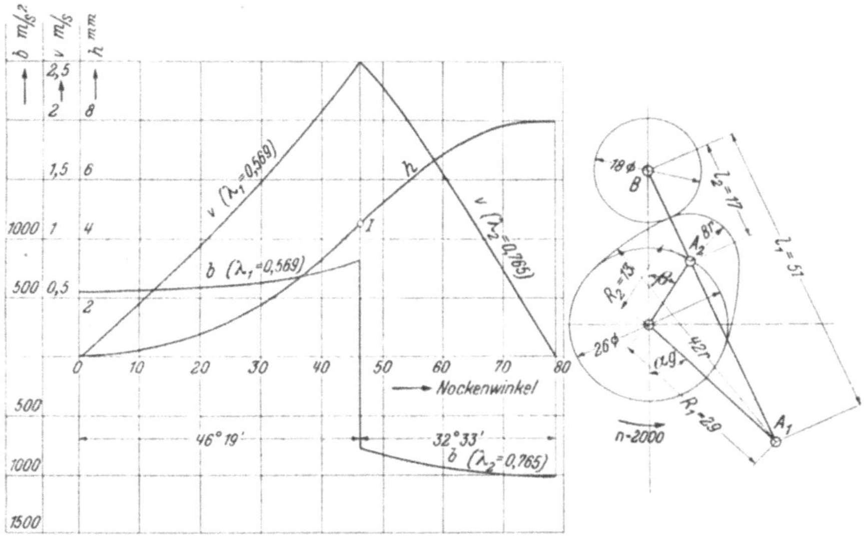

Abb. 83.

Nach Differenzieren nach der Zeit wird

$$v = R\omega\left(\sin \alpha + \frac{\lambda}{2} \frac{\sin 2\alpha}{\sqrt{1 - \lambda^2 \sin^2 \alpha}}\right) = R\omega f_2(\alpha\lambda) \tag{36}$$

$$b = R\omega^2\left(\cos \alpha + \frac{\lambda \cos 2\alpha}{\sqrt{1-\lambda^2 \sin^2 \alpha}} + \frac{\lambda^3 \sin^2 2\alpha}{4\sqrt{(1-\lambda^2 \sin^2 \alpha)^3}}\right) = R\omega^2 f_3(\alpha\lambda) \tag{37}$$

Die drei Funktionen f_1, f_2 und f_3 sind in den Abb. 87 und 88 zum unmittelbaren Gebrauch ausgewertet.

N o c k e n m i t g e r a d e r F l a n k e. *Graphische Lösung* (Abb. 89). Dabei ist analog den Ausführungen zu Abb. 71 zu verfahren. Im gedachten Ersatzsystem gleite wieder der Rollenmittelpunkt B längs der Aequidistanten zur Nockenflanke im Abstand ρ. Die Konstruktion der Beschleunigung vereinfacht sich dadurch, daß ihre Richtung durch die Schubrichtung der Geradführung gegeben ist. Zusammengefaßt ergibt sich demnach für diesen Sonderfall folgende vereinfachte graphische Lösung: Die Normale O_1c auf die Nockenflanke schneidet auf der Normalen zur Schubrichtung in B die im Sinne der Winkelgeschwindigkeit gedrehte Geschwindigkeit (v_B) des Rollenmittelpunktes B ab. Trägt man die gedrehte Relativgeschwindigkeit (v_{Br}) zweimal auf der Normalen zur Nockenflanke auf

$(O_1d = 2\, O_1 c)$, so schneidet weiterhin $dc \perp O_1d$ die Beschleunigung $Be = b_B$ des Rollenmittelpunktes in der Schubrichtung ab. (Zum Beweis sei auf die Ausführungen zu Abb. 71 verwiesen).

Lösung durch Rechnung (Abb. 90). Der Rollenhub h beträgt

$$h = (r_0 + \rho)\frac{1}{\cos\alpha} - (r_0 + \rho) = (r_0 + \rho)\left(\frac{1}{\cos\alpha} - 1\right) = (r_0 + \rho) f_1(\alpha) \tag{38}$$

Daraus ergibt sich die Geschwindigkeit

$$v = (r_0 + \rho)\,\omega\,\frac{\sin\alpha}{\cos^2\alpha} = (r_0 + \rho)\,\omega\, f_2(\alpha) \tag{39}$$

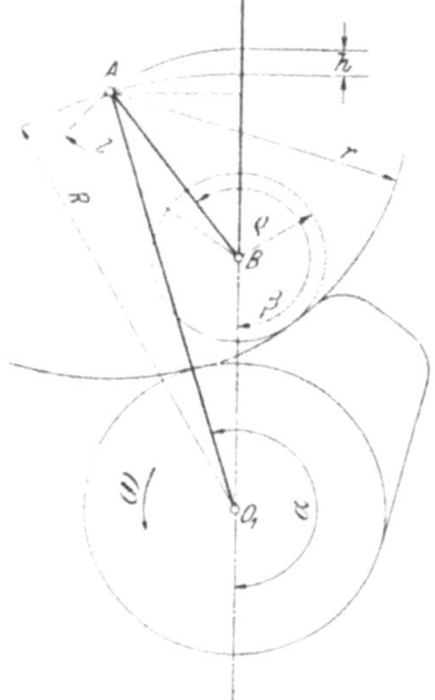

Abb. 84.

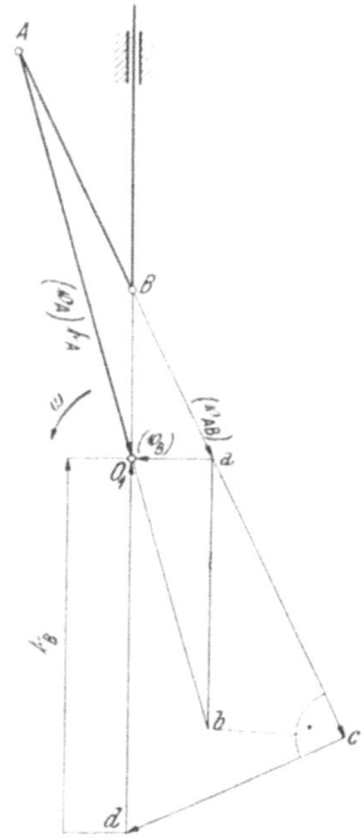

Abb. 85.

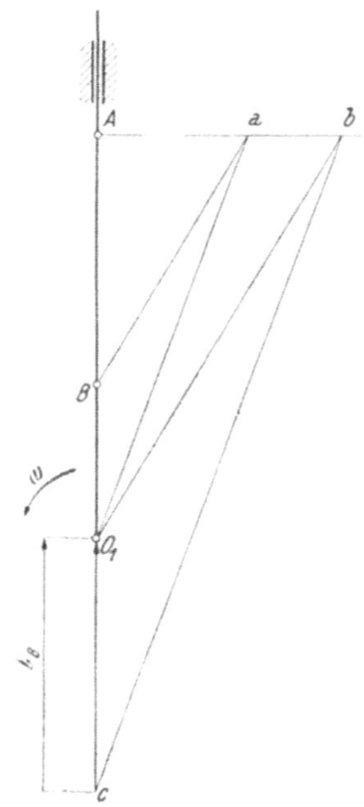

Abb. 86.

und die Beschleunigung

$$b = (r_0 + \rho)\,\omega^2\,\frac{1 + \sin^2\alpha}{\cos^3\alpha} = (r_0 + \rho)\,\omega^2 f_3(\alpha) \tag{40}$$

Die Funktionen f_1 f_2 und $f_3(\alpha)$ sind in Abb. 91 dargestellt und können ähnlich wie oben unmittelbar zur Festlegung der Hub-, Geschwindigkeits- und Beschleunigungsverhältnisse durch Multiplizieren mit $(r_0 + \rho)$; $(r_0 + \rho)\,\omega$ bzw. $(r_0 + \rho)\,\omega^2$ dienen.

γ) *Nocken und gerade, außermittig geführte Rolle.*

Vereinzelt wird die außermittig zur Nockenwelle angeordnete Rollenführung vorteilhaft angewendet (Abb. 92). Bei kreisförmiger Nockenflanke ist das Ersatzgetriebe der unsymmetrische Kurbeltrieb, für dessen Untersuchung bei konvexer Krümmung entsprechend der Abb. 76 a—d nach Abb. 93 verfahren werden kann. Bei konkaver Krümmung gilt die Konstruktion nach 94 entsprechend Abb. 85 bei

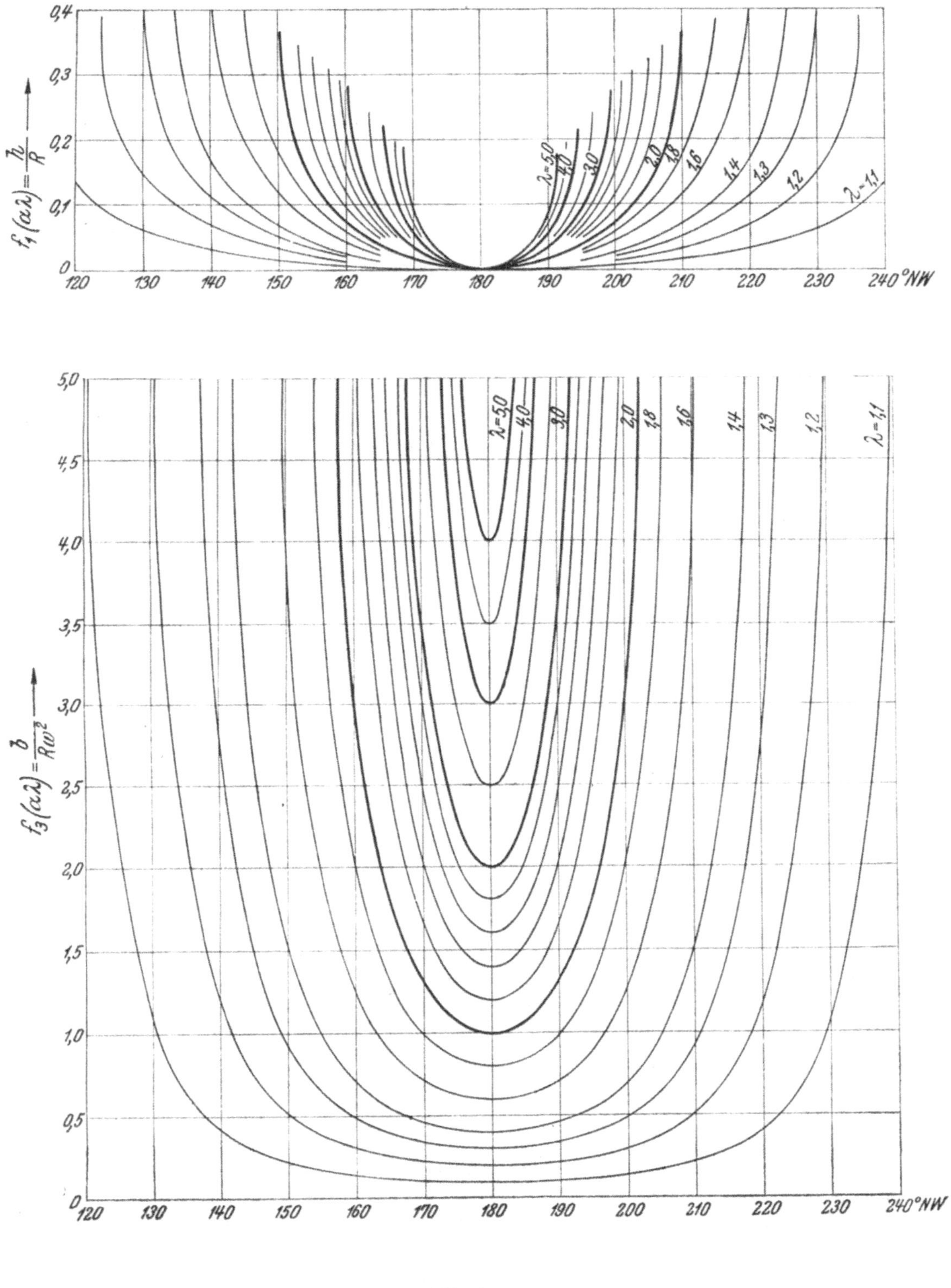

$f_1(\alpha\lambda) = \frac{h}{R}$
0,4
0,3
0,2
0,1
0
120 130 140 150 160 170 180 190 200 210 220 230 240°NW
λ=5,0
4,0
3,0
2,0
1,8
1,6
1,4
1,3
1,2
λ=1,1
$f_3(\alpha\lambda) = \frac{b}{R\omega^2}$
5,0
4,5
4,0
3,5
3,0
2,5
2,0
1,5
1,0
0,5
0
120 130 140 150 160 170 180 190 200 210 220 230 240°NW

Abb. 87.

mittiger Lagerung. Bei geradem Flankenteil ist analog der Abb. 89 nach Abb. 95 vorzugehen.

Die rechnerische Untersuchung kann bei außermittiger Rollenführung ähnlich

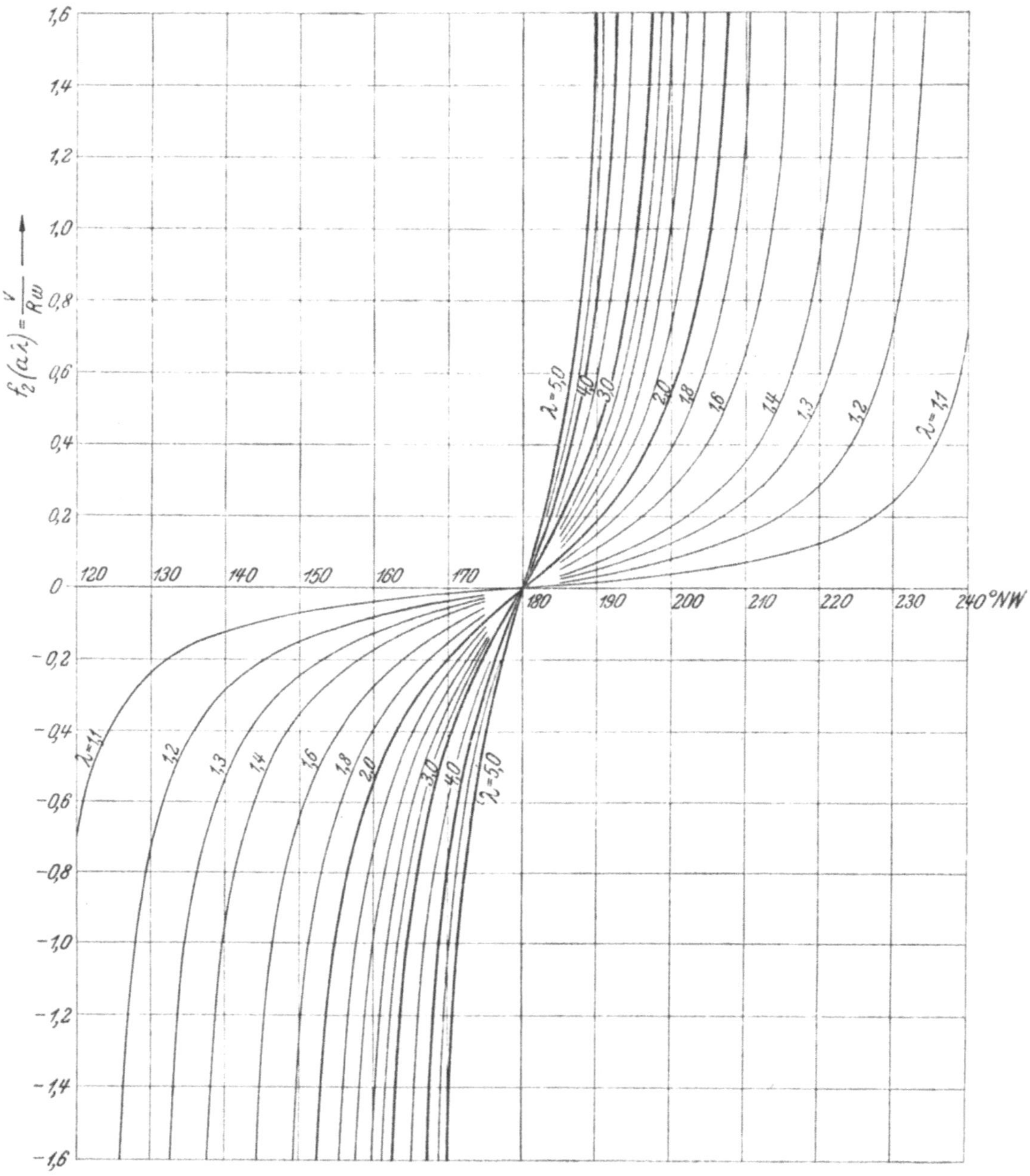

Abb. 88.

wie für den symmetrischen Trieb durchgeführt werden. Die Ergebnisse sind aber noch verwickelter als die Beziehungen (28) bis (30). Überdies scheint neben λ der zweite Parameter e (Exzentrizität) auf, so daß auch die Darstellung der Ergebnisse in Schaubildern erschwert ist. Eine rechnerische Untersuchung erfordert demnach jedesmal das Auswerten umständlicher Formeln, was gegenüber den einfachen graphischen Verfahren zeitraubend und ohne praktische Bedeutung ist. Es wird daher hier nicht weiter darauf eingegangen.

δ) Nocken und gerade geführter Pilz.

Graphische Untersuchung: Dem auf einen Pilzstößel einwirkenden Nocken nach Abb. 96 entspricht ein Schubkurbelgetriebe mit unendlich langer Schubstange. Geschwindigkeit und Beschleunigung der als Systembewegung aufgefaßten Schiebebewegung der Stößel ergibt sich aus den Absolutgrößen von Geschwindigkeit und Beschleunigung des Krümmungsmittelpunktes A_2 durch Subtraktion der relativen Geschwindigkeit und Beschleunigung. Letztere sind senkrecht zur Schubrichtung. Wenn A_2O Größe und Richtung der gedrehten Geschwindigkeit und der Beschleunigung des Punktes A_2 ist, ergibt sich demnach die gedrehte Geschwindigkeit des Stößels und seine Beschleunigung durch Projektion der Strecke A_2O in die Horizontale bzw. Vertikale. Bei einem aus mehreren Kreisbogen zusammengesetzten Nocken findet der Sprung von einem Ersatzsystem auf das andere immer dann statt, wenn die Verbindungslinie A_1 A_2 zur Schieberichtung des Stößels parallel steht. Der Normalabstand s dieser Geraden vom Drehpunkt ist mitbestimmend für die Mindestgröße des Pilzstößels. Unter Berücksichtigung der Nockenbreite b (Abb. 97) ergibt sich, wenn der Nocken in seiner ganzen Breite im Eingriff bleiben soll, als Mindestdurchmesser d des Pilzes

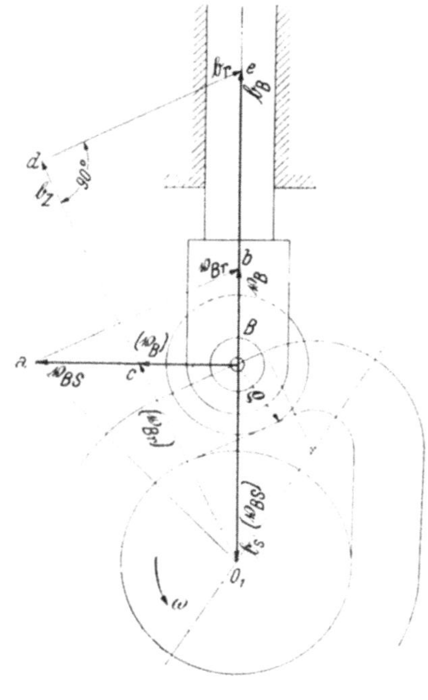

Abb. 89.

$$d \geq 2 \sqrt{s^2 + \frac{b^2}{4}} \,. \tag{41}$$

Untersuchung durch Rechnung: Der Hub des Pilzstößels beträgt:

$$h = r_2 + R_2 \cos\alpha - r_O \tag{42}$$

wenn α wieder den Winkel zwischen O A_2 und der unteren Totlage der Kurbel bedeutet. Daraus ergeben sich Geschwindigkeit und Beschleunigung als rein harmonische Funktionen, weshalb man dieses Nockensystem gelegentlich auch als „harmonischen Nocken" bezeichnet.

$$v = \frac{dh}{dt} = R_2\,\omega \sin\alpha \tag{43}$$

$$b = \frac{dv}{dt} = R_2\,\omega^2 \cos\alpha \tag{44}$$

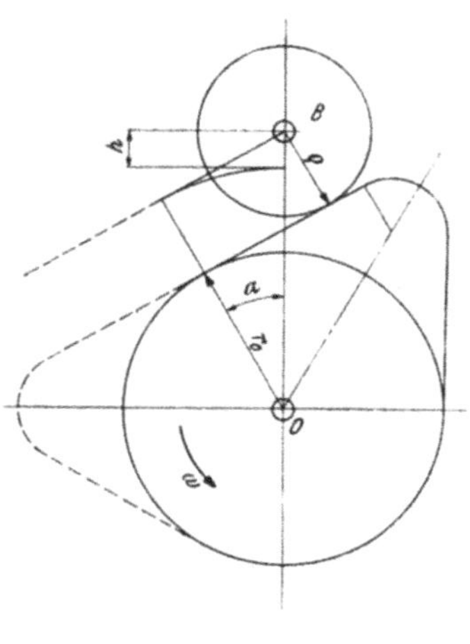

Abb. 90.

Wenn der Pilz flach ist, muß die Nockenflanke stets gewölbt sein. Ein Tangentialnocken ($R_2 = \infty$) ist nicht denkbar, weil dabei der Nockentrieb mit Schlag arbeiten würde.

Vereinzelt werden auch gewölbte Pilzstößel ausgeführt (Abb. 98). Diese sind kinematisch gleichartig einer Rolle mit Geradführung, deren Mittelpunkt im Krümmungsmittelpunkt des Pilzes liegt (vergl. Abschnitt β und γ).

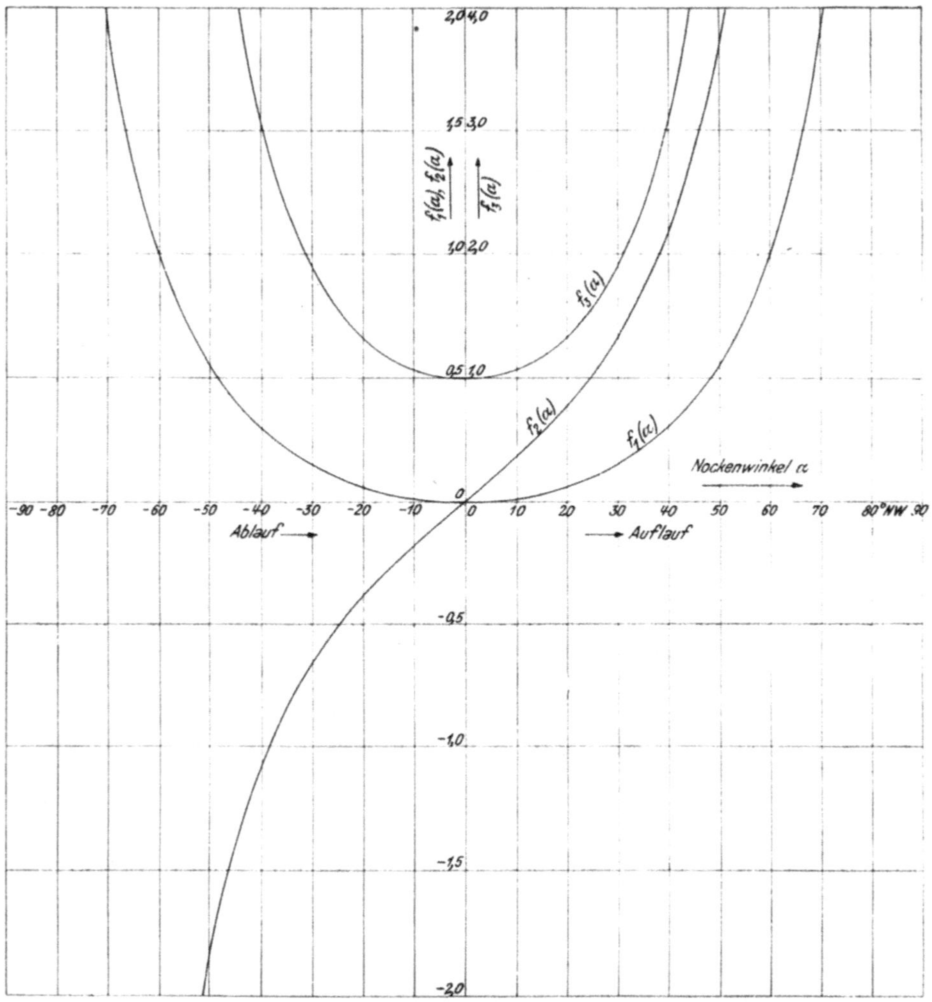

Abb. 91.

ε) *Nocken und durch Schwinge geführte Gleitfläche.*

Wenn statt der Rolle in Abb. 67 ein gewölbter Gleitschuh vorgesehen ist (Abb. 99), so unterscheiden sich diese Systeme in ihren Bewegungsverhältnissen nicht, wenn die Krümmungsmittelpunkte von Rolle und Gleitfläche zusammenfallen. Das graphische Lösungsverfahren nach Abb. 67 gilt demnach ungeändert.

Wenn der Gleitschuh eben ist (Abb. 100), sind die Verhältnisse ähnlich wie beim Tangentennocken mit Rolle (Abb. 71). Beides sind schwingende Kurbel-

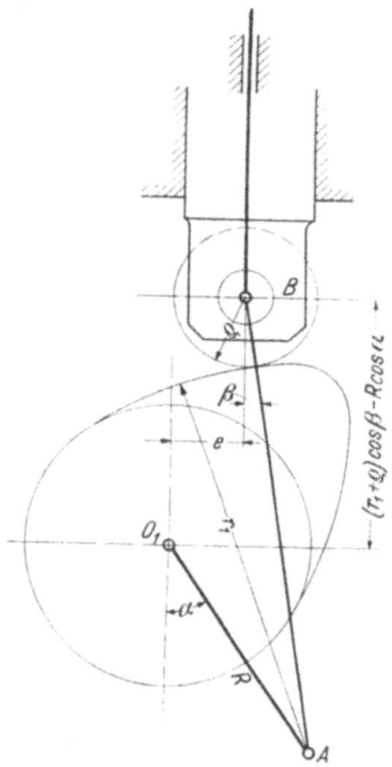

Abb. 92.

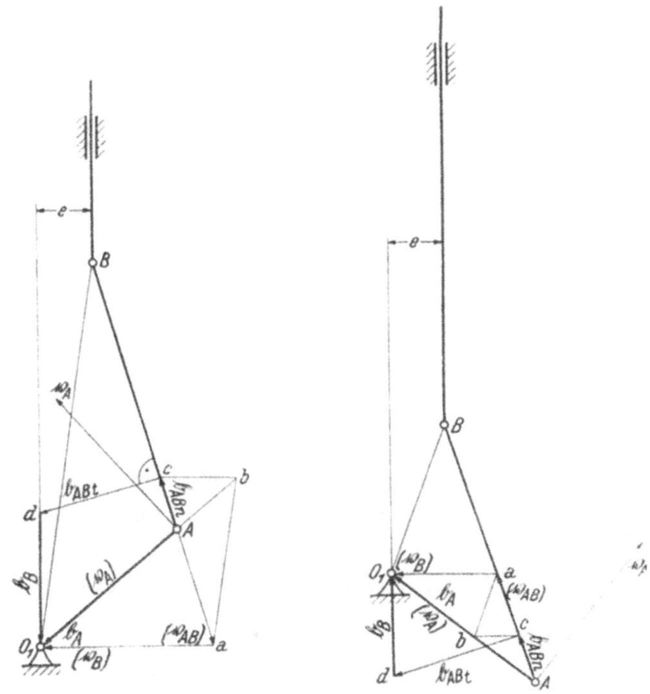

Abb. 93.

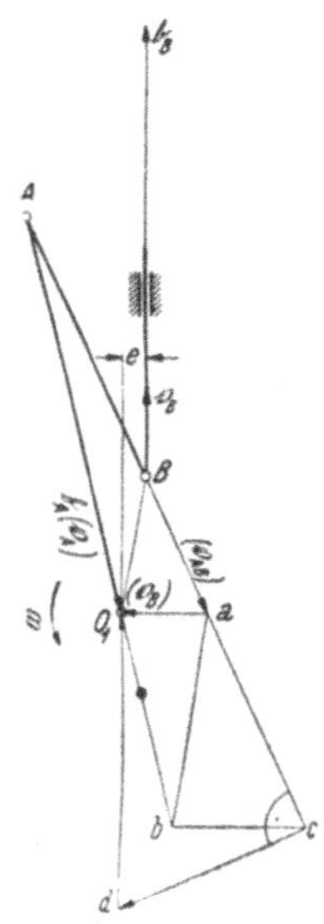

Abb. 94.

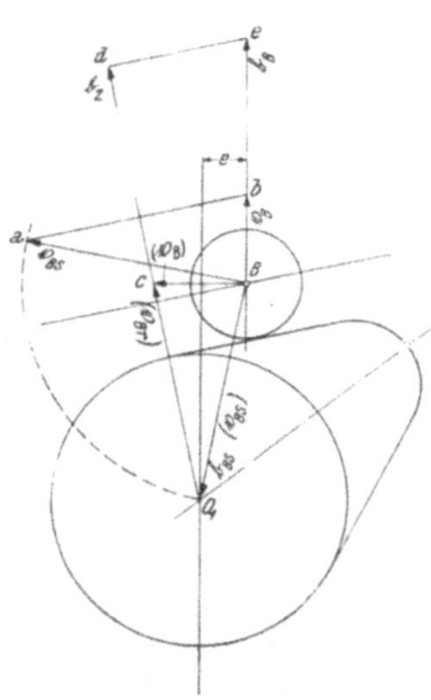

Abb. 95.

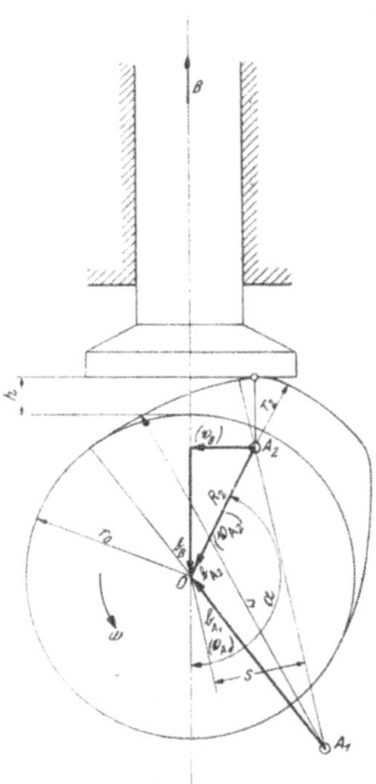

Abb. 96.

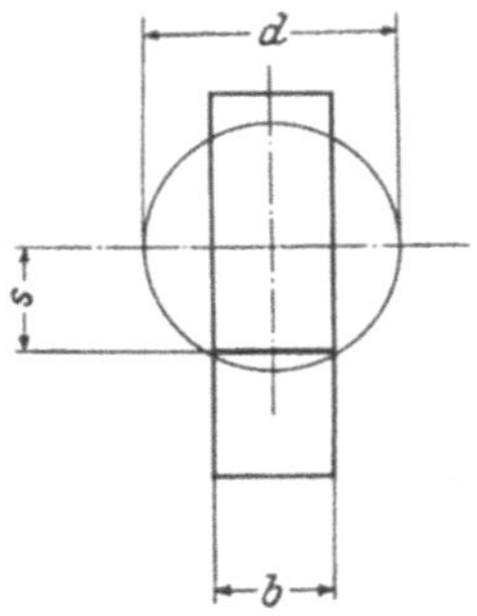

Abb. 97.

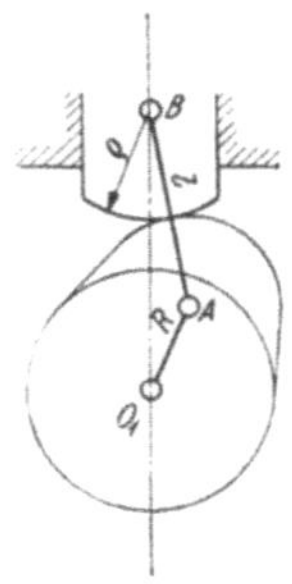

Abb. 98.

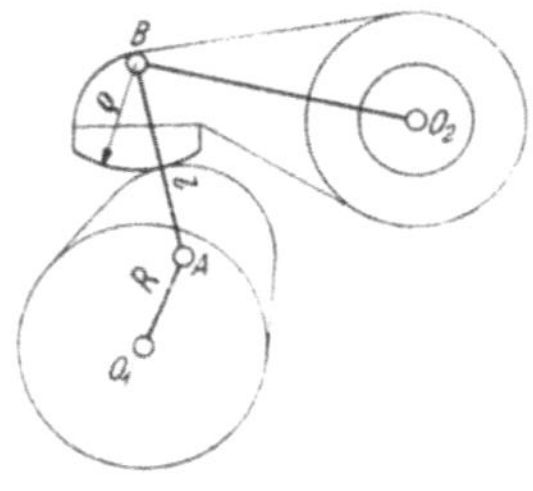

Abb. 99.

schleifen, bestehend aus einer um einen Punkt rotierenden Geraden, auf der ein um einen zweiten Punkt kreisförmig geführter Punkt gleitet. Im Gegensatz zum Tangentennocken mit Rolle rotiert jetzt die Gerade G aber mit dem Schwinghebel und der gleitende Punkt A ist der Krümmungsmittelpunkt der Nockenflanke. Dies

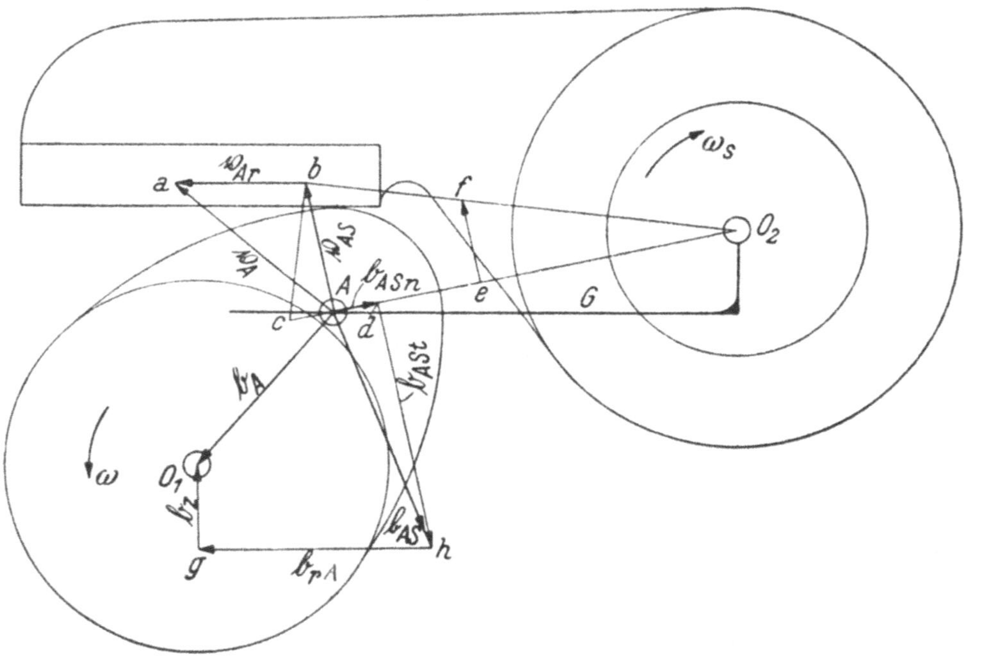

Abb. 100.

ist bei der Lösung dadurch zu berücksichtigen, daß jetzt der Schwinghebel als das rotierende System aufzufassen ist. Aus der gegebenen absoluten Geschwindigkeit und Beschleunigung des Punktes A ist die Systemgeschwindigkeit und Systembeschleunigung des mit dem Schwinghebel fest verbunden gedachten Punktes in A zu suchen, womit die Bewegung des Hebels selbst gefunden wird.

Die Geschwindigkeitsgleichung

$$v_A = v_{AS} \dotplus v_{Ar}$$

ist durch das Geschwindigkeitsdreieck $A\,a\,b$ erfüllt. v_A ist dabei gegeben. Ebenso die Richtung der Relativgeschwindigkeit v_{Ar}, die parallel zur Gleitgeraden G ist, sowie die Richtung der Systemgeschwindigkeit $v_{AS} \perp AO_2$. Damit ist die Konstruktion des Dreieckes möglich.

Nach der allgemeinen Beschleunigungsgleichung ist die durch die Strecke AO_1 gegebene Absolutbeschleunigung des Punktes A

$$b_A = b_{AS} \dotplus b_{Ar} \dotplus 2\,\omega_s \times v_{Ar}$$

oder nach Auflösung von b_{AS} in die Normal- und Tangentialbeschleunigung

$$b_A = b_{ASn} \dotplus b_{ASt} \dotplus b_{Ar} \dotplus b_Z$$

Die Gleichung ist erfüllt durch das Beschleunigungspolygon $A\;d\;h\;g\;O_1$. Es ist b_{ASn} aus v_{AS} nach Abb. 68a durch $c\,b \perp b\,O_2$ in der Strecke Ac der Größe nach gegeben und von A nach O_2 gerichtet. b_{ASt} setzt senkrecht zu O_2A in d an. Ihre Größe ist vorerst noch unbekannt, Richtung $d\,h$ demnach ein erster geometrischer Ort für die Vektorspitze von $b_{A\gamma}$.

Die Coriolisbeschleunigung $b_Z = g\,O_1$ liegt in Richtung der um 90^0 im Sinne der Winkelgeschwindigkeit ω_s gedrehten Relativgeschwindigkeit v_{Ar}. Ihre Größe $2\,\omega_s \times v_{Ar}$ findet man graphisch, indem man $O_2\,e = 2\,v_{Ar}$ und $ef \perp O_2A$ macht, weil

$$\frac{v_{AS}}{AO_2} = \omega_s = \frac{fe}{2\,v_{Ar}}; \text{ oder } fe = 2\,v_{Ar}\,\omega_s = b_z.$$

$gh \,//\, G$ ist die Richtung der Relativbeschleunigung und zweiter geometrischer Ort. $Ah = b_{As}$ ist die gesuchte Systembeschleunigung im Punkte A. Eine rechnerische Behandlung ist für dieses Nockensystem ebenso umständlich, wie für den Nocken mit schwingender Rolle und ohne praktische Bedeutung, weshalb auch diesmal nicht darauf eingegangen sei.

ζ) *Übertragungsglieder zwischen Nockensystem und Ventil.*

Am einfachen Drehglied (Schwinghebel und Kipphebel) verhalten sich die Geschwindigkeiten sowie die Normal- und Tangentialkomponenten der Beschleunigung zweier beliebiger Punkte des Gliedes wie die Abstände der Punkte vom Drehpunkt (Abb. 101). Die Endpunkte der nach dem Drehpunkt in gleichem Sinne gedrehten Geschwindigkeitsvektoren und Beschleunigungsvektoren liegen demnach auf Geraden, die parallel zur Verbindungslinie der betrachteten Punkte AB liegen. Damit kann in einfacher Art die Bewegung eines Punktes aus der bekannten Bewegung eines anderen abgeleitet werden.

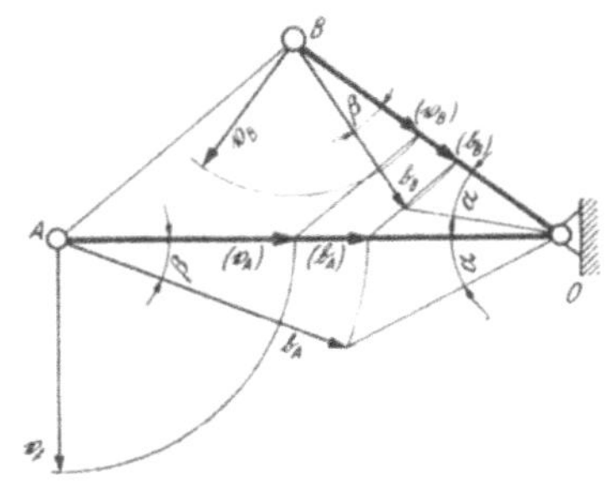

Abb. 101.

Für das Gelenkviereck als Übertragungskette gilt ungeändert das für Abb. 67 dargelegte. Der Vollständigkeit halber ist in Abb. 102 der Lösungsweg für den allgemeinsten Fall wiedergegeben, wobei das treibende Glied O_1A eine veränderliche Drehbewegung mit der Beschleunigung b_A ausführt. Eine Beschreibung der

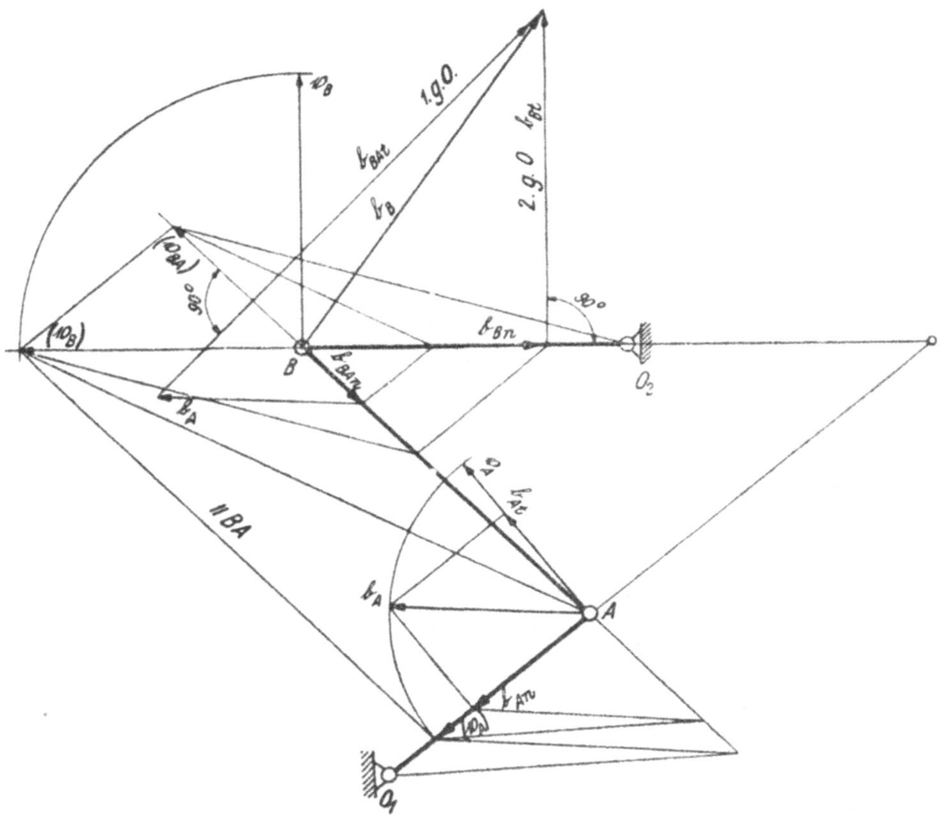

Abb. 102.

Lösung an dieser Stelle unterbleibt mit dem Hinweis auf den Text zu Abb. 67. Unterschiedlich ist nur die Beschleunigung des Punktes A, die diesmal auch eine Tangentialkomponente hat. Somit ist auch der Vektor b_A des Punktes A veränderlich. Die Gleichungen (18) und (19) gelten aber ungeändert, so daß auch deren graphische Auswertung auf denselben Konstruktionsweg führt, wie er an Hand der Abb. 67 beschrieben wurde.

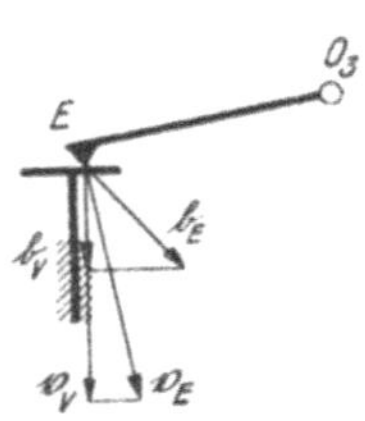

Abb. 103.

Für die Kurbelschleife, gebildet aus Schwinghebel und gerade geführtem Ventil (Abb. 103) gilt wieder die einfache Regel, daß Geschwindigkeit und Beschleunigung des Ventils durch Normalprojektion der Geschwindigkeit und Beschleunigung des mit dem Schwinghebel verbundenen Eingriffspunktes E in die Bewegungsrichtung des Ventiles zu finden sind.

Zulässige Vereinfachungen: Man pflegt das Gestänge so zu legen, daß sich seine Lage möglichst um die Normallage zwischen Schwinghebel und Verbindungsstangen mit geringen Ausschlägen nach beiden Richtungen ändert (Abb. 104). Da hierbei die Geschwindigkeit der Punkte C und D nur wenig von der Stangenrichtung abweicht, ist die

Relativgeschwindigkeit zwischen D und C nur klein. Bei der meist verhältnismäßig langen Stange ist dann die Normalbeschleunigung des Punktes D vernachlässigbar klein. Die Beschleunigungsvektoren der Punkte C und D haben dann die gleiche Vertikalkomponente, die sich im Verhältnis der Hebelarme h_2 und h_1 auf das Ventil überträgt.

Bei annähernd senkrechter Lage zwischen Übertragungshebel und -gestänge genügt es demnach, die in die Gestängerichtung projizierte Beschleunigungskomponente im Hebelverhältnis auf die Ventilbewegungsrichtung zu übertragen, um mit genügender Genauigkeit die Ventilbeschleunigung zu erhalten. Dasselbe gilt für die Geschwindigkeit. Bei geradegeführter Rolle kann gleichartig verfahren werden, ebenso bei der Lenkerführung nach Abb. 72.

3. Kräftespiel.

Zur Aufrechterhaltung des Kraftschlusses zwischen Rolle und Nocken beim Beschleunigen im Sinne des Ventilschlusses sind am Ventil und fallweise zusätzlich an anderen Stellen Federn angebracht. Die Federkräfte halten den inneren Massenkräften des bewegten Systems und den äußeren Kräften das Gleichgewicht. Die Erfassung der Massenkräfte wird erleichtert durch Einführen von Ersatzmassen.

Jedes mit Masse belegte Getriebeglied kann durch punktförmig angehäufte Massen ersetzt werden, die mit dem Gliede mitbewegt dieselbe Wirkung ausüben, wie die Summe der verteilten Massenpunkte.

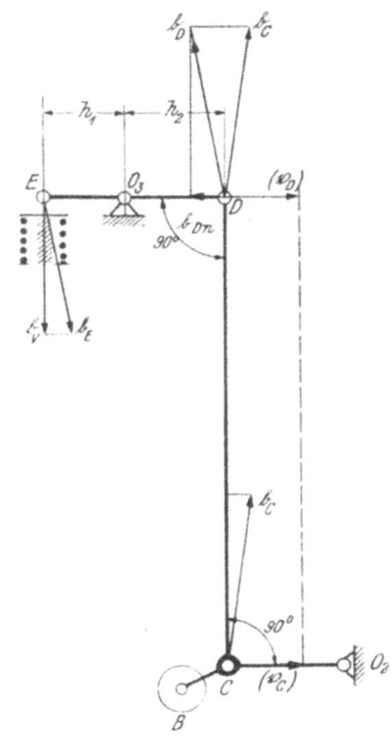

Abb. 104.

Hebel oder allgemein um einen festen Drehpunkt angehäufte Massen lassen sich durch eine einzige ersetzen, die bekanntlich das gleiche Massenmoment zweiter Ordnung um den Drehpunkt haben muß wie die Summe der Massenpunkte. Ist r der Abstand der gedachten Ersatzmasse m (Abb. 105) Θ das Massenmoment zweiter Ordnung, so ist demnach

$$m = \frac{\Theta}{r^2} \tag{45}$$

Für ein in zwei Punkten geführtes Getriebeglied (Abb. 106) müssen mindestens drei Ersatzmassen eingeführt werden. Jede Bewegung läßt sich in eine Translation und Rotation zerlegen. Damit die Massenwirkung der Translation erhalten bleibt, muß die Summe der Ersatzmassen der Gesamtmasse m und überdies ihre Schwerpunktslage gleich sein. Die Massenwirkung der Rotation ist gleich, wenn das Trägheitsmoment Θ der Ersatzmassen und der ersetzten Massen um den Schwerpunkt gleich groß ist. Für die drei Ersatzmassen, die zweckmäßig in die beiden Anlenkpunkte und in den Schwerpunkt verlegt werden, ergeben sich daraus mit den Bezeichnungen der Abb. 106 die drei Beziehungen

$$m_1 + m_s + m_2 = m$$

$$m_1 l_1 = m_2 l_2$$

$$m_1 l_1^2 + m_2 l_2^2 = \Theta$$

woraus:

$$m_1 = \frac{\Theta}{l l_1}; \; m_2 = \frac{\Theta}{l l_2}; \text{ und } m_s = m - \Theta \frac{1}{l_1 l_2} \tag{46}$$

Gleichgewichtszustand: In einer Getriebekette allgemeiner Art nach Abb. 107 seien, wie oben beschrieben, die Ersatzmassen durch m_1, m_2 ... m_n bestimmt, P_1 P_2 .... P_n seien von außen einwirkende Kräfte. Für den Gleichgewichtszustand der äußeren Kräfte und der Trägheitskräfte gilt der Satz, daß die je Zeiteinheit von den äußeren Kräften geleistete Arbeit gleich ist der Beschleunigungsarbeit für die Massenpunkte. Also

$$\sum_{n=1}^{n=n} P_n \cdot v_{Pn} \cos \alpha_{Pn} = \sum_{n=1}^{n=n} m_n \, b_{mn} \, v_{mn} \cos \alpha_{mn} \tag{47}$$

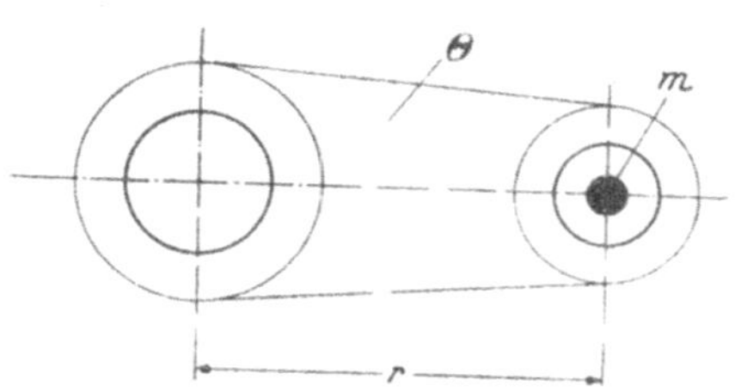

Abb. 105.

Hierin ist

v_{Pn} die Geschwindigkeit des Angriffspunktes der Kraft P_n,

α_{Pn} der Winkel, den die positiven Richtungen von Kraft und Geschwindigkeit einschließen,

b_{mn} die Beschleunigung des Massenpunktes m_n,

v_{mn} seine Geschwindigkeit,

α_{mn} der Winkel zwischen den positiven Richtungen von Geschwindigkeit und Beschleunigung.

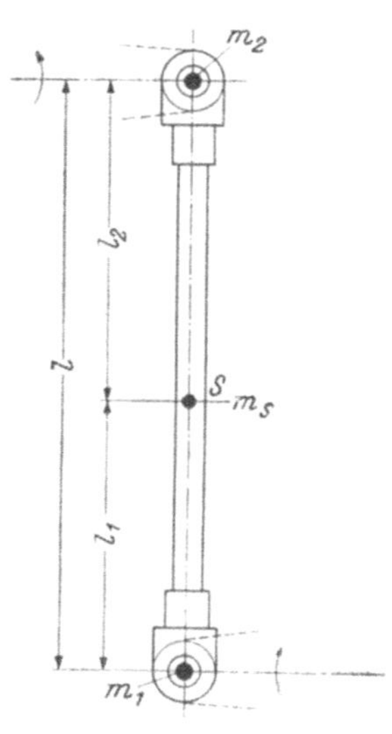

Abb. 106.

Nach dieser allgemeinen Beziehung ist man bei Kenntnis des Bewegungszustandes in der Lage, die Gleichgewichtskraft an einer beliebigen Stelle zu ermitteln. Auch Gelenkkräfte innerhalb der Kette lassen sich auf diese Art finden, wenn man die Kette an dem betreffenden Gelenk teilt, die Einwirkung des abgetrennten Teiles auf den anderen durch die gesuchte Gelenkkraft ersetzt und für einen Teil die Gleichung (47) anwendet.

Wenn es gilt, die Federkraft am Ventil zu ermitteln, bei der gerade noch kein Abheben am Nocken eintritt, so sucht man jene Kraft P_1, die am Ende der Kette einwirken muß unter der Annahme, daß die Nockenkraft am anderen Ende gleich Null sei. Die Federkraft selbst muß dann, um ein Abheben der Rolle vom Nocken oder eine Trennung des Kraftschlusses an einer anderen Stelle der Kette mit Sicherheit zu vermeiden, größer sein als diese Gleichgewichtskraft.

Im praktischen, häufig angewendeten System nach Abb. 108 z. B., wobei die Rolle auch durch Schwinge oder Lenker geführt sein kann, gilt für die Gleichgewichtskraft am Ventil nach Beziehung (47); wenn weiter keine äußeren Kräfte einwirken, die Berührungskraft N am Nocken also Null ist

$$P_1\, v_1 \cos\alpha_1 = \sum_{n=1}^{n=4} m_n\, b_{mn}\, v_{mn} \cos\alpha_{mn}$$

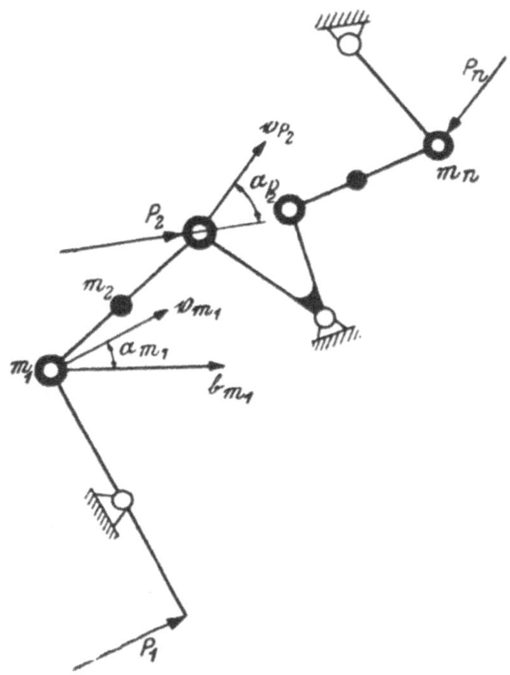

Abb. 107.

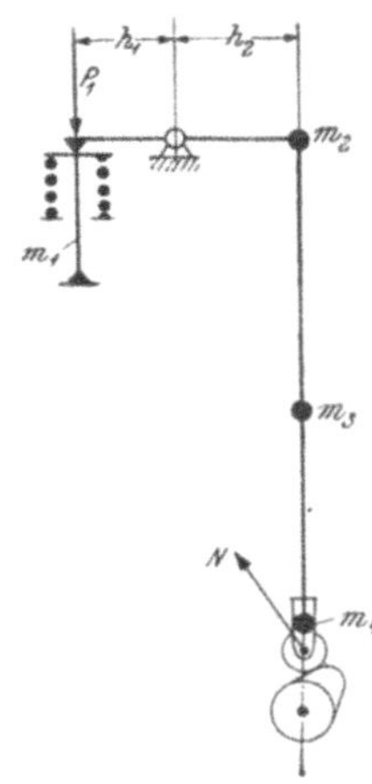

Abb. 108.

Unter Berücksichtigung der an Hand von Abb. 104 erläuterten zulässigen Vereinfachungen kann gesetzt werden

$$\cos\alpha_{1-4} = 1,\quad v_2 \sim v_3 \sim v_4 = v_1 \frac{h_2}{h_1}$$

$$b_2 \sim b_3 \sim b_4 = b_1 \frac{h_2}{h_1}.$$

Damit wird

$$P_1 = [m_1 + (m_2 + m_3 + m_4)\left(\frac{h_2}{h_1}\right)^2]\, b_1 = m_r\, b_1 \tag{48}$$

worin

$$m_r = m_1 + (m_2 + m_3 + m_4)\left(\frac{h_2}{h_1}\right)^2 \tag{49}$$

die in das Ventil reduzierte Gesamtmasse des Systems ist. m_1 ist die Ventilmasse, $m_2+m_3+m_4$ die Summe der Ersatzmassen für Hebel, Stoßstange und Rollenstößel.

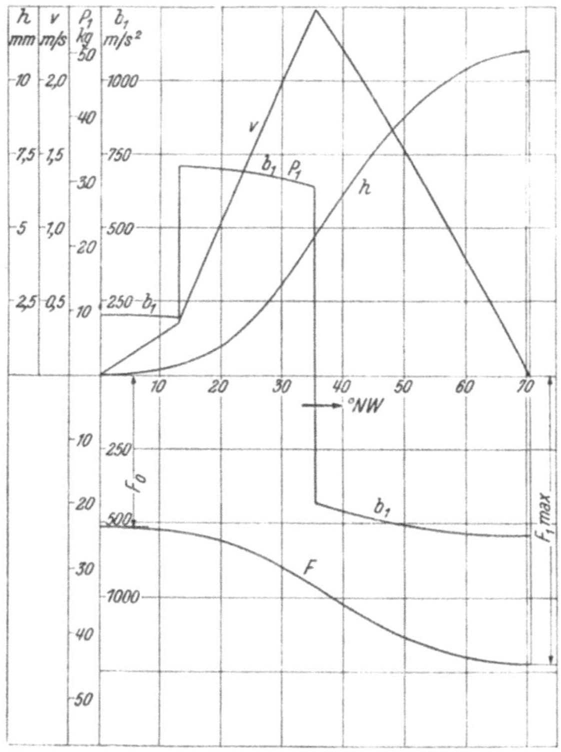

Abb. 109.

Die zur Aufrechterhaltung des Kraftschlusses erforderliche Kraft ist demnach gleich dem Produkt aus Ventilbeschleunigung und der in das Ventil reduzierten Gesamtmasse.

Abb. (109) zeigt als Beispiel die Kraftverhältnisse am Einlaßventil eines Fahrzeugmotors. Die Nockenflanke ist aus drei Kreisbogen zusammengesetzt und arbeitet mit einem ebenen Pilzstößel zusammen. Der Beschleunigungsverlauf b_1 gibt nach Umrechnung des Maßstabes mit m auch den Verlauf der Gleichgewichtskraft P_1. Weil die Geschwindigkeit bei höchstem Hub Null ist, müssen die positiven und negativen Flächen unter der Beschleunigungslinie gleich groß sein. Dies gilt ganz allgemein und kann gelegentlich zur Kontrolle der Richtigkeit der Rechnung dienen.

Die negativen Beschleunigungen müssen durch die Federkraft F aufgebracht werden, die über den ganzen Verlauf größer sein muß als die Gleichgewichtskraft P_1. An ausgeführten Nockentrieben findet man die größte Federkraft F_1 an der Nockenkuppe 30 bis 70 v. H. größer als die Gleichgewichtskraft P_1. Der Verlauf der Federkraft über den Drehweg ergibt sich daraus unter Berücksichtigung der Federsteifigkeit dem Hub verhältig. Für die kleinste Federkraft F_0 bei geschlossenem Ventil besteht von kinematischer Seite keine Forderung, weil die positiven Beschleunigungen durch die Nockenkraft selbst aufgebracht werden. Sie muß nur so groß sein, daß bei größtem Unterdruck im Zylinder — bei geschlossener Drosselklappe etwa 0,9 at — ein sicherer Ventilschluß noch gewährleistet ist. Aus Festigkeitsgründen für die Feder ist es zweckmäßig, F_0 nicht zu klein zu wählen. (Näheres darüber in Abschnitt B III 1.)

Der Abstand zwischen den Kurven P_1 und F stellt den in die Ventilbewegungsrichtung reduzierten Anpreßdruck zwischen Nocken und Rollen — oder Pilzstößel dar, ohne daß dabei etwa zu überwindende Gaskräfte auf das Ventil, Gewichts- und Reibungskräfte berücksichtigt sind.

4. Richtlinien für den Entwurf des Nockentriebes.

Ein erster Entwurf ergibt sich aus dem Gesamtaufbau der Maschine. Ventilquerschnitte und Steuerzeiten sind durch die Forderung des Ladungswechsels, weitere Hauptabmessungen, wie Nockenwellen, Grundkreis- und Rollendurchmesser aus Erfahrungswerten, die der Festigkeitsforderung Rechnung tragen, gegeben (vergl. die Abschnitte B III 3 und 4).

Daran schließt sich die Festlegung der Nockenform und die genaue Nachrechnung der Bauteile auf Festigkeit. Die Forderung nach raschem Anhub einerseits und nach möglichst geringen Kräften (u. a. Federkräften) anderseits sind durch zum Teil gegensinnige Maßnahmen zu erfüllen; vorteilhafte Lösungen tragen beiden Forderungen möglichst Rechnung. Bei der Mannigfaltigkeit der Lösungswege ist dabei dem Konstrukteur ein weites Feld zu geometrischen und kinematischen Überlegungen gegeben.

Ein rascher Anhub wird durch möglichst steile Nockenflanken erreicht. Aus Herstellungsgründen beschränkt man sich zweckmäßig auf gerade und nach dem Nockenwellen-Mittelpunkt gekrümmte (konvexe) Nocken. Hohlnocken (konkave Nocken) vermeidet man möglichst.

Die größten Federkräfte werden durch die Beschleunigung an der Nockenkuppe bestimmt, wenn nicht der seltene Fall vorliegt, daß die größte negative Beschleunigung an der Übergangsstelle von der positiven zur negativen Beschleunigung auftritt (z. B. bei großen λ vergl. Abb. 80). Der Abrundungsradius an der Kuppe wird aus diesem Grund zweckmäßig möglichst groß gewählt. Der Forderung nach großem Zeitquerschnitt steht diese allerdings entgegen.

Größte Beschleunigungen an der Kuppe von — 1000 m/s² sind normal, solche von — 2000 m/s² noch beherrschbar.

Legt man einen bestimmten Aufbau der Nockenflanke zugrunde, so fällt es in vielen Fällen nicht schwer, einen Zusammenhang zwischen dem Anhubwinkel γ, der als Abstand von Hubbeginn bis Hubende in Grad Nockenwinkel ein Maß für den Zeitquerschnitt ist, und der größten Beschleunigung an der Kuppe zu finden, wie dies im folgenden für die Beispiele nach Abb. 110 und 112 gezeigt ist.

Für den Tangentennocken mit gerade geführter Rolle nach Abb. 110, der eine für rasches Öffnen günstige Form hat, lassen sich folgende Beziehungen aufstellen. Es ist

$$h = R + l - R_0 \tag{50}$$

und

$$R_0 - l = R \cos\gamma \tag{51}$$

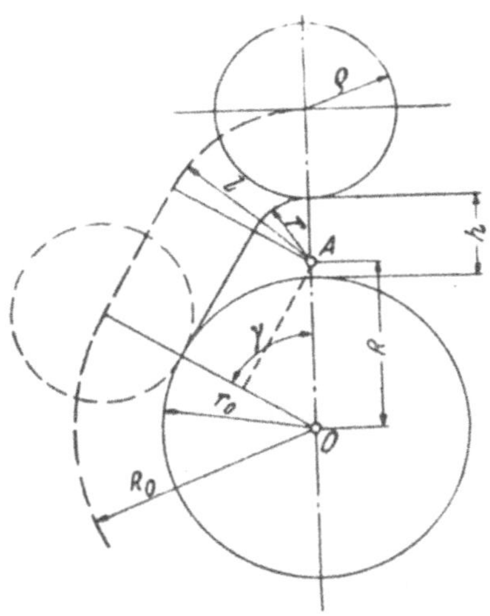

Abb. 110.

Daraus ergeben sich die für die Beschleunigung maßgebenden Größen R und l mit

$$R = h \frac{1}{1 - \cos\gamma} \tag{52}$$

$$l = R_0 - h \frac{\cos\gamma}{1 - \cos\gamma} \qquad (53)$$

und

$$\lambda = \frac{R}{l} = \frac{1}{\frac{R_0}{h}(1 - \cos\gamma) - \cos\gamma} \qquad (54)$$

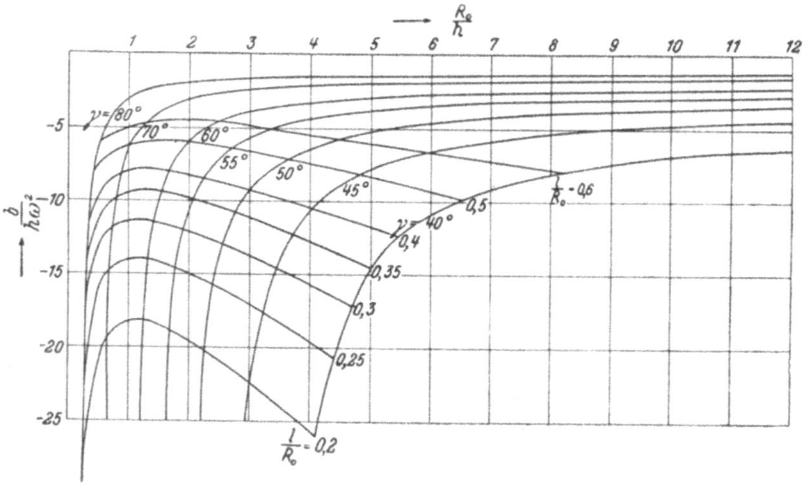

Abb. 111.

Nach Gleichung (30) beträgt die Verzögerung an der Nockenkuppe

$$b = -R\omega^2 (1 + \lambda)$$

oder nach Einführen von (54) und einigem Umformen

$$\frac{b}{h\omega^2} = -\frac{\frac{R_0}{h} + 1}{\frac{R_0}{h} - (\frac{R_0}{h} + 1)\cos\gamma} \qquad (55)$$

Mit γ als Parameter ist die Gleichung durch die Hyperbelschar nach Abb. 111 wiedergegeben. Die Asymptoten sind achsenparallel und liegen im Abstand $\frac{1}{1 - \cos\gamma}$ von der Abszissenachse und $\frac{\cos\gamma}{1 - \cos\gamma}$ von der Ordinatenachse. Bei gleichbleibendem Anhubwinkel und Hub nimmt die Verzögerung mit größer werdenden $R_0 = r_0 + \rho$ ab. Große Grundkreise und Rollendurchmesser sind demnach günstig in Hinblick auf kleine Federkräfte. Bei festen R_0 und h nimmt die Verzögerung stark zu, wenn der Anhubwinkel verkleinert wird.

Aus Gleichung 53 ist

$$\frac{l}{R_0} = 1 - \frac{\cos\gamma}{1 - \cos\gamma} \frac{h}{R_0} \qquad (56)$$

Für ein bestimmtes $\frac{l}{R_0}$ und γ ergibt sich daraus ein Wert $\frac{h}{R_0}$, dem auf der betreffenden Kurve mit dem Parameter γ ein Punkt entspricht. Verbindet man die einzelnen Punkte für gleiches $\frac{l}{R_0}$, so erhält man eine zweite in Abb. 111 eingezeichnete Kurvenschar. $\frac{l}{R_0}$ ist stets größer als $\frac{\rho}{R_0}$, wofür von ausgeführten Maschinen her bewährte Größenangaben vorliegen (vergl. Abb. B III 3). Nach Wahl der Größe ist demnach die mögliche Höchstbeschleunigung an der Kuppe aus der Kurve $\frac{l}{R_0} = \frac{\rho}{R_0}$ zu finden (Theoretischer Fall $r = 0$).

Für den aus zwei Kreisbogen aufgebauten Nocken nach Abb. 112, der mit einem ebenen Pilzstößel zusammenarbeitet, lauten die geometrischen Beziehungen

$$h = R_2 + r_2 - r_0 \tag{57}$$

$$r_2 = R_1 + r_0 - A_1A_2 \tag{58}$$

$$(A_1A_2)^2 = R_1^2 + R_2^2 + 2R_1\,R_2\cos\gamma \tag{59}$$

Daraus wird

$$R_2 = \frac{h^2 - 2h\,R_1}{2R_1\cos\gamma - 2R_1 + 2h} \tag{60}$$

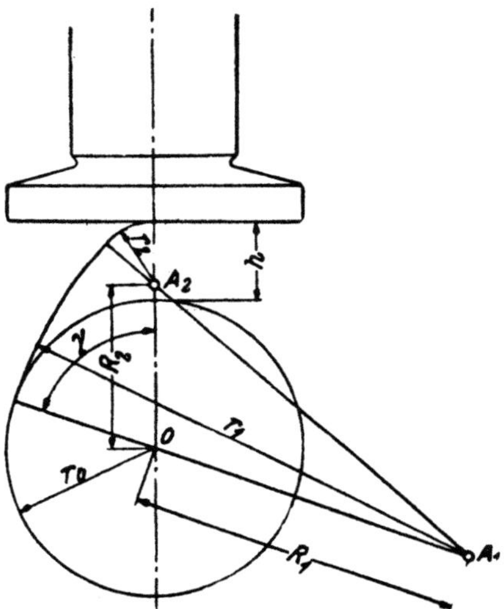

Abb. 112.

Nach Gleichung 44 ist die Beschleunigung an der Kuppe ($\alpha = 180^0$) $b = -R_2\omega^2$ oder nach Einführen von (60) und einigem Umformen

$$\frac{b}{h\omega^2} = -\frac{1 - 2\frac{R_1}{h}}{2 - 2\frac{R_1}{h}(1 - \cos\gamma)} \tag{61}$$

Maßgebend für die Beschleunigung ist jetzt neben dem Anhubwinkel γ und dem Hub nur der Abstand R_1 des ersten Krümmungsmittelpunktes vom Drehpunkt. Mit γ als Parameter stellt auch diese Beziehung eine Hyperbelschar nach Abb. 113 mit achsenparallelen Asymptoten dar, die jetzt beide im Abstand $\frac{1}{1 - \cos\gamma}$ von den Achsen liegen. R_1 wird zweckmäßig möglichst groß gewählt, um kleine Verzögerungen zu erhalten. Mit Verkleinerung des Anhubwinkels steigen auch diesmal die Absolutbeträge der Verzögerung. (Näheres über ausgeführte Nockenformen siehe Abschnitt B III 3.)

E n t w u r f d e r N o c k e n f o r m a u s e i n e m g e f o r d e r t e n H u b g e s e t z. Gelegentlich ist beim Aufsuchen der Nockenform die Aufgabe so gestellt, daß eine gegebene Hubkurve für das Ventil anzustreben ist. In diesem Falle ist zunächst aus dieser Hubkurve die Hubkurve für die Rolle oder den Pilzstößel unter Zugrundelegung des Übersetzungsverhältnisses im Gestänge zu ermitteln. Bei der Ableitung der Nockenform, was in der Regel nur graphisch möglich ist, nimmt man die Nockenwelle stillstehend an, während der Rollen- oder Pilzstößel gegen den Sinn der Nockendrehung rotiert (Abb. 114a, b). Für die einzelnen Drehstellungen, deren Abstand angenommen wird (etwa 5^0, wenn nötig auch kleiner) ergeben sich dann strahlenförmig verschiedene Richtungen für den

Rollen- oder Pilzstößel, auf denen der betreffende Rollen- oder Pilzhub aufgetragen wird, ausgehend vom Grundkreis beim Pilz bzw. vom Rollenmittelgrundkreis bei der Rolle. Daraus ergibt sich die Nockenform als Umhüllende durch die gezeichneten Rollenkreise bzw. Pilzflächen. Die so gefundene Flankenform ist zunächst noch nicht aus Kreisbogen zusammengesetzt, wie dies für die Herstellung wünschenswert ist. Man wird jedoch versuchen, sie möglichst gut durch Kreisbogen zu ersetzen und diesen Nocken für die Herstellung zugrunde zu legen. Selbstverständlich muß dann nachträglich die Untersuchung der Bewegungs- und Beschleunigungsverhältnisse durchgeführt werden.

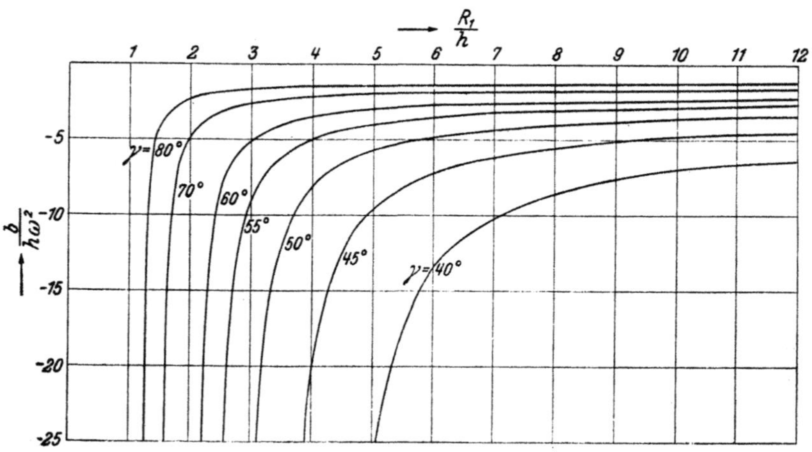

Abb. 115.

5. Bewegungsverhältnisse und Kräftespiel bei Berücksichtigung elastischer Deformationen im Übertragungsmittel.

In Wirklichkeit ist der Steuermechanismus elastisch und massebehaftet und daher schwingungsfähig. Die rein kinematisch ermittelten Bewegungsverhältnisse stellen nur die Grundbewegung dar, der sich ein durch die veränderlichen Beschleunigungskräfte erregter Schwingungsvorgang überlagert.

Beim mechanischen Ventilantrieb sind die Amplituden der Schwingungen sehr klein und für die Bewegungsverhältnisse praktisch ohne Bedeutung, so daß diese durch Ermittlung der Grundbewegung nach der in den vorhergehenden Abschnitten dargelegten Art hinreichend genau geklärt sind. Die Kräfte jedoch können erheblich von jenen abweichen, die aus der Grundbewegung abgeleitet werden, dies besonders zu Beginn der Bewegung, wenn nach Durchlaufen des sogenannten Ventilspieles ein stoßartiger Anhub einsetzt.

Bei der hydraulischen Bewegungsübertragung, die heute nur beschränkt angewendet wird, ist die Elastizität des Übertragungsmittels (meist Öl) von ausschlaggebendem Einfluß. In ihr liegt auch die Grenze für die Anwendungsmöglichkeit der hydraulischen Übertragung.

Im folgenden werden die Vorgänge im elastischen System an Hand von Beispielen, die von praktischem Interesse sind, behandelt. Daraus können die Rechenverfahren für die Untersuchung ähnlicher Probleme abgeleitet werden.

a) Der Öffnungsstoß.

α) Genaue Betrachtungsweise unter Berücksichtigung der Druckschwingungen in der Stoßstange.

Abb. 115 zeigt schematisch einen Ventilantrieb mit Stoßstangen. Um den verschiedenen Wärmedehnungen von Gestänge und Motorgehäuse Rechnung zu tragen und dabei einen sicheren Ventilschluß zu gewährleisten, ist bei geschlossenem Ventil ein Spiel zwischen Ventilschaft und Schwinghebel notwendig, welches praktisch einige Zehntelmillimeter beträgt und zu Beginn des Nockenhubes erst durchlaufen wird, bis das Ventil anhebt. Der Kipphebel schlägt demnach mit endlicher Geschwindigkeit auf das Ventil auf. Das Ersatzschema, wie es der Rechnung zugrundegelegt sei, ist in der Abbildung rechts dargestellt. Die Masse des Ventiles, der halben Ventilfeder und des Kipphebels ist in den Abstand a des oberen Stoßstangenendes vom Kipphebeldrehpunkt reduziert. Die auf der Masse angreifende Feder habe dieselbe Wirkung wie die Ventilfeder. Das Ventilspiel ist zwischen der Stoßstange und der Gesamtmasse gedacht und dabei ein kleiner Fehler insoferne in Kauf genommen, als das Spiel meist zwischen Ventil und Hebel vorgesehen ist und die Masse des Hebels an dem Stoßimpuls aktiv und nicht, wie hier angenommen, passiv teilnimmt.

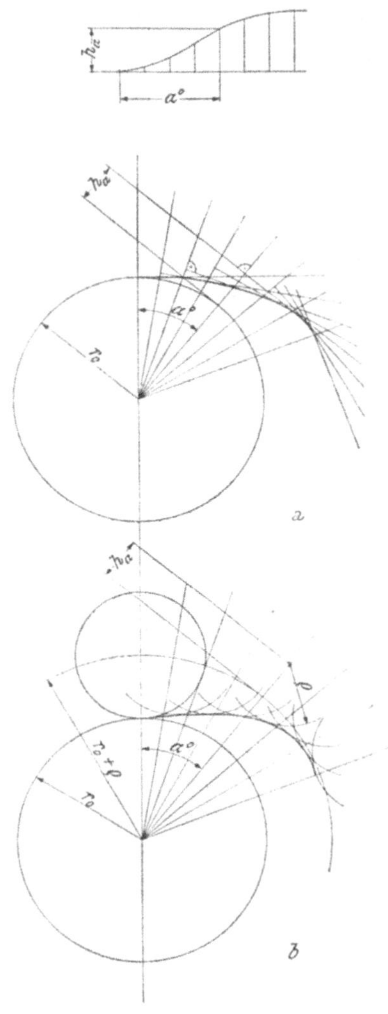

Abb. 114.

Es bedeuten:

P_{f_0} Ventilfedervorspannung (kg),

k Härte der Ventilfeder (kg/cm),

P_g Ventilkraft, hervorgerufen durch den Gasdruck im Zylinder (kg),

$i = b/a$ Kipphebelübersetzung,

m die in das Stoßstangenende reduzierte Masse von Ventil, halber Ventilfeder und Kipphebel (kg s^2/m),

p_1 spezifische Druckbelastung in der Stoßstange am unteren Stangenende (kg/cm^2),

p_2 spezifische Druckbeanspruchung in der Stoßstange am oberen Stangenende (kg/cm^2),

v_1 Geschwindigkeit eines Stabelementes am unteren Stangenende (cm/s),

v_2 Geschwindigkeit eines Stabelementes am oberen Stangenende (cm/s),

q Querschnitt der Stoßstange (cm^2),

l Länge der Stoßstange (cm),

y Weg der Masse m (cm),

t Zeit (s).

Die reduzierte Masse ist

$$m = (m_v + \tfrac{1}{2} m_f)\, i^2 + \frac{\Theta_h}{a^2} \tag{62}$$

Hierin bedeuten m_v die Ventilmasse, m_f die Federmasse und Θ_h das Trägheitsmoment des Hebels.

Auf die Masse m wirkt in positiver Richtung die Stoßstangenkraft, in negativer Richtung die Federkraft und die Gaskraft. Die Summe dieser Kräfte muß der Massenträgheitskraft gleich sein, wenn von einer Berücksichtigung der dämpfenden Kräfte abgesehen wird. Somit ergibt sich als Bewegungsgleichung die Beziehung

$$p_2 q - i P_{f0} - i^2 k y - i P_g = m \frac{d^2 y}{d t^2} \tag{63}$$

Hierin ist zunächst die Stoßstangenkraft $p_2 q$ noch unbekannt. Sie muß aus den Bewegungsgleichungen für die Druckschwingung in der Stoßstange abgeleitet werden [12].

Nach Anwendung des Trägheitssatzes ergibt sich unter Zuhilfenahme des Hookschen Gesetzes für die Bewegung zylindrischer elastischer Stäbe bekanntlich das nachfolgende Beziehungspaar:

$$\frac{\partial v}{\partial t} = -\frac{g}{\gamma} \cdot \frac{\partial p}{\partial x} \tag{64}$$

$$\frac{\partial v}{\partial x} = -\frac{g}{a^2 \gamma} \frac{\partial p}{\partial t} \tag{65}$$

worin $a = \sqrt{\frac{g E}{\gamma}}$ die Schallgeschwindigkeit im Stab ist.

Es bedeuten in obigen Beziehungen

p den Flächendruck in Richtung der Stabachse (kg/cm^2),

v die absolute Geschwindigkeit eines Stabelementes in Richtung der Stabachse (cm/s),

γ das spezifische Gewicht des Werkstoffes (kg/cm^3),

g die Erdbeschleunigung (= 981 cm/s^2),

t die Zeit (s),

x den Abstand eines betrachteten Stabelementes von einem Ende des Stabes (cm),

E den Elastizitätsmodul des Baustoffes (kg/cm^2).

Die Lösung der Gleichungen (64) und (65) ist durch die beiden Beziehungen

$$p = p_0 + p_v + p_r \tag{66}$$

$$v = v_0 + c_v + c_r \tag{67}$$

gegeben, worin p_v, p_r, c_v und c_r die Funktionswerte vor- und rücklaufender Druck- und Geschwindigkeitswellen, p_0 und v_0 die Anfangswerte von Druck und Geschwindigkeit als konstante Größen bedeuten. An irgend einer Stelle des Stabes setzt sich demnach Druck und Geschwindigkeit zu jeder Zeit aus je drei Gliedern zusammen; aus einem konstanten Anfangswert und aus den Funktionswerten zweier Druck- und Geschwindigkeitswellen. Die Herleitung dieser Beziehung (vergleiche [12]) läßt erkennen, daß die Druck- und Geschwindigkeitswellen mit

Schallgeschwindigkeit dem Stab entlang laufen, und zwar die mit dem Index v bezeichneten in positiver Richtung (vorlaufend) und die mit dem Index r bezeichneten in negativer Richtung (rücklaufend). Ferner erhält man als Zusammenhang zwischen den Geschwindigkeits- und Druckwerten das lineare Gleichungspaar

$$c_v = \frac{g}{a\gamma} p_v = K p_v \qquad (68)$$

$$c_r = -\frac{g}{a\gamma} p_r = -K p_r \qquad (69)$$

worin die als Materialkonstante aufscheinende Zahlengruppe

$$\frac{g}{a\gamma} = K \qquad (70)$$

gesetzt ist. Die Anfangswerte p_0 und v_0 können im folgenden Beispiel mit Null in Rechnung stehen (ruhende und entspannte Stoßstange bei Bewegungsbeginn). Schreibt man die Gleichungen (66), (67) unter Zuziehung der Beziehungen (68) und (69) für das obere und untere Stoßstangenende an, so erhält man die vier Beziehungen:

$$p_2 = p_{v2} + p_{r2} \qquad (71)$$

$$v_2 = K p_{v2} - K p_{r2} \qquad (72)$$

$$p_1 = p_{v1} + p_{r1} \qquad (73)$$

$$v_1 = K p_{v1} - K p_{r1} \qquad (74)$$

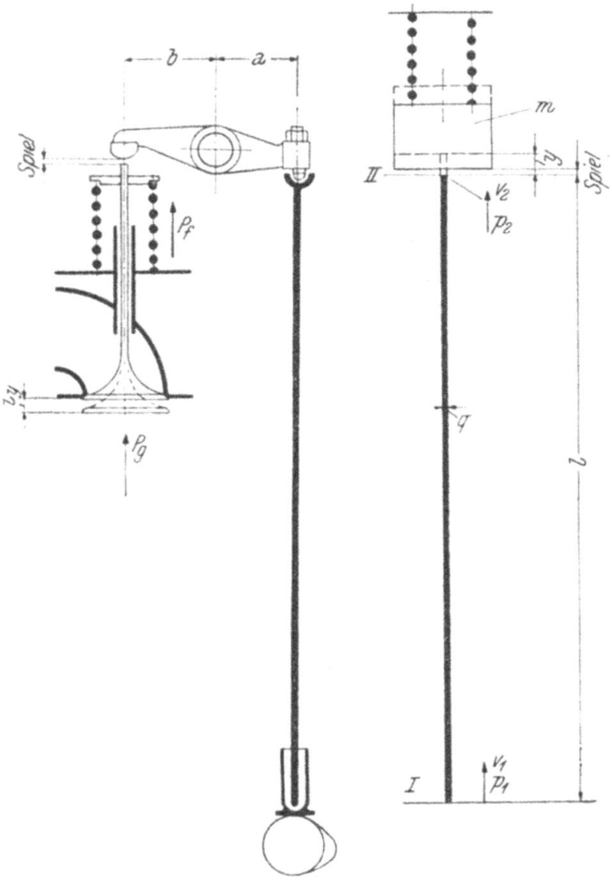

Abb. 115. Schema des Stoßstangentriebes.

Entfernt man aus den drei Gleichungen (63), (71), (72) die Größen p_{r2} und p_2, so ergibt sich als Bewegungsgesetz der Masse die lineare Differenzialgleichung zweiter Ordnung mit Störungsfunktion:

$$\frac{d^2 y}{d t^2} + \frac{q}{m K}\frac{d y}{d t} + \frac{i^2 k}{m} y = \frac{1}{m}\left[2 q p_{v2} - i\,(P_{f0} + P_g)\right] \qquad (75)$$

Das allgemeine Integral dieser Gleichung läßt sich in geschlossener Form finden, wenn die nicht konstanten Störungsfunktionen P_g und p_{v2} als geschlossene einfache Funktionen der Zeit gegeben sind. Andernfalls muß die Gleichung durch Näherung gelöst werden. Bei dem im folgenden beschriebenen praktisch brauchbaren Differenzenverfahren unterteilt man die Zeit in eine Anzahl gleiche Intervalle von der Größe $\triangle t$. Man ersetzt sodann die Funktion y nach Lagrangescher Interpolation durch eine Parabel zweiter, dritter oder höherer Ordnung. Je höher die Ordnung der Interpolation und je kleiner das Zeitintervall gewählt wird. um so genauer wird die Näherungslösung, um so größer aber auch der Zeitaufwand der Rechnung. Bei einer Interpolation mit einer Parabel zweiter Ordnung z. B. faßt man die Funktionswerte in drei aufeinanderfolgenden Zeitintervallen in einer Parabel zusammen, deren Werte in den drei Punkten y_I, y_{II}, y_{III} seien. Man erhält dann in erster Näherung als Mittelwert im letzten Zeitintervall für die Ableitungen und für y selbst

$$\frac{d^2 y}{d t^2} = \frac{y_{III} - 2 y_{II} + y_I}{\triangle t^2}; \qquad \frac{d y}{d t} = \frac{y_{III} - y_{II}}{\triangle t}; \qquad y = \frac{y_{III} + y_{II}}{2}$$

Sind nun in den drei betrachteten Zeitpunkten y_I und y_{II} durch den vorherigen Lösungsverlauf bekannt, so kann y_{III} dadurch gefunden werden, daß man obige Näherungswerte in Gleichung (75) einsetzt und y_{III} daraus bestimmt.

$$y_{III} = \frac{1}{N}\left(\frac{2}{\triangle t^2} + \frac{q}{m K \triangle t} - \frac{i^2 k}{2m}\right) y_{II} - \frac{1}{N \triangle t^2} y_I - \frac{i}{N m}(P_{f0} + P_g) + \frac{2 q}{m N} p_{v2} \quad (76)$$

worin

$$N = \frac{1}{\triangle t^2} + \frac{q}{m K \triangle t} + \frac{i^2 k}{2 m}$$

Der Lösungsgang hat in Verfolg des tatsächlichen Geschehens vor sich zu gehen. Die Bewegung des unteren Stoßstangenendes ist bekannt. Es wird eine vorlaufende Welle ausgelöst, deren Funktionswerte aus Gleichung (74) berechnet werden können, weil vom Beginn der Bewegung bis zum Eintreffen der rücklaufenden Welle letztere selbst noch Null ist. Dieses Zeitintervall entspricht der doppelten Laufzeit der Welle durch die ganze Stablänge. Mit der so gefundenen vorlaufenden Welle kann nach Gleichung (76) unter Benützung des oben geschilderten Näherungsverfahrens der Verlauf von y im oberen Stoßstangenende gerechnet werden. Wenn y bekannt ist, kennt man auch die Geschwindigkeit des oberen Stangenendes v_2. Sie ist, nachdem das Spiel durchlaufen ist, gleich der Ableitung $\frac{dy}{dt}$. Damit kann nach Gleichung (72) auch die rücklaufende Welle ausgerechnet werden. Ihre Kenntnis ermöglicht nun weiter nach dem ersten Zeitintervall $(t = 0$ bis $\frac{2l}{a})$ für das nächste Intervall $(t = \frac{2l}{a}$ bis $t = \frac{4l}{a})$ die Berechnung der vorlaufenden Welle. So kann fortgefahren und der ganze Verlauf der Geschwindigkeit und des Druckes errechnet werden.

Im folgenden Zahlenbeispiel sei der Öffnungsstoß eines Auspuffventiles für einen Fahrzeugmotor untersucht. Die Zahlenwerte, welche der Rechnung zugrunde liegen, sind die folgenden:

Drehzahl der Nockenwelle $n = 1500$,
Kipphebelübersetzung $i = 1{,}585$,
$m = 0{,}736 \,.\, 10^3\,\text{kg s}^3/\text{cm}$,

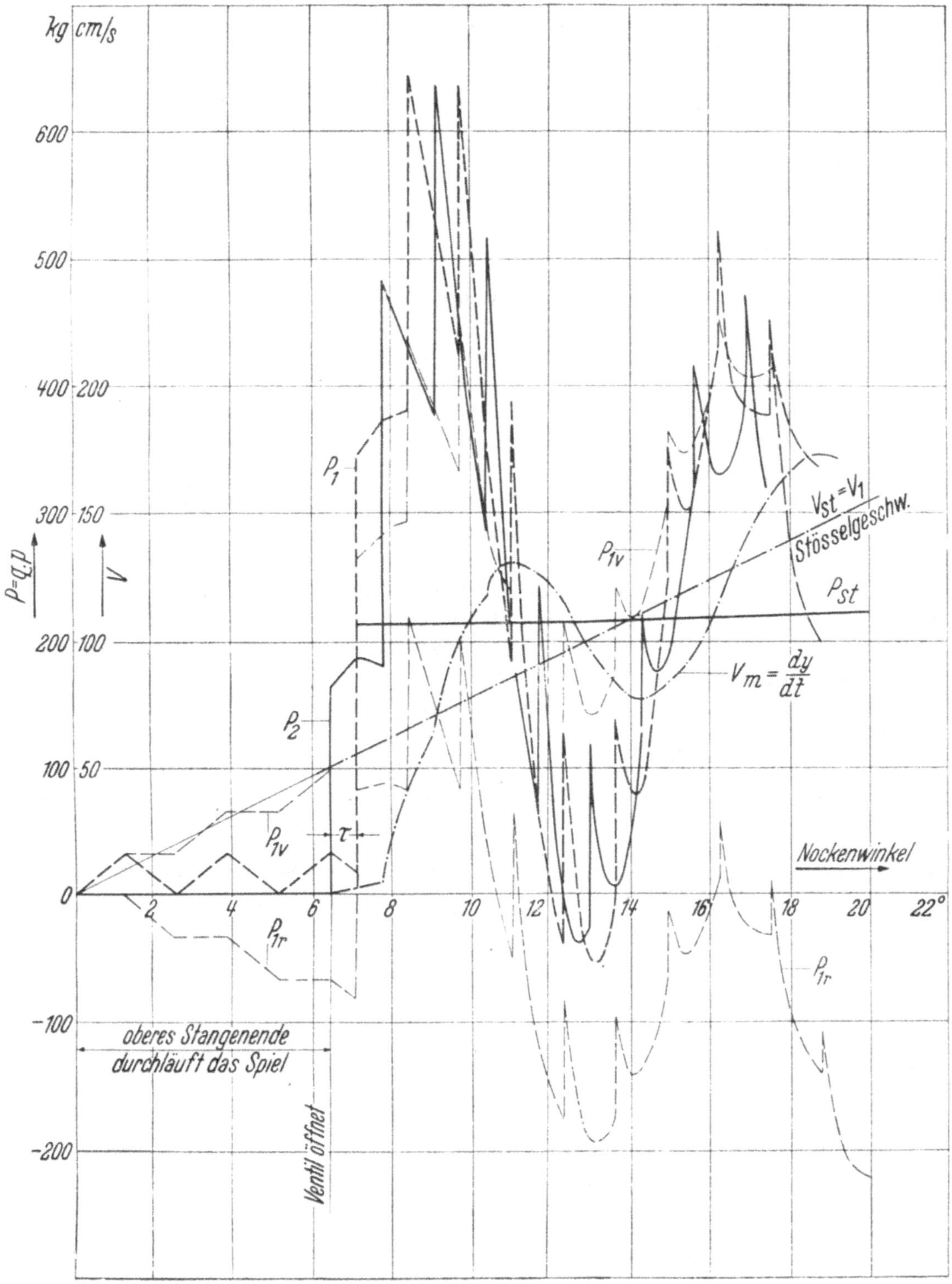

Abb. 116. Druck- und Geschwindigkeitsverhältnisse am oberen Stoßstangenende bei Berücksichtigung der Längsschwingungen in der Stoßstange.

Härte der Ventilfeder $k = 19$ kg/cm,
Vorspannung der Feder $P_{f0} = 37$ kg,
Gasdruck zu Beginn $P_g = 63$ kg,
Ventilspiel (am Ventil gemessen) 0,35 mm,
Stoßstangendurchmesser 10 mm,
Stoßstangenlänge 380 mm,
Baustoff Stahl,
Schallgeschwindigkeit $5{,}26 \cdot 10^5$ cm/s,
Laufzeit der Welle $\tau = l/a = 38/5{,}26 \cdot 10^5 = 7{,}22 \cdot 10^{-5}$ s entspricht $0{,}65^0$ KW.

Wir beschränken uns darauf, die Kräfte am Öffnungsbeginn über ein kurzes Intervall zu ermitteln und können dafür zur Vereinfachung den Gasdruck im Zylinder konstant annehmen. Die Gesamtkraft auf das Ventil bei Öffnungsbeginn beträgt $63 + 37 = 100$ kg.

Die Rechnung ist unter Benützung des Näherungsverfahrens durchgeführt, wobei eine Parabel zweiter Ordnung zugrundegelegt und das Zeitintervall $\Delta t = 2\,\tau$ gewählt wurde.

Das Ergebnis zeigt Bild 116. Als Kräfte sind nicht die spezifischen Flächenpressungen, sondern die gesamten Stangenkräfte $P = p \cdot q$ eingezeichnet. Solange das obere Stangenende das Spiel durchläuft, schwankt die Stangenkraft P_1 am unteren Ende zwischen einem Höchstwert und Null, der Druckschwingung in der Stoßstange bei freiem oberem Ende entsprechend. Die Schwingungsdauer ist gleich der vierfachen Laufzeit $4\,\tau$. Die Stangenkraft am oberen Ende P_2 ist dabei Null. P_{1v} ist im positiven Sinne, P_{1r} im negativen Sinne zunehmend. Bei Öffnungsbeginn steigt zunächst P_2 und nach der Laufzeit τ auch P_1 an. Die Drücke folgen von hier an im wesentlichen einer Grundschwingung, der sich die Druckschwingungen im Stab überlagern. Die Geschwindigkeit des unteren Endes (Stößelgeschwindigkeit) ist bei der Rechnung als Gerade v_1 angenommen. Innerhalb der betrachteten kurzen Zeitspanne ist diese Annahme zulässig. Die Geschwindigkeit der Masse $v_m = v_2 = \dfrac{dy}{dt}$ schwankt um diese Gerade. Nimmt man die Getriebekette starr an, so ergibt sich unter Berücksichtigung der Feder- und Gaskraft sowie der konstanten Beschleunigungskraft ein Stangendruck, der nach der leicht ansteigenden Parabel P_{st} verläuft. Man sieht, daß die wirklichen Stangenkräfte bei Berücksichtigung der Elastizität um ein Vielfaches diejenigen übersteigen können, die man nach dem üblichen Verfahren unter Zugrundelegung starrer Getriebeketten erhält. Während P_{st} positiv ist, werden im vorliegenden Beispiel die Drücke bei elastischem Getriebe zwischen 12 und 14^0 NW negativ. Der Kraftschluß wird kurzzeitig aufgehoben.

β) Untersuchung der Verhältnisse bei Vernachlässigung der Druckschwingungen in der Stoßstange.

Eine einfachere Betrachtungsweise ergibt sich, wenn man die Druckschwingungen, die sich in der Stange aus vor- und rücklaufenden Druckwellen aufbauen, im einzelnen vernachlässigt und die Stoßstange als statische Feder mit einer Härte k_{st} auffaßt. Bei der Massenreduktion ist dann analog der Ventilfeder diesmal auch die halbe Stangenmasse dazuzuzählen. Als Bewegungsgleichung für die Masse ergibt sich nach dem d'Alembertschen Prinzip ähnlich wie früher bei Annahme von Reibungsfreiheit die Beziehung

$$m \frac{d^2 y}{d t^2} + i^2 k y + k_{st} (y - x) + i (P_g + P_{fo}) = 0 \qquad (77)$$

worin die Bezeichnungen dieselbe Bedeutung haben wie im Abschnitt α). x bezeichnet den Hub des Stößels.

Führen wir als Gesamthärte des Federsystems die Größe $k_g = k_{st} + i^2 k$ ein, so erhalten wir als Bewegungsgleichung

$$m \frac{d^2 y}{d t^2} + k_g y + i (P_g + P_{fo}) = k_{st} x \qquad (78)$$

Für x kann, wenn wie früher ein lineares Geschwindigkeitsgesetz bei Bewegungsbeginn angenommen wird, der Ausdruck

$$x = a + bt + \frac{c}{2} t^2 \qquad (79)$$

eingesetzt werden, worin a den Stößelhub zu Beginn der Ventilbewegung, b die Geschwindigkeit zu Beginn der Ventilbewegung und c eine konstante Beschleunigung bedeuten. Der Stößelhub zählt von der Stellung an, in der die Glieder kraftlos aneinanderliegen, also gerade das Ventilspiel durchlaufen haben. Die Zeitzählung beginnt beim Öffnungsbeginn des Ventiles. Das Ventil öffnet, wenn der Stößelhub den Betrag

$$x_0 = i \frac{(P_{fo} + P_g)}{k_{st}}$$

erreicht hat, weil dann die Stoßstangenkraft gleich der Summe von Federkraft und Gasdruck ist. Für den Stößelhub kann demnach gesetzt werden

$$x = \frac{i (P_{fo} + P_g)}{k_{st}} + b t + \frac{c}{2} t^2$$

Führt man das in Gleichung (78) ein, so erhält man als Bewegungsgleichung die Differenzialgleichung

$$m \frac{d^2 y}{d t^2} + k_g y = \left(b t + \frac{c}{2} t^2\right) k_{st} \qquad (80)$$

Ihre Lösung lautet:

$$y = A \sin \omega_e t + B \cos \omega_e t + \frac{k_{st}}{k_g} \left(- c \frac{m}{k_g} + b t + \frac{c}{2} t^2 \right) \qquad (81)$$

worin die ersten beiden Glieder die Eigenschwingung und das letzte Glied die erzwungene Schwingung zum Ausduck bringen.

A und B sind Konstante, welche die Anfangsbedingungen

$$t = 0 : y = 0, \quad \frac{d y}{d t} = 0$$

erfüllen müssen. Es ergibt sich daraus

$$A = -\frac{b}{\omega_e}\frac{k_{st}}{k_g}; \quad B = c\, m \frac{k_{st}}{k_g^2}$$

ω_e ist die Kreisfrequenz der Eigenschwingungen des Systems vom Betrage:

$$\omega_e = \sqrt{\frac{k_g}{m}} \qquad (82)$$

Nach Bestimmung des Hubgesetzes y für die Masse findet man die Stoßstangenkraft nach der Beziehung

$$P_{st} = k_{st}\,(y - x) \qquad (83)$$

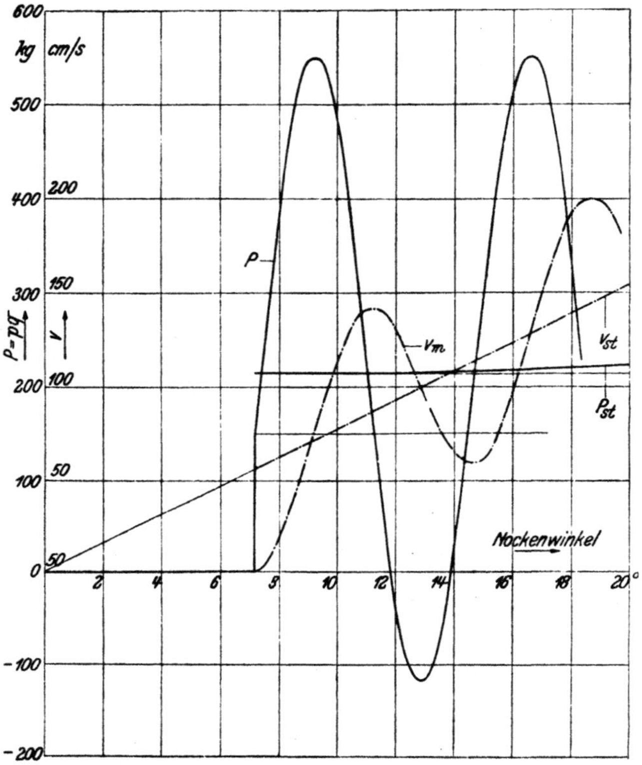

Abb. 117. Druck- und Geschwindigkeitsverhältnisse im Stoßstangentrieb bei Berücksichtigung der Elastizität der Stoßstange, jedoch bei Vernachlässigung der Druckschwingungen in ihr.

In Abb. 117 ist die Rechnung für das Zahlenspiel der Abb. 116 durchgeführt. v_{st} ist wieder die Geschwindigkeit des Rollenstößels. Die Geschwindigkeit der Masse schwankt nach einer harmonischen Funktion um v_{st}. Der Kraftverlauf in der Stange folgt der Kurve P und stellt die Grundbewegung zu der entsprechenden Kurve P_2 der Abb. 116 dar. Bei Berücksichtigung der Druckschwingung überlagern sich ihr also diese hochfrequenten Schwingungen.

Ein Vergleich der Ergebnisse zeigt, daß es im allgemeinen zulässig ist, nach dem zweiten vereinfachten Verfahren zu rechnen. Auch hiedurch gewinnt man einen Einblick in die Größenordnung der Kräfte. Über eine kurze Strecke ist die Stangenkraft wieder kleiner als Null, was bei der allgemeinen vorgesehenen Kraftschlüssigkeit des Gestänges ein kurzzeitiges Abheben von Masse und Stange bzw. Stange und Rollenstößel bedeutet.

In ähnlicher Weise wie die Elastizität der Stoßstange könnte auch die Drehelastizität der Nockenwelle berücksichtigt werden. Statt der Druckspannungen stehen dann Zugspannungen in Rechnung.

Im allgemeinen genügt es, wie schon erwähnt, mechanische Getriebeketten unter Annahme starrer Elemente zu untersuchen. Von eingehenden Berechnungen sieht man in der Regel ab, weil einerseits der Zeitaufwand hiefür zu groß ist, andererseits die Auswirkungen der elastischen Verformung derart sind, daß sie durch einfache praktische Überlegungen zu beherrschen sind. Ähnliche Rechnungen müssen jedoch in der Regel immer angestellt werden, wenn es sich um eine hydraulische Übertragung der Bewegung handelt, weil die Elastizität des Übertragungsmittels (Öl) viel größer als die von Stählen oder anderen festen Brennstoffen ist.

b) Hydraulische Bewegungsübertragung.

Eine weitverbreitete Anwendung einer hydraulischen Ventilsteuerung ist das Einspritzsystem der Dieselmotoren. Heute wird fast ausschließlich das durch den Brennstoff selbst gesteuerte Einspritzventil verwendet (Abb. 118). Eine eingehende Untersuchung dieser Art der hydraulischen Bewegungsübertragung ist in Heft 7 dieses Werkes dargelegt [7]. Der Kolben, über einen Rollenstößel durch den Nocken bewegt, fördert nach Abschluß der Saugbohrungen in die Leitung zum Einspritzventil. Die Bewegung pflanzt sich in Form einer Druck- und Geschwindigkeitswelle fort. Nachdem der Druck an der Düse auf die Höhe des Öffnungsdruckes angewachsen ist, wird das Ventil geöffnet und der Kraftstoff strömt aus der Düse aus. Von der Düse wird eine Geschwindigkeits- und Druckwelle in die Leitung zurückgeworfen, welche sich der vorlaufenden Welle überlagert und, an der Pumpe angekommen, den weiteren Verlauf der vorlaufenden Welle beeinflußt, ähnlich wie dies weiter oben für die Stoßstange näher beschrieben wurde. Die wichtigsten Erkenntnisse, die eine eingehende Untersuchung des Einspritzsystems ergibt, sind kurz zusammengefaßt die folgenden:

1. Das Ventil öffnet sich nicht im selben Augenblick, in dem der Pumpenstempel zu fördern beginnt, sondern erst nach einem Zeitabschnitt EV, der vorwiegend durch die Laufzeit der Druck- und Geschwindigkeitswelle durch die Leitung gegeben ist und mit Einspritzverzögerung bezeichnet wird.

2. Die Einspritzzeit, welche der Öffnungsdauer der Nadel gleichkommt, ist im allgemeinen länger als die Förderzeit des Pumpenstempels. Dies ist dadurch bedingt, daß die Bewegung in der Leitung über die Förderzeit der Pumpe hinaus erhalten bleibt.

3. Die vom Pumpenstempel je Grad Nockenwinkel verdrängte Flüssigkeitsmenge und ihr gesetzmäßiger Verlauf ist im allgemeinen sehr verschieden von der an der Düse je Grad Nockenwinkel auftretenden Flüssigkeitsmenge und ihrem gesetzmäßigen Verlauf. Ursache dafür ist wieder der Bewegungsvorgang in der Leitung, sowie die Massenträgheit der Ventilnadel.

Bei den Arbeiten am Einspritzsystem muß in erster Linie der Gesetzmäßigkeit des Brennstoffaustrittes aus der Düse Beachtung zugewandt werden, während hinsichtlich des Ventilhubes nur ein bestimmter Öffnungsbeginn gefordert ist. Der Ventilschluß und somit die Einspritzdauer kann in weiten Grenzen veränderlich sein, ohne daß dabei die Güte der Maschine leidet. Man kann daher von einer Bewegungsübertragung im Sinne einer Ventilsteuerung nicht sprechen, obwohl der Vorgang im System ähnlich ist.

Bei der hydraulischen Bewegungsübertragung der Ventilsteuerungen (Abb. 119) kommt es darauf an, nicht nur den Öffnungsbeginn und den Schluß des Ventiles zu beherrschen, sondern auch das Gesetz des Ventilhubes in vorgeschriebener Art zu verwirklichen. Ähnlich wie beim Einspritzsystem wird die

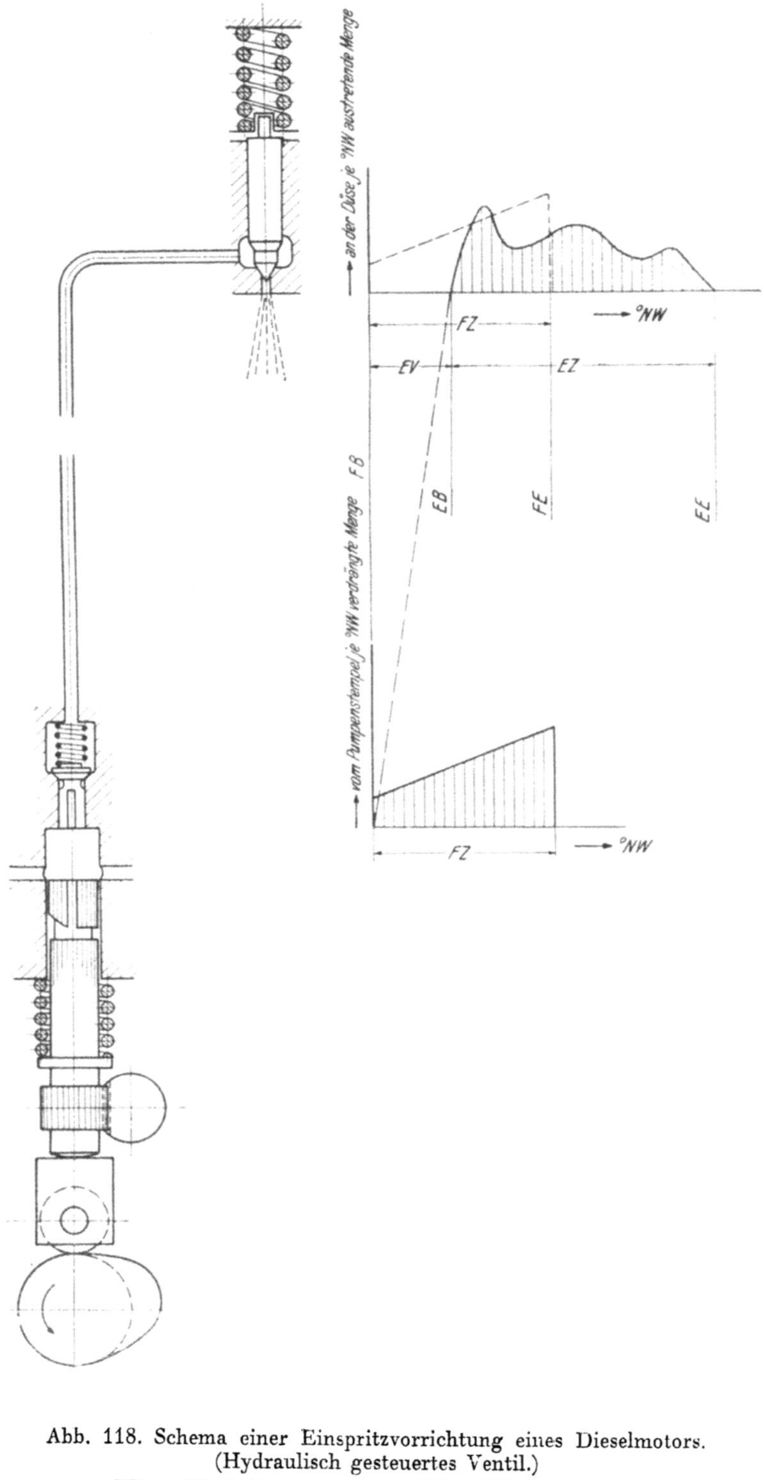

Abb. 118. Schema einer Einspritzvorrichtung eines Dieselmotors. (Hydraulisch gesteuertes Ventil.)

FB	Förderbeginn	*FZ*	Förderzeit
FE	Förderende	*EZ*	Einspritzzeit
EB	Einspritzbeginn	*EV*	Einspritzverzögerung
EE	Einspritzende		

Bewegung des Pumpenkolbens *PK* von einem Nokken abgeleitet. Die dabei verdrängte Flüssigkeitsmenge wirkt über eine Leitung auf einen Ventilkolben *VK*, der unmittelbar das Ventil betätigt. Beim Rückgang des Pumpenkolbens strömt die Flüssigkeit wieder zurück. Ölverluste, die durch Undichtigkeiten auftreten können, werden wieder durch ein Saugventil oder durch eine Saugbohrung aufgefüllt. Bei praktischen Ausführungen hydraulischer Steuerungssysteme muß die Einrichtung etwas umständlicher ausgeführt werden; die Grundsätze der Bewegungsübertragung sind aber die gleichen wie bei dieser vereinfachten Anlage. Es wurde schon erwähnt, daß man von der hydraulischen Bewegungsübertragung bisher nur in geringem Maß Gebrauch machte, obwohl sie beim Entwurf einer Maschine manche Vorteile mit sich brächte. Eine zentrale Anordnung des Steuerapparates, der ohne großen Raumbedarf durch die einzelnen Leitungen mit dem Ventil in Verbindung stehen kann, bietet im Aufbau des Motors große Freiheiten. Die Beschränkung der Anwendung hat ihren Grund in den zu überwindenden Schwierigkeiten, die besonders bei rascher Bewegungsänderung (hohen Drehzahlen) groß sind. Ähnlich wie beim Einspritzsystem das Abspritzgesetz an der Düse gegenüber dem Verdrängergesetz des Kolbens verändert wird, ist hier auch das Bewegungsgesetz des Ventiles anders als das Bewegungsgesetz des Förderkolbens.

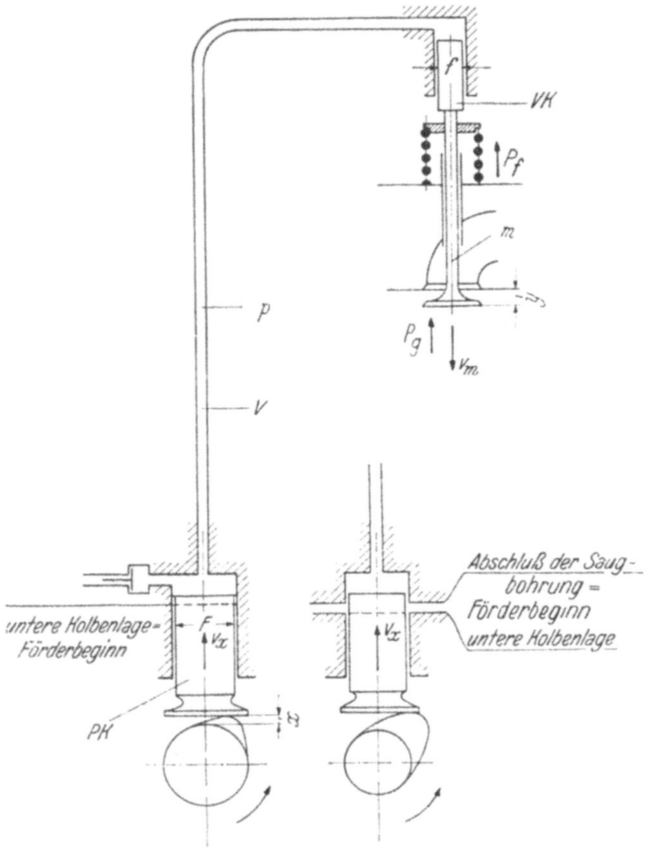

Abb. 119. Schema einer hydraulischen Ventilsteuerung.

Bei der Untersuchung der Verhältnisse können zwei Wege beschritten werden. Eine genaue Betrachtung berücksichtigt die Druckschwingungen in den Leitungen in der Art, wie dies für das Einspritzsystem in der Regel geschieht [7] und wie es ähnlich auch im vorangehenden Abschnitt für den Öffnungsstoß beim Stoßstangentrieb durchgeführt wurde. Einfacher und übersichtlicher wird aber auch hier die Arbeit, wenn der Ölinhalt als statische Feder angenommen wird, wie dies im folgenden geschieht. Das damit gewonnene Ergebnis stimmt um so besser mit der Wirklichkeit überein, je kürzer die Leitung, d. h. je höher die Frequenz der Druckschwingung in ihr ist.

Es bedeuten: (vergl. Abb. 119)

F Fläche des Pumpenkolbens (cm^2),
f Fläche des Ventilkolbens (cm^2),
V eingeschlossene Flüssigkeitsvolumen (cm^3),
m Masse der bewegten Teile am Ventil (kg s^2/cm),
k Härte der Ventilfeder (kg/cm),
P_{f0} Vorspannung der Ventilfeder (kg),
x Hub des Pumpenkolbens (cm),
$v_x = dx/dt$ = Geschwindigkeit des Pumpenkolbens (cm/s),
y Hub des Ventiles in (cm),
$v_m = dy/dt$ = Geschwindigkeit des Ventiles (cm/s),
p Druck der Flüssigkeit (kg/cm^2),
E Elastizitätsmodul der Flüssigkeit (kg/cm^2),
P_g Kraft des Gasdruckes im Zylinder auf das Ventil (kg).

Zu jeder Zeit müssen für das System die Kontinuitätsgleichungen für die Flüssigkeitsmenge und die Trägheitsgleichung für die bewegten Ventilmassen erfüllt sein. Erstere lautet:

$$F\,dx - f\,dy - \frac{V}{E}\,dp = 0 \tag{84}$$

Hierin stellen die ersten beiden Glieder die vom Pumpenkolben und Ventilkolben verdrängte, bzw. freigegebene Flüssigkeitsmenge und das dritte Glied die Volumsänderung infolge der Flüssigkeitspressung (Hookesches Gesetz) dar. Bei Aufstellung der Trägheitsgleichung sind die an den Ventilmassen angreifenden Kräfte und die Trägheitskraft ins Gleichgewicht zu bringen.

$$m\,\frac{d^2y}{dt^2} + P_{f0} + k\,y + P_g - pf = 0 \tag{85}$$

Wir setzen im folgenden den Gasdruck $P_g = 0$, wie dies z. B. für das Einlaßventil eines Motors angenähert zutrifft. Damit wird die Lösung und die Diskussion der Gleichung vereinfacht.

Eliminiert man aus beiden Beziehungen (84) und (85) den Druck p, so ergibt sich für y die lineare Differentialgleichung dritter Ordnung mit Störungsfunktion

$$\frac{d^3y}{dt^3} + \left(\frac{k}{m} + \frac{f^2E}{Vm}\right)\frac{dy}{dt} = \frac{FfE}{Vm}\,v_x \tag{86}$$

Ihre Lösung setzt sich bekanntlich aus der Lösung der verkürzten Gleichung (Eigenschwingung) und aus dem partikulären Integral der unverkürzten Gleichung (erzwungene Schwingung; Grundbewegung) zusammen. Um letztere in geschlossener Form lösen zu können, nähern wir uns den wirklichen Verhältnissen durch zwei schematisch angenommene Bewegungsgesetze nach Abb. 120 für den Pumpenkolben. Im ersten Fall ist das Gesetz der Geschwindigkeit des Kolbens aus Geraden zusammengesetzt gedacht, womit die Annäherung an das Geschwindigkeitsgesetz des aus zwei Kreisbogen aufgebauten Nockens getroffen ist. Im zweiten Fall ist eine harmonische Hubkurve zugrunde gelegt.

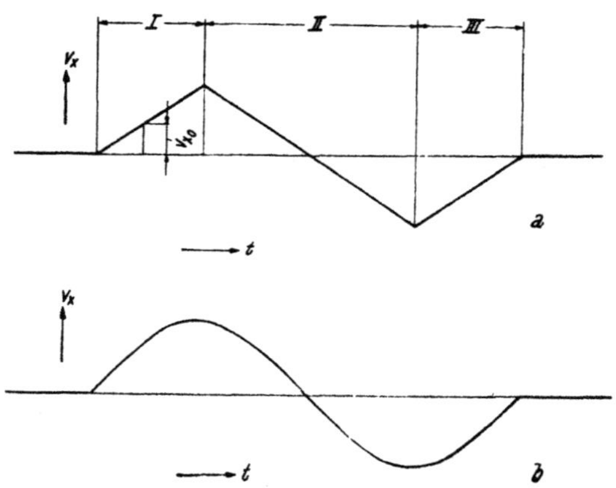

Abb. 120. Schematisierte Bewegungsgesetze des Pumpenkolbens.

a) Lineares Geschwindigkeitsgesetz: Für jeden der Bereiche I—III kann die Geschwindigkeit des Pumpenkolbens durch den linearen Ausdruck

$$v_x = v_{x0} + c\,t \tag{87}$$

ausgedrückt werden, wobei v_{x0} der Geschwindigkeitswert bei Beginn der Zeitrechnung, c die konstante Beschleunigung ist.

Die Ventilgeschwindigkeit als erste Ableitung von y nach der Zeit $v_m = \frac{dy}{dt}$ ergibt sich als Lösung der Gleichung (86) zu:

$$v_m = A \sin \omega_e t + B \cos \omega_e t + D\,(v_{x0} + c\,t) \tag{88}$$

worin die Konstante D des partikulären Integrals durch die bekannte Methode der Koeffizientenvergleichung zu ermitteln ist:

$$D = \frac{F f E}{V k + f^2 E} \tag{89}$$

$$\omega_e = \sqrt{\frac{1}{m}\left(k + \frac{f^2 E}{V}\right)} \tag{90}$$

ist die Kreisfrequenz der Eigenschwingung.
Hierin kann der Ausdruck

$$k + \frac{f^2 E}{V}$$

als Gesamtfederhärte des Systems aufgefaßt werden.

Durch nochmalige Integration der Gleichung (88) erhält man für den Ventilhub selbst

$$y = -\frac{A}{\omega_e} \cos \omega_e t + \frac{B}{\omega_e} \sin \omega_e t + D\left(v_{x0} t + \frac{c}{2} t^2 + C\right) \tag{91}$$

und aus Beziehung (85) nach Einsetzen für d^2y/dt^2 und y für den Druck

$$p = \frac{A}{f}\left(m\,\omega_e - \frac{k}{\omega_e}\right) \cos \omega_e t - \frac{B}{f}\left(m\,\omega_e - \frac{k}{\omega_e}\right) \sin \omega_e t +$$
$$+ \frac{D\,m\,c}{f} + \frac{P_{f0}}{f} + \frac{D\,k}{f}\left(v_{x0} t + \frac{c}{2} t^2 + C\right) \tag{92}$$

Die Koeffizienten in den beiden letzten Gleichungen A, B, C sind Konstante, durch die die Lösungen an die Anfangsbedingungen anzupassen sind. Hierbei ist für eine Anfangszeit $t = t_0$

$$y = y_0, \quad \frac{dy}{dt} = v_{m0}, \quad p = p_0$$

zu setzen. Aus den damit aufzustellenden Bestimmungsgleichungen für die Konstanten sind diese zu rechnen.

Die Gleichung kann für den ganzen Bereich der nach Abb. 120a gegebenen Hubkurve nur abschnittsweise nacheinander für die Bereiche *I*, *II* und *III* zwischen den Unstetigkeitsstellen gelöst werden, wobei jedesmal der Bewegungszustand und der Druck am Ende eines Bereiches der Anfangszustand für den nachfolgenden ist. Falls innerhalb eines Bereiches Unstetigkeitsstellen etwa durch Nullwerden des Flüssigkeitsdruckes auftreten[1], ist auch dafür jedesmal der Übergang auf neue Anfangsbedingungen unter Berücksichtigung dieser neuen Verhältnisse vorzunehmen. Es ist zweckmäßig, bei Beginn eines Bereiches jedesmal mit der Zeitrechnung neu zu beginnen, weil damit die Berechnung der Koeffizienten ver-

[1] Dabei reißt die Flüssigkeitssäule ab und es bildet sich ein Hohlraum, der so lange erhalten bleibt, bis die Ventilfeder den Ventilkolben um das entsprechende Maß zurückgedrängt hat.

einfacht wird. Im ersten Bereich beginnt man mit der Zeitrechnung am Öffnungsbeginn des Ventiles. Er tritt ein, wenn der Flüssigkeitsdruck den Wert

$$p_0 = \frac{P_{f0}}{f}$$

erreicht; der hiefür notwendige Kolbenhub ergibt sich nach dem Hookeschen Gesetz mit

$$x_0 = \frac{V P_{f0}}{E F f}$$

Damit ist der Zeitpunkt der Ventileröffnung auf der gegebenen Hub- und Geschwindigkeitskurve des Nockens bestimmt. Die Kolbengeschwindigkeit sei dabei v_{x0}. Die Anfangsbedingungen lauten somit für $t = O$

$$y = 0, \quad \frac{dy}{dt} = 0, \quad p = p_0 = \frac{P_{f0}}{f}$$

Damit ergeben sich die Konstanten

$$A = -\frac{D c}{\omega_e}; \quad B = -D v_{x0}; \quad C = -\frac{c}{\omega_e^2}$$

und als Lösungsgleichungen für den ersten Bereich:

$$y = \frac{D c}{\omega_e^2} \cos \omega_e t - \frac{D v_{x0}}{\omega_e} \sin \omega_e t + D v_{x0} t + \frac{D c}{2} t^2 - \frac{D c}{\omega_e^2} \tag{93}$$

$$v_m = \frac{dy}{dt} = -\frac{D c}{\omega_e} \sin \omega_e t - D v_{x0} \cos \omega_e t + D v_{x0} + D c t \tag{94}$$

und für den Druck

$$p = -\frac{D c}{f} \left(m - \frac{k}{\omega_e^2}\right) \cos \omega_e t + \frac{D v_{x0} \omega_e}{f} \left(m - \frac{k}{\omega_e^2}\right) \sin \omega_e t +$$

$$+ k \left(\frac{D v_{0x}}{f} t + \frac{D c}{2 f} t^2\right) + \frac{P_{f0}}{f} + D^2 \frac{c m}{F} \tag{95}$$

Jede der Lösungen setzt sich aus einer Gruppe harmonischer Glieder zusammen, die die Eigenschwingung beschreibt, und einer restlichen Gliedergruppe, durch die die Grundbewegung oder erzwungene Schwingung dargestellt wird. Wir können diese Gliedergruppe zusammenfassen und die Lösungen in der Form anschreiben

$$y = y_e + y_g; \quad \frac{dy}{dt} = \frac{dy_e}{dt} + \frac{dy_g}{dt}; \quad p = p_e + p_g \tag{96}$$

Aus der Gleichung (94) ist zu erkennen, daß sich die Geschwindigkeit der Grundbewegung nur durch den Faktor D von der Geschwindigkeit des Pumpenkolbens unterscheidet. D nach Gleichung (89) beinhaltet neben der Zusammendrückbarkeit der Flüssigkeit auch das durch F und f gegebene Übersetzungsverhältnis.

Die Grundschwingung des Flüssigkeitsdruckes in Gleichung (95) beinhaltet das Glied

$$k\left(\frac{D\,v_{x0}}{f}\,t + \frac{D\,c}{2\,f}\,t^2\right) + \frac{P_{f0}}{f}$$

welches der Vorspannung und Zusammendrückung der Ventilfeder entspricht und weiter das Glied

$$\frac{D^2\,c\,m}{F}$$

welches der konstanten Beschleunigungskraft Rechnung trägt. p_g stellt demnach jenen Druck dar, der sich unter Vernachlässigung der Schwingung nach statischen Gesichtspunkten ergibt. Darnach würde es genügen, die Ventilfeder so zu bemessen, daß p im ganzen Bereich positiv bleibt, weil dann der Kraftschluß der Bewegung nicht unterbrochen wird. Nach dynamischen Gesichtspunkten genügt diese Forderung jedoch nicht, weil durch die sich überlagernde Schwingung p_e eine Absenkung des Druckes p bis auf Null möglich ist. Von besonderem Interesse sind daher die Amplituden der Eigenschwingungen, die zu erwarten sind. Sie betragen

$$\bar{y}_e = \sqrt{\left(\frac{D\,c}{\omega_e^2}\right)^2 + \left(\frac{D\,v_{x0}}{\omega_e}\right)^2} = \frac{D}{\omega_e}\sqrt{v^2_{x0} + \frac{c^2}{\omega_e^2}} \tag{97}$$

$$\bar{v}_{me} = \sqrt{\left(\frac{D\,c}{\omega_e}\right)^2 + (D\,v_{x0})^2} = \omega_e\,\bar{y}_e \tag{98}$$

$$\bar{p}_e = \frac{f\,E}{V}\,\bar{y}_e \tag{99}$$

Sie können klein gehalten werden, wenn

1. bei gegebenem c die Anfangsgeschwindigkeit v_{x0} klein gehalten wird,

2. wenn die Eigenfrequenz möglichst hoch ist. Dazu soll in erster Linie das Volumen V und die Masse m klein gehalten werden. Eine Erhöhung der Federhärte erhöht ebenfalls die Eigenfrequenz. Diese Maßnahme ist aber nur dann wirksam, wenn sehr harte Federn eingeführt werden, weil in der Gesamthärte des Systems die Härte des Flüssigkeitsinhaltes ausschlaggebend ist.

b) Harmonisches Hubgesetz des Pumpenkolbens.

Die Geschwindigkeit des Kolbens kann allgemein durch die Beziehung

$$v_x = A_1 \sin \omega\,t + B_1 \cos \omega\,t$$

ausgedrückt werden. (ω ist die Winkelgeschwindigkeit des Pumpenkolbens). Die Lösung der Gleichung (86) lautet dann

$$\frac{dy}{dt} = A \sin \omega_e\,t + B \cos \omega_e\,t + D_1 \sin \omega\,t + D_2 \cos \omega\,t \tag{100}$$

Setzt man die durch die beiden letzten Glieder gegebene partikuläre Lösung der unverkürzten Gleichung in diese ein, so erhält man durch Koeffizienten-Vergleichung für die Konstanten D_1 und D_2 die Werte

$$D_1 = \frac{F\,f\,E}{V\,m}\cdot\frac{1}{\omega_e^2 - \omega^2}\,A_1;\quad D_2 = \frac{F\,f\,E}{V\,m}\cdot\frac{1}{\omega_e^2 - \omega^2}\,B_1$$

Der weitere Weg der Untersuchung ist völlig der gleiche wie für das lineare Bewegungsgesetz, so daß es sich erübrigt, darauf weiter einzugehen.

Im folgenden werden an einem mehrfach abgewandelten Beispiel die wesentlichsten Eigenheiten der hydraulischen Kraftübertragung aufgezeigt.

Zahlenbeispiel:

Es soll die hydraulische Kraftübertragung zur Steuerung des Einlaßventiles eines Fahrzeugmotors untersucht werden. Die Zahlenwerte sind:

Drehzahl der Nockenwelle $n = 1000$ U/min
$m = 0{,}24 \cdot 10^{-3}$ kg s^2/cm
größter Ventilhub 11 mm
Leistungsvolumen $V = 4$ cm^3
Kolbenfläche $F = 1$ cm^2, $f = 0{,}5$ cm^2
Federvorspannung $P_{f0} = 23{,}7$ kg
Federhärte $k = 19{,}1$ kg/cm
Hub des Pumpenkolbens 7 mm.

Das Geschwindigkeitsgesetz des Pumpenkolbens ist aus Geraden aufgebaut. Der Förderzylinder ist mit einer Saugbohrung von 1,5 mm ∅ versehen. Die Geschwindigkeit des Kolbens v_{x0} bei Beginn des Ventilhubes beträgt 106 cm/s. Die Lösungen der Bewegungsgleichungen sind in Abb. 121 zusammengestellt. Die Grundbewegung ist durch die Funktionen y_g, $v_{mg} = dy_g/dt$ und p_g dargestellt. Um diese Grundbewegung schwingt der tatsächliche Zustand y, v_m und p. Obwohl nach statischen Gesichtspunkten gegen das System nichts einzuwenden wäre, weil der Druck p_g über den ganzen Hub positiv bleibt, erweist es sich bei Berücksichtigung der Schwingungen als völlig unbrauchbar. Der Druck p ist nur zweimal über kurze Winkelwege positiv, im übrigen verläuft die Ventilbewegung nach einer Wurfschwingung völlig ungesteuert, der Ventilhub ist beträchtlich größer als der Sollhub. Das Abreißen der Flüssigkeitssäule und der darauffolgende neuerliche Kraftschluß würde heftige Schläge verursachen. Dies hat nicht nur einen erhöhten mechanischen Verschleiß, sondern auch eine starke Erwärmung der Steuerflüssigkeit und das Entstehen von Dampfblasen zur Folge. Die Öffnungsdauer des Ventiles ist länger als beabsichtigt, die Geschwindigkeit, mit der das Ventil auf dem Sitz aufschlägt, ist so groß, daß in Kürze mit einem Zerschlagen des Sitzes zu rechnen wäre.

Eine Verbesserung kann erzielt werden, wenn die Amplitude der Eigenschwingung durch Verminderung der Anfangsgeschwindigkeit v_{x0} herabgesetzt wird. Dazu sei statt der Saugbohrung ein Saugventil vorgesehen, so daß der Förderkolben schon bei Beginn seines Hubes die Flüssigkeit zu verdichten beginnt und die Eröffnung des Ventiles bei kleinerer Stößelgeschwindigkeit einsetzt. Außerdem sei die Federhärte auf das durch die gegebenen Raumverhältnisse begrenzte, konstruktiv höchstzulässige Maß von $k = 41{,}5$ kg/cm erhöht. Weil nunmehr der Leerhub des Pumpenkolbens über die Saugrohrbohrung hinweg entfällt, wurde diesmal der Gesamthub auf 5,5 mm verkleinert (gleich dem wirksamen Hub von früher). Die Geschwindigkeit der Grundbewegung wird kleiner. Es wird zwar auch diesmal der Ventilkolben mehrmals von der Flüssigkeitssäule abgeworfen (Abb. 122), jedoch sind die Zeitabschnitte, in denen der Kraftschluß unterbrochen ist ($p = 0$), viel kürzer. Der tatsächliche Verlauf des Ventilhubes paßt sich schon besser dem gewünschten Verlauf y_g an. Dem äußeren Erscheinungsbilde nach wäre diese Steuerung brauchbar. Bei eingehender Prüfung ist sie jedoch wegen der Gefahr der Dampfblasenbildung und der noch immer hohen Schließgeschwindigkeit des Ventiles nicht zu verwenden.

Abb. 121. Bewegungs- und Druckverhältnisse in einer Ventilsteuerung mit hydraulischer Kraftübertragung bei linearem Geschwindigkeitsgesetz des Pumpenkolbens. Saugbohrung.

Ein weiterer Schritt zur Verbesserung soll nun durch Vermeidung der Unstetigkeitsstellen im Geschwindigkeitsgesetz des Pumpenkolbens versucht werden, die besonders starke Eigenschwingungen erregen. In Abb. 123 ist statt des linearen Gesetzes der harmonische Verlauf für das Fördergesetz zugrunde gelegt. Außerdem ist ein Saugventil angenommen. Als Ventilfeder ist jedoch wieder die weiche Feder des Beispiels der Abb. 121 verwendet. Über die Grundbewegung lagert sich diesmal

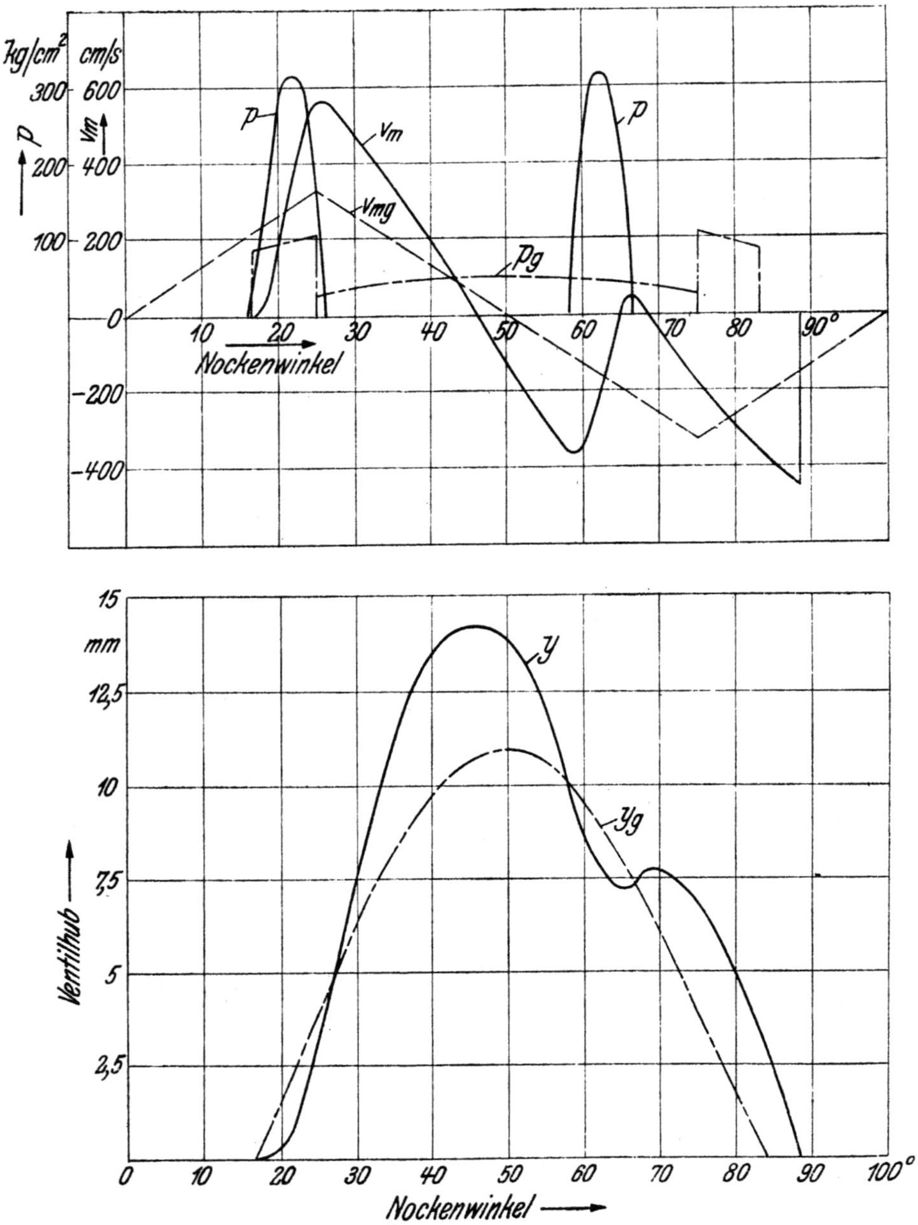

Abb. 122. Bewegungs- und Druckverhältnisse in einer Ventilsteuerung mit hydraulischer Kraftübertragung bei linearem Geschwindigkeitsgesetz des Pumpenkolbens. Saugventil.

eine Eigenschwingung, welche bei der Eröffnung des Ventiles angeregt wurde und deren Amplitude über die ganze Hubdauer unverändert bleibt[1]. Der Kraftschluß wird nur mehr dreimal kurzzeitig aufgehoben. Der tatsächliche Ventilhub kommt der Grundbewegung als gewünschten Hub schon sehr nahe.

[1] Dämpfung ist vernachlässigt

Verwendet man die steife Feder (k = 41,5 cm), so bleibt nach Abb. 124 der Kraftschluß ständig gewahrt.

Im Gegensatz zur mechanischen Kraftübertragung muß daher bei einer hydraulischen Kraftübertragung der Nockengestaltung besondere Beachtung

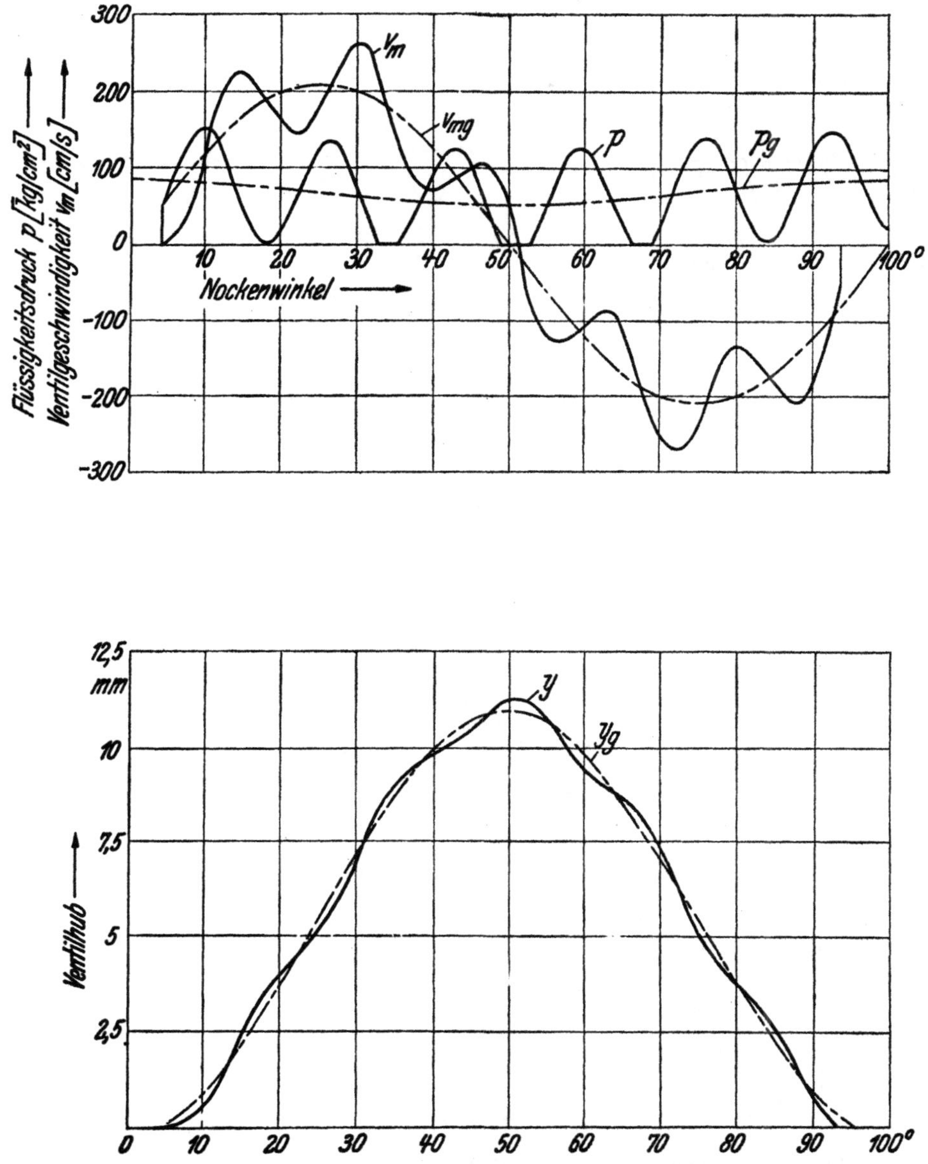

Abb. 123. Bewegungs- und Druckverhältnisse in einer Ventilsteuerung mit hydraulischer Kraftübertragung bei harmonischem Geschwindigkeitsgesetz (Sinus-Gesetz) des Pumpenkolbens. Saugventil.

zugewendet werden. Unstetigkeitsstellen im Nockenhubgesetz wirken sich ungünstig aus, weil dadurch starke Eigenschwingungen angeregt werden. Weiters ist auf die Geschwindigkeit bei Ventilschluß zu achten, weil bei zu heftigem Aufschlagen der Sitz rasch zerschlagen wird. Bei mechanisch gesteuerten Ventilen trachtet man durch eine besondere Formgebung des Nockens diese Geschwindigkeit möglichst klein zu halten. Bei der hydraulischen Bewegungsübertragung ist die Geschwindigkeit um so weniger zu beherrschen, je heftiger die Eigenschwingung ist. Im ersten Beispiel nach Abb. 121 beträgt die Geschwindigkeit, mit der das Ventil aufschlägt, 450 cm/s, im zweiten Beispiel nach Abb. 122 nur mehr 180 cm/s. Im dritten und vierten Beispiel nach Abb. 123 und 124 kann sie nur

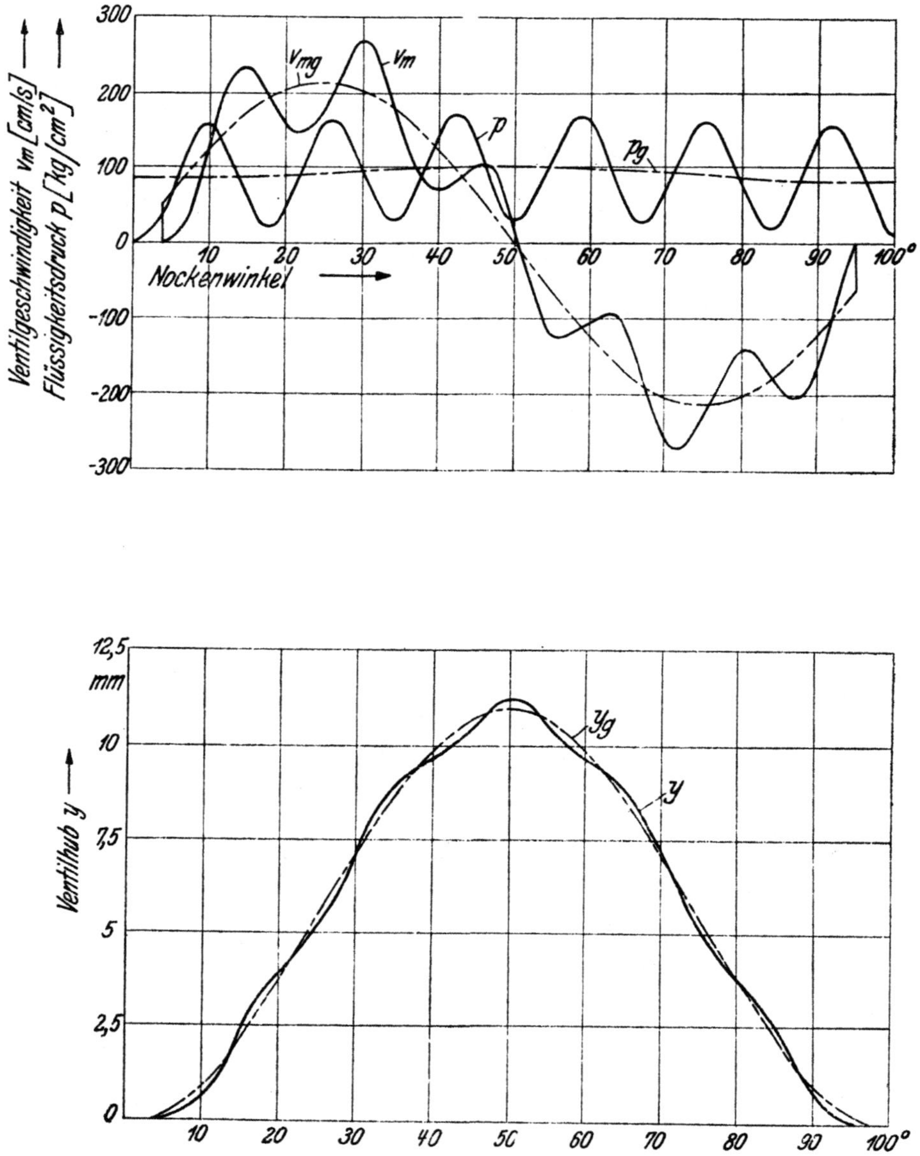

Abb. 124. Bewegungs- und Druckverhältnisse in einer Ventilsteuerung mit hydraulischer Kraftübertragung bei harmonischem Geschwindigkeitsgesetz des Pumpenkolbens. Saugventil. Gegenüber Abb. 123 versteifte Feder.

mehr in der Größenordnung von etwa 100 cm/s liegen, wie sie durch die Amplitude der Eigenschwingung im Geschwindigkeitsgesetz gegeben ist. Es sind daher auch mit Rücksicht auf kleine Schließgeschwindigkeiten Unstetigkeiten im Nockenhubgesetz zu vermeiden.

Beim praktischen Betrieb mit hydraulischen Ventilsteuerungen nach dem Schema der Abb. 119 zeigt es sich, daß es auch bei der sorgfältigsten Wahl der

Nockenform und der Abmessungen des Systems nicht möglich ist, die Schlußbewegung des Ventiles so zu beherrschen, daß bei längerem Betrieb der Ventilsitz nicht zerschlagen wird. Dem kann nur durch Anbringung einer Dämpfung der Geschwindigkeit knapp vor dem Aufsitzen des Ventiles abgeholfen werden. Hiezu kann ein Ölpuffer dienen, der kurz vor Ventilschluß z. B. nach Art der Abb. 125 durch den Ventilkolben bei gleichzeitigem Einsetzen einer Drosselung in Tätigkeit tritt. Weiters zeigt sich im praktischen Betrieb oft eine zu große Erwärmung der Übertragungsflüssigkeit, wenn diese nicht erneuert wird. Ein fortschreitender Flüssigkeitswechsel kann u. a. nach Abb. 125 so erreicht werden, daß das vom Pumpenkolben verdrängte Volumen größer gemacht wird, als das vom Ventilkolben bei der größten Ventilerhebung aufgenommene Volumen, und die Differenz jeweils durch eine seitliche Bohrung im Führungszylinder des Ventilkolbens abströmt, welche bei höchstem Ventilhub freigegeben wird.

III. Bauteile.

1. Ventilfedern.

a) Kennlinie der Feder.

Die Ventilfeder hat den Kraftschluß im Antriebsgestänge des Ventiles aufrecht zu erhalten. Sie muß in erster Linie die Verzögerungskräfte aufbringen, außerdem die Reibungskraft überwinden und gegebenenfalls auch Gaskräften das Gleichgewicht halten, die sich durch verschiedene Drücke vor und hinter dem Ventilteller ergeben.

Man verwendet als Ventilfedern heute fast ausschließlich Verdrehungsfedern in der Ausführung zylindrischer Schraubenfedern. Sie sind nicht nur am einfachsten herzustellen, sondern vermögen auch die größte Arbeit je Gewichtseinheit aufzuspeichern. Der Werkstoffaufwand ist demnach am geringsten, wenn gleiche Beanspruchung vorausgesetzt wird. Früher wurden vereinzelt auch kegelige Federn mit kreisförmigem und auch mit rechteckigem Querschnitt verwendet. Auch Biegungsfedern in Form von Blattfedern oder mit kreisförmigem Querschnitt wurden ausgeführt. Mit diesen Formen wird in der Regel nur ein geringer Raumbedarf in einer Richtung (z. B. bei den Blattfedern in der Höhenrichtung) erkauft, dafür aber der Nachteil schwierigerer Herstellung und größeren Arbeits- und Baustoffaufwandes in Kauf genommen.

Die folgenden Erörterungen beschränken sich auf die zylindrische Schraubfeder mit kreisförmigem Querschnitt, weil ihr allein bei neuzeitlichen Konstruktionen Bedeutung zukommt.

Es ist zweckmäßig bei der Ermittlung der Federkraft, diese nicht über dem Nockenwinkel, wie z. B. in Abb. 109 aufzutragen, sondern nach Abb. 126 über dem Federhub, weil dabei die Federkennlinie, d. i. der Zusammenhang zwischen Federkraft und Zusammendrückung der Feder, als Gerade aufscheint. Die Verzögerungskräfte P_b sind in positiver Ordinatenrichtung aufgetragen. Die Gaskraft P_g ergibt sich aus dem Produkt aus der Ventiltellerfläche und dem Unterdruck im Zylinder. Man pflegt diesen Unterdruck mit 1 at in Rechnung zu setzen. Dies trifft nur am Auslaßventil bei Gasmotoren annähernd zu, wenn die Gasklappe bei laufendem Motor vollkommen geschlossen wird. Als allgemeine Annahme bietet sie jedoch eine gewisse Sicherheit.

Man pflegt die größte Federkraft (bei höchster Ventilerhebung)

$$P = 1{,}3 \sim 1{,}7\ (P_{b\,max} + P_g) \tag{101}$$

auszuführen, womit erfahrungsgemäß nicht nur der Reibungskraft Rechnung getragen ist, sondern auch eine Sicherheit gegen Lösung des Kraftschlusses bei Überschreiten der höchsten Drehzahl gegeben ist. Den größeren Kraftüberschuß von 70 v. H. führt man bei kleineren Motoren ohne genaue Drehzahlbegrenzung und bei Fahrzeugmotoren aus, bei welchen trotz Drehzahlregler eine Drehzahlerhöhung (z. B. bei der Talfahrt) möglich ist. Bei Stationärmotoren wird die Drehzahl in jeder Betriebslage durch den Regler begrenzt, so daß bei einem Kraftüberschuß von 30 v. H. genügend Sicherheit gegen Lösen des Kraftschlusses gegeben ist.

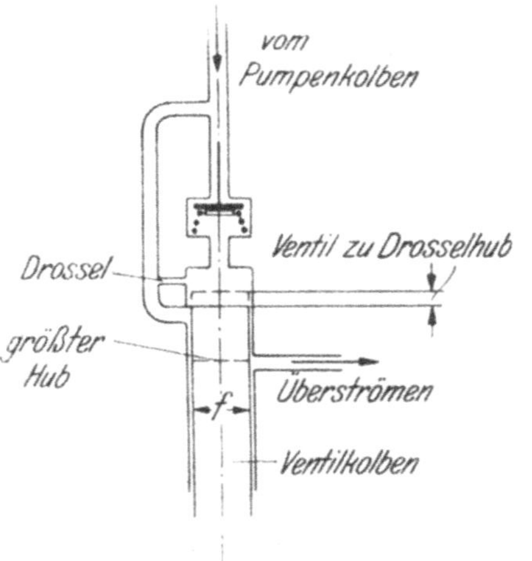

Abb. 125. Schema der Anordnung für fortlaufende Flüssigkeitserneuerung und Dämpfung am Ventilschluß.

Zu Beginn des Hubes ist die notwendige Federkraft im allgemeinen nur gering, weil die Beschleunigungskraft im Sinne des Kraftschlusses gerichtet ist und die Gaskräfte selbst verhältnismäßig klein sind. Die kleinste Federkraft P darf jedoch ein bestimmtes Maß nicht unterschreiten, weil erfahrungsgemäß die Wechselbeanspruchung des Federbaustoffes in bestimmten Grenzen bleiben muß. Ordnet man der maximalen Kraft eine maximale Verdrehbeanspruchung τ im Federquerschnitt zu, die nach den weiter unten angegebenen Richtlinien zu wählen ist, so wird bei einer ebenfalls zu wählenden zulässigen Wechselbeanspruchung τ_w die geringste Federbeanspruchung

$$\tau_0 = \tau - \tau_w \tag{102}$$

Dem entspricht die kleinste Federkraft

$$P_0 = P\left(1 - \frac{\tau_w}{\tau}\right) \tag{103}$$

Damit ist die Federkennlinie gefunden (über zulässige Werte von τ_w siehe weiter unten). Wenn nicht eine, sondern zwei oder mehrere Ventilfedern konzentrisch um den Ventilschaft liegend angeordnet werden, ist bei der Festlegung der Kennlinie in gleicher Weise zu verfahren. Vorausgesetzt ist, daß sämtliche Federn die gleiche maximale und die gleiche Wechselbeanspruchung aufweisen, was mit Rücksicht auf die günstigste Materialausnützung immer anzustreben ist.

Einen Anhaltspunkt für die kleinste Federkraft (Federvorspannung) an ausgeführten Motoren geben die Abb. 127 und 128. Sie können gelegentlich bei der Festlegung der Kennlinie als Kontrolle für die Größenordnung der Federkraft dienen.

b) Bestimmung der Federabmessungen.

α) *Ausführung einer Feder.*

Nach Bestimmung der Federkennlinie sind die Abmessungen der Feder selbst wie üblich zu bestimmen.

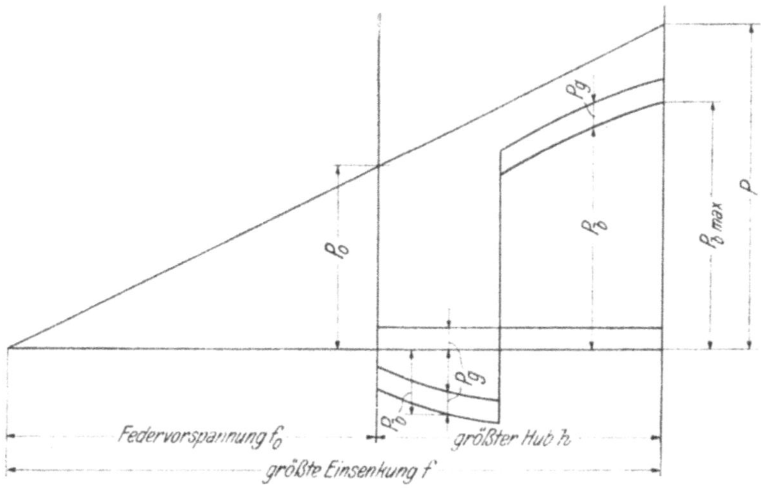

Abb. 126. Trägheitskräfte und Federkraft des Ventiltriebes über dem Ventilhub (Federeinsenkung) aufgetragen.

Es bedeuten (Abb. 129)

- D den mittleren Windungsdurchmesser (cm)
- d die Drahtstärke (cm)
- i Anzahl der wirksamen Windungen
- f die größte Einsenkung bei geöffnetem Ventil (cm)
- f_0 die Vorspannung bei geschlossenem Ventil (cm)
- h Arbeitshub der Feder (cm)
- G Gleitmodul (kg/cm²) (für Federstahl 800.000—850.000).

Nach der am meisten verwendeten, von Göhner [17] abgeleiteten Gleichung ist die maximale Beanspruchung bekanntlich[1]

$$\tau = \psi \frac{8\,P\,D}{\pi\,d^3} \tag{104}$$

und daraus

$$d = \sqrt[3]{\frac{8\,P\,D\,\psi}{\pi \cdot \tau}} \tag{105}$$

worin ψ ein Faktor ist, der der Krümmung des auf Verdrehung beanspruchten Stabes Rechnung trägt und nach der Beziehung

$$\psi = 1 + \frac{5}{4}\left(\frac{d}{D}\right) + \frac{7}{8}\left(\frac{d}{D}\right)^2 \tag{106}$$

[1] Vergl. auch Hütte I [18]

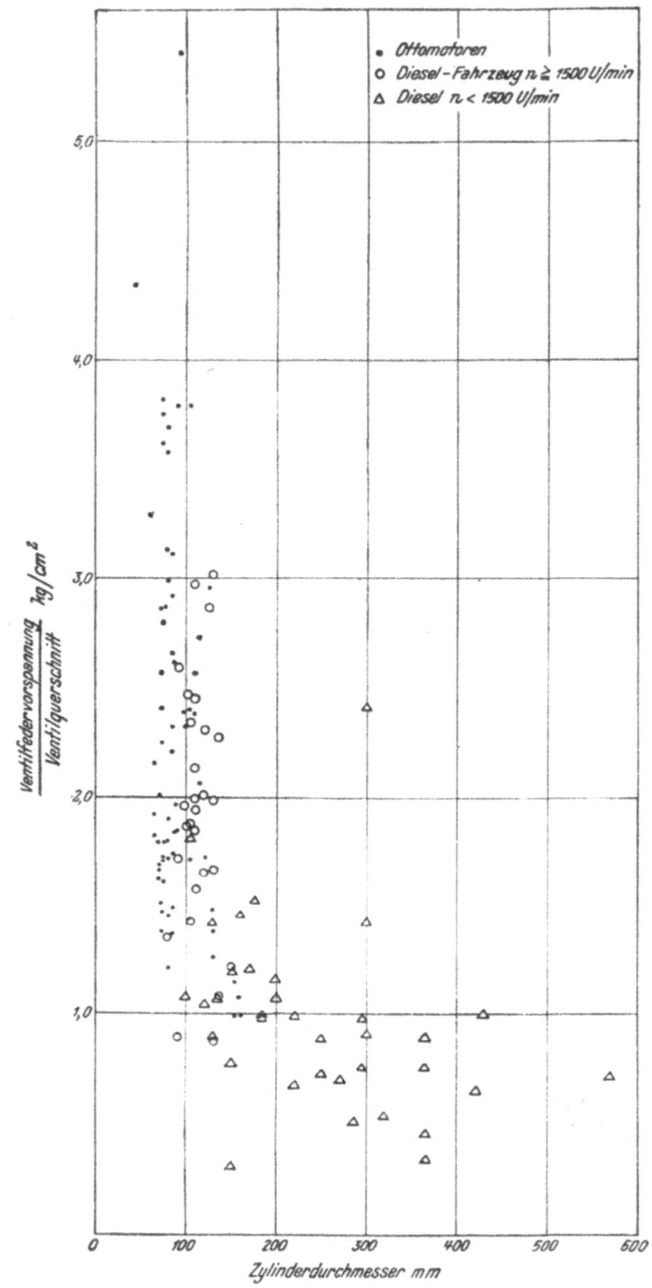

Abb. 127. Vorspannung der Ventilfedern an ausgeführten Motoren, bezogen auf den Ventilquerschnitt (Kreisfläche innerhalb des inneren Dichtungsdurchmessers).

zu rechnen ist. Abb. 130 gibt den Zusammenhang zwischen ψ und dem Verhältnis $d:D$ wieder. Bei Auswertung der Gleichung (105) wird das Verhältnis $\frac{d}{D}$ zunächst geschätzt und mit dem zugehörigen Wert von ψ der Drahtdurchmesser d gerechnet. D ist durch die räumlichen Verhältnisse konstruktiv gegeben. Mit dem damit errechneten Wert d wird die erste Schätzung überprüft, bei Unstimmigkeit eine neue Annahme getroffen und neuerlich gerechnet.

Zweckmäßig bedient man sich eines Nomogramms etwa nach Abb. 131 für die Beziehung (104). Ist P und D gegeben, d zunächst geschätzt, so geht man von der P-Leiter über die d-Leiter nach einer Geraden auf eine Zapfenlinie (Schnitt S). Dieser Punkt wird nun mit der D-Leiter verbunden und führt über eine Gerade nach einem Punkt T auf der d-Leiter, die jetzt als Zapfenlinie benützt wird. Verbindet man den Punkt T mit dem Punkt D/d auf der rechten Leiter, so ergibt sich auf der linken Leiter die maximale Beanspruchung. Ist diese höher als die zulässige maximale Beanspruchung, so muß in einer zweiten Auswertung der Durchmesser d größer gewählt werden. Dies ist so lange fortzusetzen, bis man sich dem gewünschten maximalen Beanspruchungswert genähert hat. In dem im Fluchtliniendiagramm eingetragenen Beipiel ist $P = 44$ kg, $d = 4$ mm, $D = 34$ mm gewählt. Damit ergibt sich eine maximale Beanspruchung von rund 7000 kg/cm^2.

Nach Ermittlung der Drahtstärke wird die Anzahl der notwendigen wirksamen Windungen nach einer weiteren Gleichung von Göhner [17]

$$f = \frac{8\,i\,D^3\,P}{G\,d^4}\,\psi_1 \tag{107}$$

bestimmt. Es ist hierin ψ_1 ein Faktor, der wieder der Krümmung des Drahtes Rechnung trägt und den Wert

$$\psi_1 = 1 - \frac{3}{16}\left(\frac{d}{D}\right)^2 \tag{108}$$

hat. Wie man sich leicht überzeugen kann, ist der Faktor bei den für Ventilfedern üblichen Abmessungen nur ganz wenig von 1 verschieden. Der Fehler ist unbedeutend, wenn $\psi_1 = 1$ gesetzt wird. Damit ist

$$f = \frac{8\,i\,D^3\,P}{G\,d^4} \tag{109}$$

Die Einsenkungen ergeben sich aus dem Federgesetz (Abb. 126): Es ist

$$\frac{P}{P_0} = \frac{f}{f_0} \tag{110}$$

$$f = f_0 + h \tag{111}$$

und daraus

$$f_0 = h\,\frac{P_0}{P - P_0}; \quad f = h\,\frac{P}{P - P_0} \tag{112, 113}$$

Durch die Spannungen ausgedrückt, ist

$$f_0 = h\,\frac{\tau_0}{\tau_w}; \quad f = h\,\frac{\tau}{\tau_w} \tag{114, 115}$$

Man bezeichnet als Federhärte

$$k = \frac{P}{f} = \frac{P_0}{f_0} \tag{116}$$

die Kraftzunahme je cm Einsenkung. Nach (109) ist sie

$$k = \frac{G\,d^4}{8\,i\,D^3} \tag{117}$$

Zur Auswertung der Gleichung (109) kann die Fluchtlinientafel nach Abb. 132 verwendet werden. Dem Entwurf des Nomogramms ist ein Gleitmodul $G = 850.000$ kg/cm² zugrunde gelegt. Es kann verschieden gehandhabt werden: Ist D, d und P/f bekannt, so kann die Anzahl der Windungen i so gefunden werden, daß man den Wert D auf der linken Leiter mit dem Wert d auf der d-Leiter verbindet und mit der rechtsseitigen Zapfenlinie im Punkte S zum Schnitte bringt. Hierauf verbindet man diesen Schnittpunkt mit dem betreffenden Wert auf der Leiter P/f und liest auf der linken Leiter die Zahl der wirksamen Windungen ab. Ist D, d und die Kraft P gegeben, so kann weiters die spezifische Einsenkung, d. i. die Einsenkung je Windung dadurch gefunden werden, daß man den Schnittpunkt S mit dem Wert P auf der linken P-Leiter verbindet und f/i auf der entsprechenden Leiter abliest. Für die erste Auswertung ist im Nomogramm ein Beispiel mit $D = 50$, $d = 5{,}5$ mm und $P/f = 10{,}2$ kg/cm als Annahme, für die zweite Auswertung ein Beispiel mit der Annahme $D = 50$, $d = 5{,}5$ mm und $P = 50$ kg eingezeichnet.

Die Federlänge beträgt bei größter Einsenkung

$$l = (i + 1)\, d + i\, s \tag{118}$$

s ist das Spiel zwischen zwei Windungen und muß so groß sein, daß bei unvermeidlichen Schwingungen die Windungen frei ausschwingen können und auch bei Herstellungsungenauigkeiten keine Windungen aneinanderschlagen. Es soll nicht kleiner als $0{,}15\, d$ bis $0{,}5\, d$ gewählt werden.

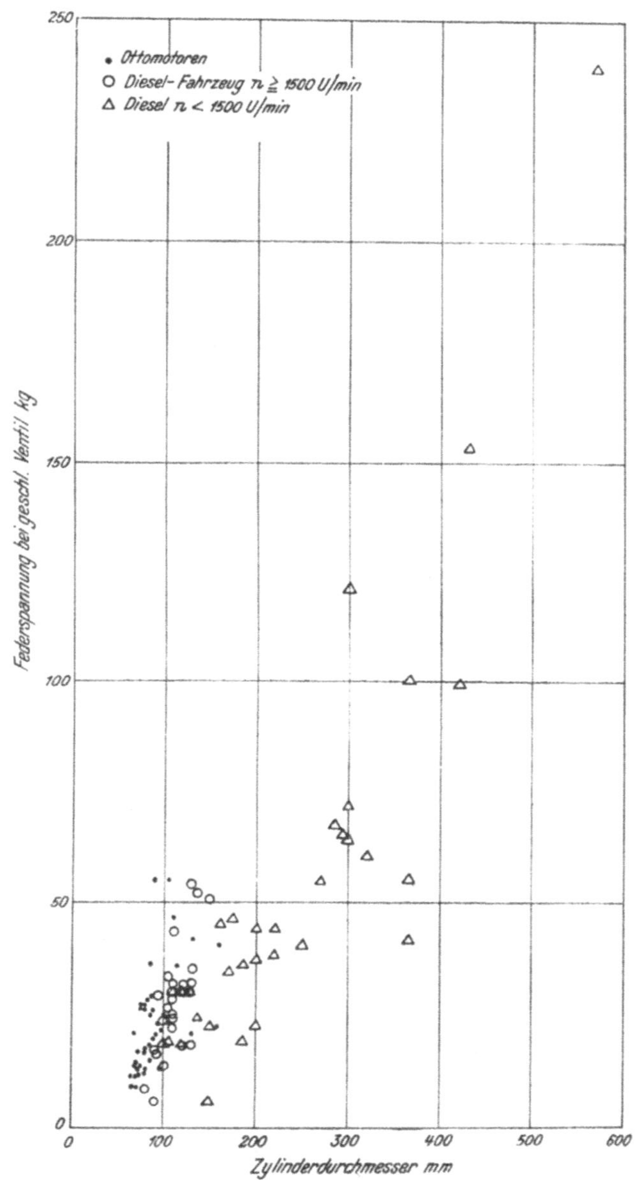

Abb. 128. Vorspannung der Ventilfeder ausgeführter Motoren.

Die vorgespannte Länge (bei geschlossenem Ventil) ist

$$l_0 = l + h \tag{119}$$

und die ungespannte Länge

$$l_u = l + h + f_0 = l + f \tag{120}$$

Die Gesamtwindungszahl ist um 1,5 bis 2 größer auszuführen als die Zahl der wirksamen Windungen, damit an den Enden durch das Anbiegen von je ¾ bis 1 Windung eine genügend große Auflagefläche geschaffen werden kann. Die beiden Enden werden parallel geschliffen.

Es ist vorteilhaft, die Windungszahl um eine halbe größer als eine ganze Zahl zu wählen, damit sich die durch die ungleiche Drahtstärke an der Auflage einstellenden Kippmomente beider Enden gegenseitig aufheben und damit eine einseitige Auskrümmung der Federachse tunlichst vermieden bleibt.

Abb. 133 zeigt die Werkstattzeichnung einer Ventilfeder für einen schnellaufenden Motor. Es ist üblich, außer den Abmessungen auf der Zeichnung auch die Federcharakteristik anzugeben, weil sie bei der Abnahme der Feder durch geeignete Einrichtungen (Federwaagen) überprüft werden muß.

β) Ausführung eines aus mehreren Federn bestehenden Federsatzes.

Als die Drehzahlen der Verbrennungsmotoren noch in mäßigen Grenzen waren, pflegte man nur eine Ventilfeder auszuführen, weil es damit möglich war, die verhältnismäßig niedrigen Kräfte bei den damals zulässigen höchsten Beanspruchungen zu beherrschen. Mit der im Laufe der Entwicklung einsetzenden Drehzahlsteigerung nahmen auch die Beschleunigungskräfte stark zu und es war nicht mehr möglich, mit einer Feder allein das Auslangen zu finden, wenn deren Baulänge in den üblichen Grenzen bleiben sollte. Es wurden daher zwei oder mehrere Federn konzentrisch um den Ventilschaft angeordnet, die zusammen als Federsatz bezeichnet werden (Abb. 134). Federsätze mit mehr als zwei Federn werden nur selten ausgeführt. Damit sich die Federn bei einem etwaigen Ausknicken nicht verklemmen, werden sie im Gegensinne gewickelt, also die eine rechtsgängig und die andere linksgängig. Im Laufe der Entwicklung wurde die früher zugelassene Höchstspannung von etwa 4500 kg/cm^2 bei einer Wechselbeanspruchung von 1500 kg/cm^2 durch Verbesserung des Materials und der Oberflächengüte wesentlich gesteigert. Heute wird eine Beanspruchung von 6500 kg/cm^2 bei einer Wechselbeanspruchung von 3500 kg/cm^2 zugelassen, so daß die Grenze, bis zu der man mit einer einzigen Feder auskommt, wesentlich höher liegt als früher. Trotzdem werden auch heute noch in vielen Fällen zwei Federn eingebaut, wo man ohne weiteres mit einer einzigen auskäme. Der Grund hiefür liegt oft in der Vorstellung, daß damit eine größere Sicherheit beim Bruch einer Feder gegeben ist oder daß damit die Eigenschwingungszahl der Feder wesentlich erhöht wird. Keiner dieser Gründe ist stichhaltig, denn es dauert erfahrungsgemäß beim Bruch einer Feder nur kurze Zeit, bis auch die zweite bricht. Die Eigenschwingungszahl wird bei Ausführung eines Federsatzes nicht wesentlich verändert, wenn die Höchstbeanspruchung und die Wechselbeanspruchung dieselbe ist wie bei der Ausführung mit einer Feder [19].

Bei der Berechnung eines Federsatzes legt man mit Rücksicht auf gleichmäßige und zugleich beste Materialausnützung die Forderung zugrunde, daß nicht nur

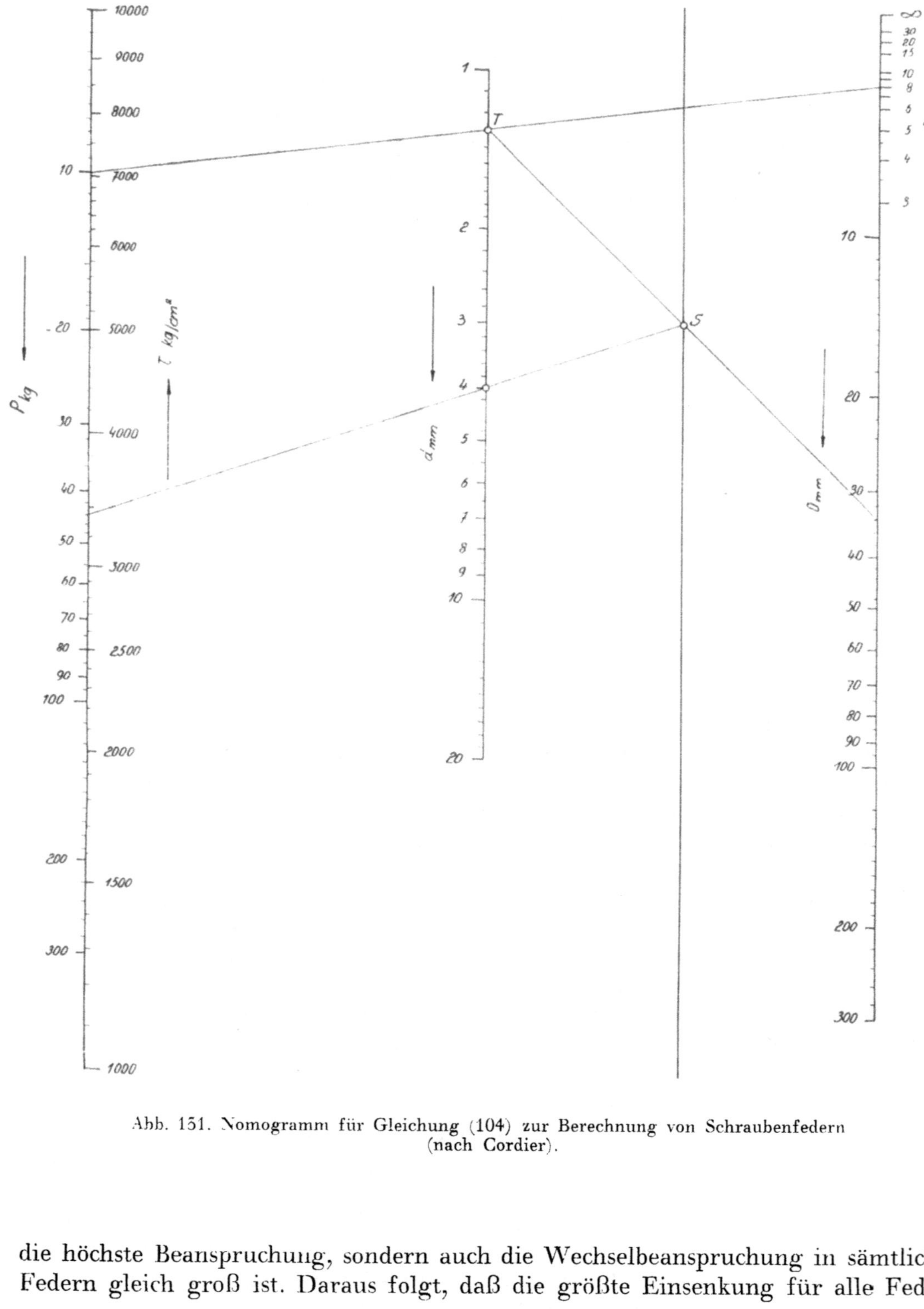

Abb. 151. Nomogramm für Gleichung (104) zur Berechnung von Schraubenfedern (nach Cordier).

die höchste Beanspruchung, sondern auch die Wechselbeanspruchung in sämtlichen Federn gleich groß ist. Daraus folgt, daß die größte Einsenkung für alle Federn

$$f = h \frac{\tau}{\tau_w} \tag{121}$$

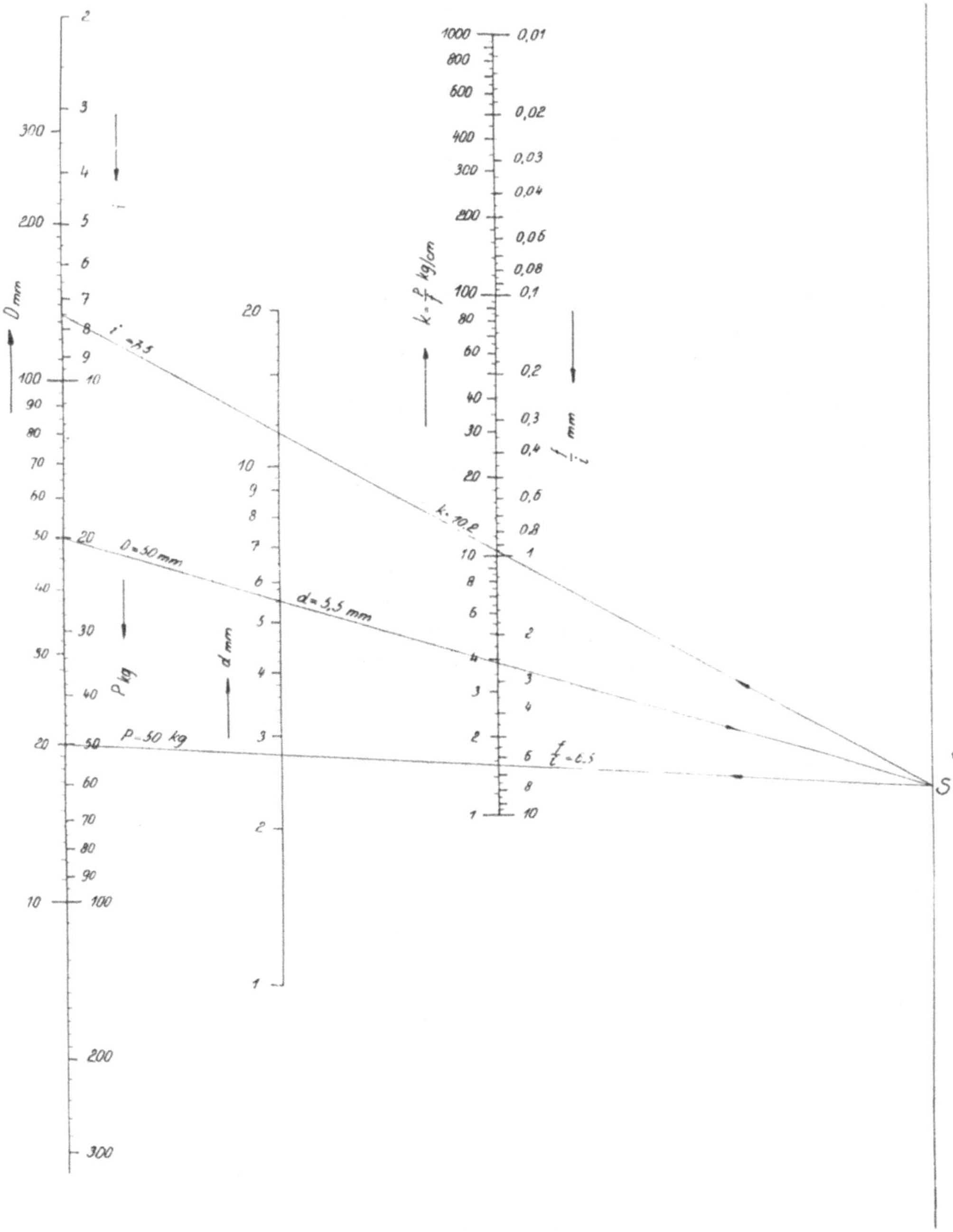

Abb. 132. Nomogramm für Gleichung (109) zur Berechnung von Schraubenfedern (nach Cordier).

ist. Die Gesamtkraft teilt sich dann z. B. bei drei Federn auf die einzelnen Federn nach Abb. 135 auf. Bei gleicher Vorspannung und gleichem Hub und gleicher größter Einsenkung haben die Kennlinien einen gemeinsamen Nullpunkt.

Für die Berechnung stellen wir folgende Gleichungen auf: Analog der Beziehung 104 gilt für jede der Federn die Beziehung

$$\tau = \frac{8 \, . \, P_n \, D_n}{\pi \, d_n^3} \, \psi_n \qquad (n = 1,2 \, . \, . \, . \, n) \qquad (122)$$

und entsprechend der Gleichung 109 die Beziehung

$$f = \frac{8 \, . \, i_n \, D_n^3 \, P_n}{G \, . \, d_n^4} \qquad (n = 1,2 \, . \, . \, . \, n) \qquad (123)$$

Bei der größten Einsenkung gilt für die Teilkräfte $P_{1 \; bis \; n}$ und die Summenkraft P die Beziehung

$$P_1 + P_2 + \, . \, . \, . \, P_n = P \qquad (124)$$

Wenn die mittleren Windungsdurchmesser durch den Aufbau gegeben sind, stellen die Gleichungen (122) und (123) zusammen mit der Gleichung (124) ein System von 2 n + 1-Beziehungen dar, mit den 3 n + 1-Unbekannten

$$P_{1 \; bis \; n}, \; i_{1 \; bis \; n}, \; d_{1 \; bis \; n}, \; f$$

Um sie zu lösen, muß noch ein Beziehungssystem von n-Gleichungen angenommen werden. Aus konstruktiven Gründen ist es zweckmäßig, die Windungszahl der einzelnen Federn so zu wählen, daß im vollständig zusammengedrückten Zustand (Blockhöhe l_z) alle Federn die gleiche Länge haben, daß also

$$(i_n + 1) \, d_n = l_z \qquad (n = 1,2 \, . \, . \, . \, n)$$

ist. Diese Beziehung kann annähernd durch die einfachere

$$i_n \, d_n = l_z \qquad (n = 1,2 \, . \, . \, . \, n) \qquad (125)$$

ersetzt werden. Damit ergibt sich ein besonders einfacher Lösungsweg. Eliminiert man aus (122), (123) und (125) i_n und P_n, so ist

$$f = \frac{l_z \, \tau \, . \, \pi}{G \, \psi_n} \, \frac{D_n^2}{d_n^2} \qquad (126)$$

Nimmt man zunächst an, daß der Faktor ψ für alle Federn gleich ist, so folgt daraus die Beziehung

$$\frac{D_n}{d_n} = \sqrt{\frac{f}{l_z} \, \frac{G}{\tau} \, \frac{\psi}{\pi}} \qquad (127)$$

(konstant für alle n), welche ihrerseits wieder bedingt, daß ψ_n für alle Federn konstant und obige Annahme erfüllt ist. Es ist demnach die Drahtstärke proportional dem Windungsdurchmesser. Aus (127) folgt in Verbindung mit (122)

$$P_1 : P_2 : \, . \, . \, . \, P_n = D_1^2 : D_2^2 : \, . \, . \, . \, D_n^2 \qquad (128)$$

Somit verhalten sich die von den einzelnen Federn aufzubringenden Kräfte wie die Quadrate der Windungsdurchmesser. Mit Hilfe dieser Beziehung und der Gleichung (124) können nun die einzelnen Kräfte errechnet werden. Sie betragen

$$P_n = P \, \frac{D_n^2}{D_1^2 + D_2^2 + \, . \, . \, . \, D_n^2} \qquad (n = 1 \text{ bis } n) \qquad (129)$$

Damit ist für jede der Federn die Kraft, der Windungsdurchmesser und die größte Einsenkung gegeben. Nach der Wahl der maximalen Beanspruchung kann der Drahtdurchmesser und die Windungszahl nach den Gleichungen (105) und (109) bzw. mit den Nomogrammen Abb. 131 und 132 für die Einzelfeder bestimmt werden. Hierauf ist zu überprüfen, ob der Radialabstand zwischen den Federn groß genug ist. Er soll mit Rücksicht auf Seitenbewegungen einerseits nicht kleiner als $^1/_4$ des größeren Drahtdurchmessers und mit Rücksicht auf beste Raumausnützung andererseits nicht größer als die Hälfte des Drahtdurchmessers sein. Ist die Bedingung nicht erfüllt, so wird die Wahl der einzelnen Windungsdurchmesser so lange korrigiert, bis sich passende Verhältnisse ergeben.

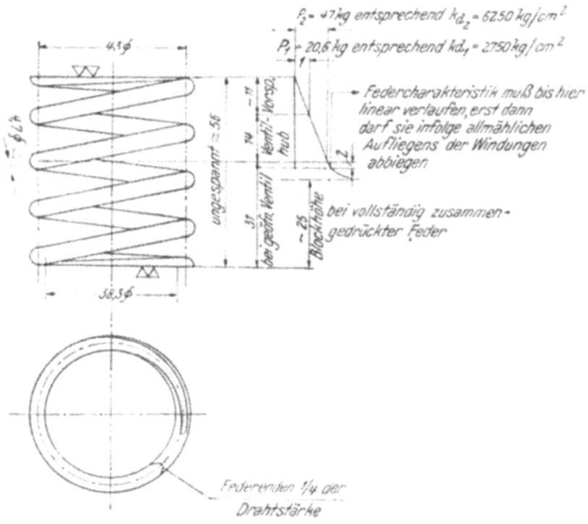

Abb. 133. Ventilfeder eines Fahrzeugmotors.

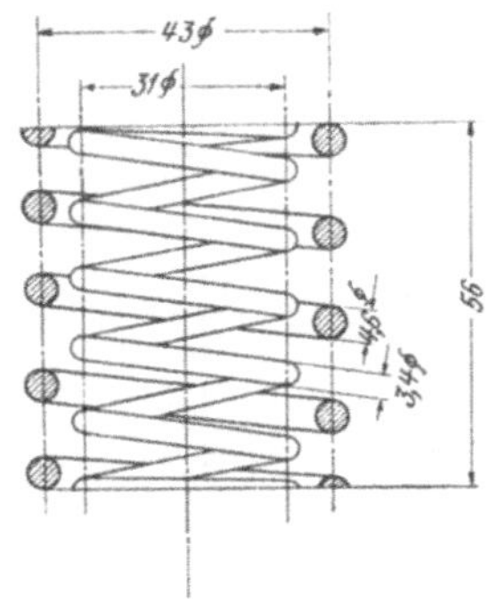

Abb. 134. Federsatz eines Fahrzeugmotors mit zwei konzentrischen Federn.

c) Festigkeitswerte.

Als Federstähle verwendet man Spezialstähle, deren Legierungsbestandteile im wesentlichen Kohlenstoff, Mangan und Silizium sind. Ventilfedern werden in der Regel warm gewickelt, bei etwa 800° C in Öl gehärtet und kräftig angelassen.

Das bekannte Dauerfestigkeitsschaubild eines Federdrahtes mittlerer Güte zeigt z. B. Abb. 136. Es ist hierin über der mittleren Beanspruchung $\tau_m = \tau_o + \frac{\tau_w}{2}$ die Wechselbeanspruchung aufgetragen, welche die Feder ohne zu brechen verträgt. Das Schaubild zeigt, daß die Höchstbeanspruchung in weiten Grenzen für die Beurteilung der Haltbarkeit einer Feder belanglos ist, daß vielmehr die Wechselspannung das Maß für den Belastungsgrad der Feder ist. Erst bei höheren Beanspruchungen ist die maximale Beanspruchung von solchem Einfluß, daß mit der mittleren Spannung auch die Wechselbeanspruchung rasch abnimmt.

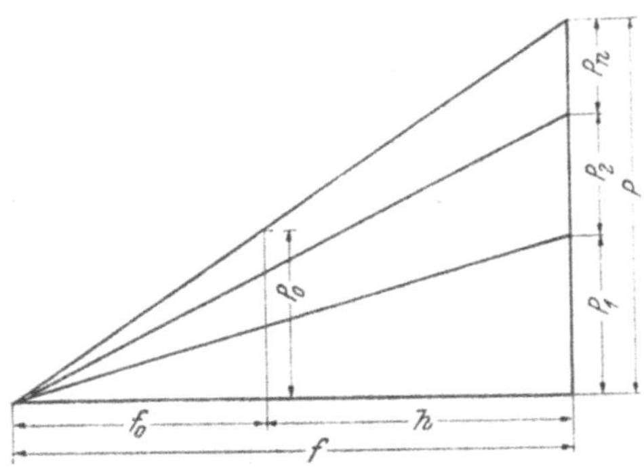

Abb. 135. Federkennlinie eines Federsatzes mit drei Federn.

Die Wechselfestigkeit ist, wie bei jeder Wechselbelastung, außer von der Art des Werkstoffes im stärksten Maß durch die Oberflächenbeschaffenheit des Drahtes bestimmt. Feinste Rauhigkeiten setzen die Festigkeit infolge Kerbwirkung stark herab. Federn, die besonders hohen Ansprüchen genügen müssen, werden daher aus spitzenlos geschliffenem oder sogar aus poliertem Draht hergestellt. Dieses Verfahren ist teuer. Denselben hohen Anforderungen entsprechen auch Federn aus gezogenem Draht, deren Oberfläche nach dem Wickeln durch „Kugelstrahlen" vergütet wird. Bei diesem Verfahren wird (ähnlich dem Sandstrahlen) ein Strahl polierter Stahlkügelchen auf die Feder gerichtet, wodurch sich feinste Kerbrisse schließen und durch eine unter Druckspannung stehende Haut überbrückt werden. Auf diese Weise hergestellte Federn haben trotz ihres genarbten Aussehens eine hohe Wechselfestigkeit. Um einer im Laufe der Zeit durch Rostbildung zunehmenden Kerbwirkung entgegenzutreten, werden die Federn zweckmäßig mit einem Rostschutz versehen (kadmiert oder lackiert).

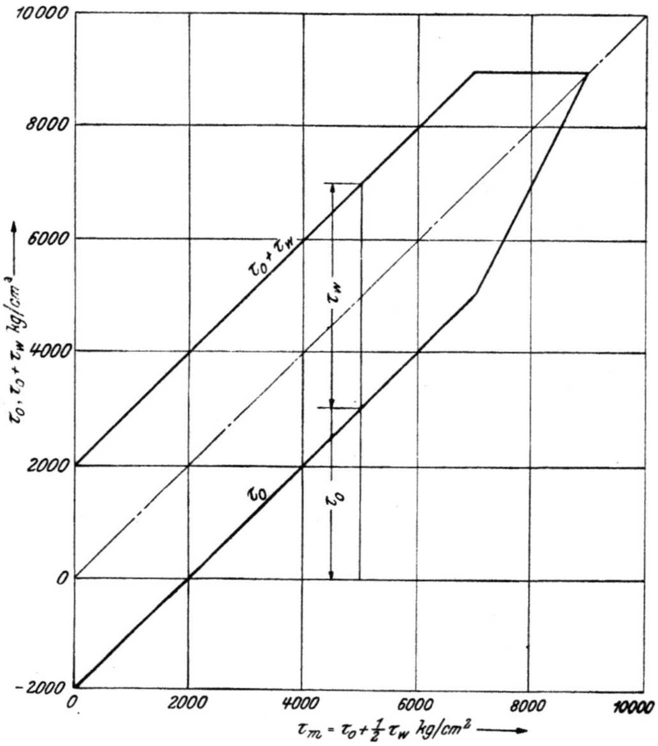

Abb. 136. Dauerfestigkeitsschaubild eines Federdrahtes mittlerer Güte.

Hussmann [20] gibt die Lastbereiche einiger Ventilfedern nach Abb. 137 an. Die von *Musatti* und *Colbiani* [21] gefundenen Dauerfestigkeitsbilder von geschliffenem Federdraht und einer aus einem solchen Federdraht hergestellten Feder läßt den Einfluß der Drahtkrümmung und eventueller Schwingungen erkennen. Bei der Berechnung der Wechselfestigkeit der Feder wurde dabei der Faktor ψ nicht berücksichtigt ($\psi = 1$ gesetzt). Im selben Bild ist die von *Nixon* [22] empfohlene Grenze des zulässigen Lastbereiches eingetragen. Diese stimmt mit den eingezeichneten Werten ausgeführter Federn im allgemeinen überein.

Nach neuesten Erkenntnissen können als zulässige Werte bei sorgfältiger Herstellung der Feder eine Höchstbeanspruchung von 6500 kg/cm² und eine höchste Wechselbeanspruchung bis 3500 kg/cm² den statischen Federberechnungen zugrunde gelegt werden. Die Wechselfestigkeit guten Federdrahtes liegt zwischen 7000 und 8000 kg/cm².

Die praktische Erfahrung mit ausgeführten Federn lehrt, daß trotz der Sicherheiten, die bei Wahl dieser Werte gegeben zu sein scheinen, immer noch Brüche auftreten können, auch wenn die Feder ordnungsgemäß hergestellt ist. Es zeigt sich nicht selten, daß in solchen Fällen eine Herabsetzung der Wechselbeanspruchung eher ungünstig wirkt. Der Grund hiefür liegt in der Beanspruchung, die zusätzlich zur statischen Beanspruchung infolge des Auftretens von Schwingungen hinzukommt, wobei die Bruchfestigkeit überschritten werden kann. Es

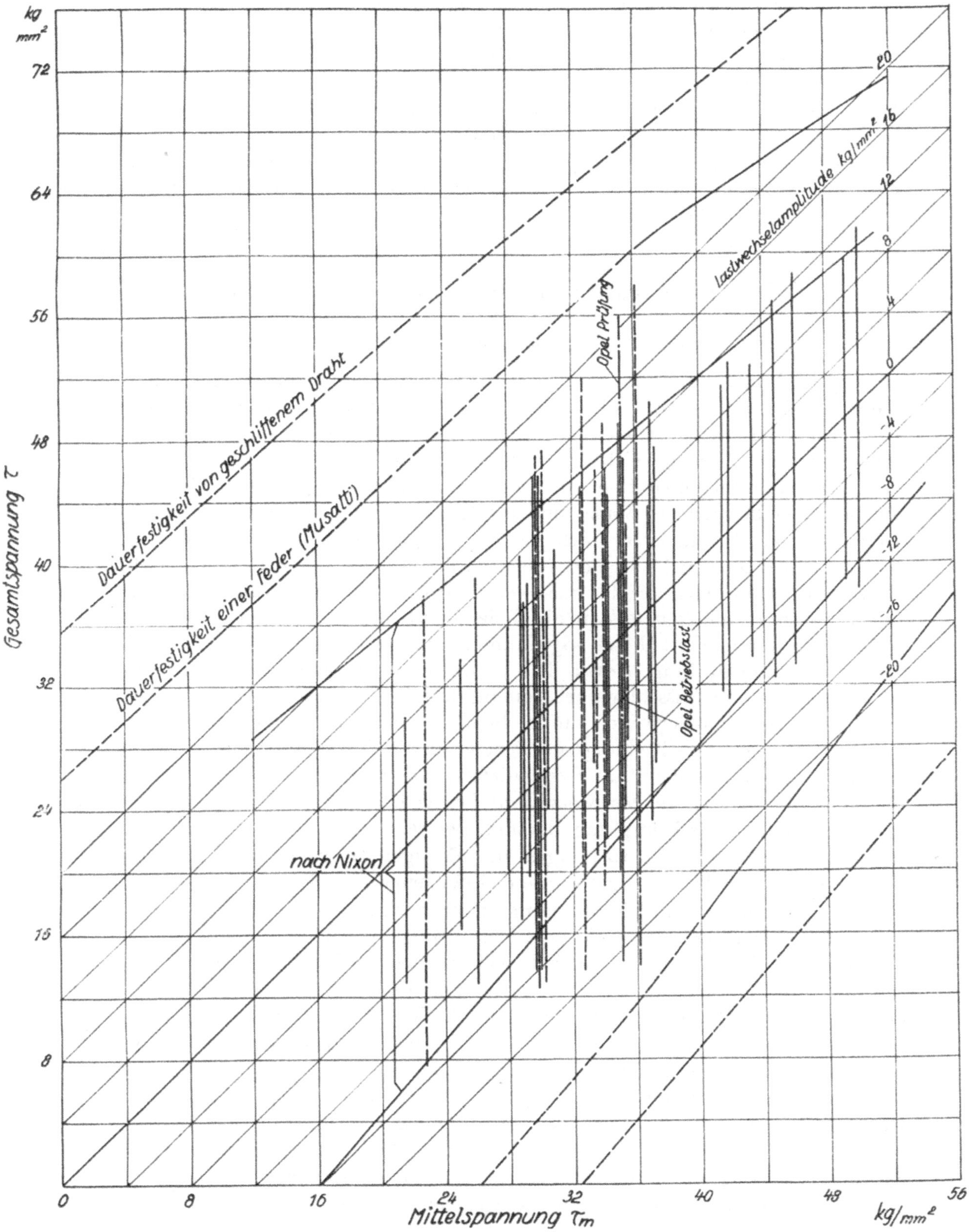

Abb. 137. Lastbereiche einer Reihe bewährter Ventilfedern für Fahrzeug- und Flugmotoren nach Hussmann[1].

hat sich daher für hochbeanspruchte Ventilfedern bei hoher Lastwechselzahl (schnellaufende Motoren) als notwendig erwiesen, den Schwingungszustand der Feder zu untersuchen und die möglichen zusätzlichen Beanspruchungen vorauszubestimmen. Wenn diese Rechnung mit genügender Sorgfalt durchgeführt wird, kann die errechnete Beanspruchung erfahrungsgemäß nahe der Wechseldauerfestigkeit sein, ohne daß dabei Brüche auftreten.

Die vollständige Berechnung einer hochbeanspruchten Feder soll daher auch die Nachrechnung des Schwingungszustandes in sich schließen, wie dies im folgenden näher erörtert ist:

d) Schwingungen von zylindrischen Schraubenfedern.

α) Schwingungserregung, harmonische Analyse der Hubfunktion.

Eine zylindrische Schraubenfeder ist ein schwingungsfähiges Gebilde, ähnlich einem in der Längsrichtung beanspruchten elastischen Stab oder einer in einem Rohr eingeschlossenen Gas- oder Flüssigkeitssäule. Wird eine Feder an einer Stelle aus dem Gleichgewicht gebracht, so pflanzt sich diese Störung mit einer durch Werkstoffeigenschaften und Federabmessungen gegebenen Geschwindigkeit a (beim Beispiel des Stabes und der Gas- bzw. Flüssigkeitssäule hängt a nur vom Material ab und ist der Schallgeschwindigkeit gleich) längs der Federachse fort und wird an den Federenden, je nach der Art der Auflage, auf verschiedene Weise zurückgeworfen. Sieht man von Verlusten ab, so würde diese einmalige Störung durch unbegrenzte Zeit die Feder durcheilen. Als erster hat *Magg* [25] auf die Anwendbarkeit dieser sogenannten Wanderwellentheorie auf die Ventilfederschwingungen hingewiesen. Bei periodisch wirkender Störung ist Resonanz möglich, wobei die Ausschläge bei Reibungslosigkeit unendlich werden. Wird beim Durcheilen der Wanderwellen durch die Feder Energie an die Umgebung abgegeben oder durch eine Reibung verzehrt, so ist die Bewegung gedämpft. Die Ausschläge steigern sich dann im Resonanzfall nur auf einen endlichen Höchstwert, dessen Größe außer von der Masse und Federhärte von der Amplitude der Störfunktion und von der Dämpfung abhängt. Bei genügend kleiner Amplitude können trotz Resonanz die Beanspruchungen in zulässigen Grenzen bleiben. Dann kann die Feder auch im Resonanzgebiet ohne Bedenken verwendet werden.

Die Ventilfedern an Verbrennungsmotoren sind in der geschilderten Weise beansprucht. Während das eine Ende fest aufliegt, macht das andere eine mit der Drehzahl der Nockenwelle periodisch wiederkehrende Hubbewegung.

Auch im einfachsten Fall läßt der analytische Ausdruck für die Ventilerhebungskurve (Hubkurve des bewegten Endes) eine geschlossene Lösung der Schwingungsgleichung nicht zu, weil sich mindestens drei verschiedene Gesetze aneinanderreihen. Da die Schwingungsgleichung jedoch, wie hier vorweggenommen sei, eine lineare Differentialgleichung ist, ist für deren Lösung die Entwicklung einer Fourierschen Reihe für das Hubgesetz als Störungsfunktion zweckmäßig. Damit läßt sich das Problem auf den einfachen Fall einer Erregung durch eine harmonische Funktion zurückführen, die je nach der Ordnung der harmonischen die *1*-, *2*-, *3*- usf.-fache Frequenz der Nockenwelle hat. Die folgenden Ausführungen beziehen sich zunächst auf die harmonische Analyse der Hubkurve.

Die Periode der Hubfunktion ist einer Nockenwellenumdrehung entsprechend 2π. Damit lautet der Ausdruck für die *Fouriersche Reihe* bekanntlich

$$f(\alpha) = c_0 + a_1 \cos\alpha + a_2 \cos 2\alpha + a_3 \cos 3\alpha + a_4 \cos 4\alpha + \ldots a_\mu \cos\mu\alpha + \\ + b_1 \sin\alpha + b_2 \sin 2\alpha + b_3 \sin 3\alpha + b_4 \sin 4\alpha + \ldots b_\mu \sin\mu\alpha$$

$f(\alpha)$ ist hierin die Hubfunktion für das bewegte Federende,
α der Drehwinkel der Nockenwelle in Bogenmaß,
c_0 eine Mittelwertkonstante.

$a_1, a_2, a_3 \ldots a_\mu$ und $b_1, b_2, b_3 \ldots b_\mu$ sind die gesuchten Amplituden der Teilwellen. Zieht man die Sinus- und Kosinusfunktionen zusammen und setzt man ferner für den Drehwinkel im Bogenmaß das Produkt

$$\alpha = \omega t$$

mit ω als Winkelgeschwindigkeit der Nockenwelle, so lautet die Funktion

$$f(\alpha) = c_0 + c_1 \sin(\omega t + \varphi_1) + c_2 \sin(2\omega t + \varphi_2) + c_3 \sin(3\omega t + \varphi_3) + \ldots \\ + \ldots c_\mu \sin(\mu\omega t + \varphi_\mu) \tag{130}$$

Die Amplitude der resultierenden Schwingung μ-ter Ordnung ist

$$c_\mu = \sqrt{a_\mu^2 + b_\mu^2} \tag{131}$$

Die Phasenwinkel φ_μ sind für die folgenden Betrachtungen ohne Interesse. Für a_μ und b_μ lauten bekanntlich die Gleichungen

$$a_\mu = \frac{1}{\pi}\int_0^{2\pi} f(\alpha)\cos(\mu\alpha)\,d\alpha \tag{132}$$

$$b_\mu = \frac{1}{\pi}\int_0^{2\pi} f(\alpha)\sin(\mu\alpha)\,d\alpha \tag{133}$$

Ist die Hubfunktion durch einfache analytische Ausdrücke gegeben, so können die Gleichungen analytisch ausgewertet werden. Dies gilt auch dann, wenn sich die Hubkurve aus mehreren Ästen zusammensetzt. Dann wird bekanntlich das Integrationsintervall unterteilt. Ein Beispiel hiefür ist der aus mehreren Kreisbogen zusammengesetzte, mit einem ebenen Pilzstößel zusammenarbeitende Nocken.

Wenn die Hubfunktion nicht durch einfache Ausdrücke gegeben ist, so verwendet man eine der bekannten Methoden, die allerdings einen verhältnismäßig großen Zeitaufwand erfordern. Eine dieser Methoden ist die bekannte graphische Methode von *Runge* [24], die immer zum Ziele führt. Ein anderes brauchbares rechnerisches Verfahren, wie es in diesem Zusammenhang zuerst *Schlaefke* [25] anwandte, ist die Methode der iterierten Integration. Sie ist im folgenden kurz besprochen:

Durch fortgesetzte partielle Integration der Ausdrücke (132) und (133) erhält man die Reihen

$$\pi a_\mu = \Big[f(\alpha)\frac{\sin\mu\alpha}{\mu} + f'(\alpha)\frac{\cos\mu\alpha}{\mu^2} - f''(\alpha)\frac{\sin\mu\alpha}{\mu^3} - f'''(\alpha)\frac{\cos\mu\alpha}{\mu^4} + \\ + f^{(4)}(\alpha)\frac{\sin\mu\alpha}{\mu^5} + \ldots\Big]_0^{2\pi} \tag{134}$$

$$\text{und} \quad \pi\, b_\mu = \Big[-f(\alpha)\frac{\cos\mu\,\alpha}{\mu} + f'(\alpha)\frac{\sin\mu\,\alpha}{\mu^2} + f''(\alpha)\frac{\cos\mu\,\alpha}{\mu^3} - f'''(\alpha)\frac{\sin\mu\,\alpha}{\mu^4} - f^{(4)}(\alpha)\frac{\cos\mu\,\alpha}{\mu^5} + \ldots\Big]_0^{2\pi} \tag{135}$$

$f'(\alpha)\; f''(\alpha) \ldots f^{(n)}(\alpha)$ ... usw. sind darin die 1, 2, ... n-te usw. Ableitung von $f(\alpha)$ nach α. Die Glieder der Reihe wechseln mit jedem Sinusglied das Vorzeichen.

Da sich die Flanken der Nocken in üblicher Weise aus mehreren Kreisbogenstücken oder Geraden zusammensetzen, ist es nicht möglich, die Integration von O bis 2π in einem durchzuführen. Man hat dann eine Umdrehung in die verschiedenen, diesen Flankenteilen zugeordneten Bereichen zu unterteilen und die Integration bereichsweise durchzuführen. In Abb. 138 seien $f_1(\alpha)\; f_2(\alpha) \ldots f_{10}(\alpha)$ die verschiedenen den einzelnen Bereichen zugeordneten Funktionen. Die Summenbildung von O bis 2π für die Integrale nach den Gleichungen (134) und (135) hat so zu erfolgen, daß der Klammerausdruck nacheinander für die Funktionen $f_1(\alpha)$, $f_2(\alpha)$ ... mit den Integrationsgrenzen o bis α_1, α_1 bis α_2 .... usw. angesetzt und das Ganze addiert wird. Nach den Ableitungen geordnet ergibt das für a_μ

$$\begin{aligned}\pi\, a_\mu = {} & f_1(\alpha_1)\frac{\sin\mu\,\alpha_1}{\mu} - f_1(0)\frac{\sin\mu\,0}{\mu} + f_2(\alpha_2)\frac{\sin\mu\,\alpha_2}{\mu} - f_2(\alpha_1)\frac{\sin\mu\,\alpha_1}{\mu} \\ & + \ldots f_{10}(2\pi)\frac{\sin\mu\,2\pi}{\mu} - f_{10}(\alpha_9)\frac{\sin\mu\,\alpha_9}{\mu} + \\ & + f_1'(\alpha_1)\frac{\cos\mu\,\alpha_1}{\mu^2} - f_1'(0)\frac{\cos\mu\,0}{\mu^2} + f_2'(\alpha_2)\frac{\cos\mu\,\alpha_2}{\mu^2} - f_2'(\alpha_1)\frac{\cos\mu\,\alpha_1}{\mu^2} \\ & + \ldots f'(2\pi)\frac{\cos\mu\,2\pi}{\mu^2} - f_{10}'(\alpha_9)\frac{\cos\mu\,\alpha_9}{\mu^2} - f_1''(\alpha_1)\frac{\sin\mu\,\alpha_1}{\mu^3} \ldots \text{u. s. f.}\end{aligned}$$

oder nach Potenzen der reziproken Ordnungszahlen geordnet:

$$\begin{aligned}\pi\, a_\mu = {} & \frac{1}{\mu}\{\sin\mu\,\alpha_1\,[f_1(\alpha_1) - f_2(\alpha_1)] + \sin\mu\,\alpha_2\,[f_2(\alpha_2) - f_3(\alpha_2)] + \\ & + \sin\mu\,\alpha_3\,[f_3(\alpha_3) - f_4(\alpha_3)] + \ldots\} + \frac{1}{\mu^2}\{\cos\mu\,\alpha_1\,[f_1'(\alpha_1) - f_2'(\alpha_1)] + \\ & + \cos\mu\,\alpha_2\,[f_2'(\alpha_2) - f_3'(\alpha_2)] + \cos\mu\,\alpha_3\,[f_3'(\alpha_3) - f_4'(\alpha_3)] + \ldots\} \\ & - \frac{1}{\mu^3}\{\sin\mu\,\alpha_1\,[f_1''(\alpha_1) - f_2''(\alpha_1)] + \sin\mu\,\alpha_2\,[f_2''(\alpha_2) - f_3''(\alpha_2)] + \\ & + \sin\mu\,\alpha_3\,[f_3''(\alpha_3) - f_4''(\alpha_3)] + \ldots\} - \frac{1}{\mu^4}\{\cos\mu\,\alpha_1\,[f_1'''(\alpha_1) - \\ & - f_2'''(\alpha_1)] + \cos\mu\,\alpha\,[f_2'''(\alpha_2) - f_3'''(\alpha_2)] + \cos\mu\,\alpha_3\,[f_3'''(\alpha_3) - \\ & - f_4'''(\alpha_3)] + \ldots\} + \ldots \text{u. s. f.}\end{aligned} \tag{136}$$

Ein formal ähnlicher Ausdruck findet sich für $b\,\mu$.

Die Glieder in den eckigen Klammern sind ein Maß für die sprungweise Änderung der Hubkurve und deren Ableitungen in den Übergangsstellen zweier Bereiche. An einwandfrei ausgeführten Nocken gehen die Flankenteile $f_1(\alpha)$, $f_2(\alpha)$ ...... u. s. f. tangential ineinander über, die Hubkurve und deren erste Ableitungen weisen daher an den Bereichsgrenzen keine Sprünge auf. Nur wenn zu Beginn der Bewegung ein „Ventilspiel“[1] durchlaufen wird, tritt bei Bewegungsbeginn ein Geschwindigkeitssprung auf, so daß die Hubkurve an dieser Stelle schon in der ersten Ableitung einen Unstetigkeitssprung hat. Sieht man zunächst von einer Berücksichtigung des Ventilspieles ab, so werden in der Reihe nach Gleichung (136) die ersten beiden Glieder Null und der Ausdruck vereinfacht sich auf

$$\begin{aligned}\pi\, a_\mu = &- \frac{1}{\mu^3} \{ \sin \mu\, \alpha_1 [f_1''(\alpha_1) - f_2''(\alpha_1)] + \sin \mu\, \alpha_2 [f_2''(\alpha_2) - f_3''(\alpha_2)] + \\ &+ \sin \mu\, \alpha_3 [f_3''(\alpha_3) - f_4''(\alpha_3)] + \dots \} - \frac{1}{\mu^4} \{ \cos \mu\, \alpha_1 [f_1'''(\alpha_1) - f_2'''(\alpha_1)] + \\ &+ \cos \mu\, \alpha_2 [f_2'''(\alpha_2) - f_3'''(\alpha_2)] + \cos \mu\, \alpha_3 [f_3'''(\alpha_3) - f_4'''(\alpha_3)] + \dots \} + \\ &+ \frac{1}{\mu^5} \{ \sin \mu\, \alpha_1 [f_1^{(4)}(\alpha_1) - f_2^{(4)}(\alpha_1)] + \dots \} + \text{usf.} \qquad (137)\end{aligned}$$

Eine analoge Gleichung gilt für b_μ.

Eine weitere Vereinfachung ergibt sich für den symmetrischen Nocken, dessen Auf- und Ablaufflanke zu einem Durchmesser spiegelgleich sind. Beginnt man die Winkelzählung an dieser Symmetrieachse, so liegt die Hubkurve in der Periode symmetrisch um die Vertikale im Abstand π. Sie ist eine sogenannte „gerade Funktion“ für die allgemein $f(\alpha) = f(2\pi - \alpha)$ ist und bei der Reihenentwicklung bekanntlich die Koeffizienten b_μ Null werden, weil das Integral nach Gleichung (133) den Wert Null hat. Das Integral nach Gleichung (132) in den Grenzen von 0 bis 2π ist für gerade Funktionen doppelt so groß wie das Integral in den Grenzen 0 bis π. Es genügt also, die Reihe (137) nur für den Auflauf zu rechnen und das Ergebnis mit zwei zu multiplizieren, um a_μ zu erhalten.

Für den symmetrischen Nocken nach Abb. 138 z. B. mit unterer und oberer Rast und einer aus drei Teilen zusammengesetzten Flanke erhält man unter Beachtung des Vorstehenden für den Koeffizienten der μ-ten Ordnung den folgenden Ausdruck

$$\begin{aligned}\frac{\pi}{2} a_\mu = &\frac{1}{\mu^3} \{ \sin \mu\, \alpha_1 f_2''(\alpha_1) - \sin \mu\, \alpha_2 [f_2''(\alpha_2) - f_3''(\alpha_2)] - \sin \mu\, \alpha_3 [f_3''(\alpha_3) - \\ &- f_4''(\alpha_3)] - \sin \mu\, \alpha_4 f_4''(\alpha_4) \} + \frac{1}{\mu^4} \{ \cos \mu\, \alpha_1 f_2'''(\alpha_1) - \cos \mu\, \alpha_2 [f_2'''(\alpha_2) - f_2'''(\alpha_3)] - \\ &- \cos \mu\, \alpha_3 [f_3'''(\alpha_3) - f_4'''(\alpha_3)] - \cos \mu\, \alpha_4 f_4'''(\alpha_4) \} - \frac{1}{\mu^5} \{ \sin \mu\, \alpha_1 f_2^{(4)}(\alpha_1) - \sin \mu\, \alpha_2 \\ &[f_2^{(4)}(\alpha_2) - f_3^{(4)}(\alpha_2)] - \sin \mu\, \alpha_3 [f_3^{(4)}(\alpha_3) - f_4^{(4)}(\alpha_3)] - \sin \mu\, \alpha_4 f_4^{(4)}(\alpha_4) \} - \\ &- \frac{1}{\mu^6} \{ \cos \mu\, \alpha_1 f_2^{(5)}(\alpha_1) - \cos \mu\, \alpha_2 [f_2^{(5)}(\alpha_2)] - f_3^{(5)}(\alpha_2)] - \cos \mu\, \alpha_3 [f_3^{(5)}(\alpha_3) - \\ &- f_4^{(5)}(\alpha_3)] - \cos \mu\, \alpha_4 f_4^{(5)}(\alpha_4)] \quad \text{usf.} \qquad (138)\end{aligned}$$

Für symmetrische Nocken anderer Bauweise ist es nicht schwer, analoge Ausdrücke abzuleiten.

Gleichung (137) ist eine unendliche Reihe, deren praktische Auswertung nur einen Näherungswert für a_μ ergeben kann. Die Näherung wird um so besser, je mehr Glieder, d. h. je höhere Ableitungen berücksichtigt werden. Der Rechen-

[1] Um Wärmedehnungen des Gestänges aufzunehmen

aufwand steigt damit aber beträchtlich; um so mehr, als die Ausdrücke für die höheren Ableitungen im allgemeinen immer länger werden. Die Konvergenz der Reihe nimmt aber mit der Ordnungszahl rasch zu, d. h. wenn der Fehler ein bestimmtes Maß nicht überschreiten soll, kann die Reihe um so früher abgebrochen werden, je höher die Ordnungszahl ist. Erfahrungsgemäß und wie weiter unten näher ausgeführt, sind bei normalen Nockenformen die Amplituden der Harmonischen mit der Ordnungszahl unter 10 bis 12 noch so groß, daß die Beherrschung der durch sie angeregten Schwingungen innerhalb der zulässigen Materialbeanspruchung kaum möglich ist. Eine Resonanz der Federschwingung mit diesen ist daher zu vermeiden. Unter diesen Umständen braucht die Kontrollrechnung nur für die Amplituden der Harmonischen von höheren als der 10ten bis 12ten Ordnung durchgeführt zu werden. Dafür genügt es im allgemeinen, die Reihe nach dem Glied

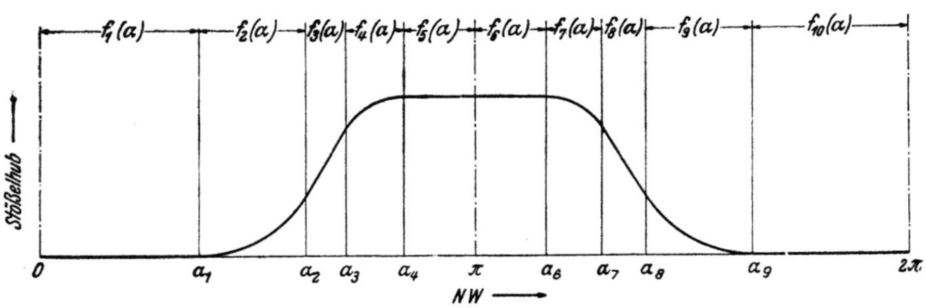

Abb. 138. Nockenhubkurve aus verschiedenen Gesetzen zusammengesetzt.

der 5. bis 6. Ableitung, also nach dem 3. bis 4. Glied abzubrechen. Der Fehler beträgt dabei für $\mu = 10$ nur mehr wenige Prozent. Er liegt somit im Rahmen der sonstigen Genauigkeit derlei Rechenverfahren. Im übrigen kann man während der Rechnung unschwer die Konvergenz abschätzen und gegebenenfalls durch Hinzufügen weiterer Reihenglieder die Genauigkeit erhöhen.

Die für die Auswertung der Gleichung 137 benötigten höheren Ableitungen der Hubfunktion sind im folgenden zusammengestellt:

Kreisbogenflanke und gerade geführte Rolle nach Abb. 77.

Aus der Beziehung (28) für die Hubkurve ist, wenn zur Abkürzung

$$\frac{\cdot\lambda}{\sqrt{1-\lambda^2 \sin^2 \alpha_k}} = W \quad \text{gesetzt wird}$$

$$f''(\alpha_k) = R\left[\cos \alpha_k - W \cos 2\alpha_k - \frac{W^3}{4} \sin^2 2\alpha_k\right]$$

$$f'''(\alpha_k) = R\left[-\sin \alpha_k + 2W \sin 2\alpha_k - \frac{3W^3}{2} \sin 2\alpha_k \cos 2\alpha_k - \frac{3W^5}{8} \sin^3 2\alpha_k\right]$$

$$f^{(4)}(\alpha_k) = R\left[-\cos \alpha_k + 4W \cos 2\alpha_k + W^3 (7 \sin^2 2\alpha_k - 3) - \frac{9W^5}{2} \sin^2 2\alpha_k \cos 2\alpha_k - \frac{15W^7}{16} \sin^4 2\alpha_k\right]$$

$$f^{(5)}(\alpha_k) = R \left[\sin \alpha_k - 8\, W \sin 2\alpha_k + 30\, W^3 \sin 2\alpha_k \cos 2\alpha_k + \frac{15}{2} W^5 \left(2 \sin^3 2\alpha_k \right.\right.$$

$$\left.\left. - 3 \sin 2\alpha_k \cos^2 2\alpha_k\right) - \frac{75\, W^7}{4} \sin^5 2\alpha_k \cos 2\alpha_k - \frac{105}{32} W^9 \sin^5 2\alpha_k\right] \quad (139)$$

α_k ist hierin der Winkel zwischen Kurbelstellung und der unteren Strecklage (in Abb. 77 und Gleichung [28] mit α bezeichnet). α_k und der Winkel α der Abb. 138 (auf die Symmetriachse bezogen) unterscheiden sich um eine konstante Größe, die für die einzelnen Flankenteile verschieden ist und sich aus der Geometrie des Nockens ohne weiteres ergibt. Dies ist beim Einsetzen der Intervallgrenzen zu berücksichtigen.

Gerade Flanke und gerade geführte Rolle nach Abb. 90. Aus der Hubgleichung (38) ergibt sich

$$f''(\alpha_n) = \frac{r_0 + \rho}{\cos^3 \alpha_n} (\sin^2 \alpha_n + 1)$$

$$f'''(\alpha_n) = \frac{r_0 + \rho}{\cos^4 \alpha_n} (\sin^3 \alpha_n + 5 \sin \alpha_n)$$

$$f^{(4)}(\alpha_n) = \frac{r^0 + \rho}{\cos^5 \alpha_n} (\sin^4 \alpha_n + 18 \sin^2 \alpha_n + 5)$$

$$f^{(5)}(\alpha_n) = \frac{r_0 + \rho}{\cos^6 \alpha_n} (\sin^5 \alpha_n + 58 \sin^3 \alpha_n + 61 \sin \alpha_n)$$

$$f^{(6)}(\alpha_n) = \frac{r_0 + \rho}{\cos^7 \alpha_n} (\sin^6 \alpha_n + 179 \sin^4 \alpha_n + 479 \sin^2 \alpha_n + 61) \quad (140)$$

α_n (in Abb. 90 und Geichung [38] mit α bezeichnet) ist der Drehwinkel zwischen der Normalen auf die gerade Flanke und der Vertikalen. Auch er unterscheidet sich nur durch eine Konstante vom Winkel α nach Abb. 138.

Kreisbogenflanke mit ebenem Pilzstößel nach Abb. 96 (Hubkurve siehe Gleichung [42]). Harmonischer Nockentrieb.

$$\left.\begin{aligned} f''(\alpha_k) &= R \cos \alpha_k; & f^{(4)}(\alpha_k) &= -R \cos \alpha_k \\ f'''(\alpha_k) &= R \sin \alpha_k; & f^{(5)}(\alpha_k) &= R \sin \alpha_k \quad \text{usf.} \end{aligned}\right\} \quad (141)$$

α_k (in Abb. 96 und Geichung [42] mit α bezeichnet) ist der Winkel zwischen dem Kurbelarm R und seiner unteren Strecklage und unterscheidet sich von α der Abb. 138 wieder durch eine Konstante.

In diesem Falle des harmonischen Nockens können die Integrale (132) und (133) unmittelbar ausgewertet werden, weil sie geschlossen lösbar sind. Trotzdem ist das iterierte Verfahren oft einfacher. Im Hinblick auf die Bedeutung des harmonischen Nockens sei dies im folgenden gezeigt.

Eine häufig verwendete Form des harmonischen Nockens zeigt Abb. 139 a, b. Der Nocken ist symmetrisch, seine Flanken aus drei Kreisbogen aufgebaut, zu denen die drei Krümmungsmittelpunkte A_1, A_2 und A_3 mit den Kurbelradien R_1, R_2 und R_3 gehören.

Wir nehmen zunächst an, daß kein Ventilspiel vorhanden wäre (Abb. 139a) und beginnen die Zählung des Drehwinkels α von der gezeichneten Symmetriestellung entsprechend Abb. 138.

Während des Drehweges α_1 ist die Hubfunktion $f_1(\alpha) = 0$.

Im Bereich von α_1 bis α_2 ist die Kurbel R_1 wirksam. Für das Hubgesetz mit α als Argument erhalten wir:

$$f_2(\alpha) = f_1(\alpha_1) + R_1 - R_1 \cos(\alpha - \alpha_1) = R_1 - R_1 \cos(\alpha - \alpha_1)$$

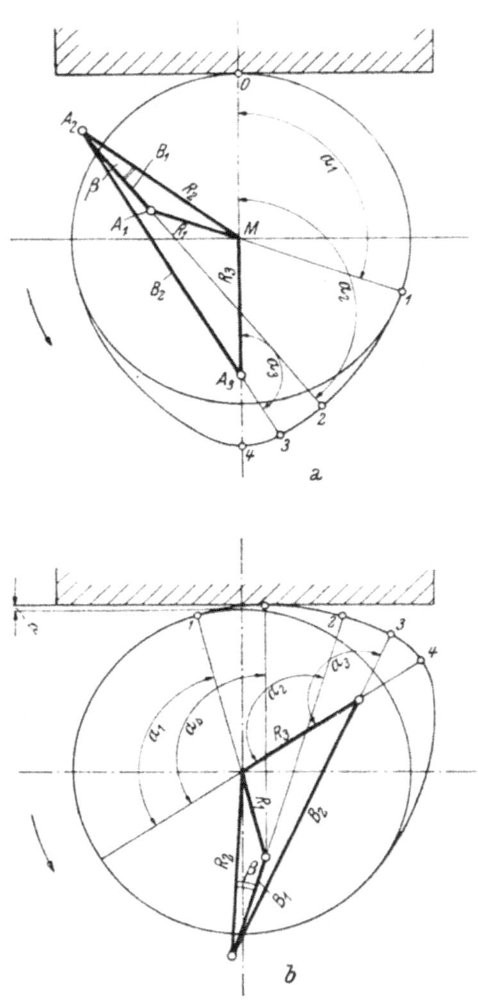

Abb. 139a, b.

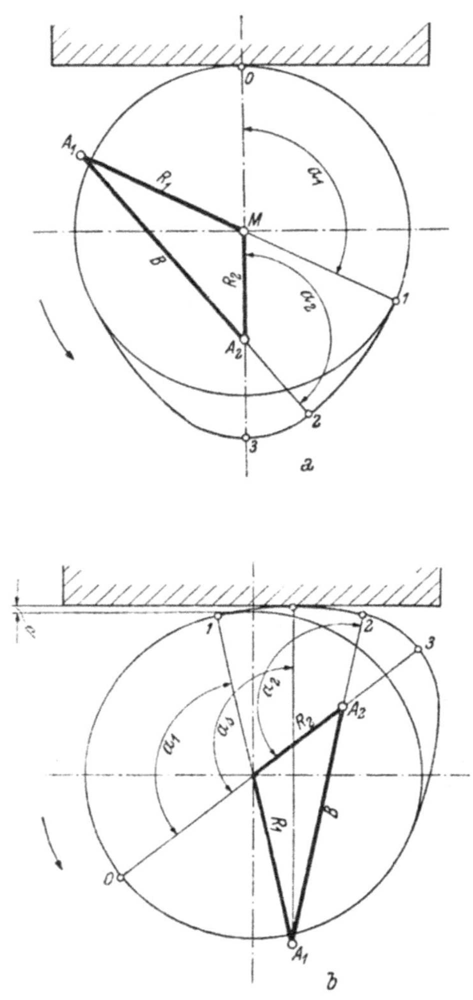

Abb. 140a, b.

Im Bereich von α_2 bis α_3 wirkt dann die Kurbel R_2. Mit dem gleichen Argument α wird

$$f_3(\alpha) = f_2(\alpha_2) + R_2 \cos \beta_2 - R_2 \cos(\alpha - \alpha_2 + \beta)$$

Für den Bereich α_3 bis π, während R_3 zur Wirkung kommt, lautet die Gleichung für die Hubfunktion

$$f_4(\alpha) = f_3(\alpha_3) + R_3 \cos(180 - \alpha) - R_3 \cos(180 - \alpha_3) = f_3(\alpha_3) + R_3 \cos \alpha_3 - R_3 \cos \alpha$$

Das sind formal gleiche Ausdrücke, von denen die Ableitungen zu bilden und in die Gleichung (138) für den symmetrischen Nocken einzusetzen sind. Weil der Nocken keine obere Rast hat, ist in dieser Gleichung $\alpha_4 = \pi$ zu setzen.

Da alle geradzahligen und alle ungeradzahligen Ableitungen gleich groß sind und nur das Vorzeichen abwechselt (vergl. Gleichung 141), werden in Gleichung (138) die Klammerausdrücke zu den Faktoren $\frac{1}{\mu^3}, \frac{1}{\mu^5}, \frac{1}{\mu^7}$ usw. bzw. zu den Faktoren $\frac{1}{\mu^4}, \frac{1}{\mu^6}, \frac{1}{\mu^8}$ usw. gleich groß, so daß sie aus der Summe herausgehoben werden können und als Summe eine Potenzreihe verbleibt. Weil das Vorzeichen abwechselt, werden alle Glieder der Reihe positiv.

Man erhält so

$$\frac{\pi}{2} a_\mu = \{ R_1 \sin \mu \alpha_1 - [R_1 \cos(\alpha_2 - \alpha_1) - R_2 \cos\beta] \sin \mu \alpha_2 - [R_2 \cos(\alpha_3 - \alpha_2 + \beta) - R_3 \cos \alpha_3]\} \left(\frac{1}{\mu^3} + \frac{1}{\mu^5} + \frac{1}{\mu^7} + \ldots\right) + \{-[-R_1 \sin(\alpha_2 - \alpha_1) + R_2 \sin\beta] \cos \mu \alpha_2 - [-R_2 \sin(\alpha_3 - \alpha_2 + \beta) + R_3 \sin \alpha_3] \cos \mu \alpha_3\} \left(\frac{1}{\mu^4} + \frac{1}{\mu^6} + \frac{1}{\mu^8} + \ldots\right)$$

Aus der Geometrie der Dreiecke $M\, A_2\, A_3$ und $M\, A_1\, A_2$ ist zu ersehen, daß der zweite Ausdruck in der geschwungenen Klammer Null wird. Führt man im ersten Ausdruck für die Ausdrücke in den eckigen Klammern die Größen B_1 und B_2 ein, so erhält man schließlich, wenn für die Reihe noch die Summe gebildet wird,

$$a_\mu = \frac{2}{\pi \mu (\mu^2 - 1)} (R_1 \sin \mu \alpha_1 - B_1 \sin \mu \alpha_2 - B_2 \sin \mu \alpha_3) \tag{142}$$

In gleicher Weise kann man verfahren, wenn sich mehr als drei Kreisbogen aneinanderreihen.

Bei nur zwei Kreisbogen und symmetrischen Nocken nach Abb. 140 a wird B_1 Null. Damit folgt aus Gleichung (142) bei Verwendung der Bezeichnungen nach Abb. 140

$$a_\mu = \frac{2}{\pi \mu (\mu^2 - 1)} (R_1 \sin \mu \alpha_1 - B \sin \mu \alpha_2) \tag{143}$$

Ähnliche geschlossene Lösungen lassen sich mit einigem Geschick auch für andere Nockengetriebe aufstellen, wenn man gewisse Vernachlässigungen zuläßt. So kann nach *Hussmann* [26] für den Kreisbogennocken nach Abb. 141, der mit einem Rollenstößel zusammenarbeitet, angenähert

$$a_\mu \approx \frac{2}{\pi \mu (\mu^2 - 1)} (b' \sin \mu \alpha_1 - c' \sin \mu \alpha_0) \tag{144}$$

gesetzt werden, mit den Abkürzungen

$$b' = l_1 - l_2 - \frac{R_1^2}{l_1} + \frac{R_2^2}{l_2} \quad \text{und} \quad c' = R_1 - \frac{R_1^2}{l_1}$$

Wenn das V e n t i l s p i e l in der Rechnung berücksichtigt werden soll, ist zu beachten, daß der Stößel erst öffnet, nachdem die Hubkurve $f_1(\alpha)$ auf s nach dem Drehwinkel α_s angestiegen ist (139 b). Der Hub beginnt mit Schlag (Abb. 142). Der Hub wird jetzt vom Abstand s an gerechnet. Er ist also im ersten Intervall, das bis α_s reicht, Null. Der Geschwindigkeitssprung bei Anhub ist allgemein so zu berücksichtigen, daß in der allgemein gültigen Gleichung (136) an der Stelle α_s die Differenz der ersten Ableitung von $f_2(\alpha)$ und $f_1(\alpha)$ nicht Null ist, wie in allen anderen

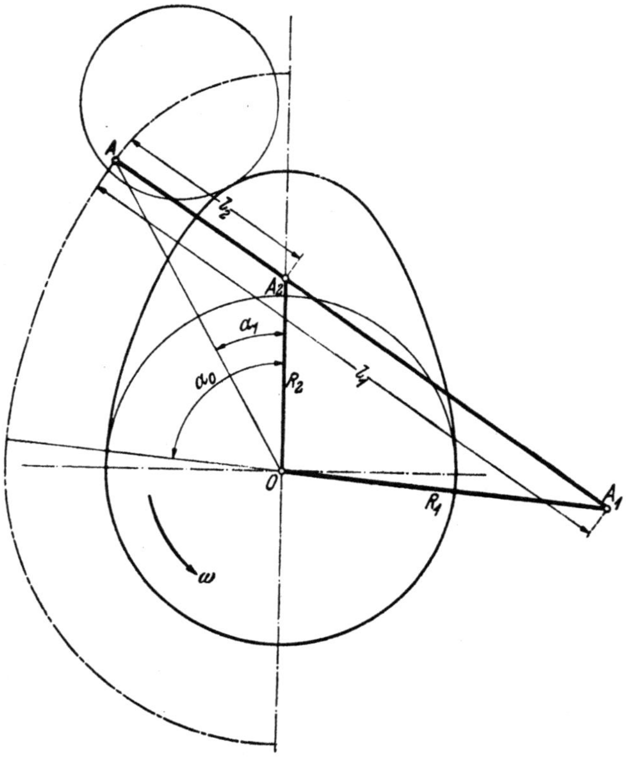

Abb. 141.

Intervallgrenzen. Das gleiche gilt für den Ventilschlußpunkt. Im Glied mit $\frac{1}{\mu^2}$ als Koeffizienten behält also der Klammerausdruck

$$f_1'(\alpha_1) - f_2'(\alpha_1) = -f_2'(\alpha_1) \quad (145)$$

einen endlichen Wert. Ebenso der analoge Wert für den Ablauf. Es kommt also zur vereinfachten Gleichung 137 (für den unsymmetrischen) und 138 (für den symmetrischen Nokken) noch ein Glied mit dem Koeffizienten $\frac{1}{\mu^2}$. Das Anschreiben der Gleichungen kann mit diesem Hinweis unterbleiben.

Für den Nocken nach Abb. 139 b erhält man in ähnlichem Rechnungsgang, wie oben zu 139 a gezeigt, die Beziehung

$$a_\mu = \frac{2}{\pi\mu(\mu^2-1)}[(R_1 - s)\sin\mu\alpha_s - B_1\sin\mu\alpha_2 - B_2\sin\mu\alpha_3] - \frac{2}{\pi\mu^2}R_1\sin(\alpha_s - \alpha_1)\cos\mu\alpha_s \quad (146)$$

Für den Nocken nach Abb. 140 b wird

$$a_\mu = \frac{2}{\pi\mu(\mu^2-1)}[(R_1 - s)\sin\mu\alpha_s - B\sin\mu\alpha_2] - \frac{2}{\pi\mu^2}R_1\sin(\alpha_s - \alpha_1)\cos\mu\alpha_s \quad (147)$$

Da sich $R_1 - s$ wegen der Kleinheit von s nur wenig von R_1 unterscheidet, α_s ebenfalls von α_0 nicht viel verschieden ist, ist in obiger Gleichung dem Ventilspiel im wesentlichen durch das zweite Glied Rechnung getragen. Weil dieses nur mit dem Quadrat der Ordnungszahl abnimmt, nimmt sein prozentueller Anteil mit der Ordnungszahl zu. Das Bild des Frequenzspektrums ändert sich aber durch das Ventilspiel nicht wesentlich, wie auch aus dem Beispiel nach Abb. 143 für den Nockentrieb eines Fahrzeugmotors zu ersehen ist.

Man trachtet die Eigenfrequenz der Feder so hoch zu legen, daß die in ihrem Bereich liegenden Harmonischen keine Schwingungen mehr erregen, die unbeherrschbare Beanspruchung der Feder zur Folge haben. Gelingt dies nicht, so müssen die Amplitudenwerte selbst im Bereich der Eigenfrequenz der Feder vermindert werden.

Dies gelingt, wenn in Gleichung (136) z. B. möglichst die Reihenglieder mit den niedrigsten Potenzen der reziproken Ordnungszahlen Null werden, weil diese den größten Anteil des Reihenwertes geben. Wenn man unter Verzicht auf eine

Flankenausbildung durch Zusammensetzung aus einfachen Kurventeilen den Krümmungsradius stetig ändert, entfällt schon das Glied mit den zweiten Ableitungen. Gelingt es, auch Sprünge noch höherer Ableitungen zu vermeiden,

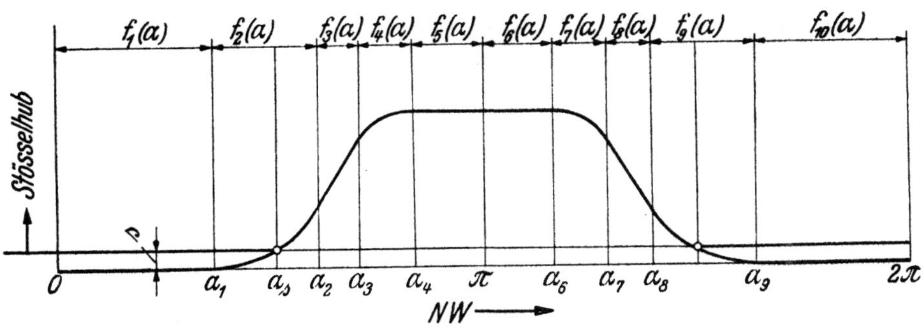

Abb. 142.

so kann damit eine weitere Verminderung der Amplitudenwerte erreicht werden [26].

β) Ableitung der Bewegungsgleichung und deren Lösung.

Bei Ermittlung des Schwingungsausschlages ist für jede Harmonische der Ausschlag zu ermitteln und unter Berücksichtigung des Phasenwinkels die Summe zu bilden. Für den Sonderfall der Resonanz mit einer Harmonischen, der allein als

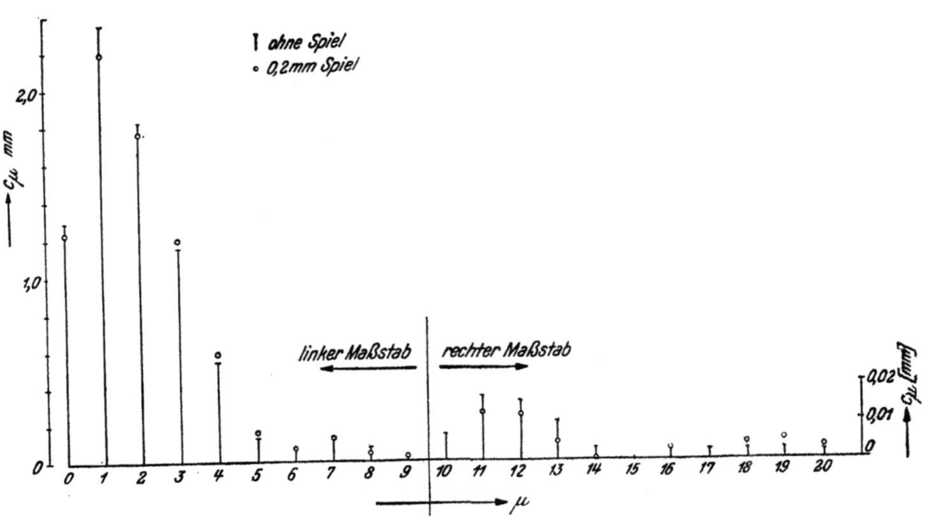

Abb. 143. Amplitudenwerte der Harmonischen einer Stößelkurve (Fahrzeugmotor).

der gefährlichste Betriebszustand in Betracht kommt, ist, wie später gezeigt wird, dieser Resonanzausschlag viel größer als alle anderen Ausschläge zusammen, so daß es genügt, diesen allein zu betrachten und auf die Summenbildung zu verzichten. Damit kann auch der Phasenwinkel der Harmonischen untereinander unberücksichtigt bleiben, und die Harmonische der Resonanz von μ-ter Ordnung mit dem Ausdruck

$$c_\mu \sin \mu \omega t$$

allein in Rechnung stehen. Multipliziert man diesen Wert mit dem Übersetzungsverhältnis des Übertragungsgestänges, so erhält man den Ausdruck für die harmonische Erregerfunktion der μ-ten Ordnung für das bewegte Federende am Ventil:

$$y_\mu = h_\mu \sin \mu \omega t \tag{148}$$

für die der zugehörige Federausschlag zu ermitteln ist. Wie das Beispiel nach Abb. 143 zeigt, nehmen die Amplitudenwerte der Harmonischen mit zunehmender Ordnungszahl rasch ab.

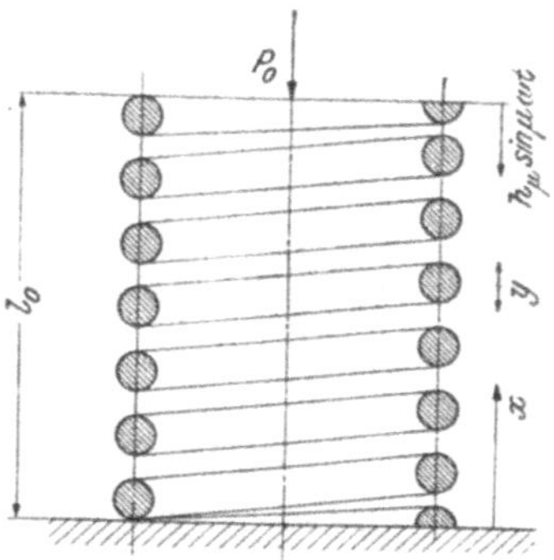

Das untere Ende der Schraubenfeder liegt auf, während das obere die durch den Antrieb vorgegebene Bewegung ausführt (Abb. 144). Wir bezeichnen mit x die positive Entfernung eines Federpunktes von der festen Auflage im vorgespannten Zustand, also bei geschlossenem Ventil. y als Funktion von der Zeit t sei die Einsenkung eines Federelementes gegenüber diesem Zustand.

Auf ein Längenelement dx der Feder wirkt in positiver Achsrichtung die Kraft P, in negativer Richtung $P + \frac{\partial P}{\partial x} dx$ (Abb. 145).

Somit ist der Kraftüberschuß, unter dem das Federelement steht,

$$d P = -\frac{\partial P}{\partial x} d x \tag{149}$$

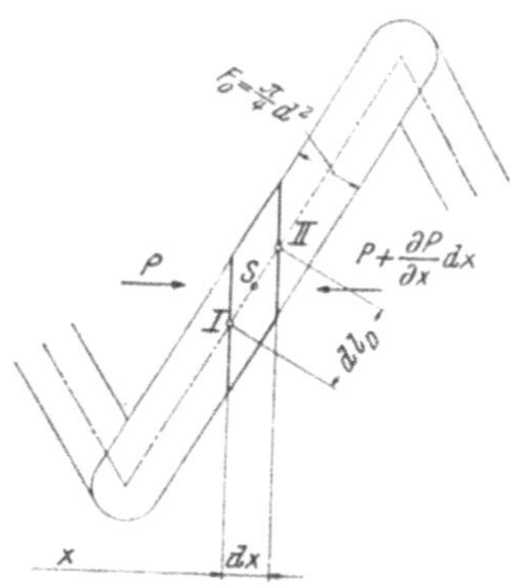

Abb. 145.

An einer Stelle x ist die Kraft gleich der Vorspannkraft P_0 vermehrt um die durch die Durchbiegung y hervorgerufene zusätzliche elastische Kraft:

$$P = P_0 + k \frac{\partial y}{\partial x} l_0 \tag{150}$$

Mit $k = P/f$ als Federhärte und l_0 als vorgespannte Länge. Damit ist

$$d P = -k l_0 \frac{\partial^2 y}{\partial x^2} dx \tag{151}$$

Ihr halten Trägheitskräfte und Dämpfungskräfte das Gleichgewicht.

Das Element dx erfährt im wesentlichen eine translatorische Verschiebung in Richtung der Schraubenachse. Außerdem wären bei genauer Betrachtung der absoluten Bewegung eines Federelementes im Raum eine Drehbewegung um seine radial gerichtete Achse (Änderung des Steigungswinkels) zu berücksichtigen. Die sich damit ergebenden Massenkräfte sind klein gegenüber denen der translatorischen Bewegung und müssen vernachlässigt werden, wenn die Bewegungsgleichung nicht unlösbar werden soll. Die gute Übereinstimmung von Rechnung und Versuch bei der vereinfachten Rechnung rechtfertigt die Vernachlässigung.

Die Trägheitskraft der translatorischen Beschleunigung des Federelementes mit der Masse dm ist

$$d T = - d m \frac{\partial^2 y}{\partial t^2} = - \frac{\gamma}{g} F_D \, d l_D \frac{\partial^2 y}{\partial t^2} = - \frac{\gamma}{g} F_D \frac{l_D}{l_0} \frac{\partial^2 y}{\partial t^2} \, d x \tag{152}$$

Darin ist l_D die wirksame Drahtlänge, F_D der Drahtquerschnitt, γ das spezifische Gewicht des Werkstoffes, g die Erdbeschleunigung.

Dämpfend wirken innere Reibungskräfte, Luftreibung, Reibung der Windungen aneinander (besonders an den Enden) und die Energieübertragung an die Auflageflächen. Diese Energieverluste, die einzeln nicht erfaßbar sind, ersetzt *Hussmann* [26] durch eine geschwindigkeitverhältige Kraft

$$d R = - c \frac{\partial y}{\partial t} \, d x \tag{153}$$

Damit wurde ein in der Schwingungstechnik üblicher Weg beschritten, der auch bei unübersichtlichen Verhältnissen mit guter Näherung zum Ziele führt.

Die Gleichgewichtsbedingung für das Federelement

$$d P = d T + d R$$

gibt nach einigem Umformen unter Benützung der Gleichungen (151), (152) und (153)

$$\frac{\partial^2 y}{\partial t^2} + 2 b \frac{\partial y}{\partial t} = a^2 \frac{\partial^2 y}{\partial x^2} \tag{154}$$

mit den Abkürzungen

$$a^2 = \frac{g \, k \, l_0^2}{\gamma \, l_D \, F_D} \quad \text{uud} \quad 2 b = \frac{g \, l_0 \, c}{\gamma \, l_D \, F_D} \tag{155a, b}$$

Diese Gleichung beschreibt die Druckfortpflanzung in einem linearen, elastischen Medium mit geschwindigkeitsverhältiger Dämpfung und entspricht der sogenannten Telegraphengleichung der Elektrotechnik. Der Wert a ist hierin die Fortpflanzungsgeschwindigkeit der Druck- und Geschwindigkeitswellen in der Feder. Er ist durch Werkstoffkonstante und Federabmessungen bestimmt. Die Dämpfung muß durch Versuche ermittelt werden.

Bei der fast ausschließlich verwendeten Feder mit kreisförmigem Drahtquerschnitt ist

$$F_D = \frac{\pi}{4} d^2$$

Damit wird die Fortpflanzungsgeschwindigkeit

$$a = \sqrt{\frac{g \, k \, l_0^2}{\gamma \, l_D \frac{\pi}{4} d^2}} \tag{156}$$

Führt man weiter für k den nach Gleichung (117) errechneten Wert

$$k = \frac{P}{f} = \frac{G \, . \, d^4}{8 \, i \, D^3}$$

und für die wirksame Drahtlänge, den Näherungswert

$$l_D \approx i \, \pi \, D$$

ein, so wird

$$a = \frac{l_0 d}{i \pi D^2} \sqrt{\frac{g G}{2 \gamma}} \qquad (157)$$

Die Lösung der Gleichung (154) hat für folgende Randbedingungen zu erfolgen: Am festgelagerten Ende ist zu jeder Zeit die Verschiebung $y = O$, am zweiten Ende folgt die Verschiebung dem Gesetz der harmonischen μ-ter Ordnung

$$y = h_\mu \sin \mu \omega t$$

der Erregung. Der Anlaufvorgang der erzwungenen Schwingung klingt infolge der Dämpfung mit der Zeit ab, ist für unsere Betrachtungen also belanglos. Der von der Erregerfunktion herrührende Anteil der Schwingung, der nach Abklingen des Anlaufvorganges allein bestehen bleibt, ist bei harmonischer Erregung auch eine harmonische Funktion gleicher Frequenz, Amplitude und Phase sind zu bestimmen.

Hussmann [26] wendet in Analogie mit der Telegraphengleichung zur Lösung der Gleichung (154) die in der Wechselstromtechnik gebräuchliche Methode mit komplexen Veränderlichen an. In reeller Schreibweise lautet die Lösung

$$y = Y_\mu \sin (\mu \omega t + \varphi_h) \qquad (158)$$

Die Amplitude Y_μ ist durch die Gleichung

$$Y_\mu = h_\mu \sqrt{\frac{\operatorname{Sin}^2 \alpha x + \sin^2 \beta x}{\operatorname{Sin}^2 \alpha l_0 + \sin^2 \beta l_0}} \qquad (159)$$

bestimmt, mit denAbkürzungen

$$\alpha = \frac{\mu \omega}{a} \sqrt{\frac{1}{2} \left[\sqrt{1 + \left(\frac{2b}{\mu \omega}\right)^2} - 1\right]}$$

$$\beta = \frac{\mu \omega}{a} \sqrt{\frac{1}{2} \left[\sqrt{1 + \left(\frac{2b}{\mu \omega}\right)^2} + 1\right]} \qquad (160)$$

Der Phasenwinkel φ_h zwischen Erregung und Ausschlag, der weiterhin ohne Interesse ist, hat den Wert

$$\varphi_h = arc \operatorname{tg} (\operatorname{Cotg} \alpha x \operatorname{tg} \beta x) - arc \operatorname{tg} (\operatorname{Cotg} \alpha l_0 \operatorname{tg} \beta l_0)$$

Für *dämpfungsfreie* Bewegung ist $b = 0$, die Gleichungen (160) nehmen dann die Form

$$\alpha = 0; \quad \beta = \frac{\mu \omega}{a} \qquad (161)$$

an und für die Amplitude gilt die bekannte Gleichung

$$Y_\mu = h_\mu \frac{\sin \frac{\mu \omega}{a} x}{\sin \frac{\mu \omega}{a} l_0} \qquad (162)$$

Ist *Dämpfung* vorhanden, das Dämpfungsglied b aber klein gegenüber der Eigenschnelle der Grundschwingung (was nach später wiedergegebenen Versuchen an Ventilfedern zutrifft), so lassen sich die Ausdrücke (160) in die Form

$$\alpha \approx \frac{b}{a}; \quad \beta \approx \frac{\mu \omega}{a} \qquad (163)$$

bringen.

Im dämpfungsfreien Fall wird nach (162), wenn

$$\frac{\mu\,\omega}{a}\,l_0 = \lambda\,\pi \ldots (\lambda = 1, 2, 3 \ldots) \tag{164}$$

ist, der Schwingungsausschlag unendlich. Wir sprechen dann von Resonanz der Grundschwingung oder der 1, 2 usw. Oberschwingung, je nachdem $\lambda = 1, 2, 3$ usw. ist. Resonanz tritt aber immer dann ein, wenn die Kreisfrequenz der Erregung der Eigenschnelle der betreffenden Schwingung gleich ist, also wenn

$$\mu\,\omega = \nu_e$$

ist. Nach Gleichung (164) ist

$$\mu\,\omega = \lambda\,\frac{\pi\,a}{l_0}$$

Es ist also

$$\left.\begin{array}{ll} \nu_e = \dfrac{\pi\,a}{l_0} & \text{die Eigenschnelle der Grundschwingung} \\ 2\,\nu_e & \text{die Eigenschnelle der 1. Oberschwingung} \\ 3\,\nu_e & \text{die Eigenschnelle der 2. Oberschwingung} \end{array}\right| \tag{165}$$

usw.

Setzt man für a Gleichung (157) ein, so erhält man die Eigenschnelle als Funktion der Federabmessungen

$$\nu_e = \frac{d}{i\,D^2}\sqrt{\frac{g\,G}{2\,\gamma}} \tag{166}$$

Sie läßt sich aber auch auf andere Art anschreiben. Unter Benützung der Gleichungen (104), (109) und (115) kann d, D, i durch den statischen Ventilhub und die dabei auftretende Wechselspannung ausgedrückt werden. Damit ergibt sich

$$\nu_e = \pi\,\frac{\tau_w'}{h}\sqrt{\frac{g}{2\,G\,\gamma}}$$

oder für die minutliche Eigenschwingungszahl

$$n_e = 30\,\frac{\tau_w'}{h}\sqrt{\frac{g}{2\,G\,\gamma}} \tag{167}$$

Hierin ist τ_w' die Wechselspannung, wie sie ohne Berücksichtigung des ψ-Wertes zu ermitteln ist (in Gleichung [104] ist demnach $\psi = 1$ zu setzen).

Mit den Werkstoffgrößen $\gamma = 0{,}008\ \text{kg/cm}^3$ und $G = 825.000\ \text{kg/cm}^3$ ergibt sich für die minutliche Eigenschwingungszahl der Grundschwingung

$$n_e = 8{,}2\,\frac{\tau_w'}{h} \tag{168}$$

Da aus der statischen Federberechnung der Wert $\tau_w' = \dfrac{\tau_w}{\psi}$ bereits bekannt und h gegeben ist, wird diese Form der Gleichung für die Eigenschwingungszahl oft benützt.

Es sind also h und τ_w die charakteristischen Größen, die die Eigenschwingungszahl beeinflussen, so daß eine gewünschte Veränderung der Eigenfrequenz durch Änderung einer der beiden Werte oder beider zusammen möglich ist.

Bei Vorhandensein einer Dämpfung b kann der Schwingungsausschlag nicht mehr unendlich werden, wohl aber besitzt er bei Erregerfrequenzen, die in der Nähe der durch (165) definierten Größen liegen, ein Maximum. Die Stelle des Maximums liegt um so näher der für ungedämpfte Systeme geltenden Frequenzen, je kleiner die Dämpfung ist; denn die Eigenfrequenz eines gedämpften Systems nähert sich bekannterweise mit abnehmender Dämpfung der des ungedämpften Systems. Für unsere Verhältnisse genügt es, mit letzterer zu rechnen. Auch die Schwingungsform selbst weicht bei kleiner Dämpfung nur unwesentlich von der der ungedämpften Schwingung ab. Vernachlässigt man wegen der Kleinheit von α im

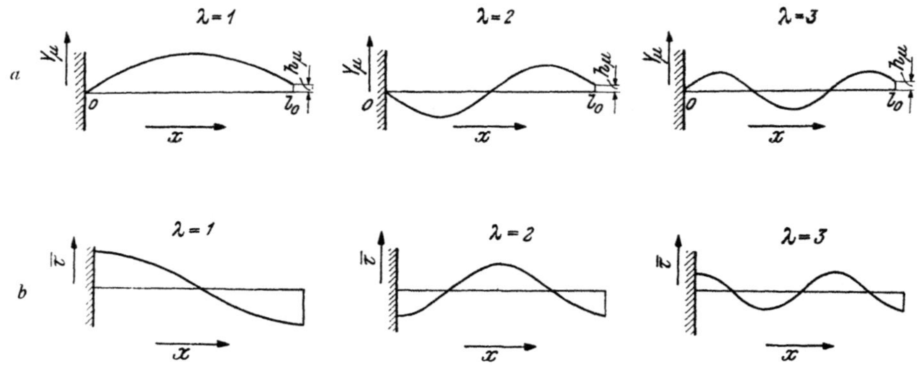

Abb. 146a, b. Verteilung des Schwingungsausschlages (a) und der Drehbeanspruchung (b) über die Federlänge.

Zähler von Gleichung (159) $\mathfrak{Sin}\,\alpha x$ neben $\sin \beta x$ und ersetzt man im Nenner $\mathfrak{Sin}\,\alpha\, l_0$ durch $\alpha\, l_0$ (das erste Glied der Taylorschen Reihe), so ergibt sich bei Resonanz wegen $\beta\, l_0 = \lambda\,\pi$ und bei Benützung von Gleichung (163 bis 165) für

$$Y_\mu = \frac{\nu_e}{b\,\pi}\, h_\mu \sin \lambda\,\pi\,\frac{x}{l_0} \tag{169}$$

Der Größtanschlag im Schwingungsbauch ist

$$Y_{max} = \frac{\nu_e}{b\,\pi}\, h_\mu \tag{170}$$

Der bei dieser Näherung begangene Fehler ist am Ende $(x = l_0)$ am größten. Er ist dem Wert h_μ selbst gleich. Weil h_μ, wie praktische Beispiele zeigen, wegen der kleinen Dämpfung gegenüber dem Größtanschlag stets klein ist und überdies, wie aus dem weiteren ersichtlich, nur die Ableitung von Y_μ nach x für die Rechnung von Interesse ist, ist dieser Fehler für das Endergebnis vernachlässigbar klein.

Abb. 146 a zeigt schematisch die Schwingungsform einer in Resonanz mit der Grundschwingung bzw. 1. und 2. Oberschwingung angeregten Feder.

Die zusätzlich zur Vorspannung τ_0 bei geschlossenem Ventil durch die im Betrieb auftretende Einsenkung hervorgerufene Drehbeanspruchung $\bar{\tau}$ kann aus der Kraft

$$\bar{P} = k\, l_0 \frac{\partial y}{\partial x}$$

gerechnet werden. Nach Gleichung (104) ist unter Verwendung von (117) und (166)

$$\bar{\tau} = \frac{l_0 \nu_e}{\pi} \sqrt{\frac{2 \gamma G}{g}} \frac{\delta y}{\delta x} \tag{171}$$

Der Koeffizient ψ ist hierin nicht berücksichtigt $(\psi = 1)$.

Setzt man für y den Wert nach Gleichung (158) für den Ausschlag der Harmonischen μ-ter Ordnung ein, so erhält man die durch die Harmonische μ-ter Ordnung hervorgerufene zusätzliche Beanspruchung

$$\bar{\tau}_\mu = \frac{l_0 \nu_e}{\pi} \sqrt{\frac{2 \gamma G}{g}} \frac{d Y_\mu}{d x} \sin(\mu \omega t + \varphi_h)$$

Ihr zeitlicher Höchstwert ist

$$\bar{\tau}_\mu = \frac{l_0 \nu_e}{\pi} \sqrt{\frac{2 \gamma G}{g}} \frac{d Y_\mu}{d x}$$

Für den Resonanzzustand wird bei Benützung der Gleichung (169)

$$\bar{\tau}_{\mu_z} = \frac{\lambda \nu_e^2}{\pi b} \sqrt{\frac{2 \gamma G}{g}} h_\mu \cos \lambda \pi \frac{x}{l_0}$$

Für die Grundschwingung $(\lambda = 1)$ treten hierbei 2 Maxima auf, und zwar in jedem Federende, für die erste und zweite Oberschwingung ergeben sich noch Maxima in der Mitte bzw. nach dem ersten und zweiten Drittel (siehe Abb. 146 b).

Die größte Beanspruchung an den Stellen $\left| \cos \lambda \pi \frac{x}{l_0} \right| = 1$ ist

$$\bar{\tau}_{\mu, max} = \frac{\lambda \nu_e^2}{\pi b} \sqrt{\frac{2 \gamma G}{g}} h_\mu \tag{172}$$

Sie ist dem Amplitudenwert h_μ der Erregerharmonischen verhältig und nimmt mit zunehmender Dämpfung b ab. Weil ein Teilchen nach beiden Richtungen um denselben Betrag schwingt, muß dieser Betrag verdoppelt werden, um den Gesamtwert der zusätzlichen Beanspruchung durch die Schwingung der Harmonischen μ-ter Ordnung zu erhalten. Bei Berücksichtigung der Federkrümmung ist er überdies noch mit dem Faktor ψ zu multiplizieren.

Diese Schwingungsbeanspruchung überlagert sich nicht nur der Federvorspannung τ_0, sondern auch der höchsten Beanspruchung τ, weil die Schwingung auch bei eingesenkter Feder aufrecht bleibt. Die gesamte Wechselbeanspruchung erhalten wir daher, wenn wir zur statischen Wechselbeanspruchung diese dynamische Beanspruchung dazu zählen. Also

$$\tau_{w\mu} = \tau_w + 2 \psi \bar{\tau}_{\mu max} \tag{173}$$

Will man den Einfluß aller Harmonischen auf die Wechselbeanspruchung untersuchen, so sind zu dem nach Gleichung (173) gefundenen Wert noch jene Spannungswerte zu zählen, die sich aus der Erregung durch die übrigen Harmonischen ergeben. In Abb. 147 ist für eine Ventilfeder der Ausschlag mit Berücksichtigung mehrerer Ordnungszahlen gerechnet. Daraus ist zu ersehen, daß im Resonanzfall der Einfluß der übrigen Harmonischen sehr gering ist, woraus die

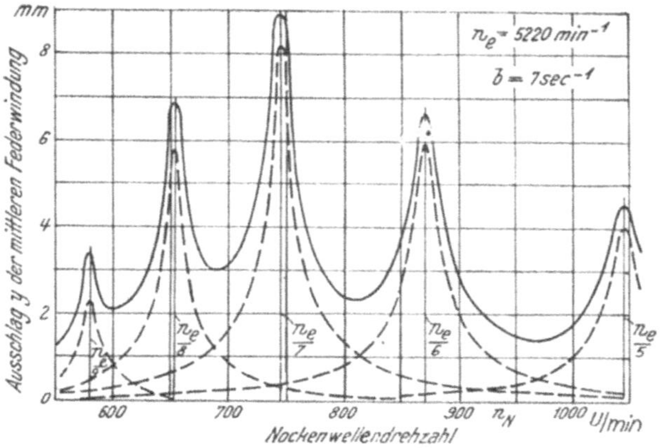

Abb. 147. Berechnete Resonanzkurve (nach Hussmann).

Vereinfachung berechtigt erscheint, bei Berechnung den Einfluß der anderen Ordnungszahl zu vernachlässigen. Die Zulässigkeit dieser Vereinfachung hat sich in der Praxis bestätigt.

In Gleichung (172) ist h_μ aus der harmonischen Analyse der Hubkurve bekannt, so daß außer dem Dämpfungsfaktor b keine Unbekannten vorkommen. Versuche von *Hussmann* (26) geben über seine Größe Aufschluß. Abb. 148 gibt die Größe von b in Abhängigkeit von der Federvorspannung für verschiedene Erregeramplituden. Die Kurven zeigen ein ausgesprochenes Minimum bei normalen Vorspannungen. Bei stärkerem Spannen steigt die Dämpfung infolge Aneinanderschlagens der Windungen, bei lockerer Feder infolge Springens der Federenden auf den Federtellern. Da in Gleichung (172) die Dämpfung im Nenner steht, interessiert nur der Minimalwert. Abb. 149 zeigt diese Minimalwerte in Abhängigkeit von der Erregeramplitude h_μ gewonnen aus Messungen an mehreren Ventilfedern. Eine durchgelegte mittlere Gerade gibt eine Gesetzmäßigkeit, wie sie der Wahl des Dämpfungswertes bei Berechnungen mit guter Genauigkeit zugrundegelegt werden kann.

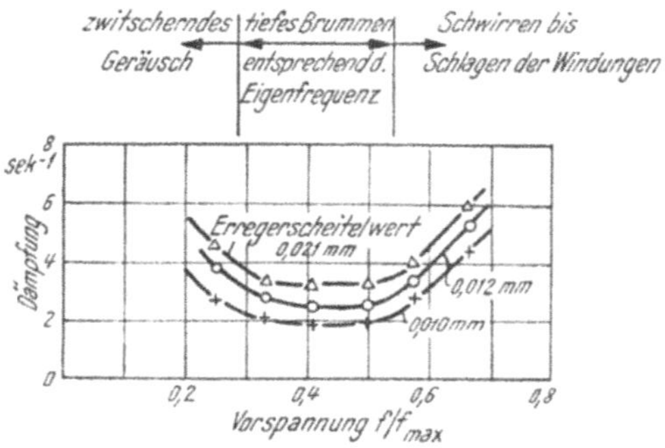

Abb. 148. Dämpfungsfaktor b einer Feder in Abhängigkeit von der Federvorspannung bei verschiedener Erregung (nach Hussmann).

Damit ist es möglich, für eine gegebene Feder und einen gegebenen Nocken, die durch Schwingungen hervorgerufenen zusätzlichen Beanspruchungen weitgehend vorauszusagen.

Die Rechnung geht etwa folgendermaßen vor sich: Für die vorerst nur nach den statischen Beanspruchungen dimensionierte Feder bestimmt man die minutliche Eigenschwingungszahl der Grundschwingung nach (168). Man trachtet die Verhältnisse so zu wählen, daß diese größer als die rund 14- bis 16fache höchste Nockenwellendrehzahl ist, weil erfahrungsgemäß erst für diese und höhere Ordnungszahlen die Amplitudenausschläge h_μ so klein sind, daß die Spannungen im Resonanzfall beherrschbar werden. Kann die Betriebsdrehzahl der Nockenwelle zwischen n_1 und n_2 schwanken, so ist für die entsprechenden Harmo-

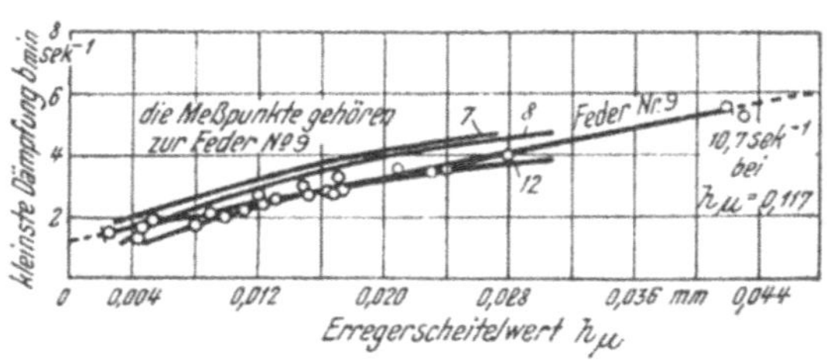

Abb. 149. Kleinste Dämpfung b_{min} in Abhängigkeit vom Erregerscheitelwert h_μ, gemessen an verschiedenen Ventilfedern (nach Hussmann).

nischen, d. i. für die ganzzahligen Werte μ zwischen $\frac{n_e}{n_1}$ und $\frac{n_e}{n_2}$ aus der harmonischen Analyse h_μ, nach Abb. 149 die Dämpfung b und damit für jedes μ die Beanspruchung $\tau_{\mu_{max}}$ nach (172) zu bestimmen. Hierauf ist nach (173) die gesamte Wechselbeanspruchung, wie sie durch die Harmonische μ-ter Ordnung hervorgerufen wird, zu berechnen. Sie soll unter der Dauerwechselfestigkeit bleiben. Um dies zu erreichen, muß die Rechnung u. U. öfter mit verschiedenen Federabmessungen wiederholt werden. Gelingt es dabei nicht, befriedigende Verhältnisse zu erzielen, so kann auch durch Änderung der Nocken die Schwingungslage geändert werden. *Hussmann [26]* gibt z. B. ein Verfahren an, wonach es möglich ist, für einige aufeinanderfolgende Ordnungzahlen die Amplitudenwerte zu Null werden zu lassen.

Es genügt in der Regel, nur die Resonanz der Grundschwingung ($\lambda = 1$) zu untersuchen, weil die Resonanz für die Oberschwingung bei sehr hohen Ordnungszahlen liegt, deren Amplitudenwerte schon verschwindend klein sind.

Bei einer Dauerwechselfestigkeit des Federdrahtes von 7000 bis 8000 kg/cm^2 soll die errechnete Wechselbeanspruchung $\tau_{w\mu}$ unter 7000 kg bleiben. Federn mit Wechselbeanspruchung von 7000 kg/cm^2 haben sich im Betriebe durchaus bewährt. Es ergibt sich damit ein im Maschinenbau sonst nicht üblicher niedriger Sicherheitsfaktor. Die Bewährung ist jedoch erklärlich, weil die genaue Schwingungsrechnung alle gefährlichen Einflüsse erfaßt, die bei der bisher üblichen statischen Berechnungsart nur in Form eines höheren Sicherheitsfaktors berücksichtigt waren. Außerdem dürften die tatsächlichen Beanspruchungen eher niedriger sein als die errechneten, weil durch die elastischen Übertragungsmittel zwischen Nocken und Ventil (Stoßstangen u. dgl.) die Schroffheiten beim Übergang eines Nockenflankenteiles auf den anderen gemildert werden, die für das Auftreten der Harmonischen höherer Ordnungen maßgebend sind. Ein weiterer Grund für die Bewährung der Federn mit den hohen Wechselbeanspruchungen liegt auch darin, daß diese Beanspruchungen nur in den kritischen Drehzahlen auftreten und praktisch kaum durch längere Zeiten andauern. Dies gilt insbesondere bei Motoren mit veränderlicher Drehzahl, z. B. Fahrzeugmotoren. Bei Stationärmotoren mit kleinem Ungleichförmigkeitsgrad hat man es immer in der Hand, die Verhältnisse so zu wählen, daß die Betriebszahl zwischen zwei kritischen Drehzahlen liegt.

Zahlenbeispiel: Im folgenden Beispiel wird die Wechselbeanspruchung der Ventilfeder eines Fahrzeugmotors gerechnet. Es handelt sich um einen Nockentrieb mit Pilzstößel über Stoßstangen und Ventilhebel zum Ventil. Die höchste Motordrehzahl beträgt 2300 U/min, d. s. 1150 Umdrehungen der Nockenwelle. Der Nockentrieb hat sich in der Praxis bewährt. Der Umstand jedoch, daß bei geringer Erhöhung des Ventilhubes bereits Federbrüche eintraten, läßt erkennen, daß die Beanspruchung als Höchstwert aufzufassen ist. Der Nockentrieb hat folgende Daten:

a) Federn: Federsatz bestehend aus zwei Federn.

1. Feder. Windungsdurchmesser $D = 42{,}3$ mm; Drahtstärke $d = 4{,}7$ mm; Zahl der wirksamen Windungen $i = 3$; ungespannte Länge 56,5 mm; vorgespannte Länge 46 mm; Arbeitshub $h = 11$ mm.

2. Feder. Windungsdurchmesser $D = 32$ mm; Drahtstärke $d = 3{,}5$ mm; Zahl der wirksamen Windungen $i = 4\,^1/_2$; ungespannte Länge 54 mm; vorgespannte Länge 43,5; Arbeitshub $h = 11$ mm.

Vorspannung beider Federn 10,5 mm.

b) Erregerharmonische: Auf das Ventil umgerechnet gibt die harmonische Analyse des Nockens folgende Werte: $h_{14} = 0{,}0045$; $h_{15} = 0{,}00$; $h_{16} = 0{,}0044$; $h_{17} = 0{,}00361$; $h_{18} = 0{,}00628$; $h_{19} = 0{,}00785$; $h_{20} = 0{,}0047$; $h_{21} = 0{,}003$ mm (Ventilspiel berücksichtigt).

Rechnungsgang:

Feder 1: Nach Gleichung (109) ist

$$\frac{P}{f} = \frac{G\,d^4}{8\,i\,D^3} = \frac{825\,000 \cdot 0{,}47^4}{8 \cdot 3 \cdot 4{,}23^3} = 22{,}2 \text{ kg/cm}$$

Damit ist die Vorspannungskraft $Po = 1{,}05 \cdot 22{,}2 = 23{,}4$ kg und die Kraft bei offenem Ventil $P = 2{,}15 \cdot 22{,}2 = 47{,}7$ kg.

Der Faktor ψ ist nach Abb. 130 (für $\frac{D}{d} = \frac{4{,}23}{0{,}47} = 9$) gleich 1,15.

Damit ist nach Gleichung (104) bei geschlossenem Ventil

$$\tau_o = 1{,}15\,\frac{8 \cdot 23{,}4 \cdot 4{,}23}{\pi \cdot 0{,}47^3} = 2\,800 \text{ kg/cm}^2$$

und bei offenem Ventil

$$\tau = 5700 \text{ kg/cm}^2$$

Somit die statische Wechselbeanspruchung

$$\tau_w = 2900 \text{ kg/cm}^2 \; (\bar{\tau}_w = \frac{\tau_w}{\psi} = 2520 \text{ kg/cm}^2)$$

Nach Gleichung (168) ist die minutliche Eigenschwingungszahl:

$$n_e = 8{,}2 \cdot \frac{2520}{1{,}1} = 18\,800; \; \nu_e = \frac{\pi\,n_e}{30} = 1965$$

Kritische Drehzahlen

$\mu = 16$ $n_{kr} = 1170$ (Nockenwelle)

$\mu = 17$ $n_{kr} = 1105$

$\mu = 18$ $n_{kr} = 1045$

$\mu = 19$ $n_{kr} = 990$

$\mu = 20$ $n_{kr} = 940$

$\mu = 21$ $n_{kr} = 900$

Nach Gleichung (172) ist für die Grundschwingung

$$\bar{\tau}_{\mu\,max} = \frac{\nu_e^2}{\pi \cdot b}\sqrt{\frac{2 \cdot \gamma \cdot G}{g}}\,h_\mu$$

Nach Abb. 149 kann für die Größenordnung der Erregeramplituden einheitlich $b = 2$ sek^{-1} gesetzt werden.

Mit $G = 825.000$ kg/cm^2, $\gamma = 0{,}008$ kg/cm^2 und $g = 981$ cm/sek^2 wird

$$\bar{\tau}_{\mu\,max} = 2{,}24 \cdot 10^6 \cdot h_\mu{}^{cm}$$

Das gibt für

$\mu = 16$	$\tau_{\mu\,max} = 985$ kg/cm²	$\tau_{w\mu} = 5200$ kg/cm²
$\mu = 17$	„ $= 810$ „	„ $= 4800$ „
$\mu = 18$	„ $= 1430$ „	„ $= 6200$ „
$\mu = 19$	„ $= 1750$ „	„ $= 6900$ „
$\mu = 20$	„ $= 1050$ „	„ $= 5300$ „
$\mu = 21$	„ $= 670$ „	„ $= 4500$ „

Dabei ist die Gesamtwechselbelastung nach Gleichung (173) gerechnet.

Feder 2: Nach gleichem Rechnungsgang ist

$$\frac{P}{f} = 10{,}4 \text{ kg/cm}^2;\ P_0 = 10{,}9;\ P = 22{,}4;\ \psi = 1{,}15$$

$$\tau_0 = 2400 \text{ kg/cm}^2;\ \tau = 4900 \text{ kg/cm}^2;\ \tau_w = 2500 \text{ kg/cm}^2$$

$$\tau_w' = 2170 \text{ kg/cm}^2;\ n_e = 16.200;\ v_e = 1700.$$

$\mu = 14$	$\tau_{\mu\,max} = 755$ kg/cm²	$\tau_{w\mu} = 4300$ kg/cm²
$\mu = 15$	„ $= 0$ „	„ $= 2500$ „
$\mu = 16$	„ $= 740$ „	„ $= 4200$ „
$\mu = 17$	„ $= 605$ „	„ $= 3900$ „
$\mu = 18$	„ $= 1050$ „	„ $= 4900$ „
$\mu = 19$	„ $= 1300$ „	„ $= 5500$ „
$\mu = 20$	„ $= 790$ „	„ $= 4300$ „
$\mu = 21$	„ $= 500$ „	„ $= 3650$ „

Die Beanspruchung der starken Feder ist am höchsten bei der Harmonischen der 19. Ordnung. Sie beträgt 6900 kg/cm² und liegt knapp unter der Dauerwechselfestigkeit des Federdrahtes. Die wirklichen Beanspruchungen dürften — wie erwähnt — etwas niedriger liegen, weil die elastischen Stoßstangen ausgleichend wirken.

2. Ventile, Ventilsitze und Führungsbuchsen.

Als Ventile werden im Motorenbau heute ausschließlich Einsitzventile verwendet, die nach dem Zylinderinneren öffnen und durch Federn nach außen gedrückt werden. Doppelsitzventile, wie sie z. B. im Dampfmaschinenbau gebaut werden, eignen sich nicht, weil bei den wechselnden Betriebstemperaturen eine verläßliche Dichtung nicht zu erzielen ist und überdies die Brennraumgestaltung schwierig wäre.

Das Ventil ist während der wechselnden Bewegung hohen mechanischen Belastungen, insbesondere durch die Schläge beim Aufsitzen ausgesetzt. Erschwerend bei der Beherrschung dieser Kräfte ist besonders beim Auslaßventil die hohe Wärmebelastung, durch die das Ventil ungewöhnlich heiß wird. Am Auslaßventil von Flugmotoren wurden Betriebstemperaturen gemessen, die über 800° C liegen. Außerdem ist der Werkstoff, besonders des Auslaßventiles, dauernd den korrodierenden Abgasen ausgesetzt, die bei der hohen Temperatur und bei der hohen Dichte der Verbrennungsgase besonders bei Öffnungsbeginn des Ventiles chemisch stark aktiv sind. Bei Verwendung von Klopfschutzmitteln, wie Bleitetraäthyl, kann die Korrosionskraft der Gase noch höher sein. Die Betriebsschäden an Ventilen, wie sie beobachtet werden können, sind folgende:

1. Zerstörung des Sitzes durch Fremdkörper. Sie muß unter allen Umständen durch verläßliche Filtrierung der Ansaugluft vermieden werden.

2. Zerstörung des Sitzes und anderer Oberflächenteile durch Verzunderung und Korrosion. Zur Verzunderung und Oxydation neigen alle praktisch in Frage kommenden Ventilwerkstoffe. Wenn die erste Oxydhaut jedoch weiteren chemischen Angriffen gegenüber nicht widerstandsfähig genug ist, ist der Oxydationsprozeß fortschreitend und bei der örtlich verschiedenen Heftigkeit des Gasanfalles Anlaß zu örtlichen verschiedenen Korrosionserscheinungen gegeben, was am Sitz nicht nur unmittelbar das Undichtwerden des Ventils zur Folge hat, sondern im allgemeinen auch erhöhte Kerbwirkung verursacht.

3. Verschleiß von Druck- und Gleitflächen. Der Ventilkegel setzt sich mit endlicher Geschwindigkeit auf den Sitz auf. Diese Stoßbeanspruchung kann zum Ausschlagen der Sitzflächen und zum Undichtwerden führen. Eine weitere empfindliche Verschleißstelle ist die Führung am Ventilschaft, sowie die Stirnfläche am Schaftende, auf welche der Ventilhebel einwirkt.

4. Bruch des Ventiles. Er hat seine Ursache meist in der Dauerbeanspruchung bei verminderter Widerstandsfähigkeit des Materials durch zu hohe Temperatur oder durch erhöhte Kerbwirkung bei mangelhafter Bearbeitung oder Korrosion. Das Ventil bricht meist am Übergang des Tellers auf den Schaft oder am oberen Schaftende, wo für den Angriff der Ventilfeder eine Nut eingedreht ist. Auch radial vom Tellerrand nach innen verlaufende Risse sind zu beobachten, die ihre Ursache ebenfalls in mangelhafter Bearbeitung oder zu hoher örtlicher Erwärmung haben.

5. Verziehen durch örtlich verschiedene Temperaturen. Das als Einheit aufzufassende Abschlußorgan, bestehend aus Ventilkegel, Ventilsitz, Ventilführung und die verbindende Zylinderkopf-Konstruktion weist stets örtlich verschiedene Temperaturen auf, die einerseits durch örtlich verschiedenen Wärmeanfall, anderseits durch ein für die Wärmeabfuhr notwendiges Temperaturgefälle bedingt sind. Die ungleiche Wärmedehnung, sowohl am Ventil als auch im Kopf, kann zur Folge haben, daß Ventil und Ventilsitz nicht mehr schlüssig aufeinander passen und somit ein Spalt zwischen beiden entsteht.

6. Klemmen des Ventiles. Das Ventil läuft in seiner Führung unter den denkbar ungünstigsten Umständen. Die Schmierung kann nur mangelhaft sein. Außerdem neigt bei den hohen Temperaturen besonders im Auslaßventil das Schmieröl zum Verkoken. Wenn die dadurch verminderten Laufeigenschaften des Baustoffes nicht mehr ausreichen, klemmt das Ventil fest.

Das Festklemmen und der Bruch des Ventiles haben den sofortigen Betriebsausfall des Motors zur Folge. (Bei Bruch meist erweiterter Motorschaden durch Zerhämmern des Kolbens usw.) Ein Undichtwerden des Ventiles hingegen durch Korrosion, Verschleiß oder Verziehen bringt den Motor in der Regel erst in der weiteren Folge zum Ausfallen, es handelt sich dabei um einen mit steigender Geschwindigkeit fortschreitenden Prozeß. Beim Undichtwerden steigt stets der Wärmeanfall, während die Kühlung durch Verkleinern der Auflagefläche des Ventilkörpers abnimmt. Es steigt dann die Betriebstemperatur und weiter die Anfälligkeit gegen Korrosion und Verschleiß.

Der Leistungsabfall ist bei undichten Ventilen verhältnismäßig gering, wohl aber treten andere unangenehme Erscheinungen auf. Vor allem steigt bei Ottomotoren durch die erhöhte Ventiltemperatur die Klopfneigung. Bei Dieselmotoren vermindert sich die Zündwilligkeit beim Anfahren, weil bei den niedrigen Drehzahlen der Luftverlust zu groß wird und damit die Verdichtungsendtemperatur mehr oder minder stark abnimmt. Ein undichtes Einlaßventil kann bei Ottomotoren auch die Ursache von Selbstzündungen im Saugrohr sein.

Zur Vermeidung von Schäden muß ein besonderes Augenmerk

a) der richtigen Wahl des Werkstoffes und seiner Bearbeitung,

b) der Wärmeabfuhr,

c) der richtigen Formgebung hinsichtlich des Wärmeverzuges zugewandt werden.

a) Baustoffe.

Eine eingehende Besprechung der Baustoffe für den Ventilkegel, die Ventilführung und den Ventilsitz findet sich in Heft 14 dieser Buchausgabe [13], so daß sich die folgenden Ausführungen auf das Grundsätzliche beschränken können.

Die Forderungen, die an den Baustoff zu stellen sind, beinhalten im wesentlichen folgende Punkte (vgl. auch [14]): hohe Warmfestigkeit, hohe Kerbzähigkeit, hohe Korrosionsfestigkeit, Zunderbeständigkeit, Gefügebeständigkeit im Bereiche der Betriebstemperaturen, hoher Verschleißwiderstand, gute Wärmeleitfähigkeit, leichte Bearbeitbarkeit.

Das Maß, in dem diese Anforderungen zu erfüllen sind, hängt jeweils von den Betriebsbedingungen ab.

Für Ventile stehen in Verwendung:

1. Unlegierte Kohlenstoffstähle. Sie eignen sich nur für niedrige Wärmebeanspruchungen (wassergekühlte Ventile).

2. Grauguß und schwach legierter Guß. Er wird vorwiegend bei Auslaßventilen größerer und langsamlaufender Maschinen zur Herstellung des Ventiltellers verwendet, der auf einen Stahlschaft aufgeschrumpft, aufgeschraubt oder aufgenietet wird. Grauguß hat eine verhältnismäßig hohe Zunderbeständigkeit (500 ^{0}), darf aber wegen der geforderten Gefügebeständigkeit nur bis zu Temperaturen von etwa 400 ^{0} C verwendet werden.

3. Legierte Stähle. Die wichtigsten Legierungszusätze sind Chrom, Nickel, Silizium, Mangan, Molybdän und Kobalt. Die Warmfestigkeit und Korrosionsfestigkeit wird vor allem durch das Chrom erhöht. Als wichtigste legierte Stähle sind heute in Verwendung:

a) Chromstähle mit einem Chromgehalt von etwa 13 v. H. Dazu noch Bruchteile eines Prozentes von Silizium, Mangan, Kohlenstoff. Sie können bis 650 ^{0} verwendet werden (Fahrzeug-Diesel- und Ottomotoren). Neuerdings wird dieser Stahl ersetzt durch

b) Chrom-Silizium-Stähle, bei denen der Chromzusatz erheblich vermindert ist durch einen erhöhten Siliziumzusatz. Die Stähle, die in mehreren Abarten verwendet werden, eignen sich für die Einlaßventile höher belasteter Motoren und für die Auslaßventile von Motoren mit mittlerer Belastung (Fahrzeugmotoren). Die Stähle sind vergütet. Ein Nachteil besteht darin, daß bei Überschreitung der kritischen Temperatur (Umwandlungspunkt für das Gefüge) Selbsthärtung eintritt, wobei unkontrollierbare Zustände auftreten. Ein Vorteil liegt in den guten Laufeigenschaften infolge der durch Vergütung erzielten Oberflächenhärte. Auch die Beständigkeit des Ventilsitzes ist dadurch wesentlich erhöht.

c) Austenitische Chromnickelstähle. Bei den heute auftretenden höchsten Ventiltemperaturen von etwa 850 ° C haben sich diese Stähle gut bewährt. Sie ändern ihr Gefüge nicht, so daß die Gefahr der Selbsthärtung nicht besteht. Neben einem hohen Chromzusatz (bis 20 v. H.) haben diese Stähle auch einen beträchtlichen Nickelgehalt (bis zu 15 v. H.). Statt Nickel kann auch Mangan verwendet werden. Auch der Siliziumgehalt ist verhältnismäßig hoch (bis 3 v. H.). Der hohe Chromgehalt gewährleistet eine hohe Korrosionsfestigkeit. Von Nachteil ist jedoch die geringe Härte, die eine besondere Vergütung des Schaftes zur Erhöhung der Lauffestigkeit erforderlich macht (z. B. Nitrieren).

Eine örtliche Verschleißminderung des Baustoffes wird durch Aufbringen von Hartmetallen (z. B. Stelit u. ä.) erreicht. Es wird vorwiegend die obere Stirnfläche des Schaftes und der Ventilsitz gepanzert. Hartmetall und Grundbaustoffe werden verschweißt (Abb. 153 und 154). Bei der Bearbeitung des Ventiles ist das Hauptaugenmerk der Vermeidung von Kerben zuzuwenden. Häufig erwiesen sich Drehriefen oder sonstige mangelhafte Bearbeitung als Bruchursache.

Der Ventilsitz im Kopf ist ähnlichen Belastungen ausgesetzt wie der Gegensitz am Ventil. Die richtige Wahl des Materials für den Sitz hat auch in Hinblick auf das Zusammenarbeiten mit dem Ventilbaustoff zu geschehen [15]. Maßgebend für den Verschleiß ist jedoch vorwiegend die Sitztemperatur und die Schlagbeanspruchung, die um so größer ist, je höher die Geschwindigkeit ist, mit der das Ventil auf seinem Sitz auffällt. Es stehen in Verwendung:

1. Grauguß. Dabei wird in der Regel der Sitz unmittelbar in den Zylinderkopf eingearbeitet. Wenn getrennte Ringe eingesetzt werden, so wird der Guß vorteilhaft ähnlich wie bei gußeisernen Ventiltellern mit Chrom und Molybdän (je 1%) legiert. Bei Fahrzeugmotoren findet man im allgemeinen mit Graugußsitzen das Auslangen. Bei höher beanspruchten Motoren werden

2. Bronze, vorwiegend Aluminiumbronze (90 v. H. Cu, 10 v. H. Al), oder

3. Stahlringe verwendet, wobei zur Erhöhung der Sitzhärte auch noch eine Panzerung mit Hartmetall angebracht werden kann.

Die richtige Werkstoffpaarung ist wichtig bei der Wahl des Baustoffes für die Ventilführung. Als Baustoffe eignen sich dafür

1. Grauguß. Seine Verwendung ist für alle Ventilstoffe mit Ausnahme der austenitischen Stähle gebräuchlich. Bei austenitischen Stählen mit nitriertem Schaft muß

2. legierter Grauguß in vergütetem Zustand verwendet werden. Weitere brauchbare Ventilführungswerkstoffe sind

3. Aluminiumbronze,

4. Cuprodur,

5. Niresist.

Die drei letzten eignen sich sowohl bei Ventilen aus Chromsilizium, als auch aus austenitischen Chromnickelstählen.

Bei erhöhter Neigung zu Verschleiß haben sich auch nitrierte Graugußführungen bewährt. Allgemein soll man sowohl für den Ventilschaft, als auch für die Ventilführung möglichst große Härte anstreben, wobei jedoch darauf Bedacht zu nehmen ist, daß beide Materialien gut zusammenarbeiten.

b) Wärmeabfuhr.

Die an der Zylinderseite des Ventiles und beim Auspuffventil auch am Ventilkegel anfallende Wärme Qz (Abb. 150) wird zum Teil über den Sitz, zum Teil über die Schaftführung an den Block und an das Kühlmittel und zu einem geringen Teil über die in die Luft ragenden Teile an die Außenluft abgegeben. Beim Einlaßventil entfällt der Wärmeanfall am Ventilkegel, statt dessen wird das Ventil durch die einströmende Frischladung ausgiebig gekühlt, so daß die Temperatur dieses Ventiles stets erheblich unter der des Auslaßventiles liegt. *List* [16] hat an einem Fahrzeugmotor durch Messung festgestellt, daß der Wärmeübergang während des Gaswechselvorganges von derselben Größenordnung ist, wie der Wärmeübergang während des Verdichtungs- und Ausdehnungshubes.

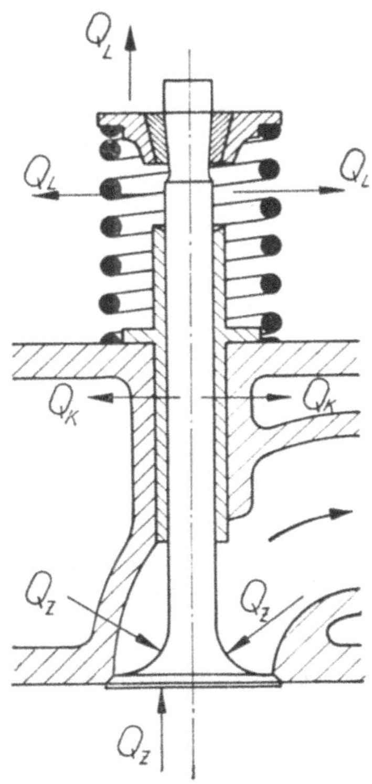

Abb. 150.

Um die Temperatur des Ventiles niedrig zu halten, müssen die Wege für die Wärmeströmung möglichst kurz, der Querschnitt hiefür möglichst groß und die Wärmeleitfähigkeit des Werkstoffes tunlichst hoch gewählt werden. Der Ventilschaft soll daher stark sein und die Ventilführung möglichst tief zum Teller hin heruntergezogen werden. Dabei ist zu achten, daß dadurch die Gasströmung nicht zu stark gedrosselt wird. Die Übergangsstellen für die Wärme sind gut zu kühlen. Die Spindelführung soll allseitig vom Kühlmittel umströmt, ebenso der Sitz gut gekühlt werden. Darauf ist besonders bei der Ausbildung des Steges zwischen den Ventilen (Abb. 151) zu achten. Es wird gerade hier häufig in dem Bestreben, möglichst große Ventilquerschnitte unterzubringen, der Fehler gemacht und der Steg als Rippe (151a) ausgebildet. Dies ist nur bei niedrig belasteten Motoren zulässig und führt bei zu hohem Wärmeanfall stets zum Verziehen von Ventil und Steg und in der weiteren Folge zum Reißen. Der Abstand der Ventile soll so groß gewählt werden, daß das Kühlmittel tief heruntergeführt werden kann und der Steg in der Mitte nicht viel höher wird als die Bodenstärke des Zylinderkopfes.

Als Einlaßventil wird die Bauart nach (Abb. 150) für höchste Leistungen angewendet und als Baustoff dafür warmfester Stahl gewählt. Für das Auslaßventil muß jedoch bei höheren Belastungen zu weiteren Kühlbehelfen gegriffen werden, um die Temperatur auf ein beherrschbares Maß zu senken.

Das wirksamste Mittel ist die Durchflußkühlung, wofür sich als Kühlmittel Wasser am besten bewährt. Man wendet diese Art der Kühlung nur bei größeren Motoren mit niedriger Drehzahl an. Sie ist umständlich und würde bei schnelllaufenden Hochleistungsmotoren überdies auch versagen. Die höchste Drehzahl, für die sich diese Kühlungsart eignet, liegt etwa bei 1000 U/min.

Abb. 152 zeigt ein Auslaßventil mit Durchflußkühlung. Das Ventil ist hohl. Nahe dem oberen Schaftende tritt das Kühlungsmittel über eine Muffe ein. Das Wasser wird durch einen Schlauch zugeleitet und durch ein zentrales Rohr bis an den Teller geführt. Im äußeren Ringspalt strömt es im Schaft zurück und durch einen Schlauch an der obersten Stelle wieder ab. Der Ventilkegel wurde früher hohlgedreht und eine Bodenplatte eingeschweißt (in der rechten Hälfte dargestellt). Heute wird er vorwiegend nach einem besonderen Verfahren geschmiedet (linke Seite).

Bei schnellaufenden Hochleistungsmotoren wendet man als Kühlbehelf die sogenannte Pendelkühlung an. Es handelt sich dabei nicht wie bei der Durchflußkühlung um eine Wärmeabfuhr nach außen, sondern nur um einen Wärmetransport innerhalb des Ventiles von heißen Stellen zu kühleren, um auch letztere möglichst weitgehend zur Wärmeabgabe heranzuziehen. Das Ventil ist hohl und mit einem Kühlmittel zur Hälfte bis zu $^3/_5$ des Hohlraumes gefüllt. Beim Hohlschaftventil (Abb. 153) ist nur der Schaft ausgehöhlt. Die Füllöffnung am Schaftende wird durch Verpfropfen und Verschweißen dicht verschlossen. Das Hohltellerventil (Abb. 154) ist besser gekühlt, kann jedoch nur durch schwierige und teurere Schmiedeverfahren hergestellt werden, während die Schaftbohrung durch einen einfachen Bohrprozeß auszuführen ist.

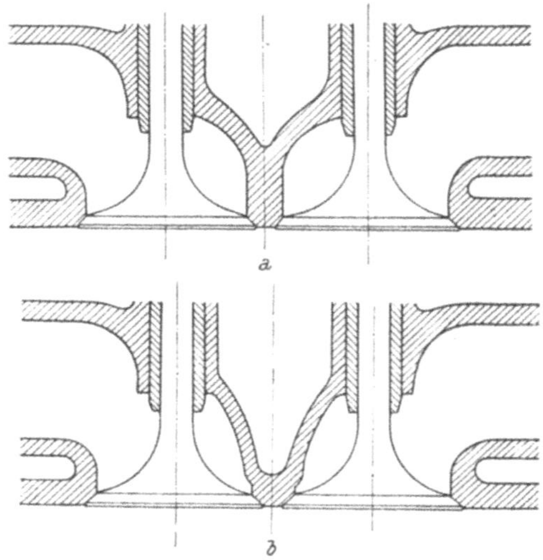

Abb. 151. Beispiele für schlecht *(a)* und gut *(b)* gekühlte Stege zwischen den Ventilen.

Die Temperaturabsenkung durch die Pendelkühlung beträgt etwa 15 bis 20 v. H. am Teller. Die Kühlwirkung beruht darauf, daß die Kühlflüssigkeit während der Ventilbewegung hin und her geschleudert wird, dabei die Wärme am heißen Teller aufnimmt und am kühleren Schaftende abgibt. Es wird somit die Wärmeleitung ausgiebig unterstützt, und zwar besser als dies z. B. durch Einziehen einer Kupferseele in den Schaft, was ebenfalls versucht wurde, erreicht wird. Als Kühlmittel wird heute allgemein metallisches Natrium verwendet, welches bei normalen Temperaturen fest ist, aber schon bei $97^0\,C$ schmilzt und erst bei 883^0 siedet, also bei einer Temperatur, die auch bei den höchst beanspruchten Ventilen kaum erreicht wird, so daß eine Druckerhöhung im Ventilhohlraum vermieden bleibt. Das flüssige Natrium benetzt die Wände sehr gut, ohne sie anzugreifen. Die spezifische Wärme und die Wärmeleitfähigkeit des Natriums ist hoch, der Wärmetransport daher ausgiebig. Früher hat man auch Quecksilber oder Alkalisalze zur Füllung verwendet. Diese Stoffe haben aber einen Siedepunkt im Bereiche der Betriebstemperaturen. Durch den hohen Dampfdruck kann dann die Schweißstelle am oberen Schaftende undicht werden oder gar der Schaft platzen.

Der Belastungsgrad eines Ventiles durch die Wärme läßt sich durch eine Kennzahl ausdrücken, die sich nach folgender Überlegung ergibt: Die an das Ventil anfallende Wärme ist proportional dem mittleren indizierten Druck p_i, der Drehzahl und der Fläche, also dem Quadrat des Durchmessers. Wenn man auf den quantitativen Zusammenhang, der rechnerisch nicht zu erfassen ist, verzichtet, so kann qualitativ

$$Q \sim (proportional)\; p_i\; n\; D^2 \tag{174}$$

geschrieben werden. Für die Wärmeleitung bis zur Übergangsstelle aus dem Ventil zum Zylinderblock, also z. B. bis zum Ventilsitz oder bis zur Schaftführung, ist ein Temperaturgefälle $\triangle\, T_1$ erforderlich. Dieses Temperaturgefälle ist proportional der Länge l des Wärmeweges und der Wärmemenge Q, verkehrt proportional dem Wärmeflußquerschnitt und der Wärmeleitzahl λ. Also

$$\triangle\, T_1 \sim \frac{l\,Q}{f_1\,\lambda}$$

Die Länge ist proportional dem Durchmesser, der Querschnitt proportional dem Quadrat des Durchmessers, wenn wir unsere Betrachtung für ähnliche Ventilformen anstellen, was praktisch zulässig ist.

Somit ist

$$\triangle\, T_1 \sim \frac{Q}{D\,\lambda}$$

Führt man für Q obige Proportion ein, so ergibt sich für das notwendige Temperaturgefälle zur Wärmeleitung die Proportion

$$\triangle\, T_1 \sim p_i\, n\, D \cdot \frac{1}{\lambda} \tag{175}$$

Für die Abführung der Wärme durch den Sitz oder durch die Führung, ist ein weiteres Temperaturgefälle $\triangle\, T_2$ notwendig, für welches sich nach der Wärmedurchgangs - Gleichung die Proportion

$$\triangle\, T_2 \sim \frac{Q}{\alpha f_2} \tag{176}$$

ergibt, worin α die Wärmedurchgangszahl und f_2 die Übergangsfläche bedeuten. Führt man hierin für Q die Proportion (174) ein, so wird

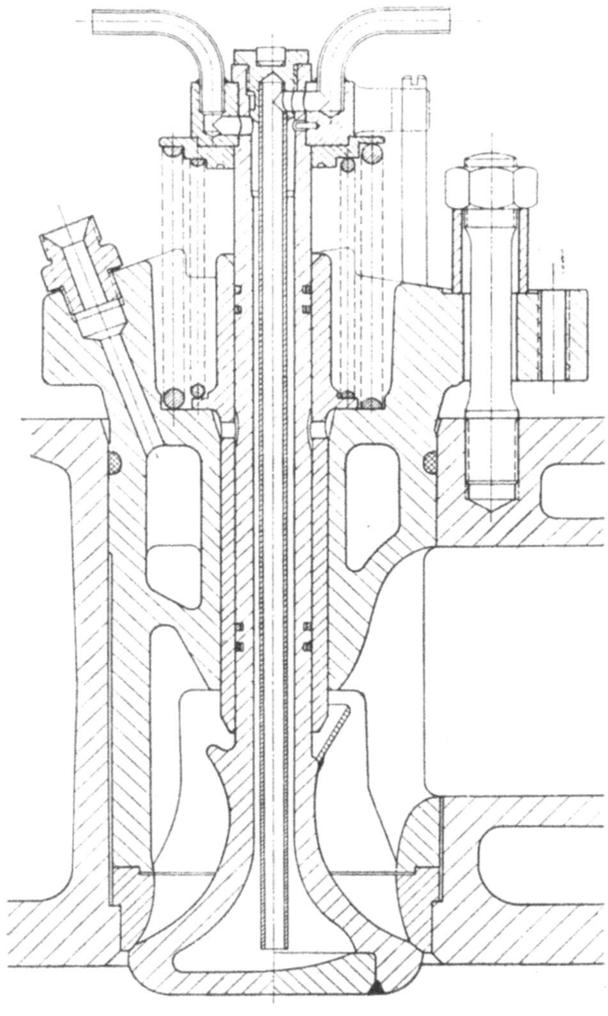

Abb. 152. Auslaßventil einer größeren Gasmaschine mit Durchflußkühlung.

$\triangle\, T_2 \sim p_i\, n\, \frac{1}{\alpha}$. Als Kennziffer erscheint demnach die Zahl

$$C = n\, p_i\, D \tag{177}$$

als brauchbar. α u λ sind darin nicht berücksichtigt, weil diese bei den gebräuchlichen Baustoffen nur wenig schwanken und ihr Einfluß daher verhältnismäßig gering ist. Die Kennzahl errechnet sich an ausgeführten Motoren in nachstehenden Grenzen:

Stationäre Motoren (Diesel und Gas): $C = 20.000$ bis 90.000.
Fahrzeugmotoren (Otto und Diesel): $C = 50.000$ bis 100.000.
Flugmotoren (Otto): $C = 120.000$ bis 250.000.

Dabei wurde n in U/min, p_i in kg/cm^2 und D als innerer Sitzdurchmesser des Ventiles in cm eingesetzt. p_i wurde einheitlich aus dem mittleren effektiven Druck unter Zugrundelegung eines mechanischen Wirkungsgrades von 0,8 bei Vollast errechnet.

Die Kennzahl kann als Vergleichsgrundlage für die Wärmebelastung zunächst nur für Motoren mit gleichen Verbrennungssystemen gelten. In grober Näherung kann sie jedoch auch bei Vergleich von Motoren mit verschiedenen Verbrennungs-

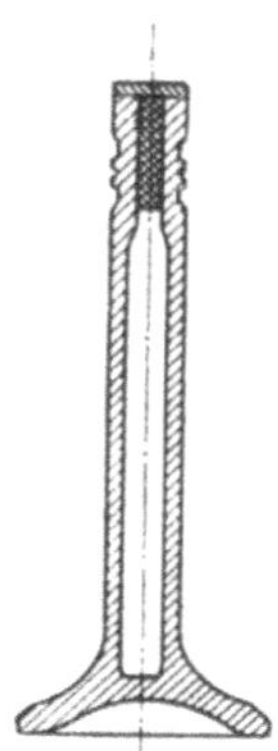

Abb. 153. Hohlschaft-ventil.

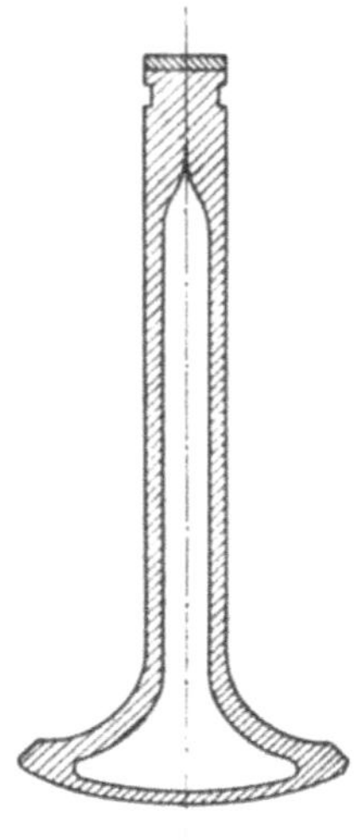

Abb. 154. Hohltellerventil.

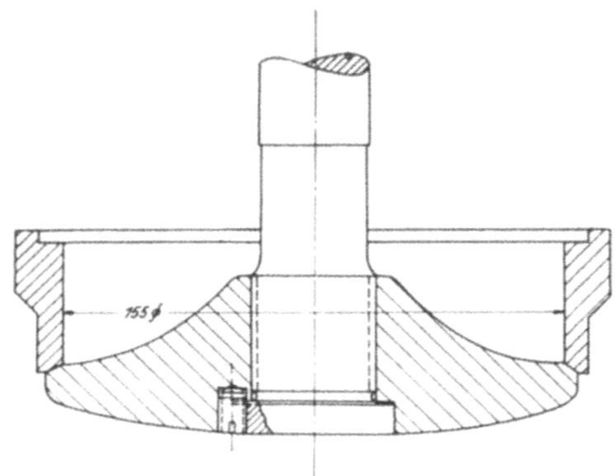

Abb. 155. Auslaßventil mit Graugußteller.

verfahren zugrunde gelegt werden, denn der Anteil der an die Wandungen übergehenden Wärme ist dabei nicht allzu verschieden. Beim Dieselmotor z. B. ist die während des Verbrennungsvorganges übergehende Wärme höher als beim Ottomotor, bei dem anderseits die während des Auspuffes auf das Ventil übergehende Wärme der höheren Abgastemperatur zufolge höher ist.

Bei stationären Dieselmaschinen größerer Bauart findet man bei Kennziffern über 60.000 allgemein die Durchflußkühlung mit Wasser ausgeführt. Unter dieser Grenze sind die Ventile älterer Maschinen ebenfalls wassergekühlt, neuere Ausführungen aber auch ungekühlt, wobei als Ventilbaustoff legierter Stahl oder der Ventilteller des Anlaßventiles aus Grauguß oder legiertem Guß hergestellt ist (Abb. 155). Bei Durchflußkühlung sind die Ventiltemperaturen so niedrig, daß an den Werkstoff bezüglich der Warmfestigkeit keine hohen Anforderungen gestellt zu werden brauchen.

Bei großen ortsfesten Gasmotoren pflegt man das Auslaßventil allgemein mit Durchflußkühlung zu versehen, weil dabei schon wegen der Gefahr von Ansaugknallern und Frühzündungen alle Wandungstemperaturen so niedrig wie möglich bleiben müssen.

Bei Fahrzeugmotoren pflegt man keine zusätzlichen Kühlbehelfe anzubringen. Man findet mit Chrom- oder Chromsiliziumstählen für das Auslaßventil das Auslangen, weil die Temperaturen kaum über 700° C steigen. Nur bei Hochleistungsmotoren wird vereinzelt das Auslaßventil mit Pendelkühlung ausgeführt. Die Grenze, über der auch bei Verwendung legierter Stähle eine Pendelkühlung des Auslaßventiles als Kühlbehelf unerläßlich ist, liegt sowohl beim Diesel- als auch Ottomotor etwa bei $C = 100.000$.

Bei neuzeitlichen Flugmotoren liegt die Kennziffer auch ohne Aufladung meist über dieser Grenze, so daß die Anwendung dieser Kühlhilfe die Regel ist. Bei der oberen Belastungsgrenze muß sowohl hinsichtlich der Kühlung als auch der Werkstoffauswahl größte Sorgfalt walten, um die notwendige Betriebssicherheit zu erreichen. Die Temperaturen des Auslaßventiles steigen dabei über 800° an, so daß man trotz Kühlbehelf hochwertige austenitische Stähle verwenden muß.

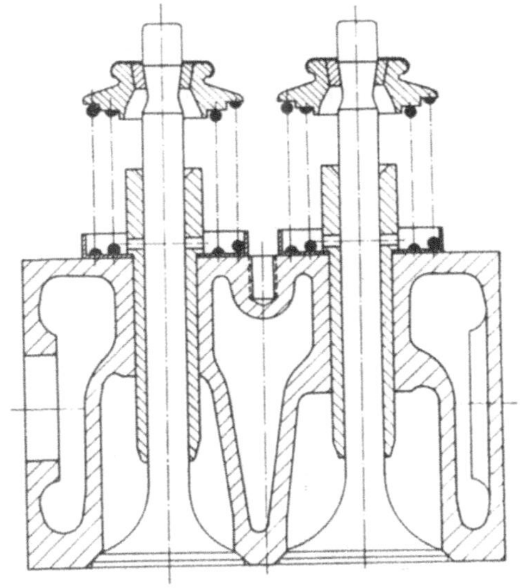

Abb. 156. Wassergekühlter Zylinderkopf eines Fahrzeugdieselmotors.

c) Formgebung.

Die übliche Ausführung der Absperrorgane bei wassergekühlten Viertaktmotoren zeigt Abb. 156. Der Zylinderkopf besteht aus der Bodenplatte, der oberen Wand und den Seitenwänden. Dazwischen liegen die Führungskanäle für Frischladung und Abgas, sowie die Schaftführung. Die örtlich verschiedene Beheizung vom Zylinderinneren und dem Auspuffkanal her bedingt eine Verformung des Kopfes und auch des Ventiles. Die Dehnung der Bodenplatte in horizontaler Richtung ist größer als die Dehnung der oberen Platte. Ebenso ergeben sich in vertikaler Richtung verschieden starke Dehnungen. Dadurch ändert sich die Richtung der Ventilführungen. Solange diese Verschiebungen so klein sind, daß sie durch das notwendige Laufspiel in den Schaftführungen ausgeglichen werden, ist ein Dichten in allen Betriebsbereichen möglich. Dies trifft bei wassergekühlten Motoren im allgemeinen zu. Bei luftgekühlten Maschinen sind die Temperaturunterschiede zwischen der Bodenplatte und der Oberplatte viel größer. Die Bauart kann dann nur bei verhältnismäßig niedrig belasteten Fahrzeugmotoren mit Erfolg angewendet werden. Bei Hochleistungsmotoren ist es dagegen nicht möglich, über den ganzen Betriebsbe-

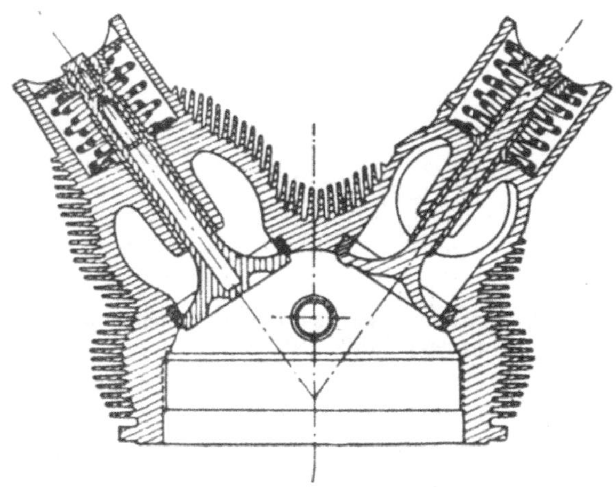

Abb. 157. Luftgekühlter Zylinderkopf.

reich einwandfreie Verhältnisse zu schaffen. Bei hoher Last werden die Ventile undicht, was sich zwar in der Leistung meist nur wenig äußert, aber eine rasche Zerstörung des Sitzes zur Folge hat. Die Undichtigkeit läßt sich in solchen Fällen leicht feststellen, wenn nach dem Abstellen die heiße Maschine langsam durchgedreht wird und bei Verdichtung auf Durchströmgeräusche geachtet wird. In allen Fällen, wo größere Temperaturschwankungen zu erwarten sind, also vor allem bei luftgekühlten Hochleistungsflugmotoren, greift man besser zur Bauart nach Abb. 157. Die Ventilkanäle sind an die gekrümmte Bodenplatte angesetzt, ohne daß eine zweite Querverbindung durch eine kältere Platte besteht. Der Kanal dehnt sich bei Erwärmung des Kopfes vorwiegend in der Richtung der Ventilachse, so daß Ventilsitz und Ventilspindel auch bei hohen Belastungen soweit zentrisch bleiben, daß ein zuverlässiges Dichten gewährleistet ist.

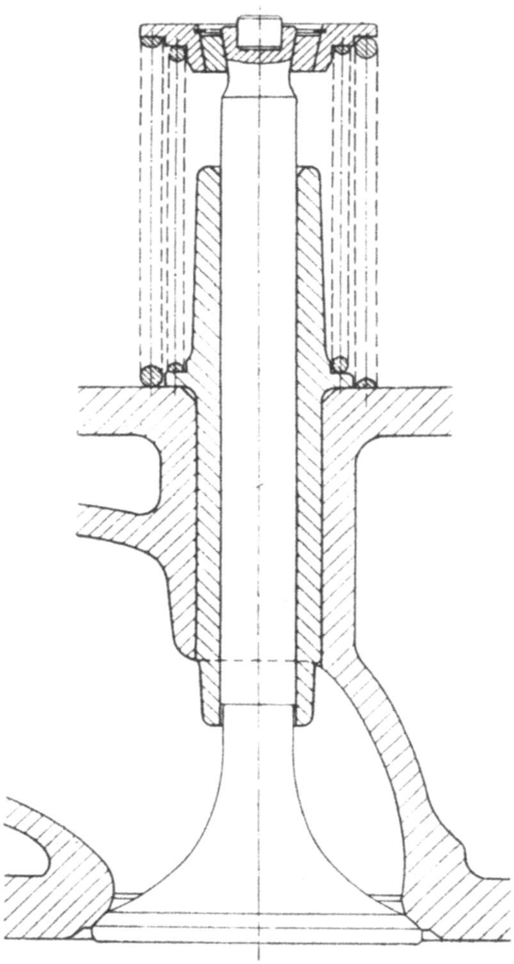

Abb. 158. Ein- und Auslaßventil eines Dieselmotors mittlerer Größe (30 l/Zyl.).

Bei großen Zylindereinheiten pflegt man neben der Bauart nach Abb. 158 wie sie für wassergekühlte Zylinder kleiner Abmessungen (Fahrzeug-Flugmotoren u. dgl.) die Regel ist, auch die sogenannte Korbkonstruktion anzuwenden. Ventil, Ventilsitz und Führung sind dabei ein einheitliches Bauelement. Neben dem Vorteil einer leichteren Montage bietet diese Konstruktion im beschränkten Maß auch die Möglichkeit, die Querdehnungen des Zylinderkopfes vom Ventilsitz fernzuhalten. Der Ventilkorb muß dabei mit Spiel eingesetzt und durch Flachsitz gegen den Kopf gedichtet sein. Abb. 159 zeigt ein Auslaßventil in Korbkonstruktion, wie es für dieselbe Maschine wahlweise neben dem Ventil nach Abb. 158 verwendet wird. Eine getrennte Führungsbüchse ist dabei nicht eingesetzt und das Ventil unmittelbar im „Korb“ (Gehäuse) geführt. Der Korb ist wassergekühlt. Ein vom Korb getrennter Ventilsitzring ermöglicht die Verwendung verschiedener Werkstoffe und eine leichte Auswechselbarkeit. Das dazugehörige Einlaßventil zeigt Abb. 160. Der Ventilsitz ist nicht getrennt. Außerdem ist der Korb und damit die Ventilführung ohne Wasserkühlung ausgeführt. Diese Bauart ist nur bei Einlaßventilen und nicht bei hoher Wärmebelastung möglich, weil hier die Hauptkühlung die Frischladung selbst zu besorgen hat. Ein weiteres

Beispiel für eine Korbkonstruktion zeigt Abb. 152. Dabei ist neben einem getrennten Sitzring auch die Führungsbüchse getrennt eingesetzt. Dies ist bei Gasmaschinen immer ratsam, weil bei ihnen der Verschleiß höher ist und eine Austauschbarkeit der Büchse einen Vorteil bringt.

Die *Abmessungen* der Ventile richten sich nach der Zylindergröße und nach der Anzahl der Ventile. Überwiegend findet man bei Viertaktmaschinen je Zylinder ein Einlaß- und ein Auslaßventil. Bei Hochleistungsmaschinen oder auch dann, wenn die Brennraumgestaltung es notwendig macht — z. B. bei Dieselmotoren mit zentral liegender Düse oder Vorkammer — werden in der Regel zwei Einlaßventile und zwei Auslaßventile vorgesehen. Vereinzelt werden auch drei Ventile (ein Einlaß- und zwei Auslaßventile oder zwei Einlaß- und ein Auslaßventil) ausgeführt.

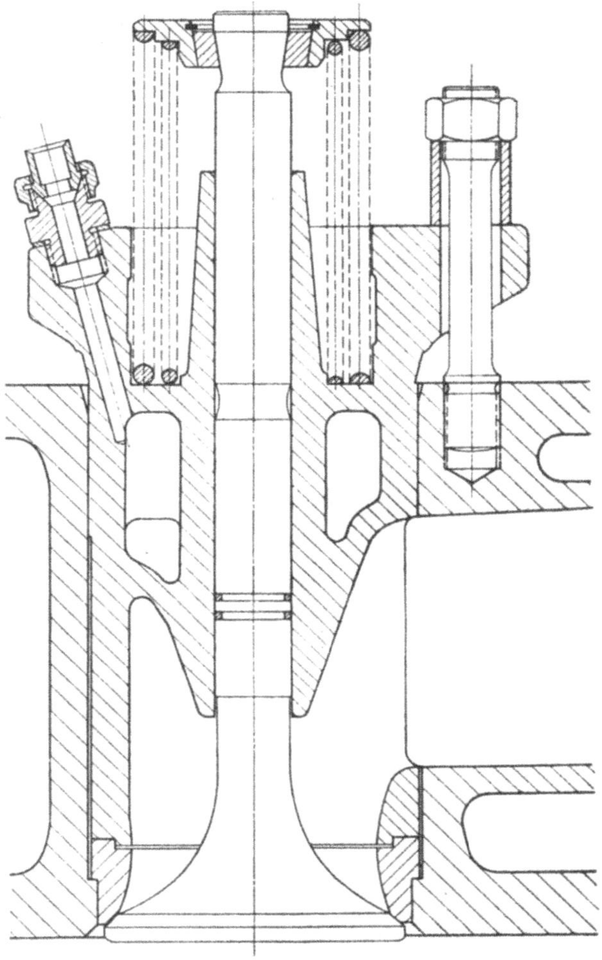

Abb. 159. Auslaßventil in Korbkonstruktion.

Um die Drosselung während des Ladungswechsels möglichst gering zu halten, wird der Strömungsquerschnitt durch das Ventil grundsätzlich so groß wie möglich gemacht. Dabei ist zu beachten, daß zwischen dem bewegten Ventilteller und der umgebenden Wand ein genügend großes Spiel vorgesehen wird, so daß innerhalb der Montage- und Herstellungstoleranzen der Ventilteller mit Sicherheit frei geht; zwischen den Ventilen muß gut gekühlt werden. Um über das dadurch bestimmte Maß hinaus die Ventile vergrößern zu können, wurden früher häufig bei hängenden Ventilen in die Zylinderlaufbüchse sogenannte Ventiltaschen eingearbeitet (Abb. 161). Bei hochbelasteten Motoren sollte dies jedoch vermieden werden, weil dadurch der Kolben örtlich stärker beheizt wird und gerade an den Stellen der Ventiltaschen die Gefahr eines Festbrennens der Kolbenringe geschaffen wird.

Bei vier Ventilen können größere Querschnitte als bei zwei untergebracht werden. Unter Beachtung guter Kühlverhältnisse zwischen den Ventilen wird dabei der Durchmeser der unterzubringenden Ventile kleiner, was hinsichtlich der Wärmebelastung, besonders der Auslaßventile, nur günstig ist und häufig sogar den Anlaß zur Ausführung von vier Ventilen gibt.

Für den Liefergrad ist es günstig, das Einlaßventil größer als das Auslaßventil auszuführen. Bei neueren Motoren ist darauf in der Regel Rücksicht genommen. Der innere Sitzdurchmesser des Auslaßventiles wird bis auf das 0,8fache kleiner ausgeführt als der des Einlaßventiles. Bei einer Nachrechnung der mittleren Geschwindigkeit in den Ventilquerschnitten, d. i. die auf den lichten Ventilquerschnitt reduzierte mittlere Kolbengeschwindigkeit

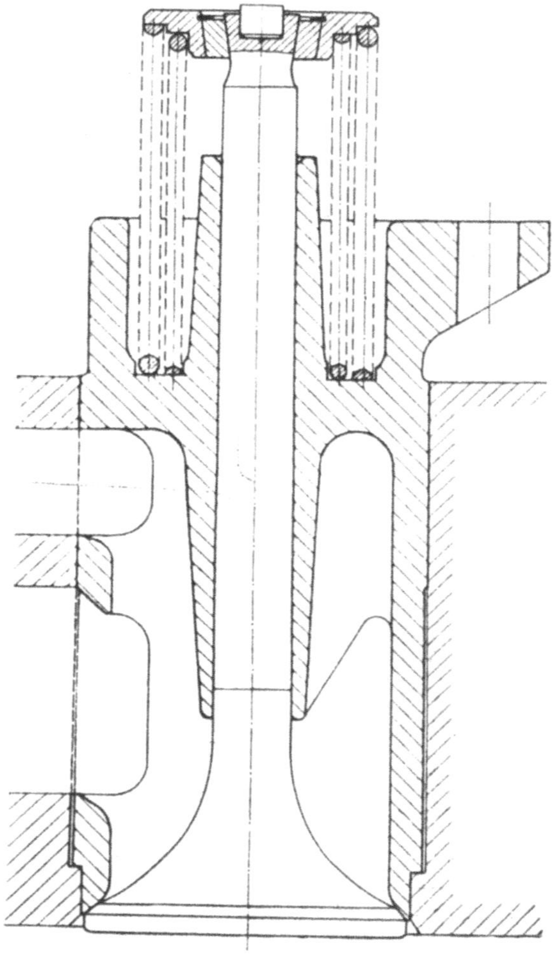

Abb. 160. Einlaßventil in Korbkonstruktion.

$$w_m = c_m \frac{F_k}{F_v} \; m/s$$

worin c_m die mittlere Kolbengeschwindigkeit in m/s, F_k die Kolbenfläche in m^2 und F_v in m^2 den lichten Ventilquerschnitt $\frac{\pi d^2}{4}$ mit d als inneren Sitzdurchmesser bedeuten, soll diese 60 m/s beim Einlaßventil und 100 m/s beim Auslaßventil nicht überschreiten, weil sonst der Liefergrad zu sehr ab- und die Arbeit für den Gaswechsel zu sehr zunimmt.

Der Hub des Ventiles soll nicht größer ausgeführt werden als dies in Hinblick auf möglichst große Öffnungsquerschnitte notwendig ist. Durchströmversuche zeigen, daß es zwecklos ist, den Hub größer als $^1/_4$ des inneren Sitzdurchmessers auszuführen, obwohl theoretische Überlegungen unter Berücksichtigung der Kegelneigung größere Hübe noch als zweckmäßig erscheinen lassen. Mit der Vergrößerung des Ventilhubes steigen die Beschleunigungskräfte im Steuerungsgestänge und die notwendigen Federkräfte. Außerdem nimmt die Wechselbeanspruchung der Feder zu. Es müssen daher weichere Federn verwendet werden, welche nicht nur länger werden, sondern auch leichter zu Federschwingungen neigen. Abb. 162 zeigt eine Zusammenstellung der Ventilhübe einer Reihe ausgeführter Motoren, die um die Größe $h = \frac{d}{4}$ herum liegen.

Die Schaftstärke des Ventiles wird bei Fahrzeug- und Flugmotoren in den Grenzen

$$d_s = (0{,}25 \sim 0{,}3)\, d$$

ausgeführt. Die obere Grenze gilt für kleine Ventile und für größere Ventile mit Innenkühlung (Flugmotoren). Die Ventile großer Stationärmotoren werden mit schlankeren Schäften versehen, deren Abmessungen innerhalb der Grenzen

$$d_s = (0{,}15 \sim 0{,}25)\, d$$

liegen. Die dickeren Schäfte werden bei den kleineren Ventilen bzw. auch bei großen wassergekühlten ausgeführt.

Der Übergang vom Schaft auf den Ventilteller ist in der Regel aus einer Kreisringwulstfläche oder aus einem Kegel und einer Kreisringwulstfläche gebildet (Abb. 163). Der Basiswinkel α des Kegels beträgt dabei 5^0 bis 30^0. Um einen Auslauf für das Werkzeug beim Drehen und Schleifen des Schaftes zu schaffen, wird dieser zweckmäßig unterhalb des Bereiches, in dem er geführt ist, etwas abgesetzt. Hierbei muß sorgfältig jede Kerbwirkung vermieden werden, wozu vorteilhaft nach Abb. 164 verfahren wird. Die Unterseite des Ventiltellers ist entweder flach oder eingebeult (Tulpenform Abb. 153). Tulpenventile sind leichter und elastischer. Dadurch wird der Stoß beim Aufschlagen auf den Sitz in seiner Wirkung abgemindert. Das Einfräsen oder Einschlagen eines Schlitzes oder Vierkantes in die untere Tellerfläche (Abb. 165) als Behelf für das Einschleifen soll bei hochbeanspruchten Ventilen vermieden werden, weil dadurch nicht nur der Wärmeanfall größer, sondern auch die Gefahr von Kerbspannungen geschaffen wird. Es gibt geeignete Spezialgeräte, mit denen das Ventil auch bei glatter Tellerfläche eingeschliffen werden kann.

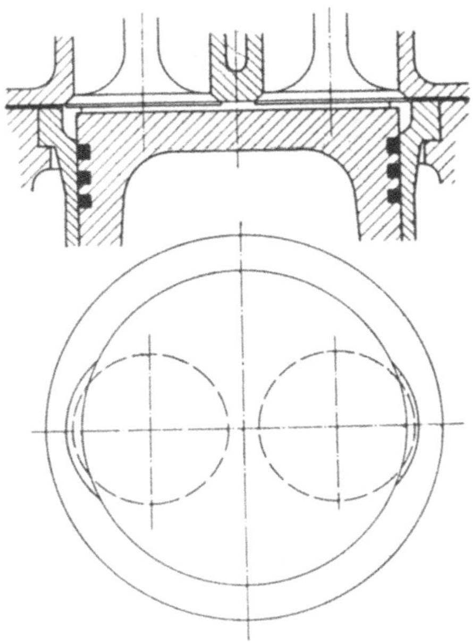

Abb. 161. Anordnung mit Ventiltaschen im Zylinder.

Die Ventillänge richtet sich nach der Höhe des Zylinderkopfes und nach der Federlänge.

Der Dichtsitz wird heute ausnahmslos als Kegelfläche ausgebildet. Der gebräuchlichste Basiswinkel ist 45^0, seltener werden auch 30^0 ausgeführt. Solange der Hub noch klein ist, sind bei kleineren Winkeln die Öffnungsquerschnitte größer. Bei voller Öffnung ist der Sitzwinkel kaum von Einfluß. Ein weiterer Vorteil des kleineren Kegelwinkels liegt darin, daß Verschiebungen zwischen Ventilführung und Sitzachse, wie sie durch die Wärmedehnung stets im geringen Maß auftreten, auf die Dichtheit weniger Einfluß haben, als dies bei größerem Winkel der Fall ist. Von Vorteil ist bei größerem Sitzwinkel hingegen die bessere Selbstführung des Ventiles innerhalb des Schaftspieles sowohl beim Einschleifen als auch während des Betriebes und der größere Dichtungsdruck.

Das Verhältnis zwischen äußerem (d_a) und innerem Sitzdurchmesser (d) wird in der Regel in der Größenordnung

$$\frac{d_a}{d} = 1{,}05 \sim 1{,}15$$

gewählt. Bei der gegenseitigen Zuordnung der Sitzflächen soll geachtet werden, daß bei einem Verschleiß durch Einschlagen stets dieselben Flächen zusammenarbeiten. Von den drei Möglichkeiten nach Abb. 166 soll die nach Bild a vermieden werden, weil nach dem Einschlagen des Sitzes in steigendem Maß auch die Stirnfläche des Sitzes zum Tragen kommt und dabei die Sitzverhältnisse unklar werden. Am besten ist es nach Bild c den äußeren Tellerdurchmesser kleiner zu wählen, als den größten Kegeldurchmesser des Sitzes, weil dann sicher immer nur die Kegelflächen tragen.

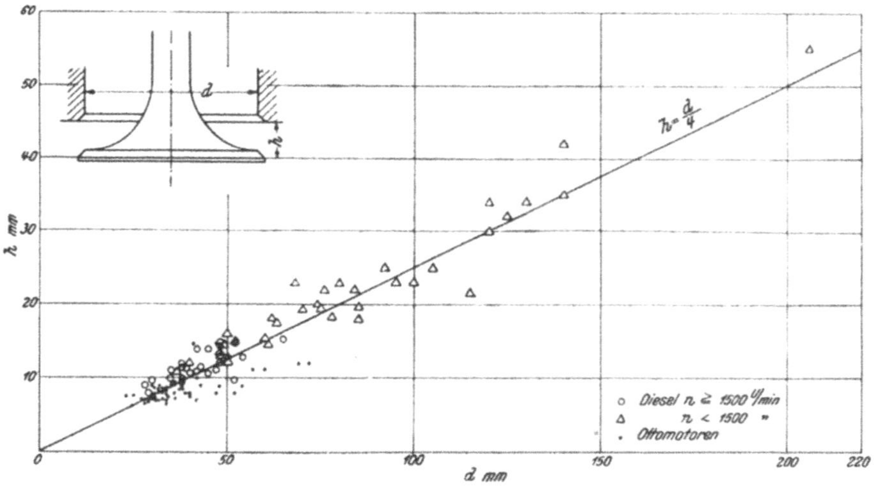

Abb. 162. Ventilhub an ausgeführten Motoren.

Wenn der Sitz aus einem anderen Werkstoff hergestellt wird als der Kopf, pflegt man in einer der auf Abb. 167 dargestellten Arten einen getrennten Sitzring einzusetzen. Die Ringe sind eingeschrumpft, eingeschraubt oder eingewalzt. Das Schrumpfmaß ist dem Material anzupassen und muß im Versuch eingehend erprobt werden. Bei der Korbbauart muß durch sorgfältige Zentrierung des Sitzringes ein sicheres Fluchten der Ventilführungs- und Sitzachse gewährleistet sein (Abb. 152 und Abb. 159).

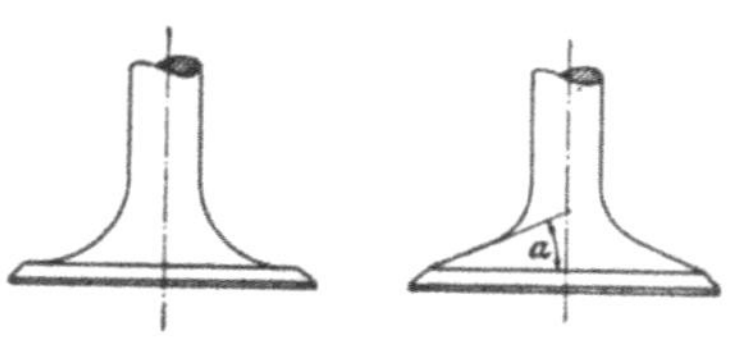

Abb. 163. Ausführungsformen des Ventilkegels.

Am oberen Schaftende des Ventiles sitzt der Federteller, über den die Federkräfte übertragen werden. Er wird in der Regel über ein zweiteiliges Kegelstück im Kraftschluß gehalten. Der Schaft hat hiefür eine Eindrehung, der Federteller eine nach oben sich konisch erweiternde Bohrung. Der Eindrehung im Schaft ist besondere Sorgfalt zuzuwenden. Sie kann entweder mit zylindrischem oder kegeligem Grund ausgeführt werden (Abb. 168a, b). Auch mehrere schmälere Rillen statt einer einzigen haben sich bewährt (Abb. 168c). In allen Fällen muß der Gefahr von Kerbspannungen durch sorgfältiges Ausrunden der Ecken und saubere Bearbeitung begegnet werden. Der Kegel gibt nur einen Kraftschluß in Richtung der Federkraft. Er kann nach Zusammendrücken der Feder bei geschlossenem Ventil eingelegt oder herausgenommen werden. Wenn die Gefahr von Federschwingungen besteht (bei schnellaufenden Motoren mit weiten Drehzahlgrenzen), bringt man vorteilhaft eine Sicherung gegen ein Herausfallen des Kegels an. Beispiele hiefür zeigt Abb. 169a, b. Der Federteller ist einmal so ausgebildet, daß er eine Federspange aufnehmen kann, welche die konische Öffnung des Tellers nach oben hin abschließt. Das andere Mal ist er durch einen Segerring gesichert.

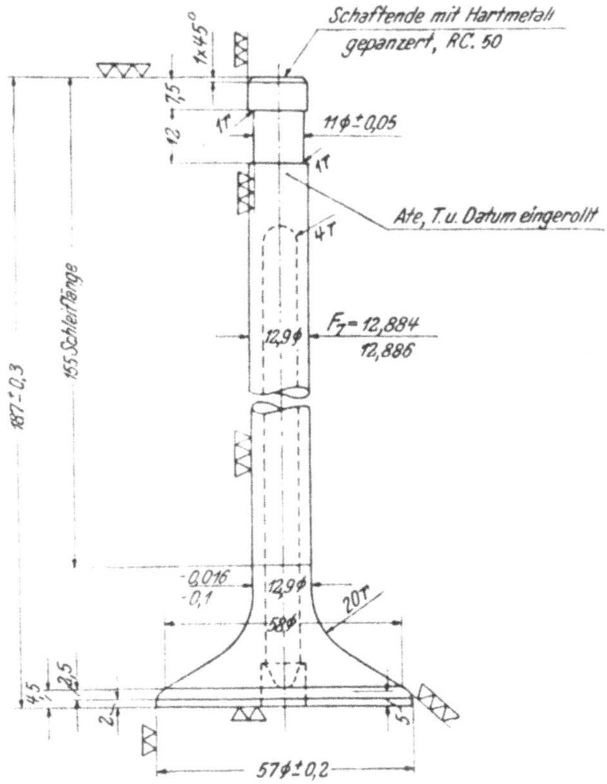

Abb. 164. Auslaßventil eines Fahrzeugmotors.

Früher wurde der Federteller mitunter auch durch Querkeil befestigt (Abb. 170) oder auf den Schaft aufgeschraubt. Letztere Befestigungsart wird heute noch in Sonderfällen angewandt, z. B. wenn die Nockenwelle unmittelbar auf das Ventil einwirkt. Abb. 44 und 11 zeigen zwei Beispiele hiefür. Im ersten Fall ist der Federteller mit einer Nase versehen, die in eine Keilnut des Ventilschaftes eingreift und diesen gegen Verdrehen sichert. Die Federkraft nimmt eine darüber liegende Pilzplatte auf, die auf das Ventil aufgeschraubt ist. Das Ventilspiel wird durch Verdrehen der Pilzplatte eingestellt. Im Betrieb sind Federteller und Pilzplatte durch eine Stirnverzahnung gegenseitig gesichert. Im zweiten Beispiel sind Federteller und Pilzplatte aufgeschraubt und sichern sich gegenseitig nach dem Prinzip von Mutter und Gegenmutter.

Am oberen Ende des Ventilschaftes greift kraftschlüssig der Ventilhebel oder unmittelbar der Rollen- oder Pilzstößel an (vgl. auch Abschnitt B III, 4). Die Stirnfläche ist dabei hohen Druck- und Reibbeanspruchungen ausgesetzt. Zu ihrer Verfestigung wird bei kleineren Ventilen heute in der Regel Hartmetall aufgeschweißt (Abb. 153 und 154). Bei größeren Ventilen kann nach Abb. 158 und 160 ein Druckstück eingelegt werden. Seltener wird eine gehärtete Kappenmutter über den Schaft geschraubt.

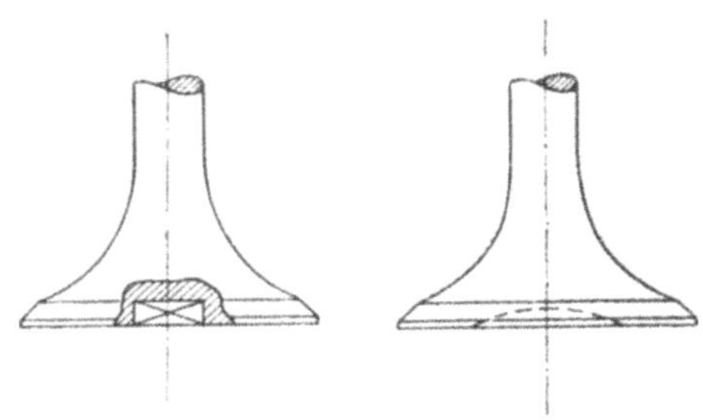
Abb. 165.

Die Ventilführung wird stets als getrennte Büchse in den Kopf eingepreßt. Beim Einlaßventil kann die Büchse in den Einlaßkanal vorstehen. Beim Auslaßventil ist es zweckmäßig, die Kühlung bis an das Ende der Büchse herunterzuziehen. Der Ausführung des Kanales muß dann in Hinblick auf günstige Strömungsverhältnisse erhöhte Sorgfalt zugewandt werden. Damit beim Einpressen der Büchse eine Begrenzung geschaffen ist, wird diese nach der Federseite zu mit dem Bund versehen. Neuerdings werden auch Führungsbüchsen ohne Bund verwendet (Abb. 171). Sie können dann im Durchlaufverfahren spitzenlos geschliffen werden. Um für das Einpressen eine Begrenzung und eine Sicherung gegen Verschieben nach innen zu schaffen, versieht man die Büchse zweckmäßig mit einem Außensprengring.

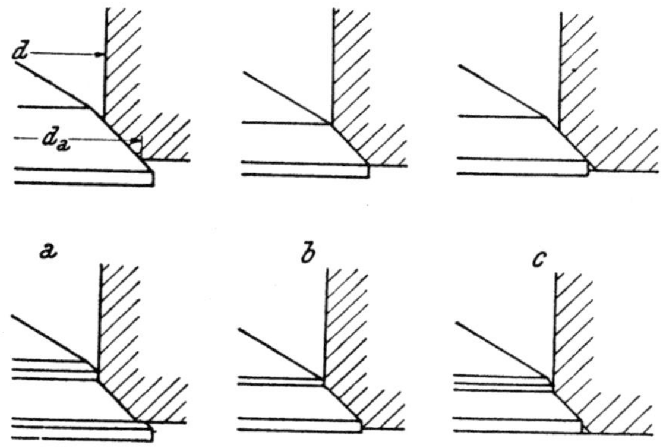

Abb. 166.

Am federseitigen Ende ist besonders bei hängenden Ventilen die Stirnfläche der Büchse meist konisch nach innen gedreht, damit das vom Federteller entlang dem Schaft nach unten fließende Öl zur Schmierung des Schaftes aufgefangen wird. (Über die Schmierung des Ventilantriebes vergleiche Abschnitt B IV.)

Die Führungslänge des Ventiles wird

$$l_f = (6 - 8)\, d_s \; (d_s = \text{Schaftdurchmesser})$$

gewählt, der Außendurchmesser der Büchse d_a (Schrumpfsitz) beträgt etwa

$$d_a = (1{,}3 - 1{,}5)\, d_s$$

Das Laufspiel s des Ventilschaftes in der Führungsbohrung wird in der Größenordnung des Lagerlaufspieles für Gleitlager, also

$$s = 0{,}0015\, d_s$$

gehalten. Die Bohrung selbst ist normalerweise zylindrisch ausgeführt, es besteht aber auch die Meinung, daß eine nach oben hin erweiterte Bohrung günstiger sei, weil bei einem engeren Spiel an der unteren Führungspartie eine bessere Gewähr für eine Selbstreinigung des Schaftes von Verrußungen durch die Auspuffgase gegeben sein soll. Wiederholt durchgeführte Versuche lassen aber einen Vorteil derartiger Maßnahmen kaum erkennen, weil im allgemeinen der Einfluß anderer Größen, wie Qualität des Schmieröls, Kühlungsart, Belastung usw., viel größer ist.

Um die Führungsfläche von Ablagerungen aus den Auspuffgasen möglichst zu schützen, wird der Schaft besonders bei großen Maschinen mit einem Kragen nach Abb. 152 versehen, der die Gase vom Führungsspalt ablenkt. In der rechtsseitigen Ausführung ist der Kragen angeschweißt. Linksseitig ist er angeschmiedet.

Bei großen Motoren und besonders bei Gasmaschinen werden auf den Schaft mitunter zwei bis vier selbstspannende Kolbenringe zur besseren Abdichtung gegeben, wodurch auch der Schmierfilm besser erhalten bleibt (Abb. 159).

3. Nockenwelle und deren Antrieb.

a) Nockenwelle.

Bei schnellaufenden Motoren wird die Nockenwelle mit den Nocken in einem Stück geschmiedet oder in neuerer Zeit auch gegossen. Die geschmiedete Nockenwelle ergibt bei den rasch aufeinanderfolgenden Stoßbelastungen im Betrieb die größere Sicherheit, das Herstellungsverfahren ist herkömmlich und erfordert in der Fertigung keine besondere Entwicklung. Die gegossene Nockenwelle ist billiger. Wenn die Welle im Kurbelgehäuse gelagert ist und die Lager selbst nicht geteilt als Augenlager ausgebildet sind, muß die Welle an den Lagestellen so stark sein, daß die Nocken durch das Lager durchgesteckt werden können (Abb. 15). Wenn eine Teilung der Lager möglich und von Vorteil ist, genügt es, die Welle an den Lagerstellen nur schwach zu verstärken, so daß eine Arbeitsleiste für das Schleifen entsteht. Bei Reihenmotoren ist die Welle entweder zwischen jedem Zylinder oder häufiger nach jedem zweiten Zylinder gelagert. In der Regel werden Gleitlager, seltener Kugellager, verwendet. Neuerdings verzichtet man auf Lagerbuchsen und läßt die Welle unmittelbar im Gußeisen oder Leichtmetall des Gestelles laufen. Bei Großmotoren ist auch eine Bauart nach Abb. 173 zu finden. Dabei werden die Lager bei ausgebauter Welle auf dieser montiert und zusammen mit der Welle in das Gestell eingeschoben. Die Lagerkörper müssen in diesem Fall zweiteilig sein, weil der Durchmesser im Lager kleiner ist als der Größtdurchmesser des Nockenbündels. Wenn man den Lagerdurchmesser gleich oder größer macht als letzteren, kann man auch einteilige Augenlager verwenden. Wenn die Nockenwelle in einem Trog gelagert wird, pflegt man die Lager zweiteilig auszubilden, wie dies in Abb. 21 gezeigt ist. Als Lagerbaustoff wird bei langsamlaufenden großen Motoren in der Regel Weißmetall, bei schnellaufenden Motoren Bronze

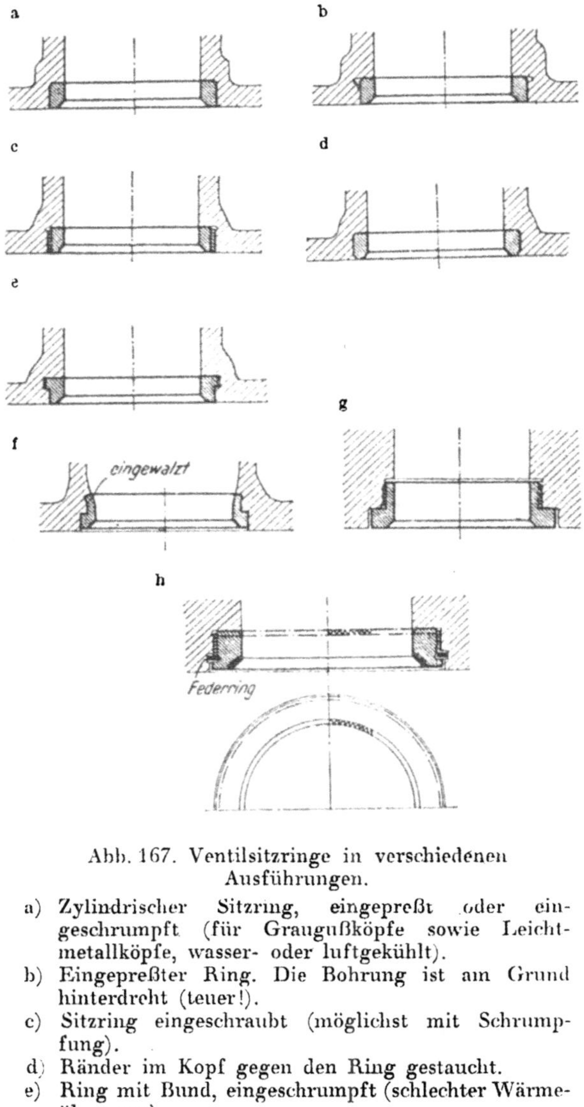

Abb. 167. Ventilsitzringe in verschiedenen Ausführungen.

a) Zylindrischer Sitzring, eingepreßt oder eingeschrumpft (für Graugußköpfe sowie Leichtmetallköpfe, wasser- oder luftgekühlt).
b) Eingepreßter Ring. Die Bohrung ist am Grund hinterdreht (teuer!).
c) Sitzring eingeschraubt (möglichst mit Schrumpfung).
d) Ränder im Kopf gegen den Ring gestaucht.
e) Ring mit Bund, eingeschrumpft (schlechter Wärmeübergang).
f) Eingepreßter und dann eingewalzter Stahlring.
g) Mit Schrumpfsitz angeschraubter Sitzring mit verbreiteter Auflage für Leichtmetallköpfe. Wärmeaufnahme groß! Wärmeabfuhr schlechter!
h) Eingeschraubter Ring mit Sicherung gegen Herausschrauben durch Federring (teuer!).

verwendet, wenn bei letzteren die Welle nicht unmittelbar in Gußeisen oder Leichtmetall des Gestelles läuft.

Abb. 172 zeigt die Nockenwelle eines Vierzylinder-Fahrzeugdieselmotors in der Darstellung für die Werkstätte. Das eine Ende der Welle trägt einen Konus zur Aufnahme des Zahnrades für den Antrieb.

Bei langsam laufenden Motoren pflegt man nur bei kleineren Abmessungen die ungeteilte Ausführung der Nockenwelle vorzuziehen, soweit die Herstellung in Gesenken noch möglich ist. Bei Großmotoren werden die Nocken stets auf die Welle getrennt aufgesetzt. Dies kann entweder so geschehen, daß je ein Nockenbündel für jeden Zylinder als ein Stück oder jeder Nocken als Einzelelement aufgebracht wird. In Abb. 173 sind die Nocken als Bündel aufgesetzt. Das Bündel wird durch einen Längskeil mitgenommen und durch eine Stellschraube gegen seitliches Verschieben gesichert. Im vorliegenden Beispiel trägt das Nockenbündel den Einlaß, den Auslaß und einen Anlaßnocken. Bei langen Wellen pflegt man auch diese selbst in einzelne Stränge zu unterteilen und diese zu kuppeln. Im Beispiel nach Abb. 173 ist die Welle eines Achtzylinder-Motors einmal geteilt. An der Kuppelstelle sind die Teile ineinandergesteckt, durch Keil drehfest verbunden und durch Einlegebolzen, die durch Sprengringe gehalten sind, gegen achsiales Verschieben gesichert.

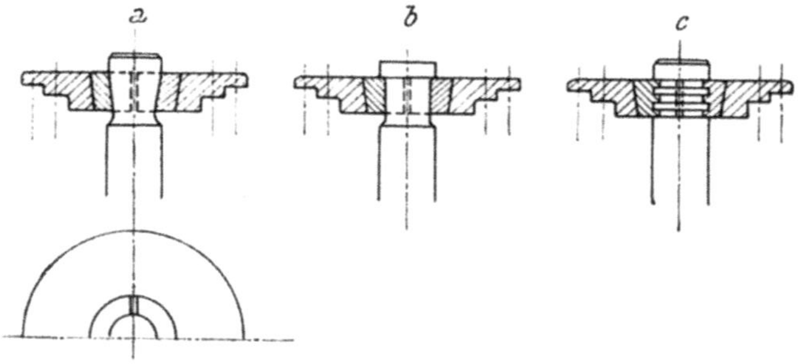

Abb. 168. Verschiedene Möglichkeiten der Federtellerhaltung.

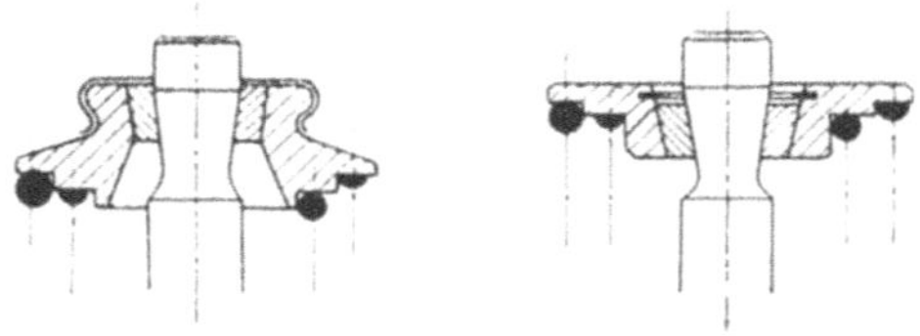
Abb. 169. Sicherungsmöglichkeiten für den Federteller.

Abb. 174 zeigt ein Nockenbündel ohne Anlaßnocken. In Abb. 175 ist ein Einzelnocken dargestellt. Hier ist es vorteilhaft, die Nockennabe so lang zu machen, daß die einzelnen Naben mit ihren Stirnflächen aufeinanderstoßen und durch einen gemeinsamen Längskeil mitgenommen werden können. Zur achsialen Sicherung ist ein Stift eingelegt und dieser durch einen Sprengring gegen Herausfallen gesichert.

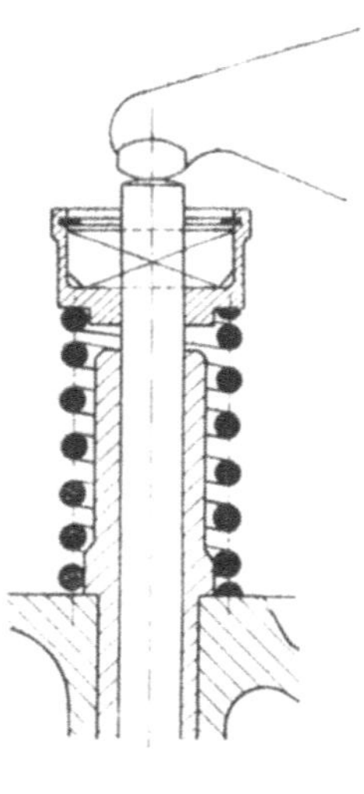
Abb. 170. Befestigung des Federtellers durch Querkeil.

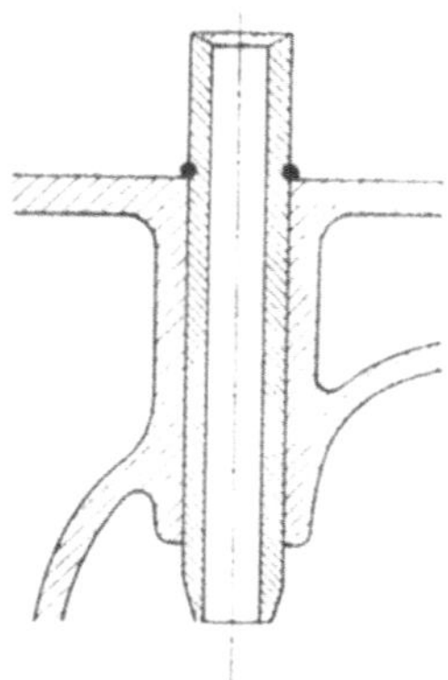
Abb. 171. Ventilbüchse mit Sprengring.

Das Antriebsrad der Nokkenwelle wird entweder unmittelbar oder häufiger über eine getrennte Radnabe befestigt, die ihrerseits durch Konus, Keil und Schraube (Abb. 15) oder wie in Abb. 173 gezeigt, in einem zylindrischen Sitz durch Keil und Spannschraube mitgenommen wird.

Bei der Wahl des Nockenwellendurchmessers pflegt man sich an bewährte Ausführungen zu halten. In Abb. 176 ist der kleinste Wellendurchmesser über dem Zylinderdurchmesser für eine größere Zahl ausgeführter Motoren aufgetragen. Im Mittel ergibt sich daraus für den Nockenwellendurchmesser

$$d_n = (0{,}25 \sim 0{,}3)\,D$$

(D Zylinderdurchmesser).

Der größere Faktor wird für kleine, der kleine Faktor für größere Motoren empfohlen. Im Großmotorenbau pflegt man die Nockenwelle mitunter zu berechnen und legt dabei eine zu übertragende Leistung von 3% der Maschinenleistung zugrunde. Dabei soll die maximale Drehbeanspruchung 100 kg/cm² nicht übersteigen. Diese Art der Berechnung ist nur durch ihre Bewährung gerechtfertigt und nicht etwa dadurch, daß damit tatsächlich dem wirklichen Beanspruchungsfall Rechnung getragen ist, wie dies von einer Berechnung zu verlangen wäre. Die im Steuerungsantrieb auftretenden Wechselspannungen sind durch einfache Rechnung nicht zu erfassen. Festigkeitsrechnungen in der oben angegebenen Art sind daher genau so als An-

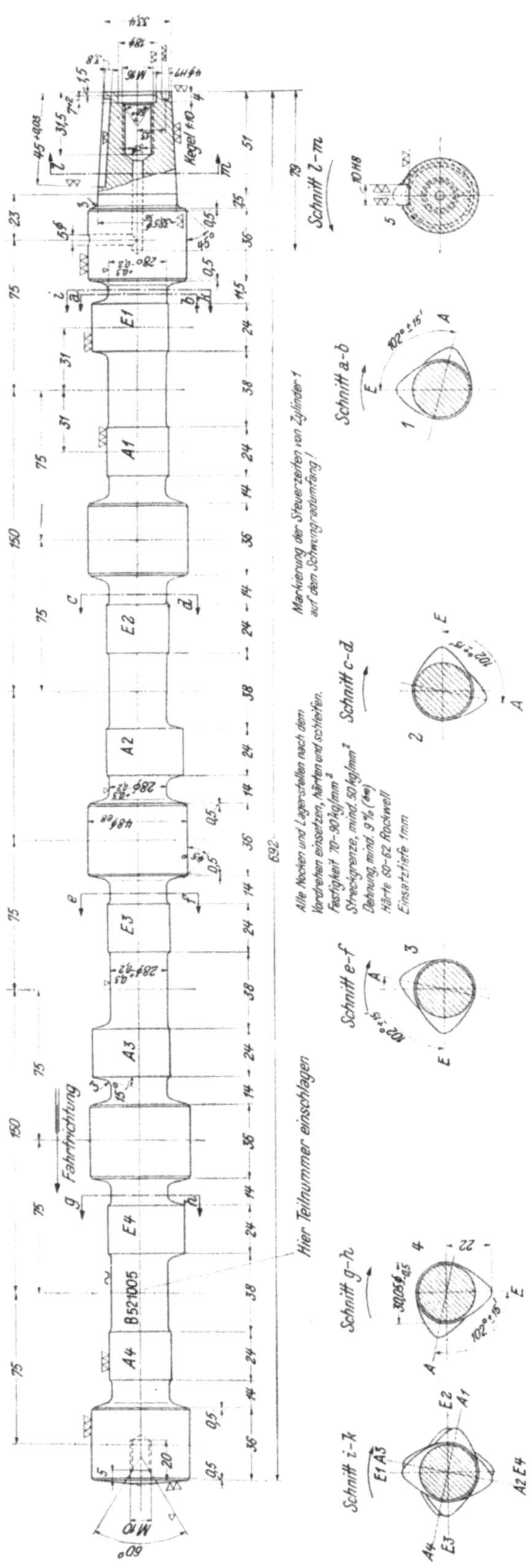

Abb. 172. Nockenwelle eines Fahrzeugmotors.

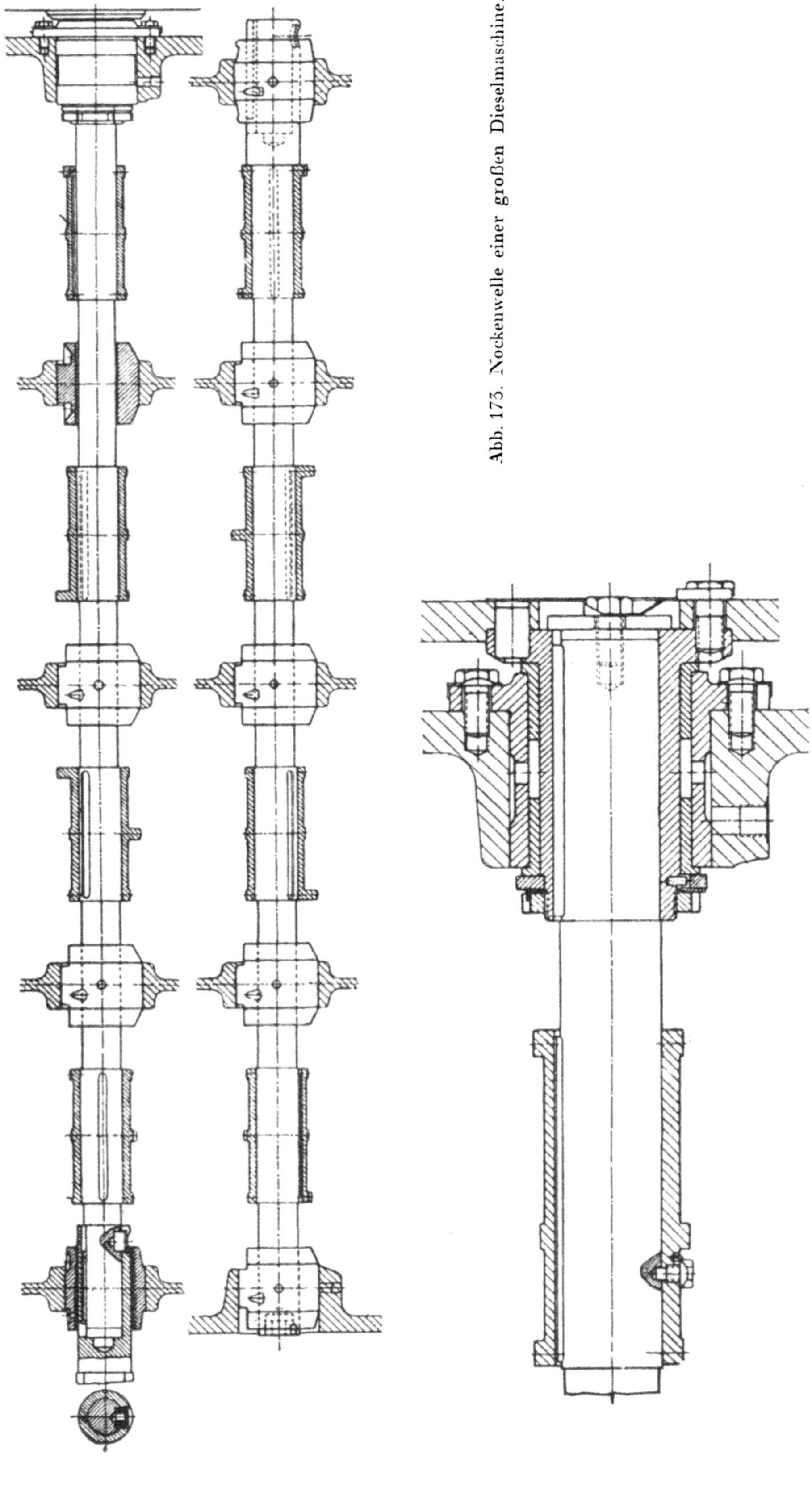

Abb. 173. Nockenwelle einer großen Dieselmaschine.

lehnung an die Erfahrung einzuschätzen, wie die Wahl des Durchmessers in Anlehnung an ausgeführte Beispiele selbst.

Über die Festlegung der Nockenform wurde in Abschnitt B I (1—4) geschrieben. Im folgenden seien an Hand ausgeführter Nocken die wichtigsten charakteristischen Bilder zusammengestellt. Abb. 177 zeigt den Ein- und Auslaßnocken eines Fahrzeugmotors, der mit einem ebenen Pilzstößel zusammenarbeitet. Der Grundkreis ist nur wenig größer als der kleinste Wellendurchmesser. Die Nockenflanken für Auf- und Ablauf sind spiegelgleich und aus je vier Kreisbogen zusammengesetzt. Das Geschwindigkeitsgesetz zeigt dementsprechend 4 Knicke und das Beschleunigungsgesetz 4 Sprünge. Der erste Anhub ist besonders sanft. Innerhalb des Bereiches dieses ersten Kreisbogens soll das sogenannte Ventilspiel durchlaufen werden, welches zum Ausgleich verschiedener Wärmedehnungen zwischen Maschinengestell und Übertragungsgestänge stets vorhanden sein muß. Bei den geringen Geschwindigkeiten sind dabei heftige Schläge beim Anhub und Schluß des Ventiles vermieden, was insbesondere zur Schonung des Ventilsitzes notwendig ist. Ein für die gleiche Hubkurve entworfener Nocken, der mit einem Rollenstößel von 24 mm Durchmesser zusammenarbeitet, ist in Abb. 178 dargestellt. Auch er ist aus Kreisbogen aufgebaut. Eine mathematische Übereinstimmung des Hubgesetzes, sowie der Geschwindigkeits- und Beschleunigungsgesetze kann jedoch nicht erreicht werden, weil damit die Bedingung, daß die Flanke aus Kreisbogen zusammengesetzt ist, nicht erfüllt werden könnte. Auf einen sanften Anlauf der Hubkurve ist wieder Wert gelegt. Der mit der Rolle zusammenarbeitende Nocken erscheint bei gleicher Hubkurve etwas breiter als der mit Pilz zusammenarbeitende.

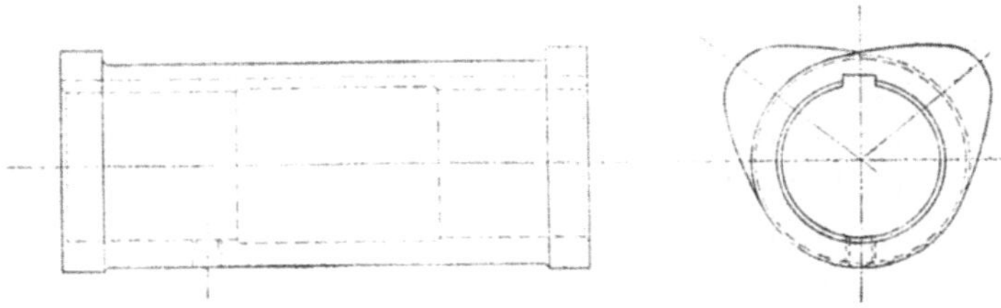

Abb. 174. Nockenbündel eines Großmotors.

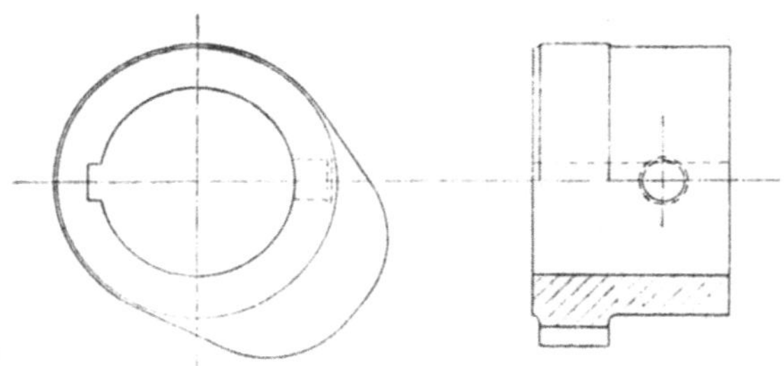

Abb. 175. Einzelnocken eines Großmotors.

Bei aufgesetzten Nocken muß der Grundkreis gegenüber dem kleinsten Wellendurchmesser um mehr als die Nabenstärke größer sein. Die Nabenstärke pflegt man ein Viertel bis ein Fünftel des Wellendurchmessers auszuführen.

Für das Beispiel nach Abb. 175 ist das Hubgesetz, sowie das Geschwindigkeits- und Beschleunigungsgesetz in Abb. 179 dargestellt. Der Nocken läuft in einer Tangente an (Tangentennocken) und setzt sich in einem einzigen Kreisbogen bis auf den Kopfkreis fort. Auf einen besonders sanften Anhub ist dabei nicht geachtet. Bei langsam laufenden Motoren braucht diesem auch nicht das Augenmerk zugewendet zu werden, wie bei Schnellaufern, weil die Geschwindigkeiten und damit die Stöße geringer sind.

Der größte Nockenhub wird aus dem größten Ventilhub unter Berücksichtigung des Übersetzungsverhältnisses im Übertragungsgestänge gerechnet. Das Verhältnis des Ventilhubes zum Nockenhub ist für eine Reihe ausgeführter Motoren in Abb. 180 eingezeichnet. Neben einem Verhältnis von 1 : 1 wird selten auch ein Verhältnis kleiner als 1, meistens aber ein Verhältnis größer als 1 ausgeführt. Der Nokkenhub selbst ist für ausgeführte Maschinen in Abhängigkeit vom Zylinderdurchmesser in Abb. 181 eingetragen. Für die Bemessung der Nokkenbreite kann die Abb. 182 zu Hilfe genommen werden. Wenn der Nocken mit einem Pilzstößel zusammenarbeitet, ist die ganze Nokkenbreite im Eingriff. Wenn er mit einem Rollenstößel zusammenarbeitet, pflegt man die Nokkenbreite um 1 bis 3 mm je nach Maschinengröße größer als die Laufbreite der Rolle zu wählen. Der Rollendurchmesser wird $d_r = (0{,}6 \sim 0{,}7)\, d_g$ (d_g Grundkreisdurchmesser) gewählt. Für die Wahl des Grundkreises kann als Anhaltspunkt Abb. 183 gelten.

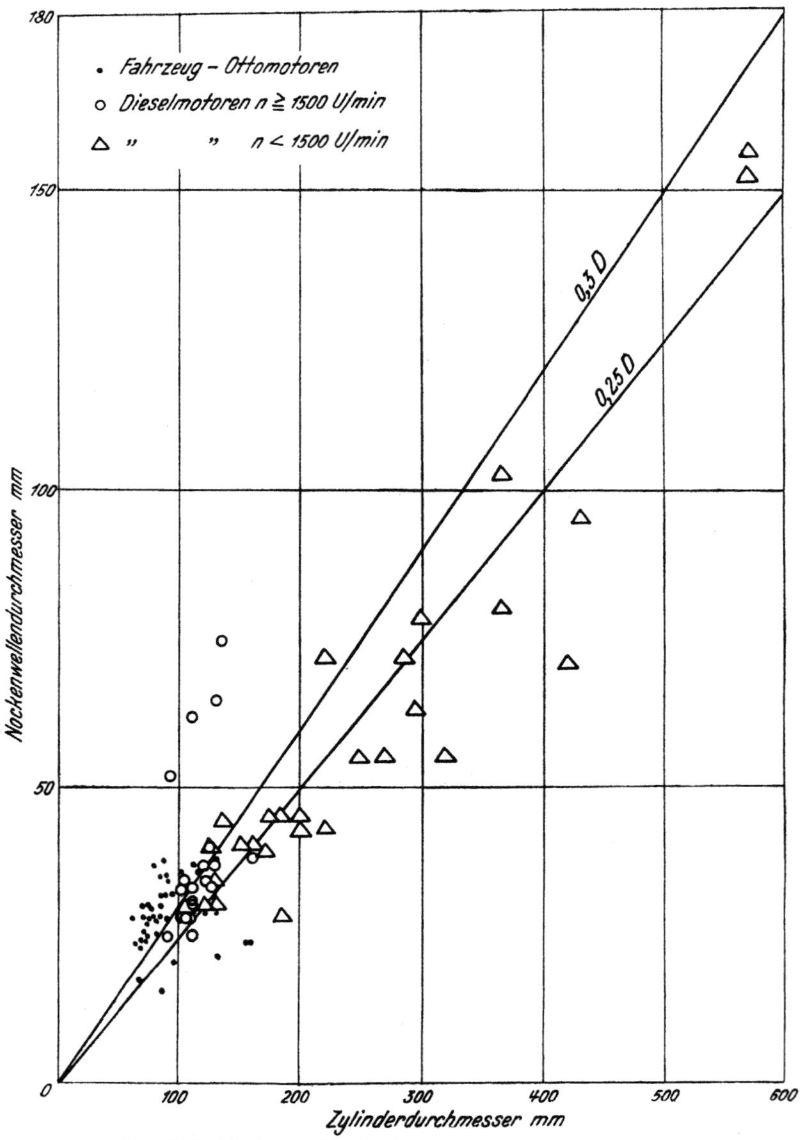

Abb. 176. Nockenwellendurchmesser ausgeführter Motoren.

Als Werkstoff wird für Nockenwellen in der Regel Einsatzstahl verwendet. Die Lagerlaufflächen und die Nockenflanken werden gehärtet. Neuerdings verwendet man in zunehmendem Maß auch Nickel- oder chromhaltiges Gußeisen. Die Stellen, die besonders hart sein sollen, wie die Nockenflanken, werden in der Gußform mit Metalleinlagen versehen. Für Nockenwellen mit aufgesetzten Nocken bzw. Nockenbündeln wird weicher Kohlenstoffstahl verwendet.

Abb. 184 zeigt das Ausführungsbeispiel der Nockentrommel eines Sternmotors. Sie trägt zwei vierfach besetzte Nockenreihen für Aus- und Einlaß. Das Antriebsritzel greift in die Innenverzahnung ein. Der Durchmesser der Trommel ist durch den Gesamtaufbau bedingt, während der Nockenhub nach ähnlichen Richtlinien wie bei Nockenwellen zu wählen ist.

b) Zahnräder.

Für den Steuerungsantrieb werden Stirn-, Kegel- und Schraubenräder verwendet.

Die Stirnräder haben entweder gerade, häufiger aber schräge Zähne. Das Stirnradgetriebe eignet sich besonders dann, wenn der Abstand der parallel zur

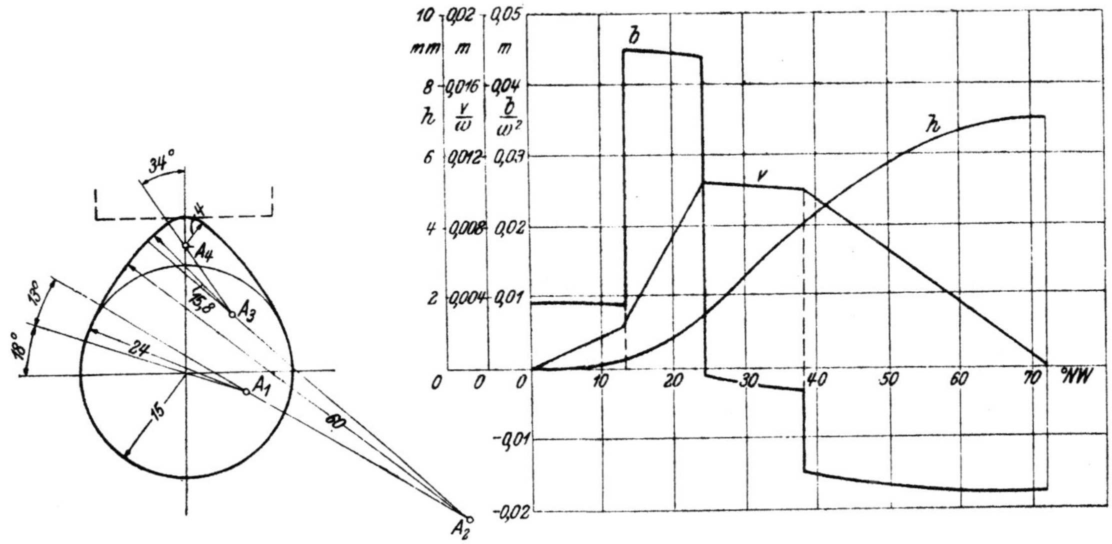

Abb. 177. Nocken für Ein- und Auslaß mit geradegeführtem ebenem Pilz zusammenarbeitend (Fahrzeugmotor).

Kurbelwelle liegenden Steuerwelle von jener nicht allzu groß ist, die Steuerwelle also im Kurbelgehäuse bzw. in halber Maschinenhöhe liegt.

Das Kurbelwellenrad wird am einfachsten auf die Kurbelwelle mit zylindrischem Sitz aufgepreßt und durch Keil gesichert, wie dies Abb. 12 zeigt. Dies ist aber nur dann möglich, wenn entweder der Nockenwellenantrieb am vorderen Motorende liegt, oder wenn bei Antrieb am hinteren Ende das Schwungrad ohne Verstärkung der Welle aufgesetzt ist, so daß das Rad über die Welle geschoben werden kann. Bei schwereren und größeren Motoren, insbesondere bei Dieselmotoren pflegt man das Schwungrad an einem mit der Welle in einem Stück gefertigten Flansch zu befestigen. Dabei ist das Überstreifen des Rades ohne weiteres nicht möglich. Bei kleineren Motoren wird dann vorteilhaft das Ritzel mit der Welle aus einem Stück gefertigt (Abb. 185). Bei raschlaufenden Motoren, die einen größeren Kurbelzapfenverschleiß aufweisen als langsam laufende, ist gegen diese Lösung nichts einzuwenden, weil erfahrungsgemäß die Lebensdauer der Verzahnung größer ist als die der Kurbelwelle selbst. Die Herstellung bietet bei geeigneten Sondereinrichtungen keine Schwierigkeit. Bei Großmotoren ist die

Bauart schon aus Herstellungsgründen untragbar. Dann eignet sich besser die Bauart nach Abb 186. Das Kurbelwellenrad ist einteilig, der Sitzdurchmesser jedoch so groß, daß das Rad über den Flansch geschoben werden kann. Bei sehr großen Motoren mit starken Schwundradflanschen würde diese Bauart jedoch zu große Ritzel erfordern. Man geht auf die Ausführung geteilter Kurbelwellenräder über. Die beiden gebräuchlichsten Lösungen zeigen die beiden Abb. 187 und 188. Im ersten Fall ist das Zahnrad als geteiltes Tellerrad ausgeführt. Die beiden Hälften sind miteinander nicht weiter verbunden, sondern nur so genau durch Paßschrau-

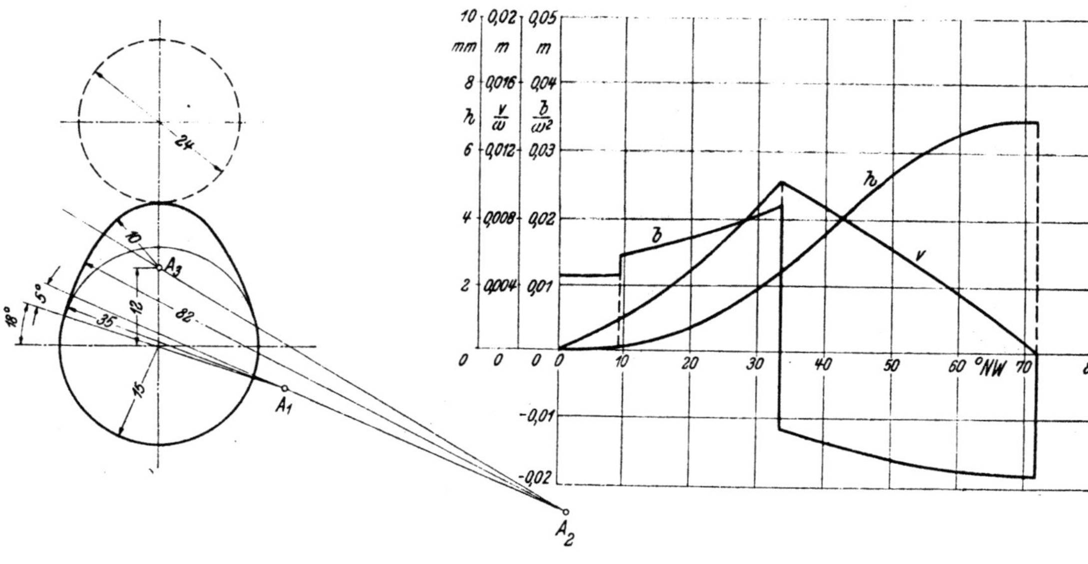

Abb. 178. Nocken für Ein- und Auslaß mit geradegeführter Rolle zusammenarbeitend (Fahrzeugmotor).

ben an den Flansch geschraubt, daß die Verzahnungsgenauigkeit an den Trennstellen erhalten bleibt. Im zweiten Fall einer älteren Ausführungsform sind die beiden Zahnhälften durch Bolzen und Keile zusammengeklemmt und sitzen mit zylindrischem Sitz durch Paßfeder gesichert auf der Welle.

Zwischenräder und Nockenwellenräder werden vorzugsweise als Tellerräder hergestellt (Abb. 189) und auf Naben aufgeschraubt. Der Sitz der letzteren auf der Welle wird tunlichst als Konus mit Keil ausgebildet, damit eine genaue Zentrierung möglich ist, was insbesondere im Hinblick auf Geräuschlosigkeit unerläßlich ist. Zwischenräder werden bei größeren Motoren auch deshalb eingeschaltet, weil es damit möglich ist, einen Teil der Übersetzung in die Zwischenräder zu legen; dadurch wird das Nockenwellenrad kleiner. Bei kleineren Motoren (Fahrzeugmotoren) ist das Ritzel auf der Welle in der Regel so klein, daß das Nockenwellenrad bei unmittelbarem Eingriff ohne Zwischenrad erträgliche Abmessungen erhält und zu große Ausbeulungen im Kurbelgehäuse nicht nötig werden.

Das Zwischenräderpaar wird in der Regel auf festen Achsen gelagert, wie dies z. B. Abb. 190 zeigt. Statt der beiderseitigen Achslagerung wird in anderen Fällen der Achsstummel einfacher einseitig an das Gehäuse angeflanscht. Dies ermöglicht ein gutes Einrichten der Räder bei der Montage, wenn der Flansch erst nach der Montage verstiftet wird. Um das Zwischenrad gut einrichten zu können hat man früher exzentrische Zapfen verwendet, die erst bei Montage durch Verstiftung festgestellt wurden. Diese Ausführung ist teuer und bei der heutigen Herstellungsgenauigkeit nicht mehr nötig.

Die Beanspruchung der Zahnräder ist durch Rechnen nicht zu erfassen, weil die auftretenden Stöße einer einfacheren Rechnung nicht zugänglich sind. Eine

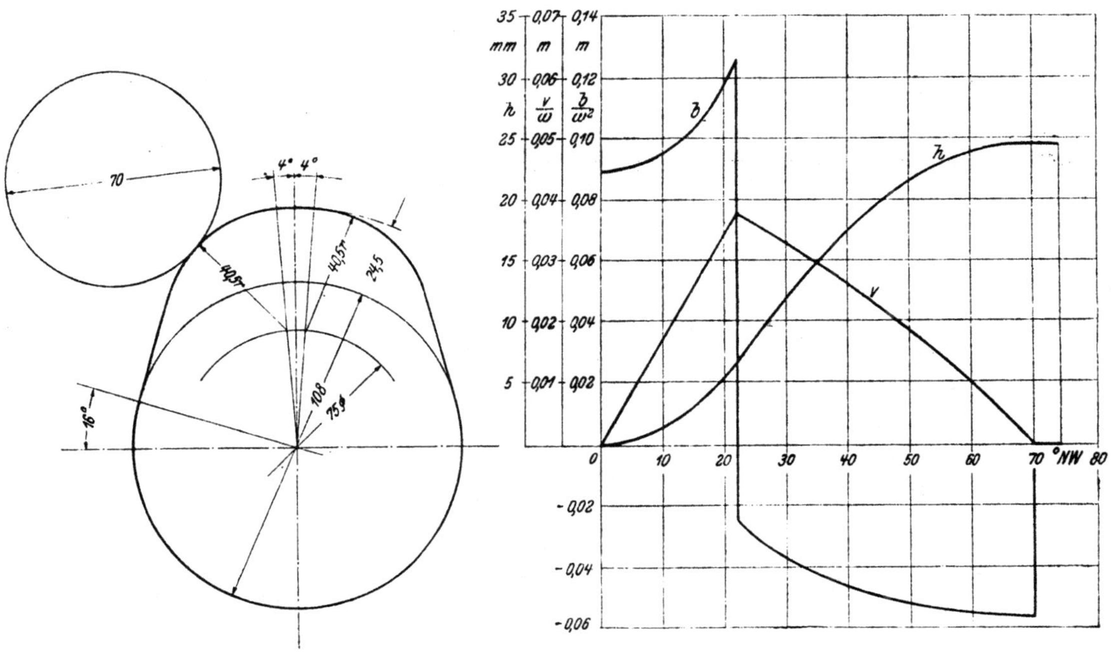

Abb. 179. Nocken eines Großmotors mit geradegeführter Rolle zusammenarbeitend.

Berechnung könnte nach der üblichen Methode der Zahnradrechnung nur durch Annahme einer zu übertragenden Leistung, ähnlich wie dies bei Nockenwellen mancherorts geschieht, vorgenommen werden. Besser ist es aber, sich auch bei der Festlegung der Abmessungen des Zahnrades auf bewährte Ausführungen zu beziehen. Abb. 191 gibt Teilung und Breite der Räder für eine größere Zahl ausgeführter Motoren an. Diese Abmessungen haben sich nicht nur hinsichtlich der Festigkeit, sondern auch hinsichtlich Verschleiß- und Geräuschlosigkeit bewährt. Für das Geräusch ist insbesondere die Größe der Teilung und die Art der Verzahnung, sowie die Art des Baustoffes maßgebend. Kleine Teilungen sind günstiger als größere. Schrägverzahnung ist wegen ihres allmählichen Eingriffes für ruhigen Lauf besonders günstig.

Als Baustoff verwendet man für mäßig beanspruchte Räder einen Kohlenstoffstahl von der Art des St. 60, 11. Hochbeanspruchte Räder werden aus Vergütungsstahl hergestellt, höchstbeanspruchte aus Einsatzstahl. Letztere werden nach dem Härten in der Flanke geschliffen, um Ungenauigkeiten durch Härteverzug zu beseitigen. Für die Auswahl des Materials ist in erster Linie die Verschleißfestigkeit in den Flanken maßgebend. Bei kleineren schnellaufenden Motoren pflegt man ein Rad, meist das Nockenwellenrad, aus Gründen der Geräuschlosigkeit aus Kunststoff herzustellen. Als solche haben sich verschiedene bewährt, wie Novotext, Textrolit, Turbax usw. Das Gegenrad zum Kunststoff muß sorgfältigst geschliffene Zahnflanken haben.

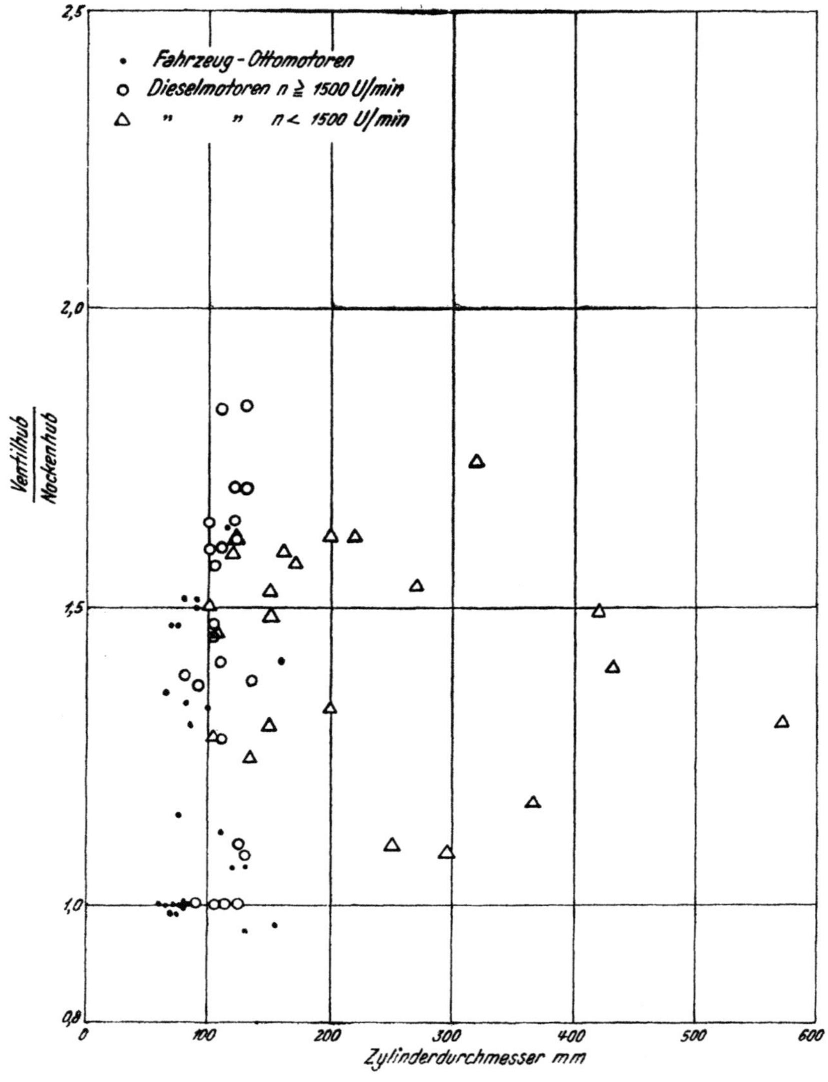

Abb. 180. Verhältnis von Ventilhub zu Nockenhub bei ausgeführten Motoren.

Als Zahnflankenform wird ausschließlich die Evolvente wegen ihrer Unempfindlichkeit gegen Ungenauigkeiten im Achsabstand verwendet.

Kegelräder werden bei größerer Entfernung zwischen Nockenwelle und Kurbelwelle, also insbesondere bei obenliegenden Nockenwellen verwendet. Als Zwischenwelle ist dann stets eine zur Kurbelwelle senkrechte „Königswelle" vorhanden. Kleine Ritzel werden in der Regel mit der Welle in einem hergestellt, größere Ritzel werden als Tellerräder auf einen entsprechenden Flansch auf der Welle unter Verwendung von Paßschrauben oder Paßstiften angeflanscht. Die Abmessungen (Teilung und Breite), sowie die Baustoffe werden ähnlich wie bei Stirnrädern gewählt. Als Zahnform wird neben dem geraden Zahn auch der krumme Zahn nach *Klingelnberg* oder nach *Gleason* verwendet. Bei ersteren verläuft die Zahnkrümmung nach einer Evolvente, bei letzteren nach einem Kreisbogen. Um auch bei der krummen Flanke eine Unempfindlichkeit gegenüber kleinen Ungenauigkeiten in der Mittellage zu erreichen, wird die Krümmung der Hohlflanke etwas größer ausgeführt, als die der entsprechenden Zahnflanke, so daß die beiden Räder nur auf einem Teil (theoretisch einem Punkt) der Zahnbreite eingreifen. Bei Verschleiß vergrößert sich diese Eingriffsbreite von selbst. Als Zahnprofil wird auch bei Kegelrädern die Evolvente gewählt.

Schraubenräder wurden früher auch zum Antrieb der obenliegenden Nokkenwelle unter Zwischenschaltung der Königswelle verwendet. Heute wird davon Abstand genommen, weil sich die Steuerzeiten bei Verschleiß verhältnismäßig stark ändern. Das Bewegungsspiel ist um ein Vielfaches größer als das Zahnspiel normal zur Zahnflanke. Nur bei sich kreuzenden Nokken- und Kurbelwellen wird mit Vorteil auch heute noch das Schraubenrad als Antriebselement verwendet (Abb. 59), weil sich diese Bauart vorwiegend auf Einzylindermotoren beschränkt und bei diesen die verhältnismäßig kleinen bewegten Massen des Steuersystems zu nicht allzu großen Stößen und Schwingungen Anlaß geben.

c) Ketten und Kettenräder.

Es werden vorwiegend Rollenketten verwendet. Bei ihnen sind die beiden Kettenlaschen durch ver-

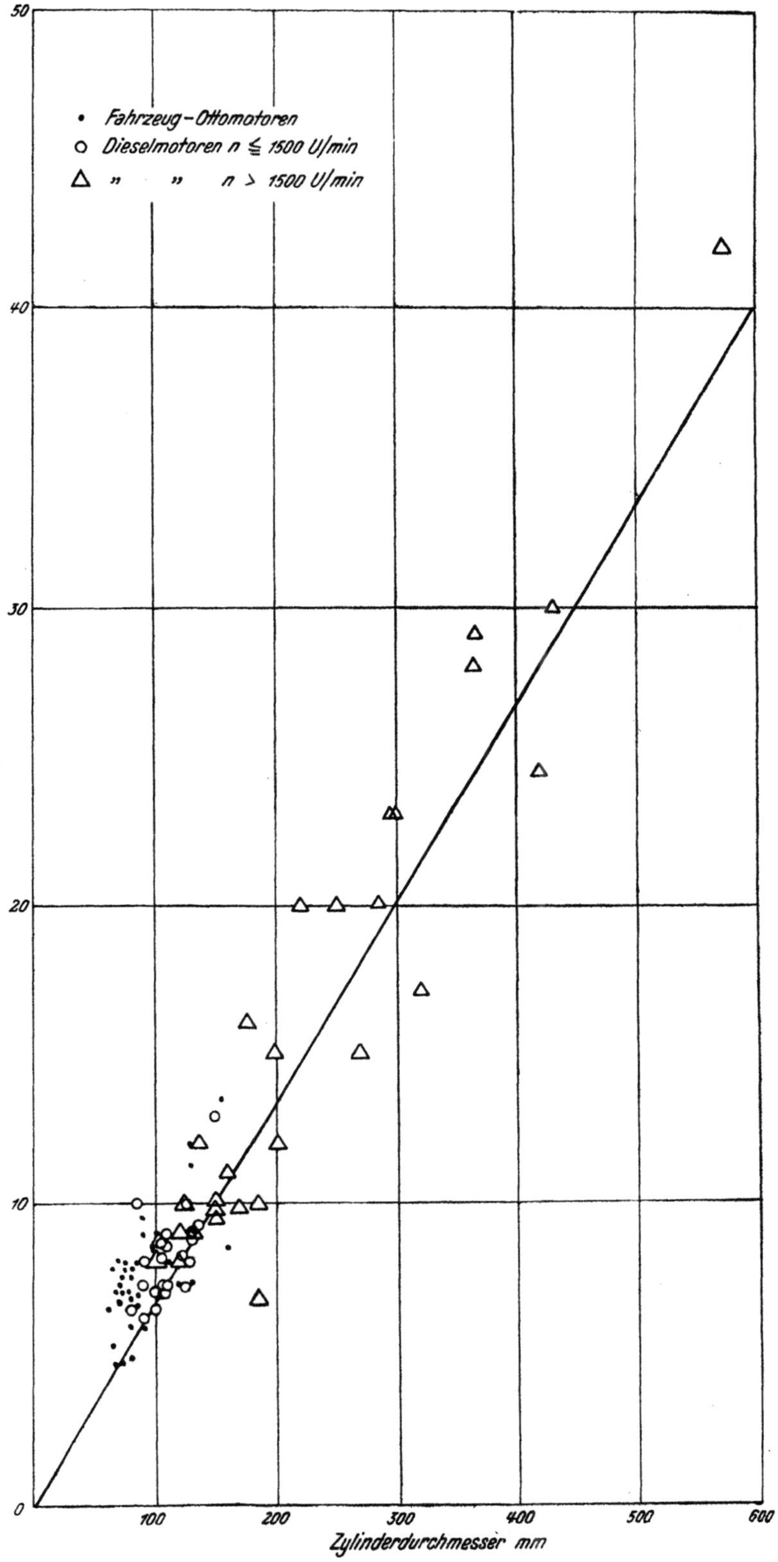

Abb. 181. Nockenhub an ausgeführten Motoren.

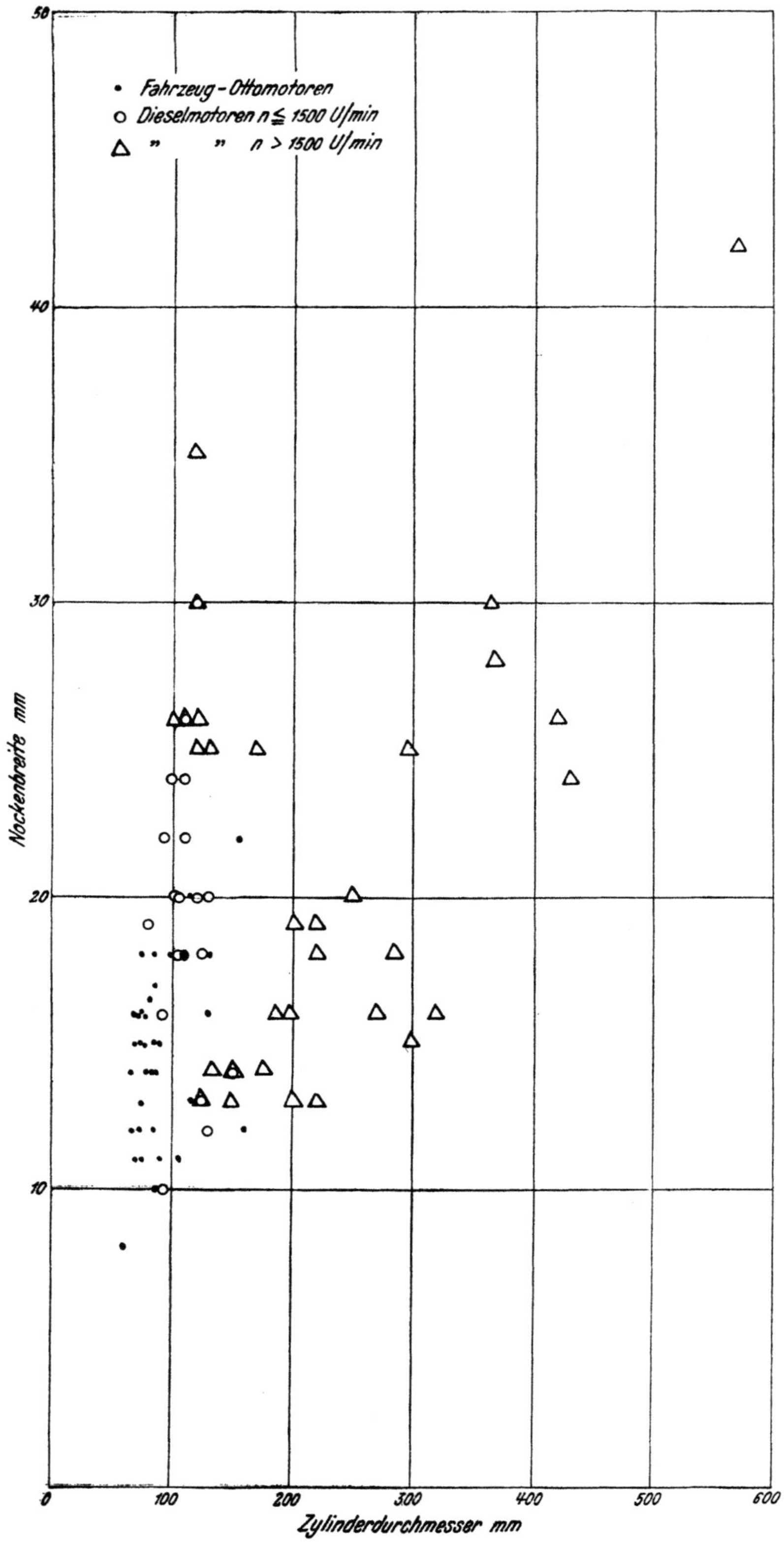

Abb. 182. Nockenbreite an ausgeführten Motoren.

nietete Stifte verbunden. Auf den Stiften laufen die Rollen. Die Rollenketten werden als Einfach-, Zweifach- (Duplex-) und Dreifach- (Triplex-) Ketten ausgeführt. Bei letzteren sind zwei oder drei Einfachketten unter Zwischenlage von Beilagscheiben mit gemeinsamen Stiften vernietet. Als Baustoff für die Ketten wird ausnahmslos einsatzgehärtetes Material verwendet. Die Abmessungen sind durch Rechnung nicht vorauszubestimmen. Statt dessen legt man die Abmessungen durch Anlehnung an bewährte ausgeführte Beispiele fest. Es empfiehlt sich in jedem einzelnen Fall beim Entwurf eines Kettengetriebes, die Herstellerfirma für die Kette zu Rate zu ziehen, um sich die größeren Erfahrungen zu Nutze zu machen.

Neben der Rollenkette wird seltener auch die Zahnkette verwendet. Dabei haben die Kettenglieder Zahnflankenprofile, die in entsprechende Lücken der Kettenräder eingreifen.

Die Kettenräder werden ähnlich wie die Zahnräder bei größeren Abmessungen als Tellerräder angeflanscht, bei kleineren Abmessungen als Ritzel aufgekeilt. Kleinere Räder werden aus Vergütungsmaterial oder aus Einsatzstahl hergestellt. Größere Räder, insbesondere das Nockenwellenrad können auch aus Gußeisen hergestellt werden, was besonders für die Geräuschlosigkeit des Laufes von Vorteil ist.

Es ist zweckmäßig, der im Laufe des Betriebes auftretenden Dehnung der Kette durch Anbau eines nachstellbaren Kettenspanners Rechnung zu tragen. Ausführungen für Kettenspanner zeigen die Abbildungen 43 und 56. Es handelt sich dabei um verschiebbare Leitrollen oder Leitbänke. Die Verschiebung kann dabei auf verschiedene Arten, entweder durch eine gerade Führung, durch Exzenter, oder durch einen Hebel geschehen.

4. Übertragungsgestänge zwischen Nockenwelle und Ventil.

a) Pilzstößel und Rollenstößel.

Abb. 192 zeigt verschiedene Ausführungen von Pilzstößeln für Fahrzeugmotoren. Der Führungsschaft läuft entweder unmittelbar im Motorgehäuse oder in getrennten Führungsbüchsen, was jedoch bei richtiger Materialauswahl bei kleineren Motoren überflüssig ist. Im Innern ist der Stößel meist als Pfanne ausgebildet, in welche das kugelige Ende der Stößelstange eingreift. Wenn der Aufbau des Motors die Einbaumöglichkeit des Stößels von oben erforderlich macht, muß der Führungsdurchmesser mindestens gleich dem Pilzdurchmesser sein. Das Innere der Pfanne ist im unteren Bereich durch Bohrungen mit dem Kurbelraum zu verbinden, damit das längs der Stoßstange abtropfende Schmieröl abfließen kann. Die Führungslänge pflegt man $1{,}5 \sim 2$ mal den Führungsdurchmesser und größer auszuführen.

Eine Ausführung eines Rollenstößels, der auch bei Sternmotoren und Großmotoren fast ausschließlich verwendet wird, zeigt Abb. 193. Hierbei wendet man zweckmäßig eine getrennte Führungsbüchse an, weil damit die Rolle unmittelbar in einen entsprechenden Schlitz der Büchse gegen Querdrehung gesichert werden kann. Im vorliegenden Beispiel ist die Führungsbüchse durch eine Schraube gehalten, was bei genauer Passung im Gehäuse genügt. Ebenso häufig wird die Büchse am oberen Ende mit einem Flansch ausgeführt und durch zwei Schrauben befestigt. Der Stößel ist im vorliegenden Beispiel nicht als Pfanne ausgebildet, sondern trägt einen kugeligen Stift, auf dem das untere pfannenartig ausgebildete Ende der Stoßstange sitzt. Einen grundsätzlichen Vorteil bietet diese Bauart gegenüber der oben beschriebenen nicht. Die Rolle dreht sich auf einer feststehenden Achse. Rolle und Achse werden aus Stahl hergestellt, gehärtet, geschliffen und an den Laufflächen geläppt. Der Stößel selbst ist aus Einsatzmaterial, in der Lauffläche eingesetzt und gehärtet. Die Büchse ist aus Gußeisen. Das Material für den Pilzstößel ist ebenfalls Einsatzmaterial. Der Führungsschaft und die Pilzfläche sind gehärtet. Der Rollenstößel eignet sich besonders für die Übertragung großer Kräfte, also vorwiegend für Großmotoren. Falls sich beim Lauf der gehärteten Rolle auf der gehärteten Rollenachse Schwierigkeiten ergeben, wendet man zweckmäßig eine gehärtete schwimmende Büchse an. Sollte auch diese nicht entsprechen, so werden mit Erfolg Nadellager verwendet.

Die Sonderausführung eines Stößels, wie sie insbesondere bei hohen Anforderungen an die Geräuschlosigkeit oder dann, wenn im Betrieb starke Veränderungen des Leerspieles (Ventilspieles) im Übertragungsgestänge (z. B. dort, wo größere Temperaturschwankungen zu erwarten sind, also vor allem bei

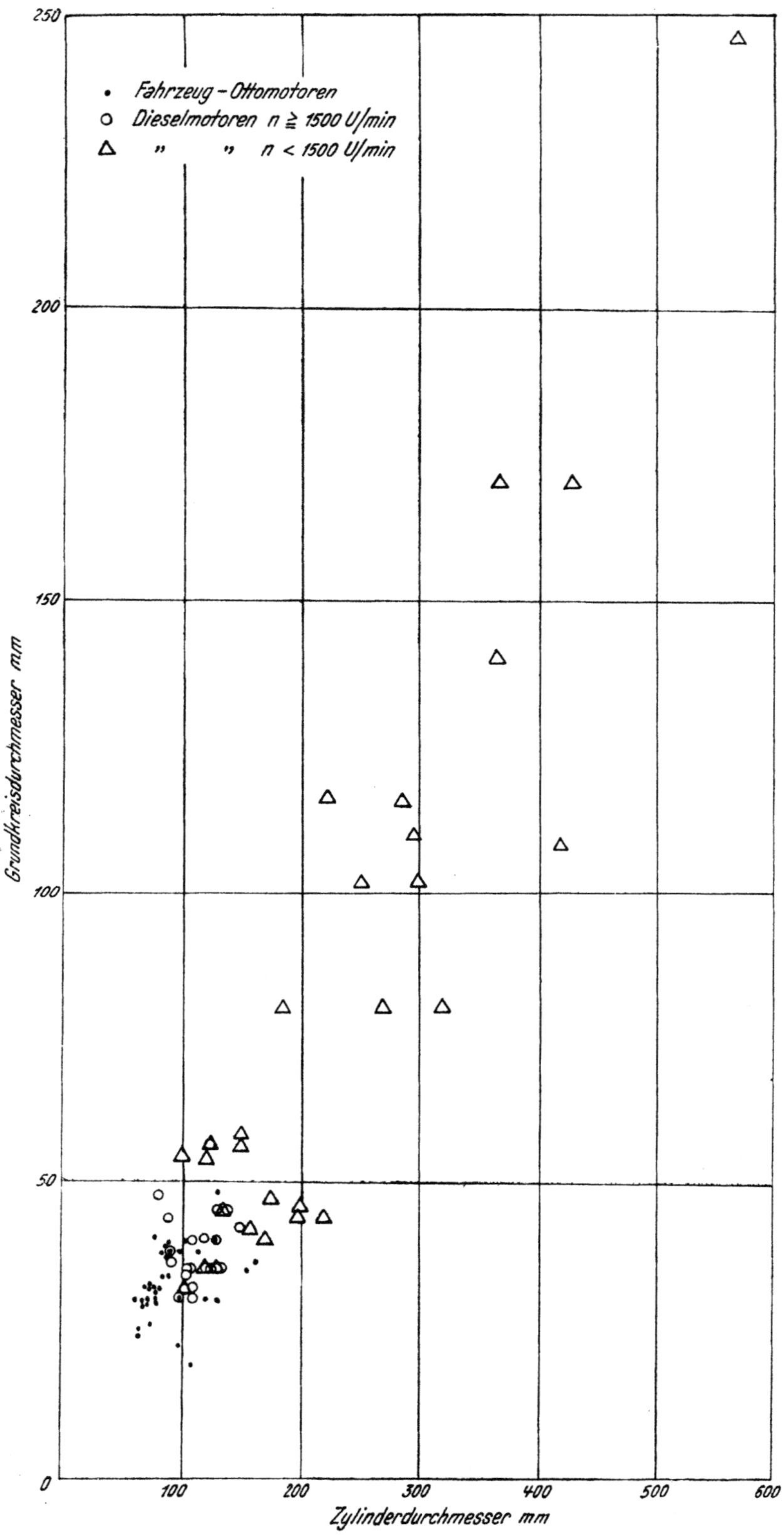

Abb. 185. Grundkreisdurchmesser an ausgeführten Motoren.

luftgekühlten Motoren) auftreten, vorteilhaft angewendet wird, zeigt die Abb. 194. Dabei wird das Ventilspiel hydraulisch ausgeglichen. Im Stößel ist ein Zylinder mit einem Ölkolben eingebaut, wo über ein Rückschlagventil von der Drucköleitung des Motors her ständig ein Öldruck aufrechterhalten bleibt. Dabei wird das Gestänge stets gestreckt gehalten, so daß das Ventilspiel zu Null wird. Die beim Anhub auftretenden Leckverluste des Kolbens werden bei Stillstand des Gestänges aufgefüllt.

b) Gleitschwinge, Rollenschwinge.

Statt der Geradführung kann die Gleitfläche auf einen Schwinghebel angebracht sein. Ein Beispiel hiefür zeigt Abb. 226. Der Hebel ist auf einen Bock gelagert, der selbst wieder im Gehäuse der Maschine verschraubt ist. Die Verwendung eines solchen Schwinghebels erlaubt es, Nockenwelle und Stoßstange außerachsig zu verlegen, wie dies auch im vorliegenden Beispiel geschehen ist. Statt der Gleitfläche kann die Schwinge nach Abb. 195 auch eine Rolle tragen.

c) Stoßstangen (Stößelstangen).

Bei größeren Motoren pflegt man die Stoßstangen aus Rohren mit eingesetzten Endstücken herzustellen (Abb. 196). Die Endstücke werden entweder mit quer durchgehenden Nieten befestigt oder verschweißt. Die Kugelenden und Pfannen sind gehärtet. Als Werkstoff für die Endstücke wird Einsatzstahl verwen-

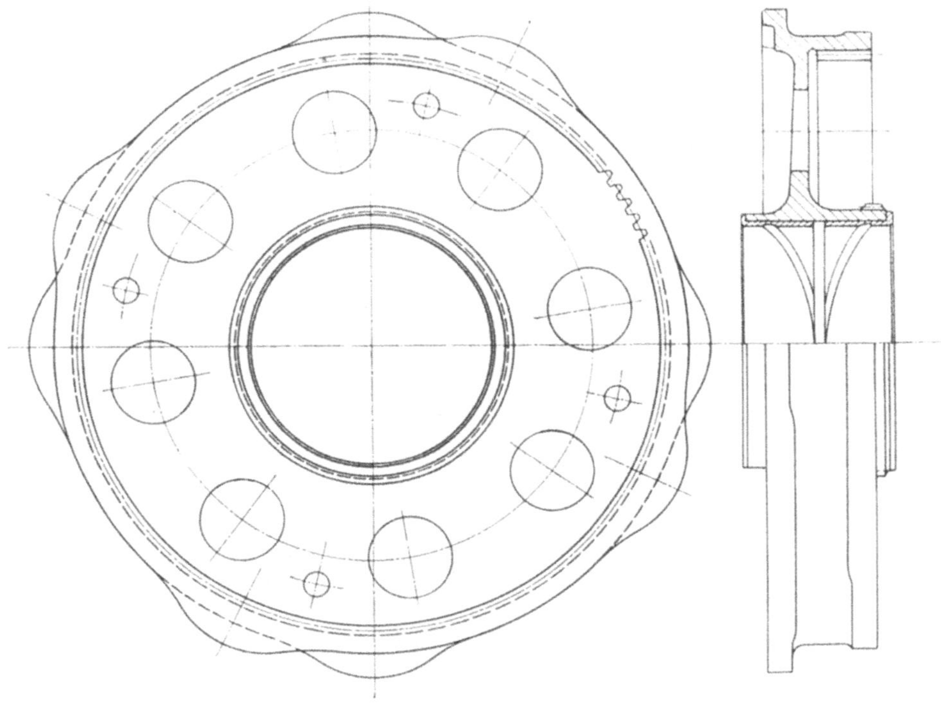

Abb. 184. Nockentrommel eines Sternmotors.

det. Im rechten Beispiel der Abbildung ist die Pfanne am oberen Ende in einer Verstellschraube untergebracht, die mit Gegenmuttern gesichert ist und ein Nachstellen des Ventilspieles ermöglicht. In der Regel wird diese Verstellmöglichkeit in den Ventilhebeln gelegt. Für kleine schnellaufende Motoren pflegt man die Stoßstange mit vollem Querschnitt herzustellen (Abb. 197). Das verdickte Ende mit der Pfanne wird aufgestaucht.

d) Ventilhebel.

Die gebräuchliche Ausführung eines Ventilhebels zeigt z. B. Abb. 19. Das stoßstangenseitige Ende trägt die Einstellschraube. Der Hebel greift kraftschlüssig über die gekrümmte Fläche auf das Ventil. Das Ende des Hebels ist dazu sorgfältig zu bearbeiten und zu härten. Eine weitere Eingriffsmöglichkeit zeigen Abb. 198 und 199, die zwar seltener angewendet werden, im allgemeinen jedoch verschleißfester sind. Zwischen Hebel und Ventil ist dabei ein Gleitstein gelegt.

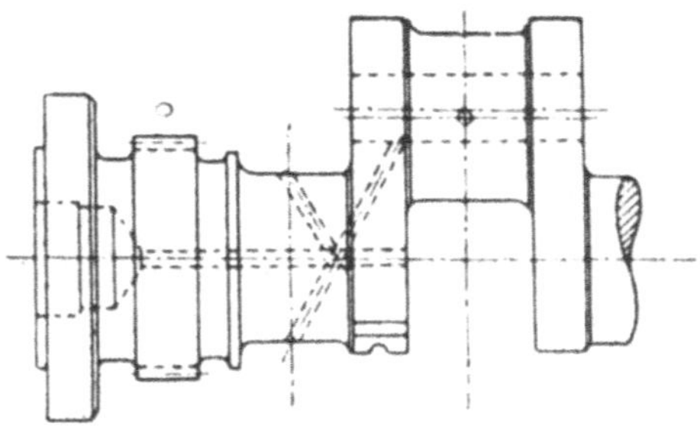

Abb. 185. Antriebsritzel und Kurbelwelle in einem Stück gefertigt.

Der Hebel hat in der Regel Doppel-T-Querschnitt, bei kleinen Ausführungen mitunter auch Rechteckquerschnitt. Er wird heute fast ausnahmslos im Gesenk geschmiedet; früher wurden größere Ventilhebel in gleicher Form als Stahlgußstücke hergestellt. Die Hebel sind auf feststehenden Achsen gelagert, die selbst wieder von Böcken getragen werden. Letztere sind bei kleineren Motoren im Gesenk geschmiedet, bei größeren gegossen. Als Hebellager werden entweder Gleitlager mit eingesetzten Büchsen (Abb. 19) oder Rollen- bzw. Nadellager (Abb. 200), seltener auch Kugellager verwendet. Das Nadellager hat sich besonders wegen seiner Unempfindlichkeit hinsichtlich der Schmierung bewährt.

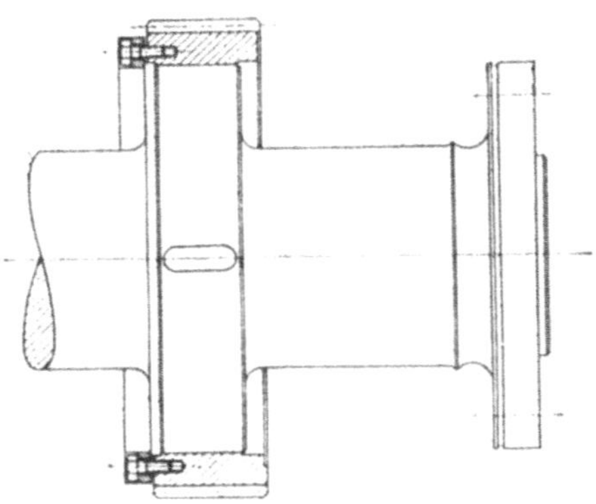

Abb. 186. Einteiliges Antriebsrad auf der Kurbelwelle (über den Flansch geschoben).

Bei Gasmotoren wird häufig eine Regelung angewendet, bei der der Ventilhub veränderlich ist. In diesem Falle sind neben den oben geschilderten Grundelementen des Übertragungsgestänges noch veränderliche Glieder vorzusehen. Die Bauelemente dieser zusätzlichen Gestängeteile, wie Rollen, Bolzen, Lager und Hebel, sind grundsätzlich gleich wie oben geschildert.

Über Ausführungen von Steuerungen an Gasmaschinen sei auf Heft 5 dieser Buchausgabe verwiesen [4].

IV. Schmierung der Steuerungsteile.

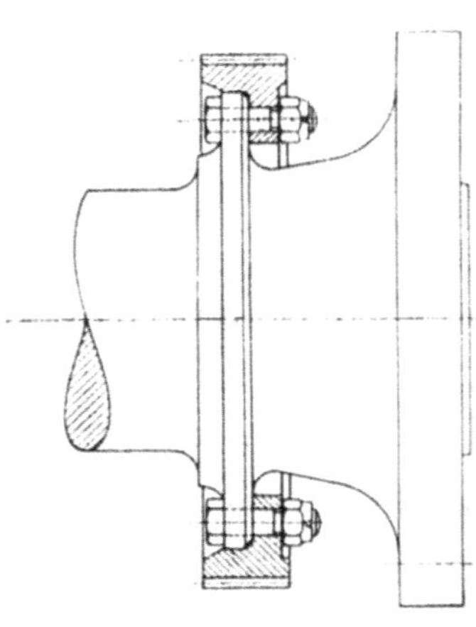

Abb. 187. Zweiteiliges Antriebsrad auf der Kurbelwelle.

Kleine schnellaufende Ein- oder Zweizylinder-Motoren, wie sie für den Antrieb von Kleinkraftfahrzeugen oder für gewerbliche Zwecke verwendet werden, pflegt man durch kleine Schmierpumpen mit geringen Frischölmengen zu schmieren (Frischöl-Schmierung). Die zugeführte Ölmenge wird verbraucht. Man trachtet daher, nur wenige Schmierstellen anzuordnen und tunlichst das von einer Schmierstelle abgespritzte Öl an andere zu schmierende Stellen zu führen. Es genügt im allgemeinen eine Schmierstelle im Kurbelraum (Hauptlager) und eine im Kipphebelraum vorzusehen.

Schnellaufende Mehrzylindermotoren (Kraft-

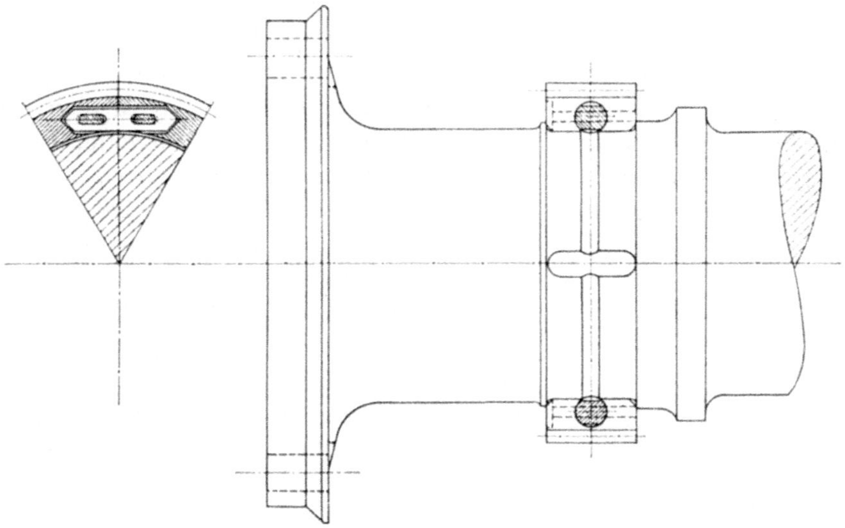

Abb. 188. Zweiteiliges Antriebsrad auf der Kurbelwelle.

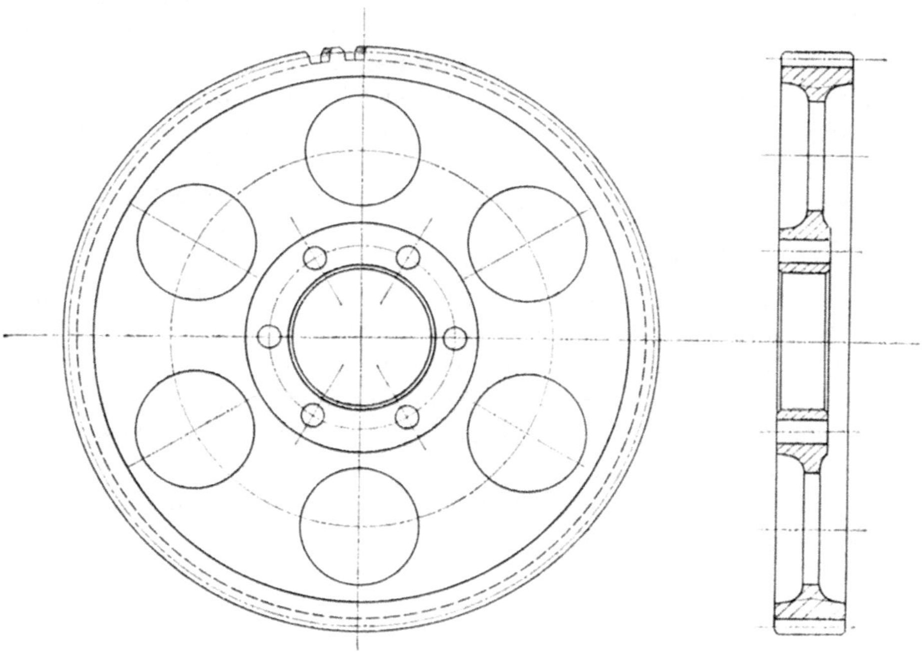

Abb. 189. Nockenwellenrad eines Fahrzeugdieselmotors.

wagenmotoren) werden heute fast allgemein mit Umlaufschmierung versehen. Dabei wird das Schmieröl durch eine Ölpumpe über ein Ölfilter, die Schmierstellen und nötigenfalls einen Kühler in ständigem Kreislauf gehalten. Die Lager der Nockenwellen werden entweder von einer außen liegenden Sammelleitung oder von der hohlen Nockenwelle aus geschmiert. Im letzten Fall gelangt das Öl über eines der Lager in die Welle. Der Rollen- oder Pilzstößel wird durch Spritzöl versorgt, im allgemeinen auch die Antriebsräder der Nockenwelle. Falls dies nicht ausreicht, pflegt man die Zahnräder oder Ketten von Spritzdüsen aus zu schmieren, die an die Druckleitung angeschlossen sind. Auch die Kipphebel sind in der Regel an die Umlaufschmierung angeschlossen, während das Stoßstangengelenk, sowie der Druckpunkt am Ventil und der Ventilschaft selbst, meist vom Kipphebellager aus mit Öl versorgt werden. Das Öl wird entweder in einer getrennten Leitung zum Kipphebellager oder über Bohrungen im Gestell und Zylinderkopf geführt. Auch die hohle Stoßstange wird zur Hochführung des Öles mitunter verwendet, wobei das Öl dann über den Schaft des Stößels zugeleitet wird. Beim Übergang vom Pilzstößel auf die Stoßstange wird die untere Pfanne mitgeschmiert. Das aus den Schmierstellen in den Ventilhebelraum austretende Öl fließt längs den Stoßstangen in den Kurbelraum zurück. Wenn der Kipphebel in Nadel-, Rollen- oder Kugellagern gelagert ist, genügt auch eine Fettschmierung oder eine Handschmierung in gewissen Zeitabständen, die so reichlich sein muß, daß die entstehenden Öldämpfe die Gelenkpunkte und den Ventilschaft ausreichend schmieren. Bei der geschlossenen Bauweise der schnelllaufenden Motoren tragen auch die aus dem Kurbelraum über die Stoßstangenbohrungen hochsteigenden Öldämpfe weitgehend zur Schmierung bei.

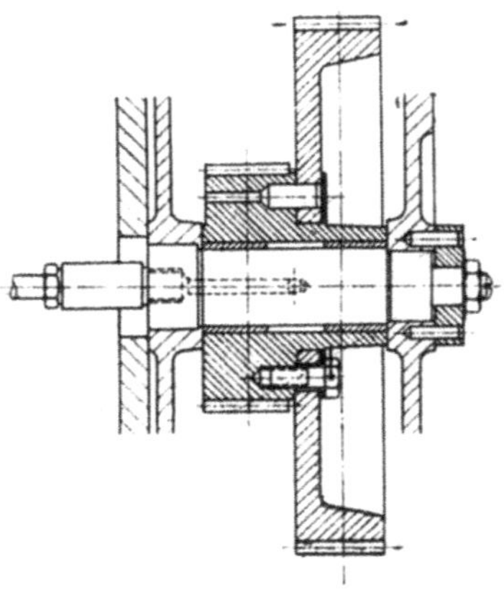

Abb. 190. Zwischenräder eines Großmotors.

Bei großen und langsam laufenden Motoren werden die im Gestell liegenden Steuerteile, wie Nockenwelle und Zahnräder, in der Regel so geschmiert, wie bei schnellaufenden Motoren. Das Gestänge von der Nockenwelle zum Ventil ist bei Großmotoren im allgemeinen nicht gekapselt. Der Anschluß an die Umlaufschmierung ist daher wegen mangelnder Ölhaltigkeit nicht möglich. Man pflegt diese Teile entweder durch eine Frischölschmierung oder von Hand aus mit Öl zu versorgen. Für die Kipphebelschmierung ist heute auch noch die Dochtschmierung oder Tropfölschmierung gebräuchlich.

Bei Anordnung der Schmierölbohrungen sind die für die Gleitlager und Rollenlager geltenden Regeln zu beachten.

C. Schiebersteuerungen für den Ladungswechsel.

I. Überblick.

Bei den Schiebermotoren werden Ein- und Austrittsquerschnitt für Frischladung und Abgas durch eine Schiebebewegung geöffnet und geschlossen. Schon *Nikolaus Otto* hat offenbar in Anlehnung an die Dampfmaschine als Absperrorgan in seinen ersten Motoren Flachschieber verwendet. Bei diesen thermisch niedrig belasteten Motoren hat sich dieser Schieber so weit bewährt, daß er die Marktfähigkeit der Maschine nicht gefährdete. Bei den höher belasteten Viertaktmotoren mußte er jedoch bald durch das betriebssichere Ventil ersetzt werden, welches bis heute noch fast ausnahmslos verwendet wird. Dennoch waren im Verbrennungsmotorenbau stets Bestrebungen vorhanden, den Schieber zur vollen Reife zu entwickeln. Vor der jüngsten Entwicklung zum Hochleistungsmotor war es vorwiegend das Geräusch des Ventiltriebes, welches Anlaß zur Entwicklung des fast geräuschlos arbeitenden Schiebers gab. Heute liegen die Gründe tiefer, deretwegen man dieser Entwicklungsrichtung auch weiterhin Beachtung schenkt. Vielfach ist einer Leistungssteigerung heute schon eine Grenze in der Belastbarkeit des Auslaßventiles gesetzt. Anderseits erhöht dieses heiße Auslaßventil die Neigung zum Klopfen, deretwegen das Verdichtungsverhältnis nicht so hoch gewählt werden kann, wie es der Kraftstoff an sich bei kälteren Wänden zuließe. Damit ist auch der Erhöhung der Wirtschaftlichkeit des Motors durch Erhöhung des Verdichtungsverhältnisses eine Grenze gesetzt. Schließlich besteht ein weiterer Vorteil des Schiebers in der Möglichkeit, größere Öffnungsquerschnitte unterzubringen als im Ventil, so daß der Füllungsgrad größer und die Ladungswechselarbeit kleiner wird.

Die Bauformen, die bisher versucht wurden, sind nicht nur zahlreicher, sondern auch untereinander grundsätzlich verschiedener als die Entwicklungsformen des Ventiltriebes. Trotzdem konnte der Schieber bis heute nur in ganz vereinzelten Fällen zur Betriebsreife entwickelt werden.

Einen guten Überblick über die bisherigen Versuche im Schieberbau zeigt die folgende Zusammenstellung nach *Riedel* [28].

Abb. 201 zeigt das Schema des *Knight-Schiebers*, der in größerer Stückzahl ausgeführt wurde. Es laufen im Zylinder zwei Schieberbüchsen, die durch eine gemeinsame Exzenterwelle über zwei Exzenter angetrieben werden. In der inneren Schieberbüchse läuft der Kolben. Die Schieberbüchsen haben Fenster, welche durch sinngemäße Bewegung miteinander und mit dem entsprechenden Gegenfenster in der Zylinderwand zur Deckung gebracht werden. In den inneren Schieber reicht von oben der Zylinderkopf, der wie der Kolben Dichtungsringe trägt. Während des Arbeitshubes ist der innere Schieber so weit nach oben geschoben, daß die Dichtung die Kolbenringe übernehmen. Ein grundsätzlicher Nachteil dieser Konstruktion liegt im verhältnismäßig schlechten Wärmeübergang an die eigentliche Zylinderwand über zwei Schmierfilme bei den Schiebern bzw. drei Schmierfilme beim Kolben. Der Schmierung muß ganz besondere Beachtung geschenkt werden, nicht nur um die Laufeigenschaften zu erhalten, sondern auch um den Wärmeabfluß zu verbessern. Bei dem hohen Schmierölumlauf, der dazu notwendig ist, ist die Gefahr der Kraftstoffanreicherung des Öles einerseits und der Ölschaumbildung andererseits groß. Zum Reinhalten des Öles wurden bei diesen Motoren daher besondere Geräte entwickelt, die im Ölkreislauf liegen und während des Betriebes ständig in Tätigkeit sind.

Abb. 202 zeigt einen Schiebermotor, wie er von der Firma *Mustad et Fils* gebaut wurde. Einlaß und Auslaß werden durch je einen Einzelschieber gesteuert, die jedoch nicht rohrförmig um den ganzen Kolben reichen, sondern nur schalenförmig ausgebildet sind. Die außergewöhnlichen Dichtungsverhältnisse, die sich dabei ergeben, dürften dieser Konstruktion eine praktische Bedeutung genommen haben.

Abb. 203 zeigt das Schema des bekannten *Burt-Mc Collum-Schiebers*. Es ist ein einziger Rohrschieber verwendet, in dem der Kolben läuft. Der Rohrschieber wird durch eine Kurbel über ein Kugelgelenk angetrieben und führt demnach nicht nur eine hin und her gehende, sondern auch eine drehende Bewegung aus. Dieser Schieber wurde schon im Jahre 1909

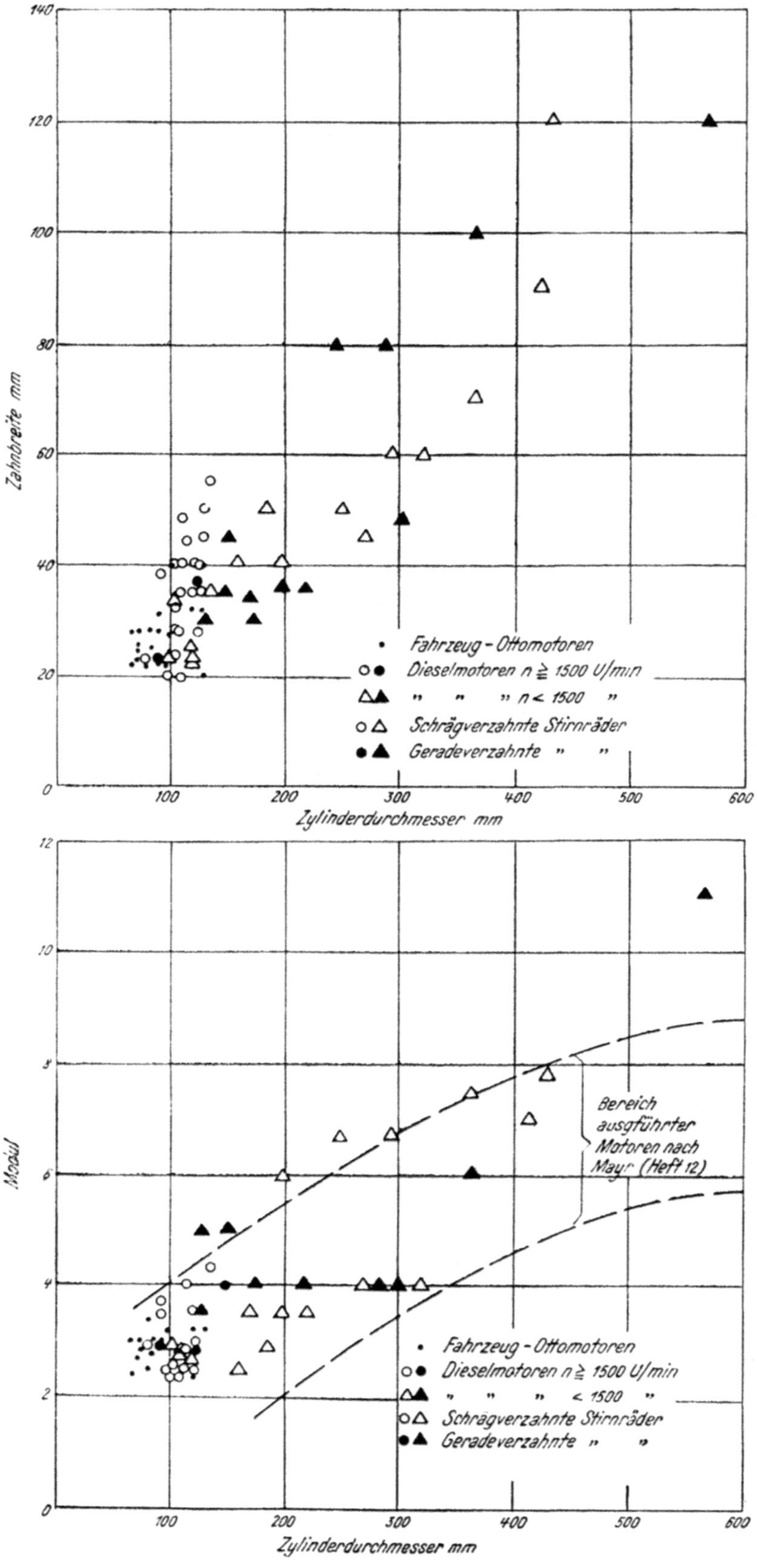

Abb. 191. Zahnbreite und Teilung der Antriebsräder für die Nockenwelle an ausgeführten Motoren.

patentiert. Die Entwicklung zur Reife für die Großserie begann aber erst im Jahre 1926 bei der Bristol Aeroplane Corp in Bristol und ist heute so weit gediehen, daß zahlreiche Flugmotoren-Baumuster, die in großen Stückzahlen gefertigt werden, damit ausgerüstet sind.

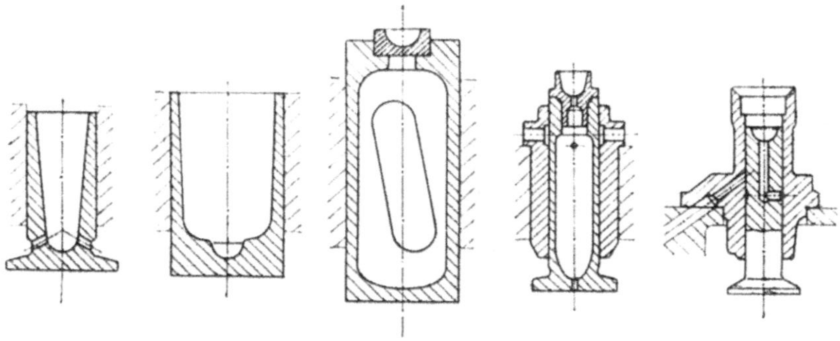

Abb. 192. Pilzstößel verschiedener Ausführungen für Fahrzeugmotoren.

Der Schieber nach Abb. 204 führt nur eine Drehbewegung um die Zylinderachse aus. Wegen seiner Dichtschwierigkeit kommt ihm keine praktische Bedeutung zu.

Beim *Aspin-Kegelschieber* nach Abb. 205 sitzt der kegelförmige Schieber im Zylinderkopf. Er rotiert um die Zylinderachse und stellt sinngemäß die Verbindungen des Zylinderraumes mit dem Ein- und Auslaßkanal her. Der Schieber wird durch den vollen Zylinderdruck an seine Lauffläche gepreßt, dadurch ergibt sich in der Dichtfläche eine spezifische Pressung, die erheblich über der des Zylinderdruckes liegt (etwa 60 v. H.). Solche und noch höhere Flächendrucke sind jedoch auch bei Gleitlagern gebräuchlich, so daß es erklärlich erscheint, wenn dieser Schieber trotz der augenscheinlich ungünstigen Belastung bemerkenswerte Betriebserfolge erzielte. Selbstverständlich muß sorgfältig geschmiert werden. Dann ist es auch möglich, daß die Abnützungsunterschiede infolge der verschiedenen Geschwindigkeiten am inneren und äußeren Schieberradius verhältnismäßig klein bleiben.

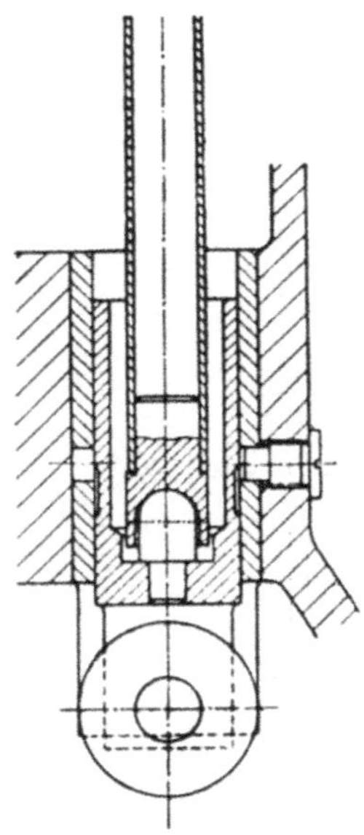

Abb. 193. Rollenstößel.

Der *Plandrehschieber* der *Bristol T. & C. Co.* nach Abb. 206 wurde an einem Taumelscheibenmotor für Fahrzeuge erprobt. Der scheibenförmige Schieber reicht über neun trommelförmig parallel angeordnete Zylinder und stellt die Verbindung des Zylinderinneren mit dem Ein- und Auslaßkanal her. Das Übersetzungsverhältnis zwischen Schieber und Kurbelwelle und die Kanalzahl im Schieber ist ähnlich zu bestimmen wie Übersetzungsverhältnis und Nockenzahl der Nockentrommel eines Sternmotors. Auch hier zündet im Viertaktverfahren jeder zweite Zylinder aufeinanderfolgend. Zwischen Zylinderblock und Schieber ist ein zusätzliches Abdichtungsorgan eingeschaltet, welches auch bei geringem Verzug des Schiebers ein sicheres Anliegen der Dichtflächen gewährleisten soll. Ähnlich wie beim

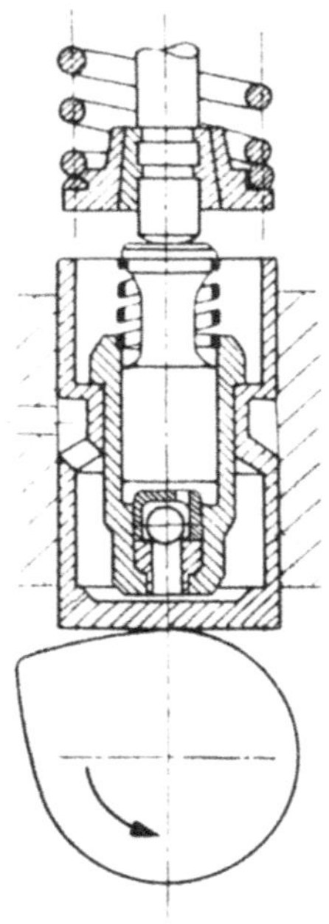

Abb. 194. Pilzstößel mit hydraulischem Ausgleich des Ventilspieles.

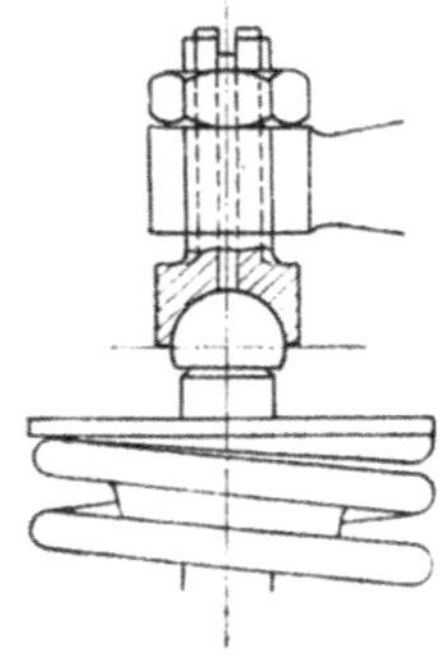

Abb. 199. Eingriff des Ventilhebels über einen Gleitstein mit Kugelpfanne.

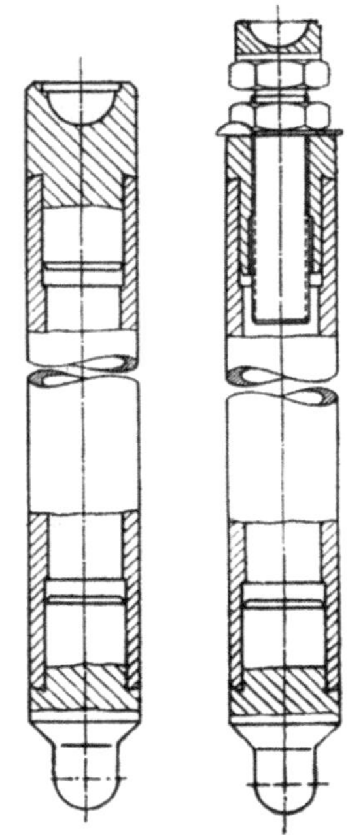

Abb. 196. Stoßstangen von Großmotoren.

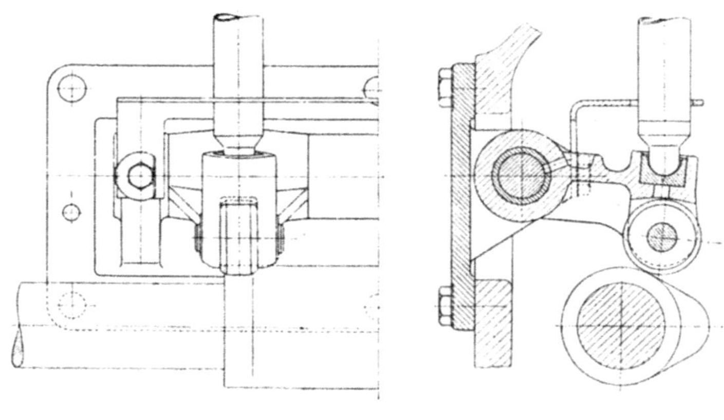

Abb. 195. Rollenschwinge eines Stationärmotors mittlerer Größe.

Abb. 197. Stoßstange eines schnelllaufenden Fahrzeugmotors.

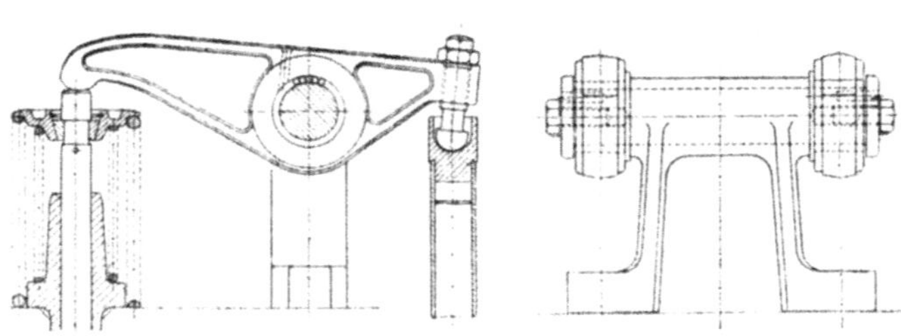

Abb. 200. Kipphebel mit Nadellager.

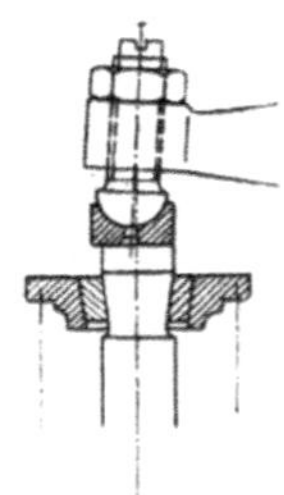

Abb. 198. Eingriff des Ventilhebels über einen Gleitstein mit Kugelpfanne.

Kegelschieber hat auch der Planschieber verschiedene Gleitgeschwindigkeiten, so daß auch dabei die Gefahr eines ungleichen Verschleißes der inneren und äußeren Schieberpartien besteht.

Abb. 207 zeigt das Schema des zylindrischen Schiebers nach *Baer-Heylandt*, mit einer Drehachse senkrecht zur Zylinderachse, also parallel zur Kurbelwelle. Er wird durch ein zusätzliches Abdichtorgan nach oben gepreßt, so daß die Schieberflächen satt aneinander liegen. Das Abdichtorgan ist durch eine Membrane gedichtet. Der Schieber ist wassergekühlt und muß gut geschmiert sein. Auch dieser Schieber ist trotz erfolgreicher Versuchsarbeit nicht in größerer Stückzahl gebaut worden.

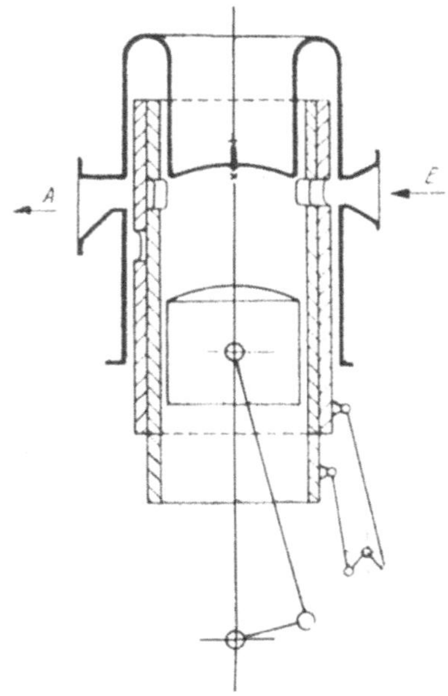

Abb. 201. Schema des Knight-Schiebermotors.

Der Zylinderschieber nach Abb. 208 der Firma *Cross Rotary Valve* liegt ebenfalls senkrecht zur Zylinderachse über dem Kolben. Die Kanäle münden im Gegensatz zum Baer-Schieber in achsialer Richtung aus. Der Zylinder selbst ist am Gestell nicht angeschraubt, sondern in ihm achsial geführt. Er wird durch eine Feder gegen den Schieber gedrückt. Die Zylinderkraft nimmt ein über den ganzen Zylinder gestülptes Gehäuse auf. Der Übertragungspunkt der Kraft von der oberen Schiebergehäusehälfte liegt exzentrisch. Die obere und untere Schiebergehäusehälfte — letztere ist mit dem Zylinder in einem gegossen — sind dabei durch ein Gelenk verbunden. Diese Konstruktion bezweckt eine Abminderung des Belastungsdruckes auf den Schieber. Würde der Übertragungspunkt in Zylindermitte liegen, so müßte der Schieber die ganze Kraft aufnehmen. Würde der Übertragungspunkt hingegen im Abstand des Gelenkes von der Mitte angeordnet sein, so wäre der Schieber durch die Gaskräfte überhaupt nicht belastet. Er würde dann schlecht dichten. In einer Lage zwischen diesen Extrempunkten ist die vom Schieber aufzunehmende Kraft größer als Null und kleiner als die gesamte Zylinderkraft. Durch Wahl des Punktes hat man es demnach in der Hand, die Schieberdrücke in den Grenzen zu halten, die nicht höher liegen, als gerade zur Dichtung nötig ist.

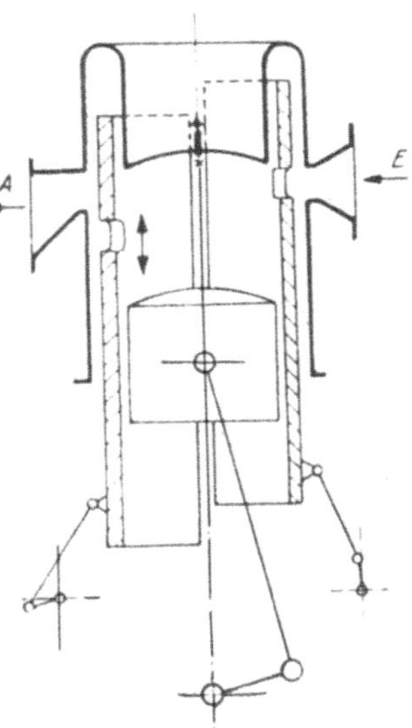

Abb. 202. Schema des Schiebermotors von Mustad et Fils.

Die Abb. 209, 210 und 211 zeigen das Schema von Schiebermotoren, bei denen die Zylinder sternförmig angeordnet sind. Der Schieber reicht jeweils über sämtliche Zylinder. Das äußere Schiebergehäuse ist fest, während der Zylinderstern mit dem Schieber rotiert. Die Kurbelwelle kann dabei im Gleichlauf oder Gegenlauf rotieren. Eine Bedeutung kam diesen Konstruktionen bisher nicht zu. Bei der Ermittlung der notwendigen Drehzahl des Zylindersternes ist ähnlich vorzugehen wie bei der Nockentrommel eines Sternmotors mit Ventilsteuerung.

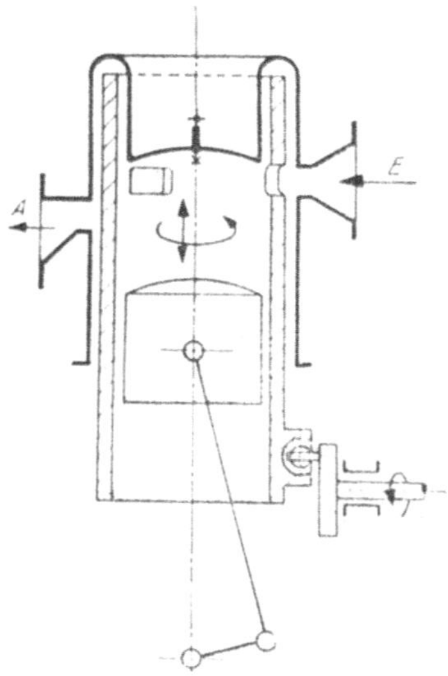

Abb. 203. Schema des Schiebermotors nach Burt-Mc-Collum.

Außer diesen Schieberkonstruktionen ist besonders auch auf den schlitzgesteuerten Zweitaktmotor hinzuweisen, der im Sinne der Definition ebenfalls als schiebergesteuerter Motor aufzufassen ist (Abb. 212).

Als wichtigste Hauptunterscheidungsmerkmale der Motoren pflegte man bisher die Schieberart, die Art der Steuerbewegung, die Schieberform, die Zahl der Schieber, die Tatsache, ob ein zusätzliches Abdichtungsorgan vorhanden ist oder nicht, sowie die Zahl der Freiheitsgrade des Abdichtorganes anzuführen. Bedeutungsvoller als diese Merkmale erscheint jedoch die Art, wie die Hochdruckabdichtung geschieht. Die Öffnungen für Ein- und Auslaß werden grundsätzlich dann geöffnet und geschlossen, wenn im Zylinder der Druck entweder schon weitgehend entspannt ist oder nahezu Außendruck herrscht. Es genügt dabei für die Dichtung das normale Laufspiel des Schiebers. Während der Hochdruckphase des Arbeitsspieles hingegen muß das Dichtungsspiel viel kleiner sein. Grundsätzlich wird dabei eine Dichtung stets dadurch erreicht, daß die Schieberflächen dem Zylinderdruck proportional aneinander gepreßt werden. Dies kann in zweierlei Art verwirklicht werden:

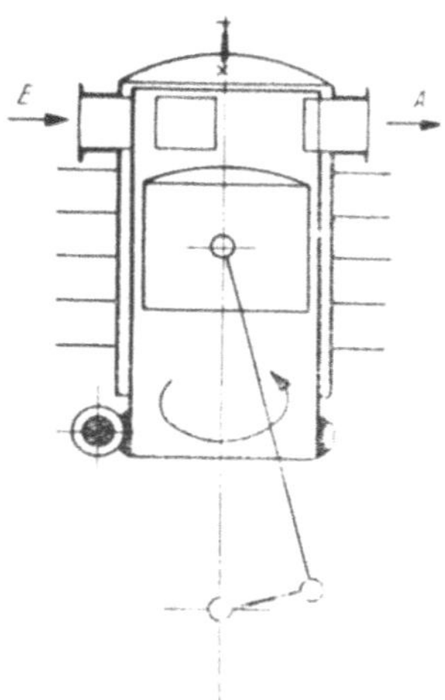

Abb. 204. Schema des Schiebermotors nach Pittler.

Es kann der Schieber entweder mit gleichbleibendem Laufspiel in seiner Führung laufen und für die Abdichtung der hohen Gasdrücke ein oder mehrere zusätzliche Liderungsorgane vorgesehen sein. Dann hat der Schieber selbst in erster Linie den Zweck der Abdichtung der niederen Drücke. Ein Beispiel dafür ist der Zweitaktmotor. Der Kolben läuft mit Laufspiel und steuert mit seiner oberen Kante den Ein- und Auslaßkanal auf und zu. Die Abdichtung des Hochdruckes übernehmen jedoch die Kolbenringe, die dem Gasdruck entsprechend an die Dichtflächen gepreßt werden. Man kann einen Schieber dieser Art als *Niederdruckschieber* bezeichnen.

Im zweiten Falle werden die Schieberflächen selbst durch den Zylinderdruck aneinandergedrückt. Der Schieber läuft dabei in seiner Führung nicht mit gleichbleibendem, sondern mit einem mit zunehmendem Druck kleiner werdenden Dichtungsspiel. Die Kanten der Schieberkanäle bzw. der Gehäusekanäle müssen demnach auch die Abdichtung des Hochdruckes übernehmen. Man kann solche Schieber daher auch als *Hochdruckschieber* bezeichnen. Ein Beispiel dafür ist der Baer-Heylandt-Schieber nach Abb. 207, in dem das untere Abdichtorgan mit der vollen Zylinderkraft an den Schieber angepreßt wird. Ein Nachteil des Hochdruckschiebers liegt weniger in seiner hohen Belastung, als in der Gefahr des Verziehens, demzufolge örtliche Überhitzung, eine Verschlechterung der Schmierung und in weiterer

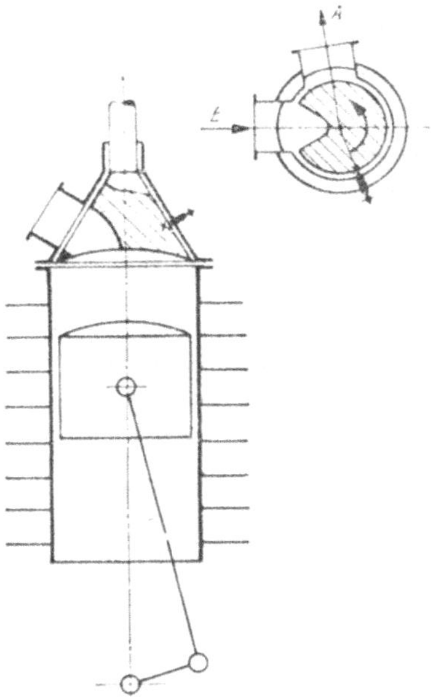

Abb. 205. Schema des Kegelschiebermotors nach Aspin.

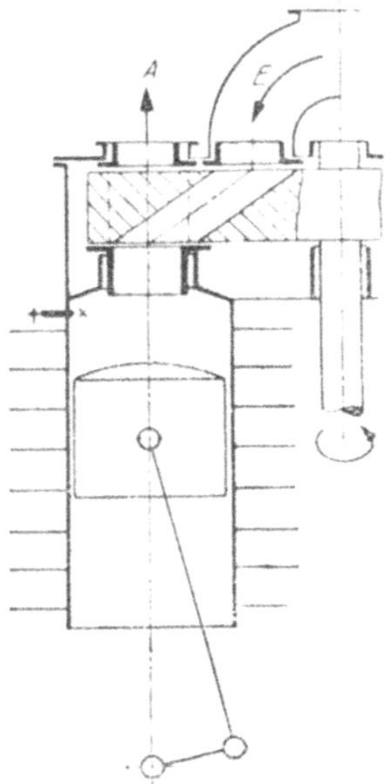

Abb. 206. Schema des Plandrehschiebermotors der Bristol T. u. C. Co.

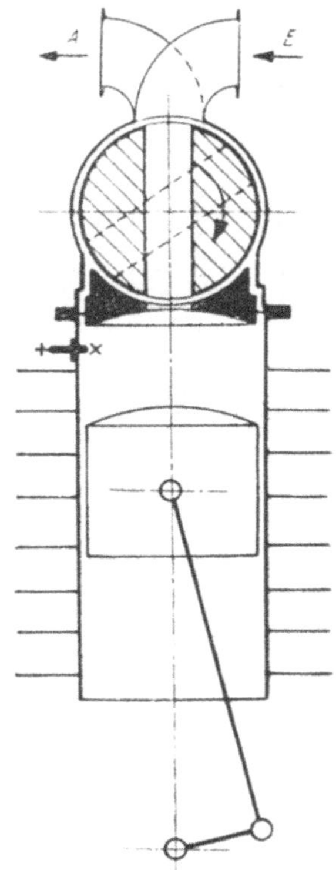

Abb. 207. Schema des Zylinderschiebermotors nach Baer-Heylandt.

Folge rascher Verschleiß oder Festklemmen des Schiebers zu erwarten ist. Bei allen Schiebermotoren, die bisher eine gewisse Bedeutung erlangt haben, handelt es sich ausschließlich um Niederdruckschieber. Dazu zählen in erster Linie die heute allein noch gebauten Schieber-Motoren, d. i. der schlitzgesteuerte Zweitaktmotor und der von Bristol gebaute Burt-Mc-Collum-Schieber.

II. Ausführungsbeispiele.

1. Der Zweitaktmotor als Schiebermotor.

Der Zweitaktmotor ist dem Aufbau nach der einfachste Motor. Dennoch sind die gerade durch die Schieberfunktion des Kolbens gegebenen Schwierigkeiten sehr erheblich und besonders durch das Zweitaktverfahren bedingt größer als bei schiebergesteuerten Viertaktmotoren. Erschwerend sind dabei Schmierverhältnisse am Kolben, sowie der mangelnde Lagenwechsel der Kolbenringe als Hochdruckabdichtungsorgane. Überdies ist bei gleicher Zylindereinheitsleistung im allgemeinen die Wärmebelastung des Kolbens im Zweitaktmotor größer als die im Viertaktmotor, so daß auch schon deshalb erhöhte Schwierigkeiten am Kolben als Schieber auftreten.

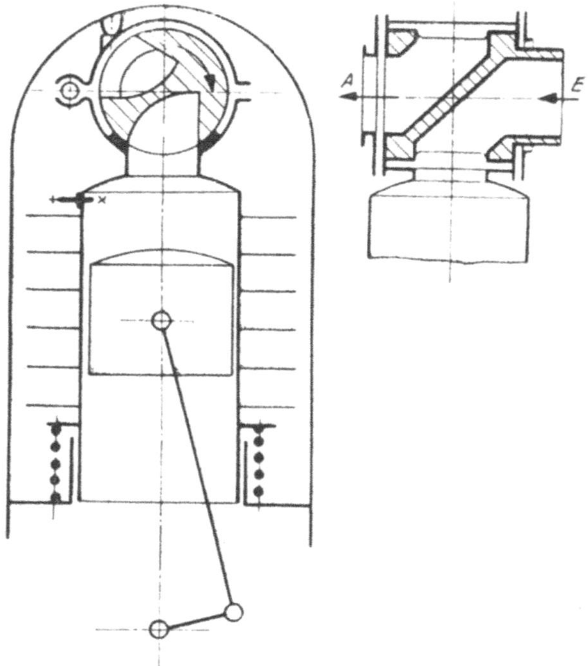

Abb. 208. Schema des Zylinderschiebermotors nach Cross.

Die Schmierung des Kolbens oder eines Schiebers allgemein leidet außer durch die Wärme in erster Linie durch die Verunreinigung des Schmierfilmes durch die Abgase, die am Auslaßschlitz unmittelbar mit den Schmierflächen mit hoher Geschwindigkeit in Berührung kommen. Dadurch wird auch zum Teil das Schmieröl weggefegt. Außerdem wird ein Teil des am Kolben haftenden Schmieröles durch die Schlitzkanten abgestreift und in den Auspuffkanal befördert, weshalb dieser bei schiebergesteuerten Motoren im allgemeinen zum Zukoken neigt. Eine Reinigung der Kanäle ist in gewissen Zeitabständen daher angebracht.

Die Dichtwirkung des Kolbenringes als einfachstes Abdichtorgan für Hochdruck liegt bekanntlich darin, daß der Ring durch den Innendruck sowohl gegen die untere Ringnutfläche, als auch gegen die Zylinderwand gepreßt wird. Auch der Kolbenring schabt einen Teil des Öles ab. Es wird dabei der Ringspalt über und hinter dem Ring mit Schmieröl gefüllt. Wenn die Temperatur an den Ringen über ein gewisses Maß steigt, besteht die Gefahr der Verkokung dieses Öles und in der weiteren Folge eines Festwerdens des Ringes, wodurch dieser seine selbstspannende Wirkung verliert und auch der Gasdruck hinterher den Ring nicht mehr an die Dichtfläche zu pressen vermag. Der Ring dichtet nicht mehr, die durchblasenden heißen Gase treiben den Schmierölfilm weg, worauf in kurzer Folge der Kolben festfrißt. Bei herkömm-

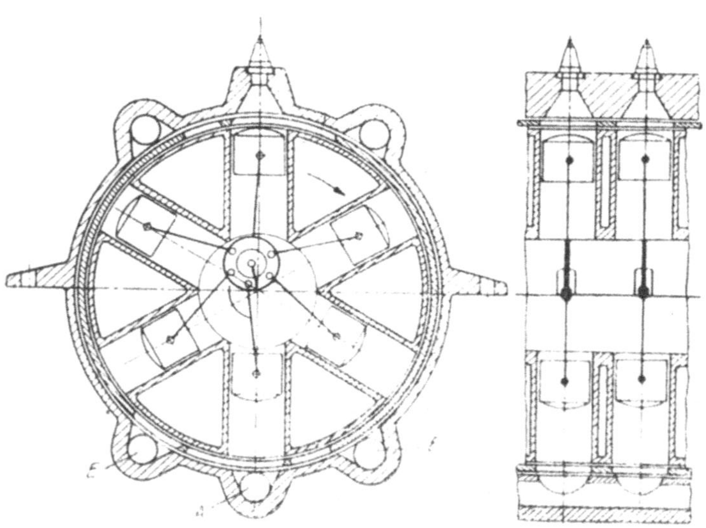

Abb. 209. Schema des Schiebermotors nach Soppit.

lichen Schmierölen liegt diese Verkokungstemperatur etwa bei 250° C. Beim Zweitaktmotor ist die Gefahr des Festwerdens wesentlich größer als beim Viertaktmotor. Bei letzterem wird während des Ausschubvorganges der Ring in der Nut stets gegen die obere Kante geschleudert. Diese Bewegung übt eine gewisse Pumpwirkung in den Ringspalten aus, wodurch das Öl fortlaufend erneuert und die Nut reingewaschen wird. Beim Zweitaktmotor hingegen ist der Kolbenring im oberen Hubteil immer durch den Gasdruck, im unteren Hubteil durch die Beschleunigungskräfte nach unten gepreßt, so daß dieser Lagenwechsel im allgemeinen nicht eintritt. Damit entfällt auch die Erneuerung des Öles. Bei Verwendung eines Kolbenringes an einem Schiebermotor als Abdichtorgan für Hochdruck soll demnach, wenn möglich, die Anordnung so getroffen werden, daß diese Ringbewegung stattfindet. Die Gefahr, daß dabei die Ringnuten ausgeschlagen werden, ist geringer und leichter zu beseitigen als im anderen Falle die Gefahr des Festklemmens der Ringe.

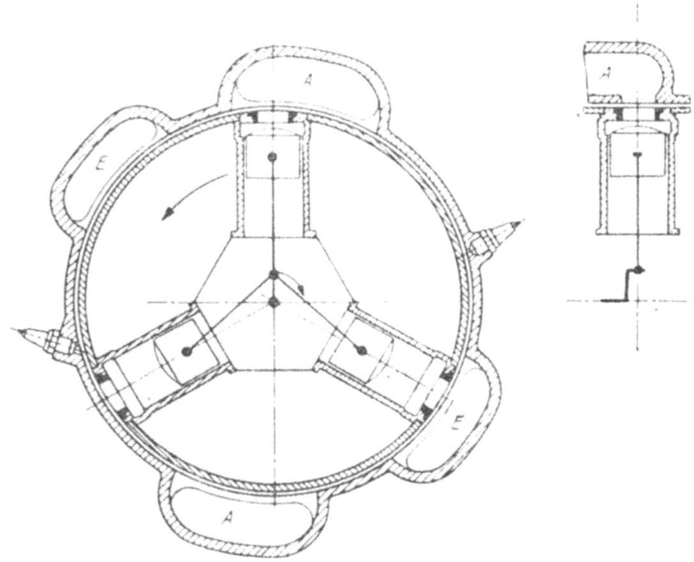

Abb. 210. Schema des Schiebermotors nach Freer.

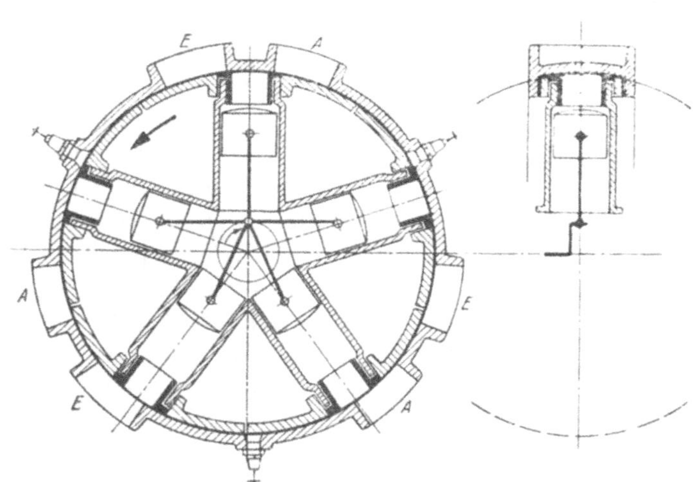

Abb. 211. Schema des Schiebermotors nach Sachsenberg.

Eine weitere Schwierigkeit ergibt sich am Kolbenring des Zweitaktmotors dadurch, daß im allgemeinen eine Sicherung des Ringes gegen Verdrehung angebracht werden muß. Das Ringschloß soll stets am Steg zwischen zwei Schlitzen im Zylinder laufen, weil sonst die Gefahr besteht, daß es etwas in den Schlitz hinein aufgeht. Der Ring könnte sich dann an der Schlitzkante verfangen und brechen. Durch diese Hemmung der Drehbeweglichkeit wird auch eine gewisse Selbstreinigung der Ringnut unterbunden. Nur bei kleinen Schlitzen, die sich nicht über 30°

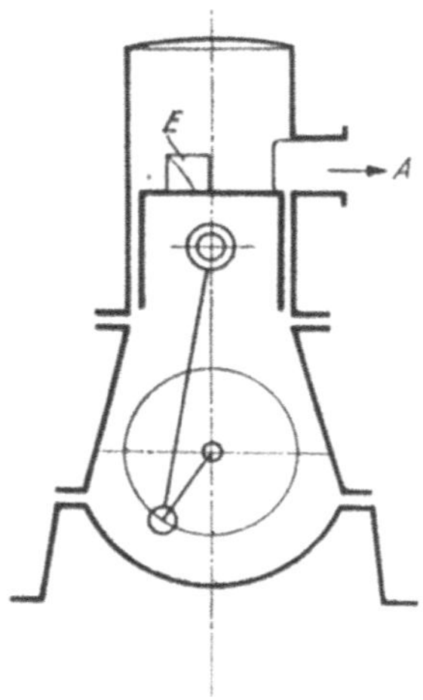

Abb. 212. Schema des Zweitaktmotors als Schiebermotor.

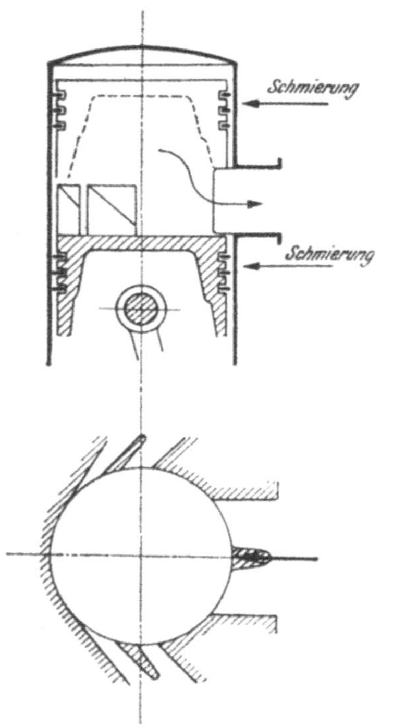

Abb. 213. Schmierstellen für den Zweitaktkolben.

des Umfanges erstrecken, kann eine Ringsicherung unterbleiben, wenn die Ecken am Schloß sorgfältig abgerundet werden, ohne daß dadurch jedoch die Dichtwirkung am Schloß vermindert wird. Größere Schlitzweiten als 45° sollen auch bei gesicherten Ringen vermieden werden, weil sonst schon durch Ausbiegen des Ringes in den Schlitz die Gefahr eines Bruches besteht. Soweit der Kolbenring als Hochdruckdichtung Verwendung findet, soll man daher bestrebt sein, statt weniger großer Schlitze, viele kleinere Schlitze anzuordnen, bei denen tunlichst jede Ringsicherung unterbleiben kann.

Um den verhältnismäßig großen Ölwechsel am Kolben im besonderen, und an einem Schieber im allgemeinen auszugleichen, muß reichlich und an richtiger Stelle geschmiert werden. Dort, wo das Öl von den heißen Abgasen weggespült wird, ist es in erster Linie zu erneuern. Am Kolben des Zweitaktmotors also möglichst in den Ringpartien an der Auslaßseite (Abb. 213). Günstiger ist es dabei, die Schmierung in oberer Totlage vorzunehmen, damit die Ölförderung auf die Lauffläche im Zylinder im Sinne des Gasweges geht. Dazu ist jedoch ein Schmiersystem erforderlich, welches nur dann fördert, wenn die Gase im Zylinder schon weitgehend entspannt sind oder die Schmierbohrung durch den Kolben abgedeckt ist, also entweder eine Taktschmierung oder eine Speicherschmierung, die, solange die hochgespannten Gase auf das Rückschlagventil am Ausgang der Schmierleitung wirken, in die längere Leitung vor dem Ventil speichert und erst nach Absinken des Zylinderdruckes und der Temperatur in den Zylinder fördert.

Diese vorstehenden, im besonderen am Zweitaktmotor seit Jahren gewonnenen Erkenntnisse können sinngemäß auf andere Niederdruckschieber übertragen werden und richtungweisend sein. Sie geben auch Anhaltspunkte zur Beurteilung ausgeführter Motoren.

2. Der Burt-Mc-Collum-Schieber.

Er wurde zunächst an luftgekühlten Sternmotoren zur Betriebsreife entwickelt. Abb. 214 zeigt einen Teilschnitt durch einen Motor. Der Schieber wird von der Kurbelwelle über ein Zwischenrad und eine Exzenterwelle mit Kugelgelenkzapfen angetrieben. Er bewegt sich in einem luftgekühlten Leichtmetall-Zylinder und hat eine Wandstärke von etwa 3,5 mm. Die Herstellung erforderte besondere Werkstättenverfahren. In den Schieber ragt der Zylinderkopf, der wie der Kolben zur Hochdruckdichtung Ringe trägt. Während Verdichtung und Ausdehnung sind die Schieberschlitze über die Ringe im Kopf hochgeschoben, so daß die Hochdruckdichtung die Ringe übernehmen (Niederdruckschieber). Der Motor arbeitet im Viertaktverfahren. Die Achsialkomponente der Schieberbewegung verursacht während des Ausschubes und Ansaugens einen achsialen Lagenwechsel der Ringe im Kopf, während die Drehkomponente ein ständiges Drehen der Ringe zur Folge hat. Der gesamte Einlaßquerschnitt ist im vorliegenden Beispiel auf drei, der Auslaßquerschnitt auf zwei

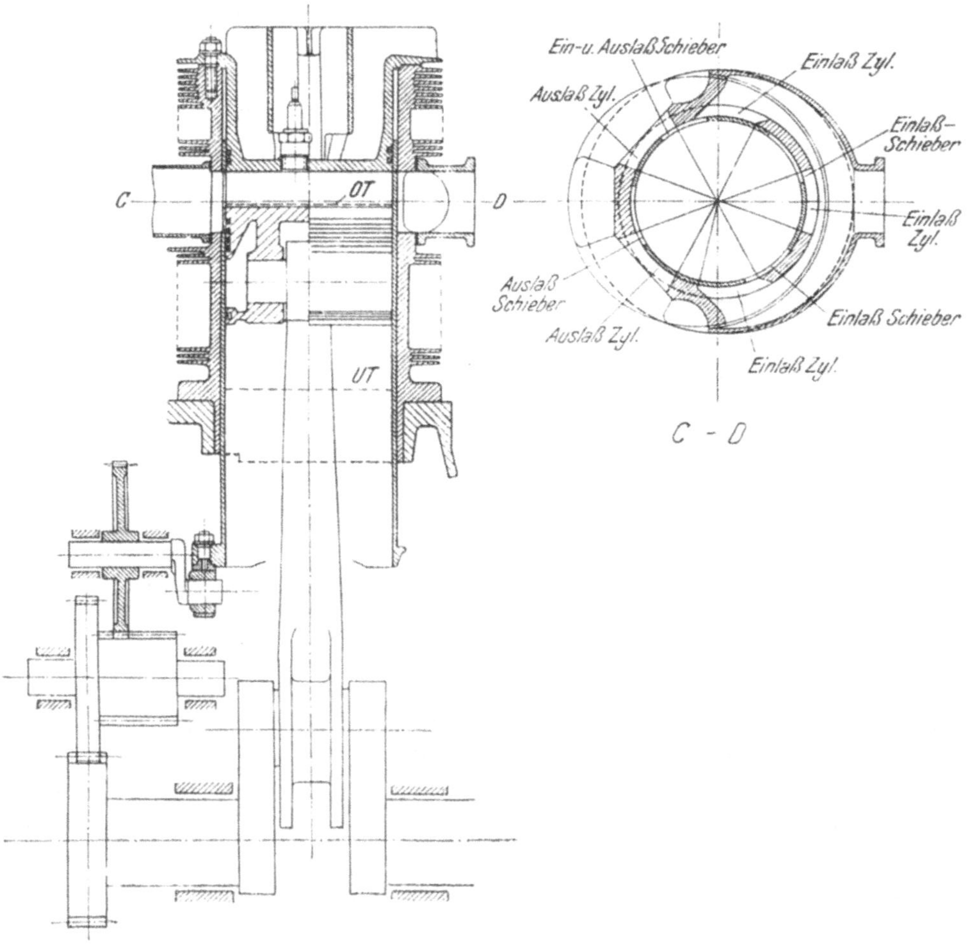

Abb. 214. Schematischer Teilschnitt durch den Burt-Mc-Collum-Schiebermotor.

Schlitze aufgeteilt. Die Anordnung mehrerer kleiner Schlitze ist auch in Hinblick auf kleine Schieberwege unerläßlich.

Die an dem Schieber aus den heißen Gasen und den Arbeitskolben über gehende Wärme wird teilweise über den Ölfilm an den Außenzylinder abgegeben, zu einem großen Teil aber auch über die Dichtungsringe an den Kopf. Von dort wird die Wärme über die im Kopfinneren angeordneten Kühlrippen an die vorbeigleitende Kühlluft abgegeben.

Die notwendige Bewegungskraft für den Schieber setzt sich aus der Reibungskraft und der Beschleunigungskraft zusammen. Die Reibungskraft kann bei kalter Maschine der höheren Zähigkeit des Schmieröles zufolge sehr groß sein, nimmt jedoch mit steigender Drehzahl und nach kurzem Lauf rasch mit der Erwärmung des Ölfilmes ab.

Für die Beschleunigungskraft ist die Art der Bewegung neben der Größe der bewegten Masse bestimmend. Jeder Punkt des Schiebers mit gleichem Radialabstand beschreibt dieselbe räumliche Kurve. Der Höhen- und Drehweg läßt sich aus dem Weg des Antriebsgelenkes analytisch oder graphisch ermitteln und daraus durch eines der bekannten Verfahren die Beschleunigung finden. Die so zu ermittelnden Kräfte betragen bei den Höchstdrehzahlen, die heute um 3000 U/min

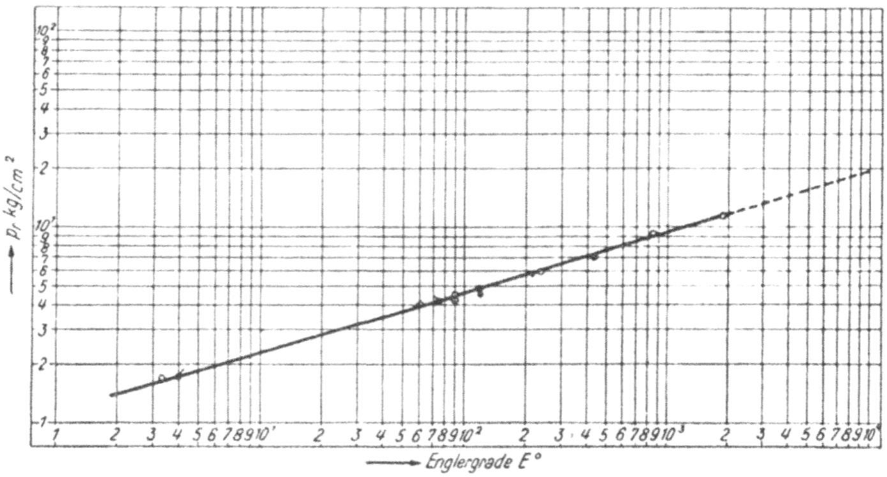

Abb. 215. Andrehwiderstand von Fahrzeugdieselmotoren in Abhängigkeit von der Ölviskosität (nach Triebnigg).

liegen, schon mehrere hundert Kilogramm [28]. Dieser hohe und überdies immer auf denselben Zapfenpunkt einwirkende Zapfendruck steigt mit dem Quadrat der Drehzahl ebenso, wie die Kräfte im Ventiltrieb, so daß diese Schiebersteuerung hinsichtlich der Beherrschung der Massenkräfte bei Drehzahlsteigerung der Ventilsteuerung etwa gleichwertig ist. Der Vorteil des Schiebers liegt demnach im besseren Ladegrad und im günstigeren Brennraum.

Bei der Doppelsternbauweise werden sämtliche Schieber aus einem gemeinsamen Räderkasten heraus angetrieben. Die Antriebswellen der vom Räderkasten entfernteren Sternreihe reichen durch den Kurbelraum der davorliegenden Reihe.

In der jüngsten Entwicklungsform ist der Burt-Schieber auch an einem wassergekühlten Motor verwendet worden (Britischer Motor Napier Sabre II) [27]. Der Schieber läuft unmittelbar im Leichtmetallzylinderblock des 24-Zylinder-H-Motors. Die Antriebskurbeln werden von Steuerwellen über Schraubenräder angetrieben. Die beiden Steuerwellen (eine je Motorseite) reichen über die ganze Motorlänge und liegen parallel zu den beiden Kurbelwellen. Bei dieser Bauart hat der Schieber neben seiner Steuerfunktion auch die Funktion der sonst notwendigen Zylinderbüchse. Er fügt sich somit besonders gut in den Gesamtaufbau des Motors ein.

D. Steuerung des Anlaßvorganges.

I. Zünddrehzahl.

Verbrennungskraftmaschinen können nach dem eigenen Arbeitsverfahren nicht vom Stillstand weg anlaufen. Es bedarf hiezu Hilfsmittel, mit denen sie in Bewegung gesetzt werden.

Bei kleineren Motoren für gewerbliche Zwecke und Kleinkraftfahrzeuge trachtet man mit der Hand- oder Fußkraft für das Andrehen das Auslangen zu finden. Reicht diese nicht aus, oder machen es andere Umstände erforderlich, so verwendet man in der Regel elektrische Anlaßmotoren. Bei Großmotoren sind Anlaßverfahren mit Druckluft oder Druckgas gebräuchlich. Die Anlaßeinrichtungen bringen die Maschine auf eine Drehzahl, bei der der Arbeitsvorgang einsetzen kann. Diese Drehzahl ist je nach der Maschinenart und Maschinengröße verschieden.

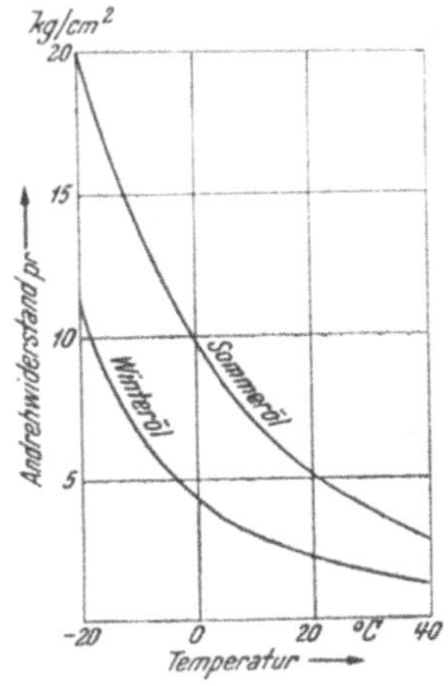

Abb. 216. Andrehwiderstand eines Dieselmotors in Abhängigkeit von der Temperatur für zwei Ölsorten (Sommer- und Winteröl).

Bei Dieselmotoren muß am Ende der Verdichtung im Brennraum die Selbstentzündungstemperatur des Kraftstoffes erheblich überschritten sein, damit sichere Zündung eintritt. Die Verdichtungsendtemperatur hängt bei der niedrigen Anlaßdrehzahl wesentlich von den Wärmeverlusten der Ladung während der Verdichtung und von den Lässigkeitsverlusten während der Verdichtung und Entspannung ab. Je größer die Maschine ist, um so geringer sind diese Verluste. Große Maschinen zünden daher bei niedriger Drehzahl. Der Einfluß der Maschinentemperatur wirkt sich, wie später zu zeigen ist, entscheidender auf die Andrehwiderstände, als auf die Verdichtungsendtemperatur aus, weil die im Verhältnis zur notwendigen Verdichtungshöchsttemperatur geringen Unterschiede der Wandtemperaturen nur geringe Unterschiede der an die Wand übergehenden Wärme zur Folge haben.

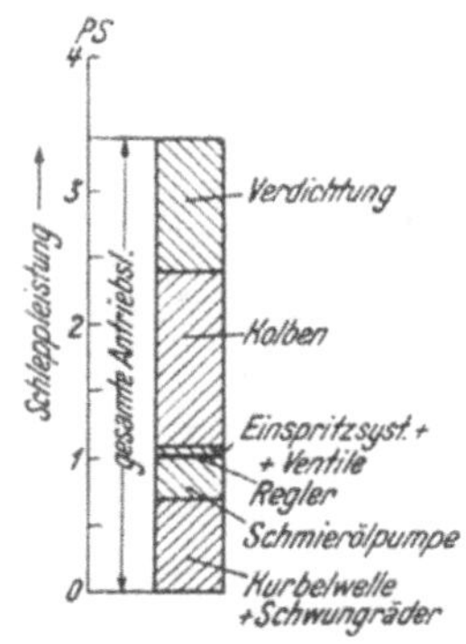

Abb. 217. Aufteilung der Schleppleistung eines Einzylinder-Dieselmotors auf die einzelnen Reibungsstellen (nach O. Tretter).

Große ortsfeste Dieselmotoren zünden sicher bei einer Drehzahl von etwa 50 U/min, kleine Dieselmotoren (Fahrzeugmotoren und Motoren für gewerbliche Zwecke) müssen mindestens auf 80 bis 150 U/min gebracht werden. Die höheren Werte gelten dabei für kleinere Motoren. Auch von der Art des Verbrennungsverfahrens hängt die Zünddrehzahl in gewissem Maße ab. So ist sie für Maschinen mit direkter Einspritzung, bei denen die Wärmeverluste bekanntlich geringer sind, im allgemeinen niedriger als bei Motoren mit unterteiltem Brennraum (Vorkammer, Wirbelkammer und Luftspeichermaschinen).

Bei Otto-Motoren ist weniger die höchste Ver-

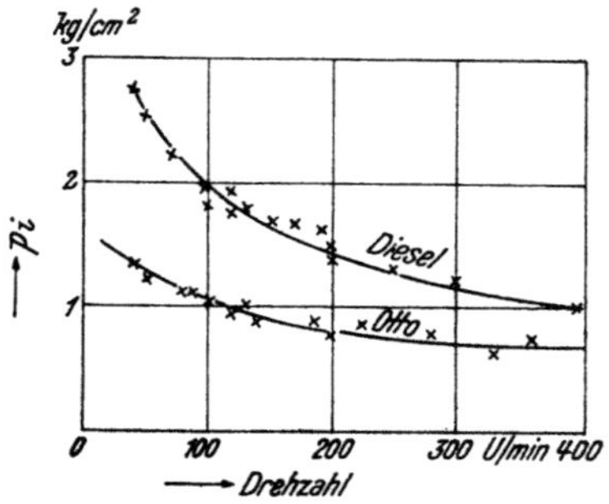

Abb. 218. Mittlerer indizierter Druck des Schleppdiagramms eines Diesel- und Ottomotors (gleiches Triebwerk) in Abhängigkeit von der Drehzahl (20° C).

dichtungstemperatur für ein sicheres Anspringen maßgebend, als die Güte der Gemischbildung. Bei Magnetzündung ist auch die Heftigkeit des Zündfunkens, die mit der Drehzahl zunimmt, von Bedeutung. Auch bei Otto-Motoren hängt die erforderliche Zünddrehzahl von der Maschinengröße ab. Große ortsfeste Gasmotoren zünden schon bei 20 U/min, wenn während des Andrehens auf richtige Gemischbildung geachtet wird. Kraftwagenmotoren laufen ebenfalls bei einer niedrigen Drehzahl, die zwischen 20 und 30 U/min liegt, von selbst weiter, während Kleinstmotoren (Motoren für Krafträder und gewerbliche Zwecke nach dem Otto-Verfahren) meist viel höhere Anwurfdrehzahlen erfordern. Bei den kleinen Kolbenabmessungen werden die Lässigkeitsverluste bei den niedrigen Drehzahlen, die an sich für die Zündung genügen würden, schon so groß, daß der Motor nach erfolgter Zündung von selbst nicht bis zum nächsten Arbeitshub durchlaufen kann. Zweitakt-Otto-Motoren haben wegen des weniger exakt gesteuerten Ladungswechsels im allgemeinen höhere Anlaßdrehzahlen.

II. Anlaßwiderstände.

Eine Vorausbestimmung des Kräftespieles beim Anlassen muß sich weitgehend an praktische Versuche anlehnen, insbesondere an die praktische Ermittlung des Andrehwiderstandes. Systematische Versuche darüber wurden von *Triebnigg* an Fahrzeug-Viertakt-Dieselmotoren angestellt [29]. Ähnliche Versuche an anderen Motorarten fehlen leider, so daß diese bisher allein als Grundlage gelten können und man bei weiterer Auswertung zum Teil auf Schätzungen angewiesen ist. *Triebnigg* fand an mehreren Vier- und Sechszylinderfahrzeug-Dieselmotoren den in Abb. 215 wiedergegebenen, für alle untersuchten Motoren und verschiedene Versuchsöle gleich gültigen Zusammenhang zwischen dem Andrehwiderstand und der Ölviskosität. Der Andrehwiderstand ist dabei als mittlerer Kolbendruck p_r in kg/cm² aufgetragen und ist analog dem Nutzdruck je cm² Kolbenfläche über dem Arbeitshub gleichmäßig wirkend gedacht. Damit wird die Angabe von der Maschinengröße unabhängig. Die Zähigkeit des Öles hängt sehr stark von der Temperatur ab, worauf in erster Linie die Temperaturabhängigkeit des Andrehwiderstandes zurückzuführen ist. Nachstehende Tabelle gibt für zwei gebräuchliche Ölsorten und drei Temperaturen die Viskosität in Englergraden wieder.

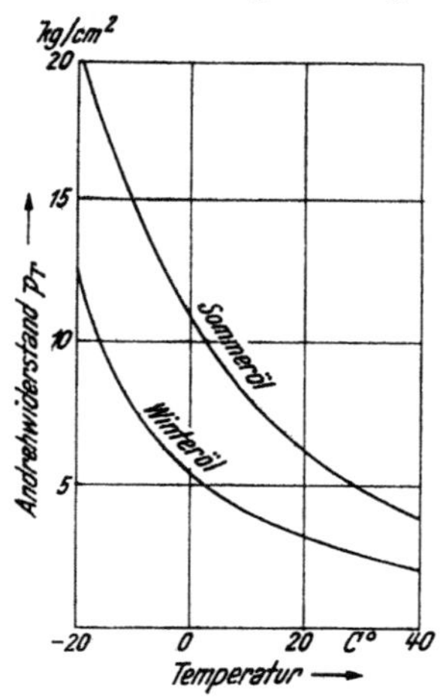

Abb. 219. Andrehwiderstand eines Ottomotors in Abhängigkeit von der Temperatur für zwei Ölsorten (Sommer- und Winteröl).

Temperatur °C	Zähigkeit E° Sorte A (Winteröl)	Sorte B (Sommeröl)
— 10	550	5000
0	158	1400
50	4,2	24
100	1,44	3,2

Unter Berücksichtigung der Temperaturabhängigkeit ergibt sich für diese beiden Ölsorten ein Andrehwiderstand in Abhängigkeit von der Temperatur nach Abb. 216.

Diese Kurven gelten für Mehrzylinder-Dieselmotoren, deren Welle nach jedem Zylinder in Gleitlagern gelagert ist. Der Gesamtwiderstand beinhaltet den Reibungswiderstand, den Wärmeverlust und die Lässigkeitsverluste während der Verdichtung und Entspannung, sowie den Widerstand der Hilfsaggregate. Einen Überblick über die Aufteilung der Antriebsleistung an einer Einzylinder-Dieselmaschine

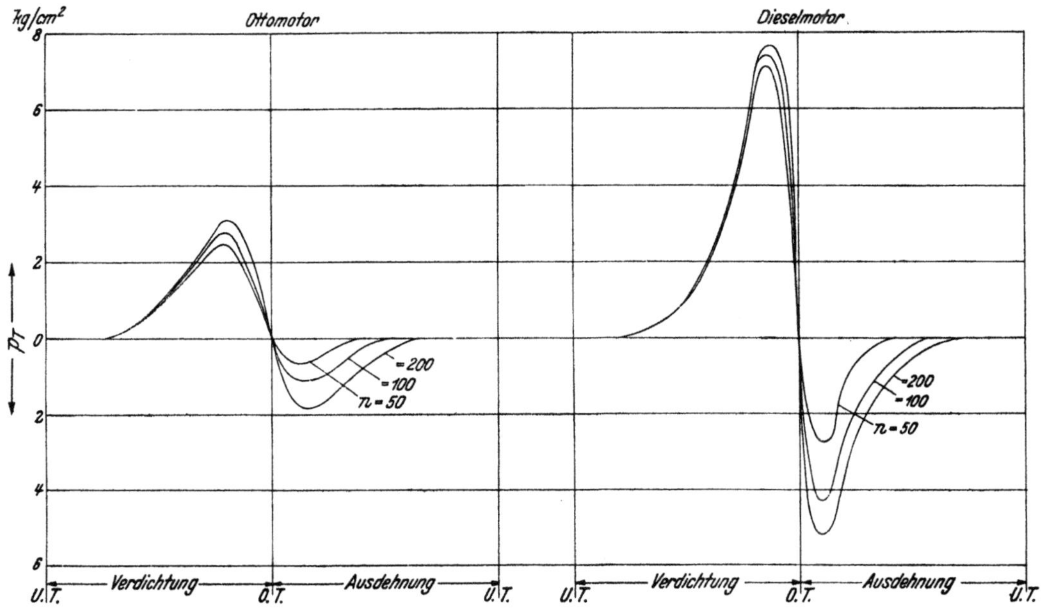

Abb. 220. Reduzierte Tangentialkraft des Zylinderdruckes im Kurbelzapfen während des Andrehens.

gibt Abb. 217. Von der gesamten Schleppleistung, im Ausmaß von 3.4 PS entfallen 0.7 PS, also etwa 20 v. H., auf den Widerstand in den Hauptlagern und auf die Ventilationsverluste des Schwungrades. Der Reibungswert der Hauptlager gibt demnach einen verhältnismäßig geringen Anteil am Gesamtwert. Der Gesamtwiderstand nach Abb. 215 und 216 wird sich daher nur unwesentlich ändern, wenn Rollen- oder Kugellager verwendet werden, so daß in erster Näherung diese Widerstandswerte auch bei der Untersuchung der Andrehverhältnisse von Motoren mit Wälzlagern zugrunde gelegt werden können. Es kann daraus auch geschlossen werden, daß der Einfluß der Zylinderzahl auf den Gesamtwiderstand, bezogen auf die Einheit der Kolbenfläche gering ist, wie dies *Triebnigg* für Vier- und Sechszylindermotoren schon feststellte. Die von *Triebnigg* gefundenen Widerstandswerte können demnach allgemein für Dieselmaschinen gelten.

Bei Otto-Motoren ist der Andrehwiderstand im allgemeinen kleiner, weil sowohl die Reibungsverluste, als auch die Wärme- und Lässigkeitsverluste kleiner sind. Erfahrungsgemäß ändern sich die Reibungsverluste nur wenig mit den Zylinderdrücken. Man kann sie in erster Näherung gleich wie beim Dieselmotor annehmen. Den Unterschied der Wärme- und Lässigkeitsverluste kann man aus Indikatordiagrammen ermitteln, die bei geschleppter Maschine aufzunehmen sind. In Abb. 218

sind die solchen Diagrammen entsprechenden Mitteldrücke p_i je eines über demselben Triebwerk aufgebauten Einzylinder-Diesel- und Otto-Motors abhängig von der Drehzahl und gültig für 20° C aufgetragen. Im Drehzahlbereich des Andrehens (zwischen 50 und 100 U/min) ergibt sich daraus ein Unterschied von etwa 1 kg/cm².

Aus schon oben erwähntem Grunde kann angenommen werden, daß sich dieser Wert mit der Temperatur nur unwesentlich ändert, so daß die Widerstandswerte für den Otto-Motor allgemein um etwa 1 kg/cm² unter denen des Dieselmotors zu schätzen sind (Abb. 219).

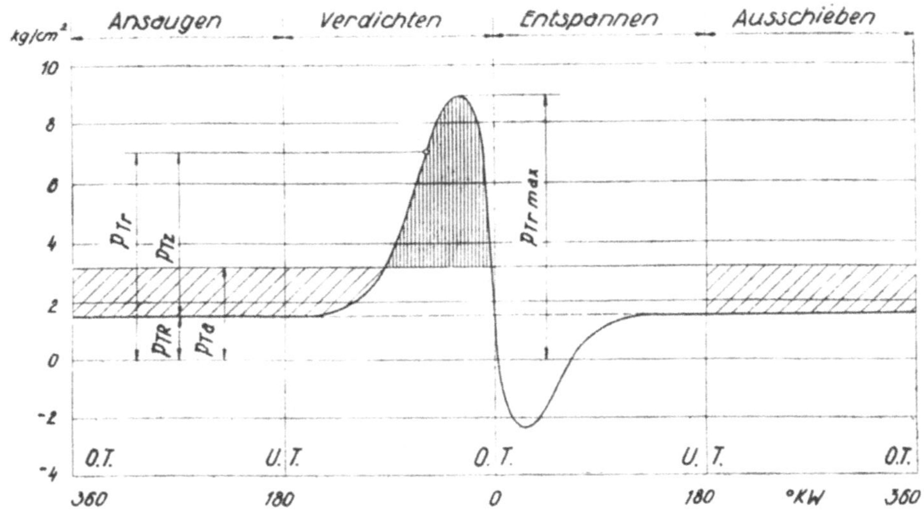

Abb. 221. Tangentialkraft im Kurbelzapfen beim Andrehen eines Einzylindermotors.

Bei Zweitaktmotoren ist der Andrehwiderstand in gleicher Größe wie bei Viertaktmotoren anzunehmen. Behalten wir auch hierbei die Angabe des Widerstandes als mittleren Kolbendruck analog dem mittleren Arbeitsdruck bei, so sind die oben angegebenen p_r-Werte für Viertaktmotoren, falls sie auf den Zweitaktmotor Anwendung finden, durch zwei zu dividieren Selbstverständlich muß dann eine allfällige Leistungsrechnung nach der bekannten Zweitaktformel geschehen.

Einer Untersuchung des Kräftespieles muß jeweils der größte bei tiefster Temperatur zu erwartende Andrehwiderstand zugrunde gelegt werden. Für Fahrzeugmotoren und andere im Freien stehende Motoren gelten die in unserem Klima zu erwartenden tiefsten, noch als normal geltenden Temperaturen von etwa —20°C, während für Motoren in Maschinenräumen die normale Raumtemperatur maßgebend ist. Ein übermäßig dickflüssiges Öl darf wegen der hohen Zähigkeit bei tiefen Temperaturen im Winterbetrieb nicht verwendet werden.

III. Handandrehen.

1. Kräftespiel, notwendiges Schwungmoment, Andrehhilfe.

Bei der Untersuchung des Kräftespieles während des Handantriebes genügt es nicht, den mittleren Andrehwiderstand allein zu kennen. Maßgebend ist daneben auch noch der zeitliche Verlauf des Drehmomentes.

Die Erfahrung, daß die reine Gleitreibung nur wenig vom Zylinderdruck abhängt, rechtfertigt die Annahme, daß diese Gleitreibung gleichmäßig über den Drehwinkel verteilt wirkt. Ersetzt man den Mitteldruck der reinen Reibung p_R durch eine wieder auf die Einheit der Kolbenfläche bezogene Tangentialkraft p_{TR} im Kurbelzapfen mit gleicher Wirkung, so beträgt diese, wenn z. B. das Viertaktverfahren mit einem über zwei Umdrehungen reichenden Arbeitsspiel zugrunde gelegt ist

$$p_{TR} = \frac{p_R}{2\,\pi} \tag{178}$$

Die mittlere Reibungskraft p_R ergibt sich aus

$$p_R = p_r - p_i \tag{179}$$

Der gleichbleibenden Reibungskraft im Kurbelzapfen p_{TR} überlagert sich die in den Kurbelzapfen reduzierte Tangentialkraft p_{Tz} des Innendruckes p_z im Zylinder. Diese Tangentialkraft läßt sich aus dem Indikatordiagramm ableiten und nimmt für den Otto- und Dieselmotor bei verschiedenen Drehzahlen einen durch Versuch ermittelten Verlauf nach Abb. 220. Damit ergibt sich ein Widerstandsverlauf im Kurbelzapfen, wie er z. B. für einen Einzylinder-Dieselmotor für 0° C und 100 U/min in Abb. 221 gezeichnet ist. Hierin wurde p_r nach Abb. 216 mit 11 kg/cm² (Sommeröl), p_i nach Abb. 218 mit 2 kg/cm² (in erster Näherung auch für 0° C gültig) angenommen.

Für Mehrzylindermaschinen ergibt sich ein Summendiagramm, welches durch Addition der um die Kurbelversetzung verschobenen Einzylinderdiagramme entsteht. Der Gesamtwiderstand aller Zylinder bleibt dabei auf die Flächeneinheit e i n e s Zylinders bezogen.

Für die auf die Einheit der Kolbenfläche bezogene und im Kurbelzapfen tangential wirkende Ersatzkraft für die Andrehkraft ergibt sich

$$p_{Ta} = \frac{2\,M_a}{V_h} \tag{180}$$

worin M_a (cm/kg) das Andrehmoment (gleichmäßig wirkend) und V_h (cm³) das Hubvolumen ist.

Ist p_{Ta} größer als der größte Widerstandswert $p_{Tr\,max}$, so kann die Maschine in jeder Stellung ohne weiteres mit Sicherheit angedreht werden. Praktisch trifft dies nur bei sehr kleinen Otto-Motoren zu.

Ist p_{Ta} kleiner als $p_{Tr\,max}$, so ist ein Andrehen nur unter besonderen Umständen möglich. Wenn die schräg schraffierte Überschußfläche der Andrehkraft größer ist als der vertikal schraffierte Überschuß an Arbeitsbedarf während der Verdichtung, so vermag man ohne weitere Hilfsmittel die Maschine anzudrehen, wenn man die Kurbelwelle auf Ausschubbeginn stellt und dann mit dem Andrehen beginnt.

Während des Ausschub- und Saughubes wird dabei im Schwungrad so viel Arbeit gespeichert, daß die erste Verdichtung überwunden werden kann. Im praktischen Betrieb kann meist zur Energiespeicherung durch möglichst weites Rückdrehen auch ein großer Teil des Ausdehnungshubes herangezogen werden.

Ist dieser erforderliche Arbeitsüberschuß kleiner, so kann entweder der Arbeitsbedarf der Verdichtung durch Verminderung des Verdichtungsverhältnisses herabgesetzt werden (Andrehen mit verminderter Verdichtung) oder die Verdichtung zu Beginn des Andrehens durch Anheben eines oder beider Ladungswechselventile so

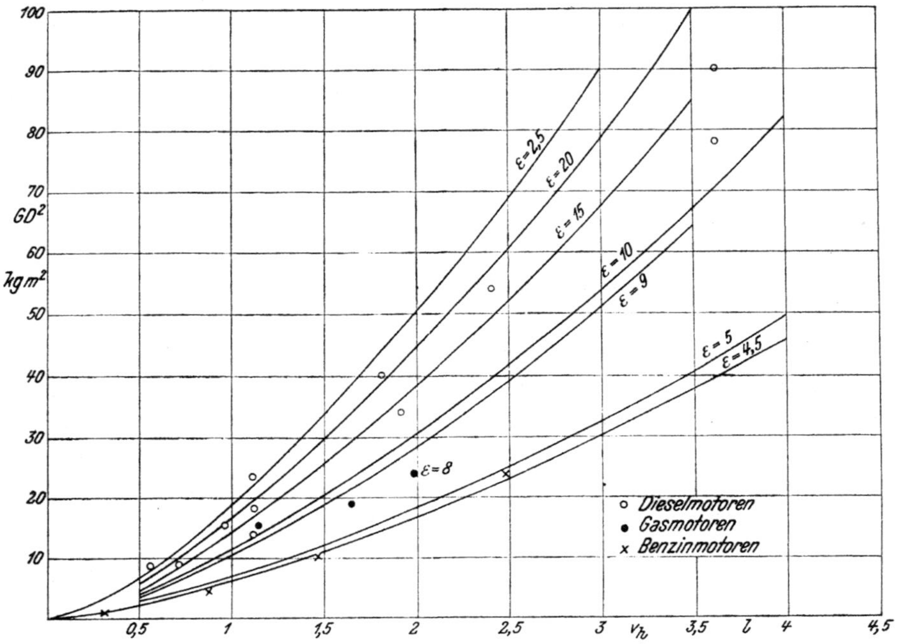

Abb. 222. Schwungmomente der Schwungräder von handangelassenen Motoren in Abhängigkeit vom Hubvolumen eines Zylinders (nach O. Tretter).

lange ausgeschaltet werden, bis der Motor eine Drehzahl erreicht, bei der so viel Energie im Schwungrad aufgespeichert ist, daß nach Einschalten der Verdichtung diese überwunden wird. Diese beiden Verfahren erfordern demnach zusätzliche Einrichtungen im Steuerungssystem, für deren Ausführung auf Beispiele weiter unten verwiesen sei.

Bei allen Maschinen, die von Hand angedreht werden, muß die Größe des Schwungrades, für die im allgemeinen der geforderte Ungleichförmigkeitsgrad während des Betriebes maßgebend ist, auch unter besonderer Beachtung des Andrehvorganges festgelegt werden.

Erfahrungsgemäß genügt es, dem Schwungrad bei der kleinsten erforderlichen Drehzahl ein Speichervermögen zu geben, welches der einmaligen Verdichtungsarbeit eines Zylinders entspricht. Tritt die Zündung bei der ersten Verdichtung noch nicht ein, so genügt die weiterwirkende Handkraft zusätzlich der rückgewonnenen Entspannungsarbeit zur Überwindung weiterer Verdichtungshübe bis zur Zündung. Demgemäß muß das Schwungrad um so größer sein, je höher das Verdichtungsverhältnis und je größer das Hubvolumen je Zylinder ist. Wenn die

Drehzahl von der Maschinengröße unabhängig wäre, so müßte das Schwungmoment des Schwungrades mit dem Hubvolumen linear zunehmen. Erfahrungsgemäß liegt jedoch bei großen Motoren die Zünddrehzahl tiefer als bei kleineren. Außerdem wäre es auch nicht möglich, mit steigender Maschinengröße die höheren Drehzahlen der kleinen Motoren beizubehalten, weil dabei die Überschußkraft $p_{Ta} - p_{TR}$ zwischen Hand- und Reibungskraft kleiner, die notwendige Andrehzeit demnach länger wird und dabei die bei Handantrieb mögliche Kraftwirkung stark abnimmt. Bei der Ermittlung der Schwungradgröße sind demnach auch die Ergebnisse physiologischer Studien mit heranzuziehen. Sie müssen sich jeweils auf mehrere Menschen erstrecken, damit nicht zu günstige Ergebnisse festgestellt werden.

Nach einer von *Tretter*[1] angestellten Untersuchung soll das Schwungmoment mindestens den Betrag

$$G D^2 = K V_h^{7/5}$$

haben. Hierin ist die Konstante K für verschiedene Verdichtungsverhältnisse nach folgender Tabelle einzusetzen:

ε	K
4.5	6.5
5	7.2
9	10.8
10	11.62
15	14.65
20	17
25	19.5

Abb. 222 gibt die Gleichung graphisch wieder. Die eingetragenen Punkte sind die Schwungmomente bewährter ausgeführter Motoren mit Handandrehung. Die Formel ist für Maschinen mit und ohne Dekompressionseinrichtung und auch für Mehrzylindermaschinen gleich zu verwenden.

Die Andrehhilfe durch Erniedrigung des Verdichtungsverhältnisses wird zweckmäßig bei Gasmaschinen angewendet, weil auch bei erniedrigter Verdichtung die Zündfreudigkeit des Gemisches nicht wesentlich abnimmt. Ein Ausführungsbeispiel zeigt die Abb. 223. Es wird dabei das Verdichtungsverhältnis von $\varepsilon = 8$ auf $\varepsilon = 4{,}5$ durch Zuschalten eines Raumes R zum Verdichtungsraum des Zylinders abgemindert. Dies geschieht über ein Ventil V, welches durch Verdrehen einer darüber liegenden angefrästen Welle W angehoben wird. Bei Mehrzylindermotoren reicht diese Welle über alle Zylinderköpfe und öffnet gleichzeitig die Zuschaltventile sämtlicher Zylinder. Im Betrieb bleibt das Ventil geschlossen. Der Zuschaltraum wird dann zweckmäßig entlüftet, damit er sich nicht durch etwaige Undichtigkeiten des Ventiles aufladet. Ein Vorteil dieser Einrichtung besteht darin, daß während des Andrehens keinerlei Schaltgriffe notwendig sind. Nachteilig ist die Notwendigkeit eines zusätzlichen Ventiles samt Schaltvorrichtung, welches einen höheren Bauaufwand erfordert, als die sonst üblichen Dekompressionseinrichtungen. Eine einfache Dekompressionseinrichtung einer Fahrzeuggasmaschine mit 1.2 l Hubraum je Zylinder zeigt Abb. 224. Auf der Nockenwelle sitzt neben den beiden Nocken A je ein Bund (Dekompressionsnocken) B. In den Spalt zwischen der oberen Kuppe dieses Bundes und der Stirnfläche des Pilzes wird bei Dekompression durch

[1] Unveröffentlichter Werksbericht

einen Handgriff von außen eine Zunge C eingeschoben, die so stark ist, daß die Ventile gerade um etwa 1 mm angehoben werden. Nach dem Einschieben schnappt der federnde Bolzen D in die Vertiefung des Bolzens E ein und hält den Zungenschieber in der inneren Lage fest. Nachdem die Maschine ohne Verdichtung auf die nötige Drehzahl gebracht wurde, wird der Bolzen D mit Hilfe des Handgriffes F aus der Rast herausgezogen, worauf der Schieber unter dem Einfluß der Feder G zurückspringt und die Ladungswechselventile dem Normalbetrieb entsprechend arbeiten. Diese Art der Dekompression ist einfacher und betriebssicherer als die

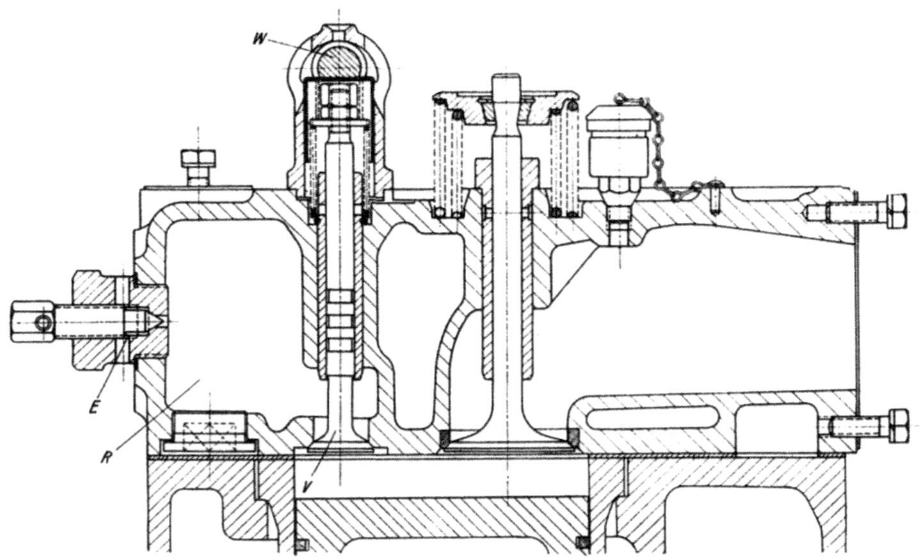

Abb. 223. Einrichtung zur Abminderung des Verdichtungsverhältnisses während des Andrehens durch Zuschalten eines Nebenraumes.

in Abb. 223 gezeigte. Nachteilig ist jedoch die Notwendigkeit der Bedienung eines zusätzlichen Handgriffes während des Andrehens. Erfahrungsgemäß lassen ungeübte Menschen infolge der Ablenkung vor und während der Betätigung solcher Handgriffe so sehr mit der Drehkraft nach, daß der Anwurfversuch oft mißlingt. In einer anderen Dekompressionseinrichtung nach Abb. 225 für einen Schlepper-Dieselmotor wird das Einlaßventil über eine Hilfsstange und einen Hebel von einer durch Hand zu betätigenden kleinen Nocken während des Anlassens ungefähr 1 mm hoch vom Sitz angehoben. Auf der Nockenwelle ist außerdem (in der Skizze nicht gezeichnet) ein Exzenter vorgesehen, der über einen Hebel auf die Reglerstange der Einspritzpumpe derart einwirkt, daß diese in Betriebsstellung frei beweglich ist und nur unter dem Einfluß des Reglers steht. In der Anlaßstellung ist jedoch der Kraftstoff abgestellt, während in der Haltstellung ebenfalls der Kraftstoff abgestellt ist, das Einlaßventil aber normal arbeitet. Auch bei dieser Einrichtung muß während des Andrehens ein Handgriff betätigt werden. Dieser Nachteil ist in der Dekompressionsrichtung nach Abb. 226 in sinnreicher Weise vermieden. Hiebei wird die Nockenbewegung über den Schwinghebel S, der in O_2 gelagert ist, auf die Stoßstange St übertragen. Der Schwinghebel trägt in einem Ansatz eine verstellbare Kopfschraube C. Parallel zur Nockenwelle ist im Lagerflansch L ein Bolzen B gelagert, auf dem außen ein Handgriff und innen ein Zahnsegment Z sitzt. Am unteren Ende (im Bereich des Schwinghebels) ist der Bolzen nach der Kontur b flach angearbeitet. Mit dem Zahnrad arbeitet ein Bolzen K zusammen, der auf einer Kurbel A mit der Nockenwelle umläuft. Die Stellschraube C

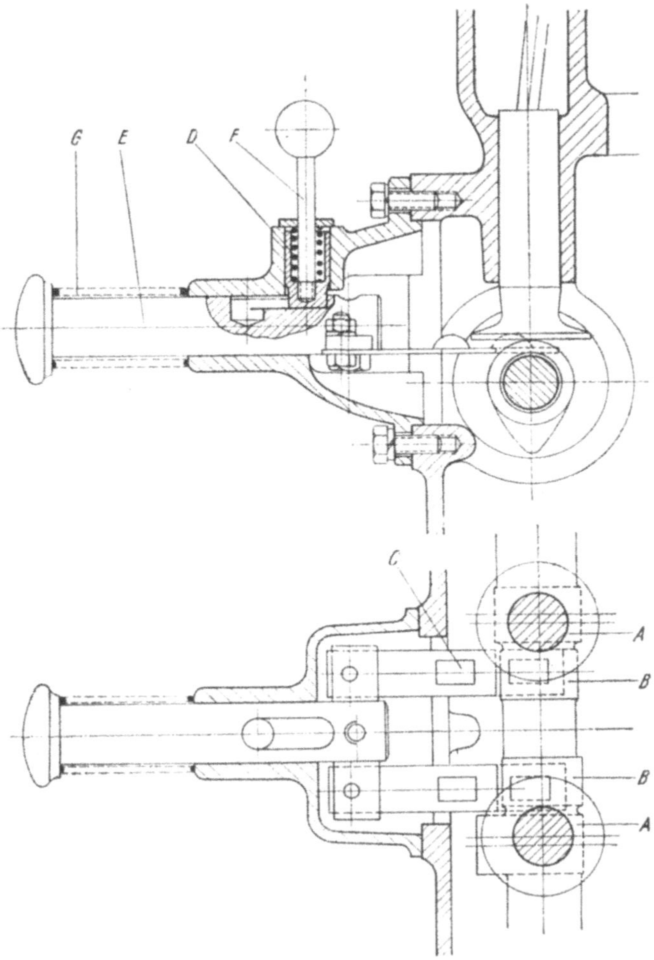

Abb. 224. Dekompressionseinrichtung einer Fahrzeuggasmaschine (Schlepper).

wird bei der Montage so eingestellt, daß in der gezeichneten Stellung die Gleitfläche des Schwinghebels nach der Schließbewegung des Ventiles nicht ganz an den Nockengrundkreis anliegt, weil vorher die Schraube C an den Bolzen B stößt. Das Ventil schließt also nicht vollständig. Beim Andrehen werden durch den Bolzen K der Reihe nach die Zähne des Zahnsegments Z weitergeschaltet, bis nach dem Schalten des letzten Zahnes der Bolzen B stillsteht und die Kurbel frei durchdrehen kann. Dann ist auch die Anflachung in den Bereich der Schraube gekommen, so daß das Ventil vollständig schließen kann. Eine Feder F, die in entsprechende Kerben im Lagerteil L eingreift, wirkt als Raster zwischen den einzelnen Schaltungen. Es wird also bei dieser Einrichtung nach fünf Umdrehungen der Nockenwelle, also zehn Umdrehungen der Maschine selbsttätig die Dekompression ausgeschaltet. Dies ist eine bedeutende Erleichterung, weil beim Andrehen die ganze Aufmerksamkeit dem Drehen selbst zugewendet wird und mit beiden Händen gedreht werden kann.

2. Andrehmittel und Grenze für das Handandrehen.

In Abb. 227 sind die üblichen Andrehmittel schematisch zusammengestellt. Am einfachsten ist die unmittelbar an der Kurbelwelle angreifende Handkurbel (Bild a). Der Kurbelarm hat eine übliche Länge von 250 mm. Damit kann eine Kraft von 20 kg an der Kurbel normalerweise von einem Erwachsenen bei nicht zu langer Andrehdauer ausgeübt werden. Kurzzeitige Stöße (Durchreißen) sind je nach Übung noch stärker. Das auf die Kurbelwelle ausgeübte Moment kann demnach im Mittel mit $M_a = 500$ cm kg angenommen werden. Wie schon früher erwähnt, sinkt die Kraftentfaltung mit zunehmender Dauer der Arbeitsleistung. Die höchsten erreichbaren Drehzahlen betragen rund 150 U/min. Dabei liegt allerdings die Drehkraft schon wesentlich unter dem vorhin angegebenen Maß.

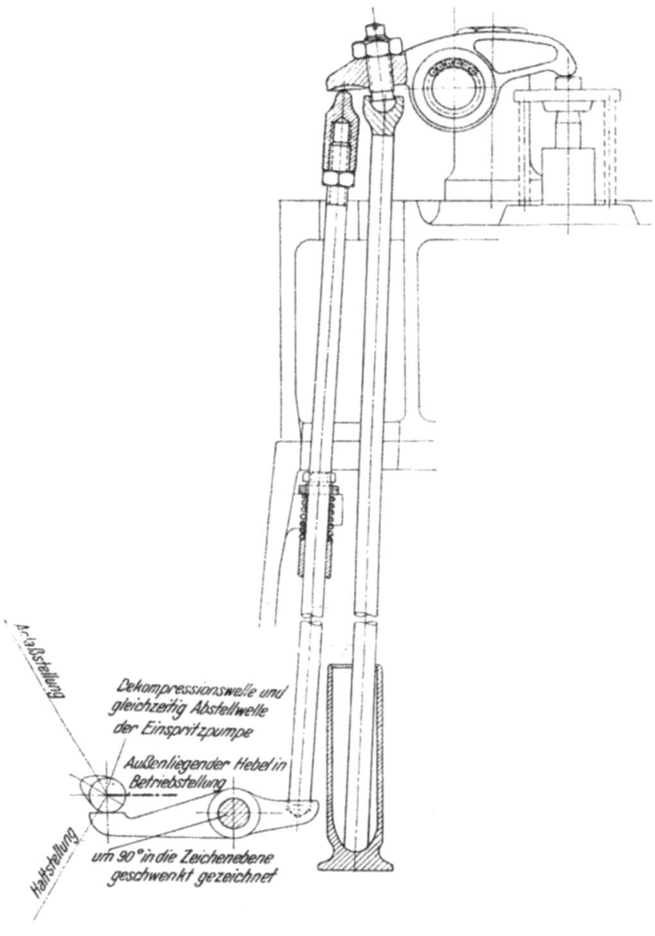

Abb. 225. Dekompressionseinrichtung eines Schlepper-Dieselmotors.

Die unmittelbar wirkende Andrehkurbel wird bei den größeren noch andrehbaren Motoren verwendet, weil bei ihr die höchste Kraftwirkung bei noch ausreichender Geschwindigkeit erreicht wird (Motoren mit einem Hubraum größer als 0.5 l). Bei der Einrichtung nach Bild b ist eine Übersetzung ins Schnelle angebaut. Der Handhebel wird zum Andrehen eingeschwenkt und das Zahnsegment der Handkurbel mit dem Ritzel auf der Kurbelwelle in Eingriff gebracht. Dieses Ritzel wirkt über einen Freilauf auf die Kurbelwelle, so daß nach der Zündung der Motor frei durchlaufen kann, während das Segment unter der Einwirkung einer Feder in seine ursprüngliche Lage zurückkehrt. Diese Einrichtung eignet sich für kleine Motoren (unter $^1/_2$ l Zylinderinhalt), weil deren Andrehmoment zwar kleiner ist, die Drehzahl aber höher sein soll, als dies durch unmittelbares Handdrehen erreichbar ist. Ähnlich ist die Ausführung nach Bild c, statt des Handhebels ist jedoch ein Fußhebel angebracht. Die Lage des Motors im Kraftrad macht diese Anordnung vor allem dort zweckmäßig.

In Bild d wird über einen Schnurzug und eine Schnurtrommel, die mit Freilauf auf der Kurbelwelle sitzt, angedreht. Auch dabei können verhältnismäßig hohe Andrehgeschwindigkeiten erreicht werden. Da der Bauaufwand und Platzbedarf dieser Einrichtung verhältnismäßig gering ist, wird sie bei besonders kleinen Motoren ausgeführt (Motoren unter 0.3 l Hubvolumen).

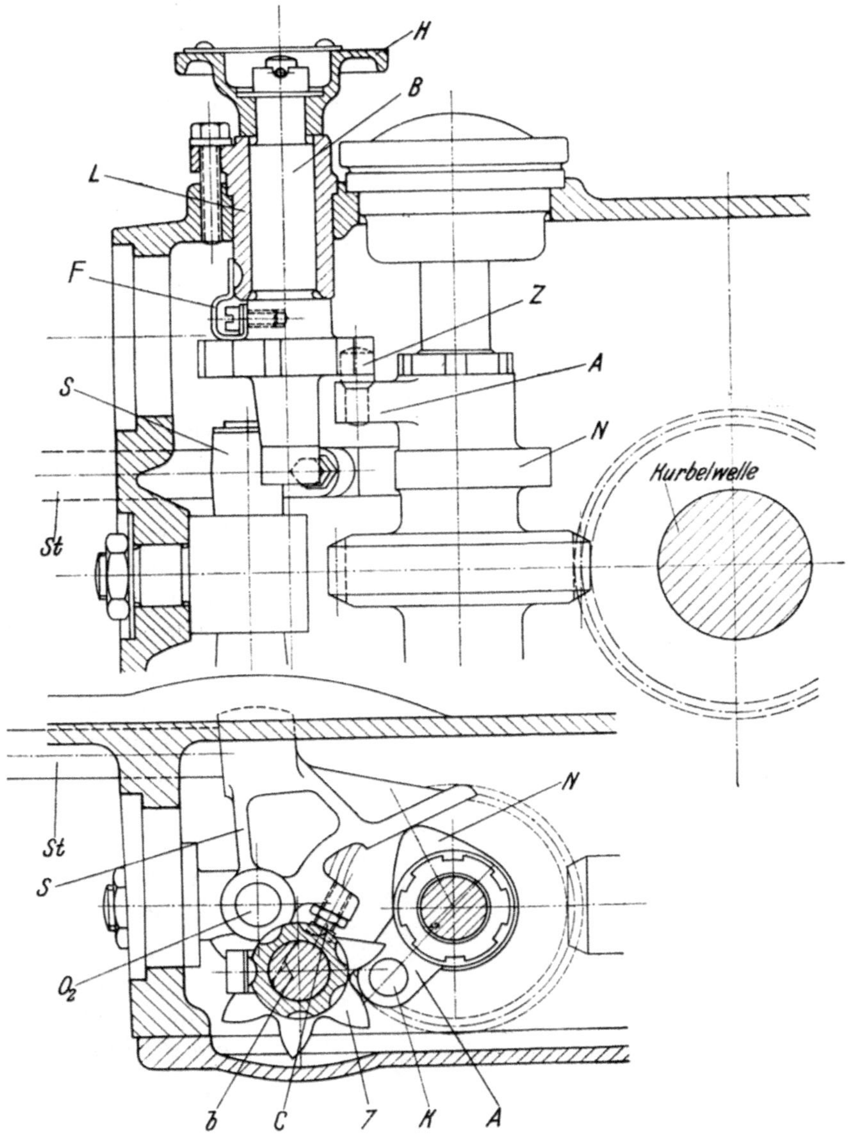

Abb. 226. Dekompressionseinrichtung mit selbsttätiger Ausschaltung nach zehn Umdrehungen.

Die Größe des mittleren Andrehmomentes läßt sich bei Annahme einer mittleren Handkraft unter Berücksichtigung des vorhandenen Übersetzungsverhältnisses annähernd ermitteln. Damit ist auch die Möglichkeit gegeben, die Grenze der Maschinengröße abzuschätzen, bei der ein Handandrehen gerade noch möglich ist. Sie ist dann gegeben, wenn ohne Verdichtung der Durchdrehwiderstand der Maschine gleich der Andrehkraft ist, denn dann ist es nicht mehr möglich, Energie im Schwungrad zu speichern. Setzt man also die in den Kurbelzapfen reduzierte

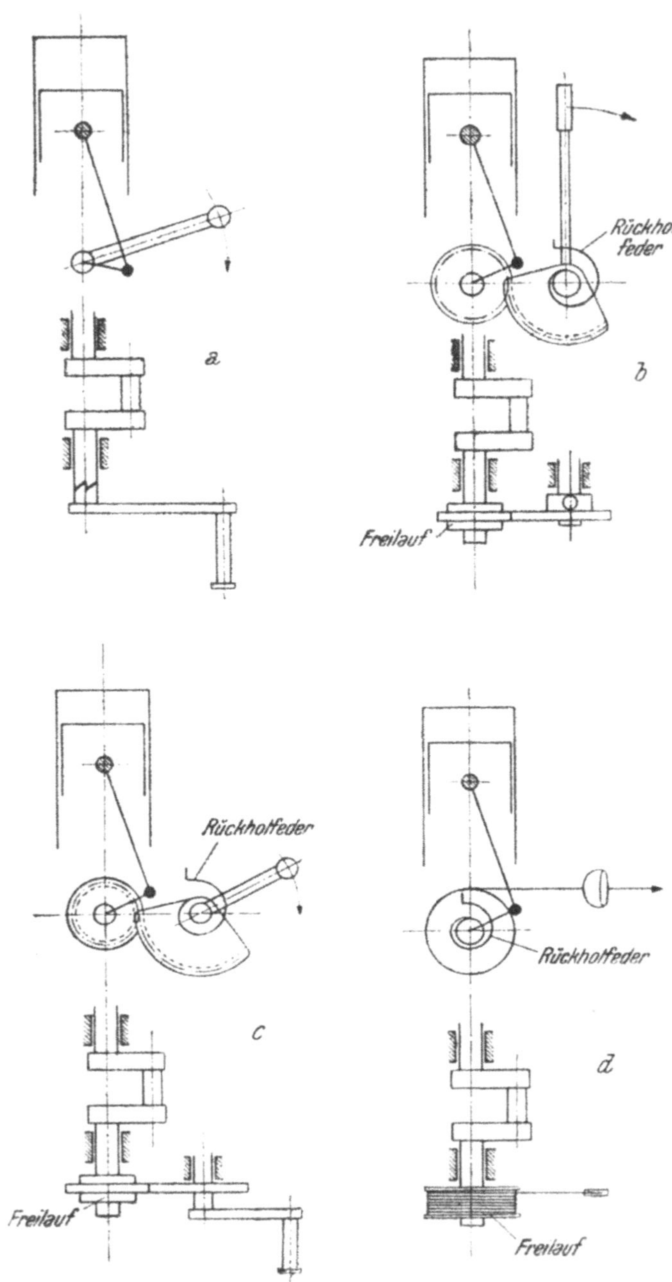

Abb. 227. Einrichtungen zum Andrehen mit Hand oder Fuß.

Andrehkraft gleich dem in den Kurbelzapfen reduzierten Andrehwiderstand p_{TR}, so ergibt sich mit Benützung der Gleichungen (178), (179) und (180) z. B. für die Einzylindermaschine als größtmögliches Hubvolumen

$$V_h^{\mathrm{cm}^3} = \frac{4\pi . M_a^{\mathrm{cmkg}}}{p_r - p_i} \quad (181)$$

Unter Zugrundelegung der Widerstandswerte nach Abb. 216 und einem mittleren Innendruck p_i von rund 2.2 kg/cm² für den Dieselmotor während des Andrehens, sowie einem Drehmoment von 500 cmkg ergibt sich damit für die beiden Ölsorten ein Hubvolumen für die Anlaßgrenze nach Abb. 228. Dekompression ist dabei Voraussetzung. Die Kurven gelten aber auch für den Otto-Motor.

Bei Mehrzylindermotoren darf das Hubvolumen nur einen durch die Zylinderzahl gegebenen Bruchteil dieser Werte betragen. Bei Motoren, die im Freien bei tiefen Temperaturen angedreht werden müssen, z. B. Schleppermotoren, pflegt man sich an diese Grenzen nicht zu halten, sondern überschreitet sie oft wesentlich. Dafür wird empfohlen, bei großer Kälte und Andrehschwierigkeiten die Maschine mit Warmwasser oder sonstigen Mitteln vorzuwärmen. Bei größeren Motoren, die im Raum aufgestellt werden, sollte man jedoch auf solche Mittel nicht zurückgreifen, weil das Anwärmen größerer Maschinenmassen umständlich und zeitvergeudend ist. Man sollte daher dabei die oben angegebenen Werte nicht überschreiten.

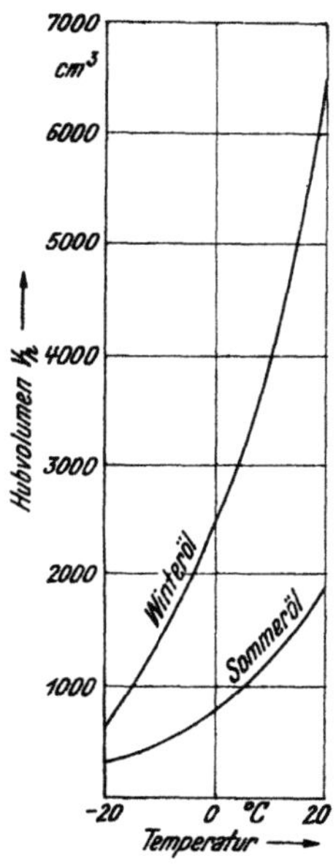

Abb. 228. Andrehgrenzen für das Handandrehen (Grenze für das Hubvolumen in Abhängigkeit von der Temperatur)

Wenn der Andrehwiderstand der Maschine bei den ersten Zündungen noch größer ist als das Drehmoment, welches der Motor entwickeln kann, so muß so lange von Hand mitgedreht werden, bis die Widerstände soweit verkleinert oder bei der steigenden Drehzahl die Arbeitsentfaltung des Motors so weit gesteigert ist, daß letztere größer wird als die Verluste. Ein anderes Mittel ist die Erhöhung der Brennstoffüllung beim Anlassen, was verhältnismäßig einfach bei Dieselmotoren möglich ist. (Änderung der Füllungsbegrenzung der Pumpe.)

Sollen Motoren von Hand angelassen werden, auch wenn sie durch die beschriebenen Andrehmittel nicht mehr durchgedreht werden können, so muß dazu ein Schwungkraftanlasser verwendet werden. Bei ihm wird zunächst durch eine Handkurbel über eine Übersetzung ins Schnelle eine Schwungmasse auf hohe Drehzahl gebracht, die dann ähnlich einem elektrischen Anlaßmotor mit der Maschine so lange gekuppelt wird, bis der Motor von selbst läuft. Diese Schwungkraftanlasser können auch ihrerseits wieder durch einen kleinen Elektromotor mit geringerem Strombedarf als elektrische Anlaßmotoren angetrieben werden. Die Leistungsfähigkeit des Schwungradanlassers und damit die Größe der Schwungmasse, sowie deren Drehzahl, muß ähnlich bestimmt werden, wie dies im folgenden für den elektrischen Anlasser gezeigt ist.

IV. Anlassen mit Hilfe des Elektromotors.

Der elektrische Anlaßmotor ist als Hilfsmaschine am Motor befestigt. Beim Einschalten wird zunächst ein mit der Motorwelle gekuppeltes Ritzel in einen Zahnkranz eingeschoben, der in der Regel am Schwungrad sitzt, worauf erst der Motor zu laufen beginnt. Die Lage des Anlassers am Kurbelgehäuse sowie die des Zahnkranzes liegt im allgemeinen durch Konstruktion und Einbau des Motors fest. Das Übersetzungsverhältnis wird durch die Wahl der Zähnezahl den Verhältnissen angepaßt. Die Größe des Anlassers wird aus dem Widerstand und den vorliegenden Kennlinien des Anlassers bestimmt, wenn man sie nicht unmittelbar aus den einschlägigen Katalogen der Erzeugerfirma für den Anlaßmotor entnimmt. Bei der Rechnung kommt es auf die Kenntnis des mittleren Durchdrehwiderstandes und nicht auf den Kraftverlauf an, weil die Kraftwirkung des Anlassers in selbstregelnder Wirkung bei Absenken der Drehzahl sehr stark zunimmt, wie aus den Kennlinien (vgl. Abb. 229) zu ersehen ist. Man braucht daher für die Bemessung des Anlassers im allgemeinen nicht den Durchdrehwiderstand bei den zu erwartenden tiefsten Temperaturen der Rechnung zugrunde zu legen, sondern kann einen durch die Erfahrung gerechtfertigten kleineren Wert annehmen. Für Fahrzeugmotoren, die im Freien angelassen werden müssen, genügt es nach *Triebnigg*, einen mittleren Durchdrehwiderstand von $p_r = 8$ kg/cm² anzunehmen.

Mit einem Gesamthubvolumen V_h in *lt* ist das notwendige Anlaßdrehmoment des Motors

$$M_d = \frac{71\,620\, V_h \cdot p_r}{900} \text{ kgcm}$$

Das erforderliche Drehmoment des Anlaßmotors ist unter Berücksichtigung des

Übersetzungsverhältnisses zwischen Motor und Anlasser φ und bei Vernachlässigung der Verluste bei der Übersetzung

$$M_{da} = \frac{71\,620 \cdot V_h \cdot p_r}{900 \cdot \varphi} \text{ kgcm} \tag{182}$$

Dieses Moment muß der Anlasser bei einer Drehzahl φn_z abgeben. n_z bedeutet dabei die notwendige Zünddrehzahl des Motors. Man kann nun an Hand der Kennlinien prüfen, ob dies zutrifft. Erfahrungsgemäß genügt es, wenn eine Zünddreh-

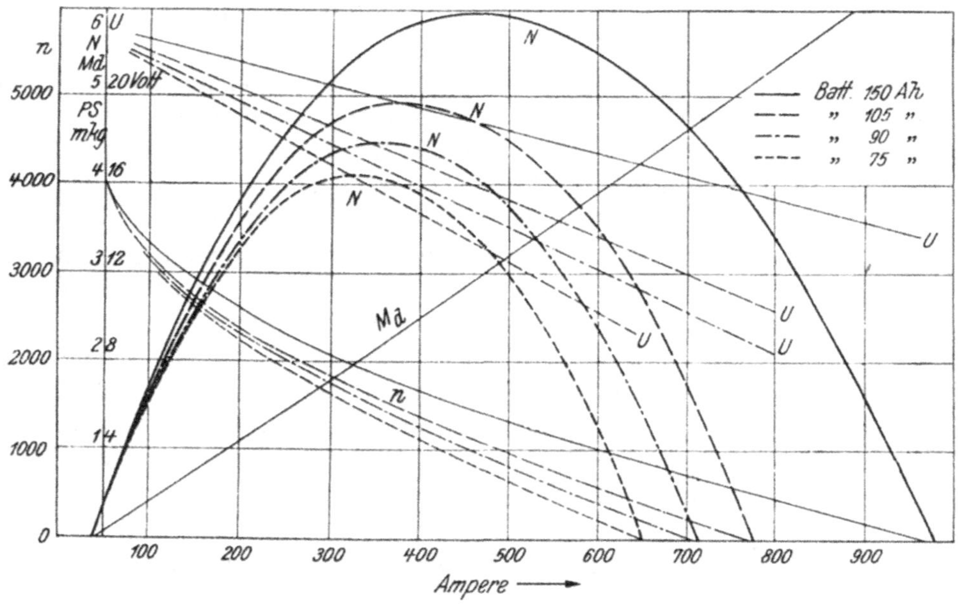

Abb. 229. Kennlinien eines elektrischen Anlaßmotors.

zahl von 80 U/min erreicht wird. Ist bei tieferen Temperaturen der Andrehwiderstand größer als angenommen, so wird sich zunächst eine niedrigere Drehzahl einstellen. Der Widerstand nimmt nach kurzem Drehen soweit ab, daß auch dann wieder die nötige Zünddrehzahl erreicht wird.

Der Motor läuft im allgemeinen nach den ersten Zündungen noch nicht von selbst weiter. Der Anlaßmotor muß noch kurzzeitig mitdrehen, bis die Widerstände genügend weit abgesunken sind. Bei Dieselmotoren wird manchmal auch zum Anlassen eine um 50 bis 100 v. H. vergrößerte Brennstoffüllung gegeben. Dazu sind an der Pumpe Einrichtungen vorgesehen, welche zwar im Stillstand eine Füllungerhöhung zulassen, im Betrieb diese jedoch möglichst ausschließen sollen.

V. Anlassen mit Druckluft oder Druckgas.

Große ortsfeste Motoren oder Schiffsmotoren elektrisch anzulassen, ist unwirtschaftlich und erfordert größere elektrische Einrichtungen. Es ist daher seit jeher im Großmotorenbau das Anlassen mit Druckluft oder Druckgas gebräuchlich. Die Druckluft wird durch einen eigenen Luftverdichter oder durch die Maschine selbst erzeugt. Neuerdings wird dieses Anlaßverfahren in steigendem Maße auch an kleineren Motoren angewendet, weil dabei ohne oder mit kleinerer Batterie das Auslangen gefunden wird.

1. Kräftespiel und Anlaßfüllung.

Der Motor arbeitet während des Anlassens als Druckluft- oder Druckgasmotor. Das Arbeitsmittel wird nach dem Verdichtungshub im oberen Totpunkt durch das Anlaßventil zugeführt.

Bei rückschlagsicheren Ventilen, die nur gegen einen Druck aufgehen, der kleiner ist als der Druck in der Anlaßluft- oder Anlaßgasleitung, braucht während des Anlassens der Brennstoff nicht abgestellt werden. Andernfalls muß dies geschehen, damit gefährliche Rückschläge in die Luftleitung nach Eintreten der Zündung vermieden bleiben.

Der Druck des Anlaßmittels beträgt in der Regel 10 bis 30 kg/cm².

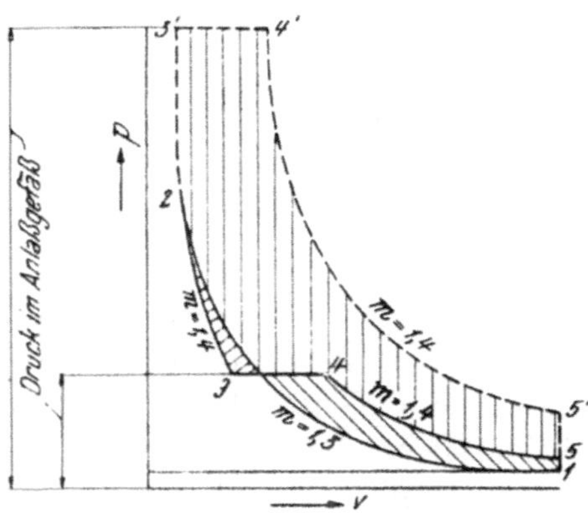

Abb. 230. Diagramm beim Druckluft- oder Druckgasanlassen.

Das Anlaßventil soll möglichst im oder nur wenig vor oberem Totpunkt (etwa 5^0) geöffnet werden, damit ein Rückwärtsanlaufen unmöglich ist. Die Öffnungsdauer muß so lange sein, daß selbst bei dem niedrigsten Druck des Anlaßmittels, der in der Bedienungsanleitung der Maschine noch als zulässig zu verzeichnen ist, das Anlaßdrehmoment zur Überwindung des Anlaßwiderstandes ausreicht. Der Anlaßwiderstand p_r kann aus den Abb. 216 und 219 auch für Großmotoren entnommen werden. Das Anlaßdrehmoment ergibt sich aus der Anlaßdiagrammschleife nach Abb. 230. Je nach dem Druck des Anlaßgases kann die Füllungslinie an der Kompressionslinie früher oder später ansetzen. In Abb. 231 ist in Abhängigkeit von der Öffnungsdauer des Ventiles der mittlere effektive Arbeitsdruck p_m für vier verschiedene Anlaßdrücke ermittelt. Es wurde dabei ein Polytropenexponent für die Verdichtung von $m = 1.3$, für die Entspannung jedoch die Adiabate angenommen. Das Schubstangenverhältnis beträgt 1 : 4 und das Verdichtungsverhältnis 1 : 14. Den Unvollkommenheiten des errechneten Druckluftprozesses wurde mit einem Gütegrad von 0.9 Rechnung getragen. Überschubverluste, die bei niedrigen Drücken in der Anlaßleitung im oberen Totpunkt auftreten können, sind vernachlässigt.

Eine Dieselmaschine z. B., die im Freien angelassen werden muß, hat nach Abb. 216 bei -20^0 C ein p_r von 12 kg/cm², wenn Winteröl verwendet wird. Dieser Mitteldruck erfordert nach Abb. 231 eine Anlaßfüllung von 57^0 bei 30 atm und von 93^0 bei 20 atm. Wenn dieselbe Maschine nur bei Raumtemperatur anzulassen ist, ergibt sich bei $+ 10^0$ und demselben Öl ein Anlaßwiderstand von $p_r = 4$ kg/cm² und eine Anlaßfüllung von 30^0 bei 30 atm und von 45^0 bei 20 atm. Bei Mehrzylindermaschinen gelten diese Anlaßzeiten, wenn jeder Zylinder eine Anlaßeinrichtung hat. Bei ortsfesten Motoren werden häufig nur einzelne Zylinder angelassen, dann muß der erforderliche mittlere Kolbendruck im Verhältnis der Gesamtzylinderzahl zu der Anzahl der angelassenen Zylinder erhöht der Ermittlung der Anlaßfüllung zugrunde gelegt werden.

Wenn die Forderung gestellt ist, daß eine Mehrzylindermaschine in jeder

Stellung anlaufen soll, wie dies besonders beim Schiffsantrieb unerläßlich ist, so ergibt sich auch daraus eine notwendige Mindestfüllung. Sie beträgt nach *Magg* [30] unter Annahme einer kleinen Überdeckung der einzelnen Füllungszeiten der Zylinder

für einfachwirkenden	Viertakt	in 6 Zylindern:	82 v. H.	=	124° KW
für einfachwirkenden	Viertakt	in 8 Zylindern:	58 v. H.	=	92° KW
für einfachwirkenden	Viertakt	in 10 Zylindern:	42 v. H.	=	74° KW
für einfachwirkenden	Zweitakt	in 4 Zylindern:	58 v. H.	=	92° KW
für einfachwirkenden	Zweitakt	in 6 Zylindern:	32 v. H.	=	63° KW
für einfachwirkenden	Zweitakt	in 8 Zylindern:	19 v. H.	=	47° KW

Für doppeltwirkende Maschinen sind die entsprechenden Werte:

Viertakt in 4 Zylindern:	58 und 47	v. H. =	92° KW
Viertakt in 6 Zylindern:	32 und 23	v. H. =	63° KW
Zweitakt in 3 Zylindern:	32 und 23	v. H. =	63° KW
Zweitakt in 5 Zylindern:	13 und 10	v. H. =	38° KW
Zweitakt in 6 Zylindern:	10 und 7	v. H. =	33° KW

wobei die erste Zahl für die obere, die zweite für die untere Kolbenseite gilt. Das Schubstangenverhältnis beträgt dabei 1 : 4.

Maschinen, die nicht in jeder Stellung anlaufen, müssen vor dem Anlassen von Hand aus oder elektrisch auf eine Anlaßstellung gedreht werden. Eine Maßnahme, die bei ortsfesten Motoren in Kauf genommen werden kann, bei Schiffsmaschinen und Fahrzeugmotoren aber untragbar ist.

Es gibt Viertaktmotoren, bei denen nicht im Viertakt, sondern im Zweitakt angelassen wird. Dabei muß beim Anlassen nicht nur das Anlaßventil in Tätigkeit gesetzt, sondern auch das Auslaßventil im Zweitakt geschaltet werden. Bei der Überprüfung des Kräfteverhältnisses ist dabei der Anlaßwiderstand in halber Höhe in Rechnung zu stellen. Der Vorteil dieses Anlaßverfahrens liegt in der kürzeren Anlaßzeit und in der Möglichkeit, auch bei geringer Zylinderzahl in jeder Stellung anfahren zu können.

2. Ausführungsbeispiele.

a) Mechanisch gesteuerte Anlaßventile.

Ein Anlaßventil älterer Bauart für einen Großmotor zeigt die Abb. 232. Ventil und Ventilsitz sind zu einem einheitlichen Element vereinigt, welches an den Zylinderkopf angeflanscht ist. Das Ventilgehäuse trägt auch den Lagerbock für den Ventilhebel. Die Stoßstange ist unten in einem Lenker geführt und kann durch Verdrehen der exzentrisch gelagerten Lenkerwellen ausgeschwenkt werden. Die Anlaßluft strömt durch die Bohrung *a* zu. Ein wesentlicher Bauteil aller Anlaßventile ist der Gegenkolben *A* auf der Ventilspindel. Er dient zum Kräfteausgleich und soll etwas größer als der innerste Ventilsitzdurchmesser sein, damit die Anlaßluft zusätzlich zur Schließfeder *B* stets eine kleine Überschußkraft in Schließrichtung des Ventiles ausübt. Der Ausgleichskolben ist durch mehrere selbstspannende Dichtungsringe nach außen hin abgedichtet. Die Ventilspindel ist durch den Kolben oben und durch Führungsrippen in Sitznähe geführt. In der Ausführung nach Abb. 233 ist die Ventilspindel unmittelbar im Zylinderkopf geführt. Der Einströmkanal für die Luft ist im Kopf gegossen. Dieses Ventil ist an kleineren Motoren verwendet.

Der innere Sitzdurchmesser d des Anlaßventiles wird in der Größenordnung

$$d = 0{,}1\,D$$

gewählt, worin D den Zylinderdurchmesser bedeutet. Ventilhub 1/5 bis 1/6 d.

Diese Art der Anlaßventile, die unabhängig vom Druck in der Anlaßluftleitung mechanisch betätigt werden, hat neben dem verhältnismäßig großen Bauaufwand für den Antrieb den weiteren Nachteil eines starken Leistungsverlustes bei zu niedrigem Anlaßdruck. Wenn der Verdichtungs-

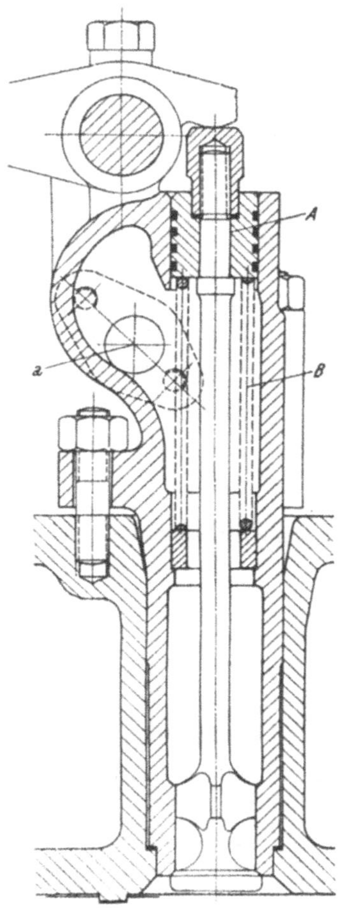

Abb. 232. Mechanisch gesteuertes Anlaßventil eines Großmotors.

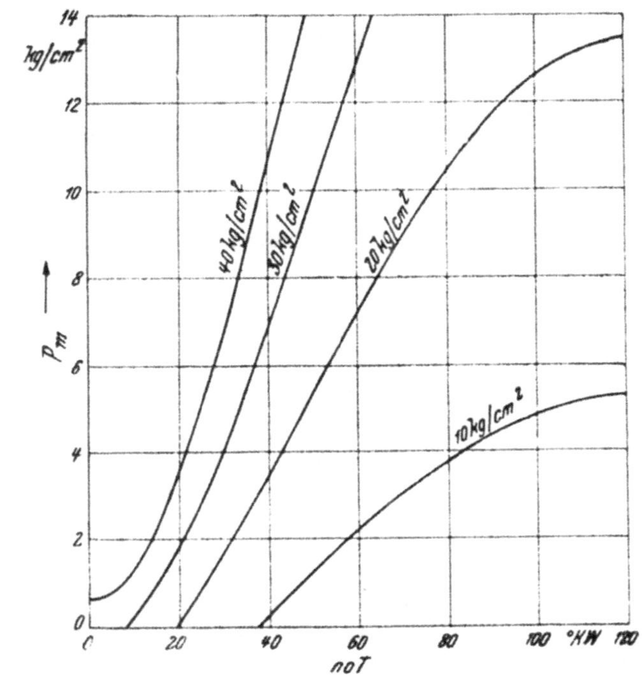

Abb. 251. Mittlerer effektiver Arbeitsdruck p_m in kg/cm² beim Druckanlassen für verschiedene Anlaßdrucke in Abhängigkeit vom Schluß des Anlaßventils nach OT.

enddruck größer als der Druck in der Anlaßleitung ist, entladet sich zunächst der Zylinder in die Anlaßleitung und erst nach Druckausgleich strömt Druckluft in den Zylinder. Außerdem muß während des Anlassens die Kraftstoffzufuhr abgeschaltet werden, damit bei eintretender Zündung keine Flammen in die Ansaugleitung schlagen, was mit der Gefahr von Schmierölexplosionen verbunden ist.

Das Anlaßventil nach Abb. 234 ist auch mechanisch gesteuert. Es schaltet sich jedoch selbsttätig ein, wenn die Anlaßleitung a unter Druck gesetzt wird. Das Antriebsgestänge und die Bedienungseinrichtung wird dadurch einfacher. Am oberen Ende des Ventilschaftes ist der Kolben A und die Anschlagplatte B befestigt. Über den Kolben ist ein Zylinder C gestülpt, der mit einer Kappe D verschraubt ist und der nach oben hin in seine Verschiebung durch die Platte B begrenzt ist. Der Hohlraum b ist durch eine Nut c in der Spindel mit dem Anlaßluftraum a verbunden. Ist die Anlaßleitung ohne Druck (Betriebsstellung), so sinkt der Zylinder mit der Kappe so weit ab, bis er auf der Ventilspindel aufruht. Der Ventilhebel kommt dadurch außer Eingriff und bewegt sich leer. Wird von der Anlaßflasche her durch Öffnen eines Ventiles die Anlaßleitung unter Druck gesetzt, so streckt sich der Zylinder bis zur Begrenzung durch die Platte B nach oben und das Ventil wird durch den Hebel mitgenommen. Die Fläche F des Kolbens A ist im vorliegenden Beispiel so bemessen, daß die Differenzfläche zum Kolben A_1 multipliziert mit dem Anlaßluftdruck größer ist als die Federkraft vermehrt um die Kraft, die der Zylinderdruck auf das Ventil ausübt. Die Bedingung ist auch bei kleinen Anlaßdrücken erfüllt, so daß auch dieses Ventil unabhängig vom Anlaß- und Zylinderdruck öffnet. Bei richtiger Wahl der Kolbendurchmesser läßt sich jedoch auch die Bedingung erfüllen, daß das Ventil nur dann aufgedrückt wird, wenn der Anlaßluftdruck größer ist als der Innendruck im Zylinder (Rückschlagsicherung). Mit F und f als Fläche des Kolbens A bzw. A_1, F_a als äußere Ventiltellerfläche, P_f als Federkraft und mit p_a und p_z als Anlaßluftdruck bzw. Zylinderdruck muß für die Mitnahme des Ventiles die Bedingung

$$(F - f)\, p_a \geqq P_f + F_a\, p_z$$

erfüllt sein. Daraus folgt für den Anlaßluftdruck

$$p_a \geqq \frac{P_f}{F-f} + \frac{F_a}{F-f}\, p_z$$

Wird die Differenzfläche $F - f$ kleiner als F_a ausgeführt, so ist die Bedingung für die Rückschlagsicherung erfüllt. Tritt z. B. durch Zündung ein gegenüber dem Außendruck erhöhter Innendruck auf, so wird das Ventil zugeschlagen, weil die Streckkraft kleiner ist als die Schließkraft.

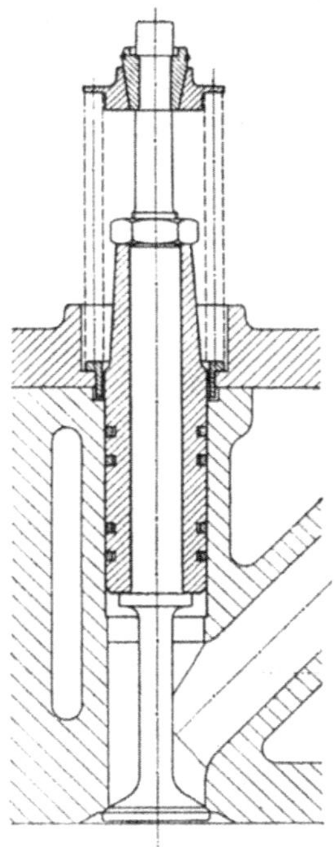

Abb. 235. Anlaßventil eines kleineren Stationärmotors.

In Abb. 235 ist die Rückschlagsicherung an einem mechanisch gesteuerten Ventil auf eine andere Weise erreicht. Das Ventil wird von einem Negativnocken über eine Rollenschwinge und einem Ventilhebel angetrieben. Der Negativnocken hat statt eine Erhebung eine Vertiefung in bezug auf den Grundkreis. Wenn die Rolle in diese Vertiefung einläuft, wird der Eingriffspunkt des Ventilhebels an der Ventilspindel nach unten verschoben. Das Ventil folgt dem Hebel nur dann, wenn die Anlaßleitung unter Druck steht und dieser Druck größer als der Zylinderdruck ist.

Die Leitungen zu den einzelnen Anlaßventilen werden von einer längs der Maschine laufenden Sammelleitung abgezweigt. Letztere steht über ein Hauptabschlußorgan mit der Luftflasche in Verbindung. Der Durchmesser der Anlaßluftleitung beträgt in der Regel rund $^1/_{10}$ des Zylinderdurchmessers.

b) Pneumatisch gesteuerte Anlaßventile.

Neuerdings werden die Anlaßventile fast ausschließlich pneumatisch gesteuert. Diese Lösung ist naheliegend, weil stets Druckluft oder Druckgas vorhanden ist. Abb. 236 zeigt ein Ausführungsbeispiel für einen Großmotor. Die Ventilspindel trägt den Entlastungskolben A. Darüber sitzt der Druckluftzylinder B mit dem Kolben C, der auf die Ventilspindel wirkt. Die Steuerluft strömt durch die Leitung D zu. Ein kleines Entlüftungsventil E ermöglicht die Entlüftung des Steuerraumes von Hand aus. Der Druckkolben C ist wesentlich größer als der Entlastungskolben A, so daß das Ventil auch dann noch öffnet, wenn der Steuerdruck viel kleiner als der Innendruck im Zylinder ist. In der Ausführung nach Abb. 237 wirkt die Steuerluft unmittelbar auf den Ausgleichskolben. Dadurch ist das Ventil nicht nur vereinfacht, sondern auch eine Rückschlagsicherung geschaffen. Abbildung 238 zeigt ein Steuerelement für die Steuerung zweier Anlaßventile. Es ist als geschlossener Bauteil an die Stirnseite der Brennstoffpumpe angeschraubt. Die Nockenwelle A trägt das Nockenbündel B mit je einem Negativnocken für die beiden Steuerschieber C. Die Steuerluft strömt über den Anschluß D in den über beide Steuerelemente reichenden Raum und drückt den Schieber gegen die Feder F an den Nocken. Wenn dieser in den Negativnocken einläuft, steuert seine oberste Kante die Bohrung b auf, worauf die Steuerluft über die Leitung E zum Anlaßventil strömt und dieses aufdrückt. Bei Rückgang wird zunächst die Verbindung a mit b wieder unterbrochen und in der obersten Stellung die Leitung b über den Ringraum c entlüftet. Damit ist ein exakter Schluß des Anlaßventiles erreicht. Nach dem Anlassen wird die Leitung D — wie weiter unten angeführt — entlüftet, so daß die Feder den Schieber wieder vom Nocken abdrückt. Die Steuerleitung E bleibt über den Raum c entlüftet. In Abb. 239 sind gleichartige Steuerelemente für eine Sechszylindermaschine sternförmig angeordnet. Der Schieberstern ist dabei an die Stirnfläche der Maschine angeflanscht und mit der Nockenwelle gekuppelt.

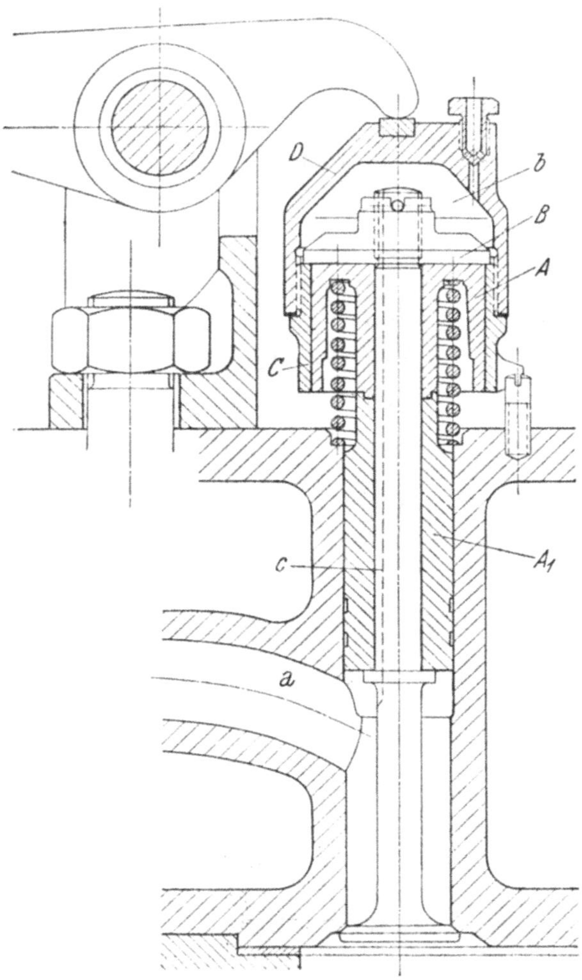

Abb. 234. Mechanisch gesteuertes Anlaßventil mit selbsttätiger Einschaltvorrichtung.

Das Schema der gebräuchlichen Leitungsanlage einer Anlaßvorrichtung mit pneumatisch gesteuerten Ventilen zeigt Abb. 240. Von der Luftflasche A geht über ein Ventil B, welches vom Bedienungsstand zu betätigen ist, die Hauptleitung C zu den Anlaßventilen. Von der Hauptleitung zweigt die Steuerleitung D zu den Steuerschiebern ab. Von hier aus wird über die Leitungen E die Luft zu den

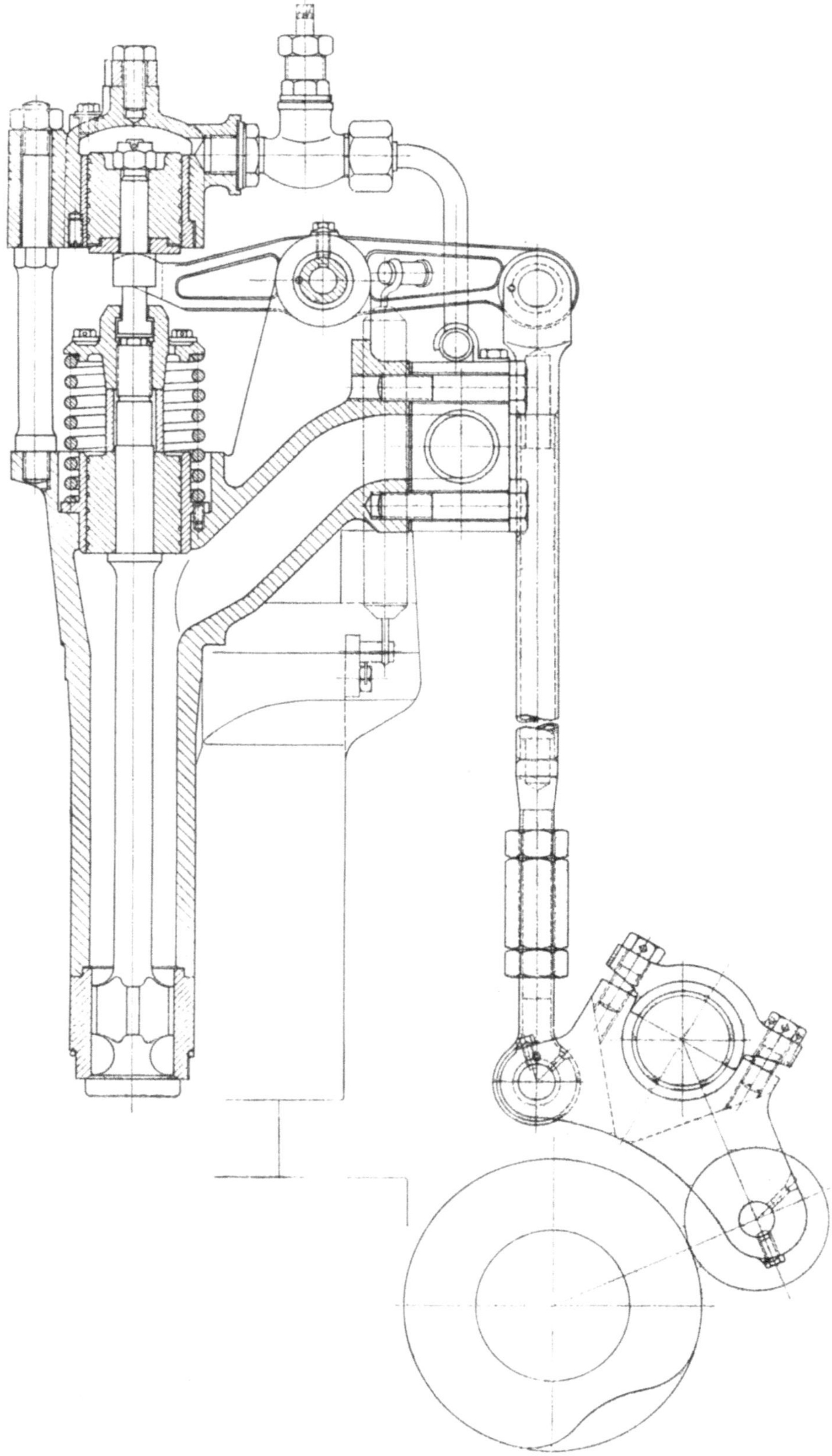

Abb. 235. Mechanisch gesteuertes Anlaßventil mit Rückschlagsicherung.

Steuerkolben der einzelnen Anlaßventile *F* geleitet. Neben dem Ventil *B* ist ein Entlüftungsventil *G* vorgesehen, welches in Anlaßstellung geschlossen, in Halt- und Betriebsstellung aber aufgedrückt ist, wodurch das ganze Leitungssystem nach dem Hauptventil entlüftet ist. Die Hauptleitung *C* hat wie bei den mechanisch gesteuerten Ventilen einen Durchmesser

$$d = 0{,}1\ D\ (D \text{ Zylinder } \varnothing)$$

Die Steuerleitung *E* ist schwächer und wird

$$d_s = 0{,}02 \sim 0{,}03\ D$$

gewählt.

Bei größeren Maschinen kann das Hauptventil nur schwer gegen den Druck von Hand aus geöffnet werden. Man ordnet dann zweckmäßig ein Vorströmventilchen nach Abb. 241 an. Der Ventilkörper *A* trägt in seiner Mitte

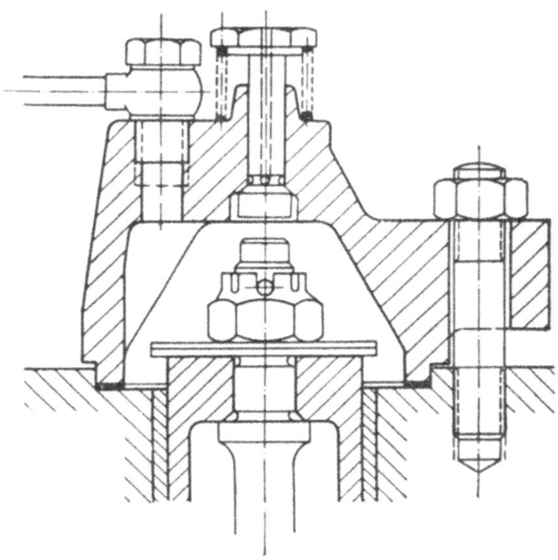

Abb. 237. Druckluftgesteuertes Anlaßventil eines Großmotors (mit Rückschlagsicherung).

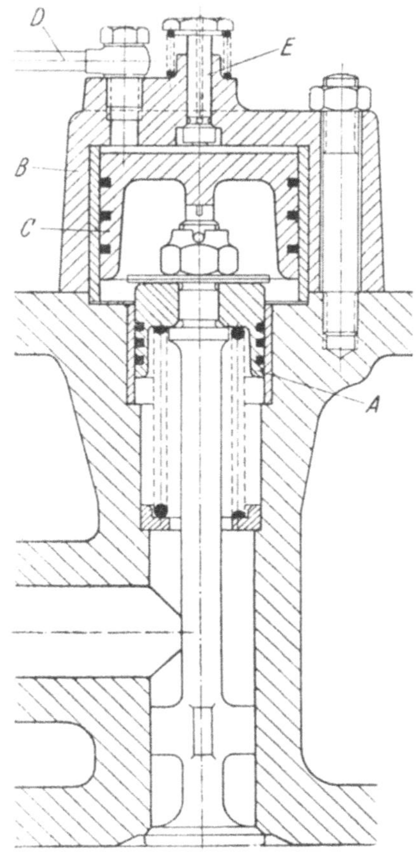

Abb. 236. Druckluftgesteuertes Anlaßventil eines Großmotors (ohne Rückschlagsicherung).

ein kleines Ventil *B*, welches zuerst durch den Stößel *C* von unten aufgestoßen wird. Dadurch gelangt Druckluft unter den Ventilkörper und entlastet ihn. Damit der Raum unter dem Ventil nach Schluß wieder entspannen kann, ist er über eine kleine Drosselbohrung mit der Abströmleitung *D* zu den Anlaßventilen verbunden. Weitere Ausführungsbeispiele von Anlaßsystemen mit pneumatisch gesteuerten Ventilen zeigen die Abbildungen des folgenden Abschnittes *E* über Umsteuereinrichtungen.

c) Rückschlagventile als Anlaßventile.

Bei kleinen Motoren verwendet man als Anlaßventile gewöhnliche Rückschlagventile. Ein Steuerschieber oder ein Steuerventil steuert dann unmittelbar die Anlaßluft selbst. Diese Einrichtung ist besonders einfach und kann bei kleineren Motoren mit geringem Bauaufwand ausgeführt werden, weil bei den verhältnismäßig geringen Anlaßluftmengen das Steuerorgan klein sein kann. Bei größeren Motoren würde dieses Anlaßsystem viel zu große Steuerschieber erfordern. Außerdem müßte vom Steuerschieber zu jedem Ventil eine Leitung von der Stärke der Hauptleitung über die ganze Maschine hinweg geführt werden. Dies zusammen ergäbe bei Großmotoren einen größeren Bauaufwand als die unter b) besprochene mittelbare Steuerung des Anlaßventiles.

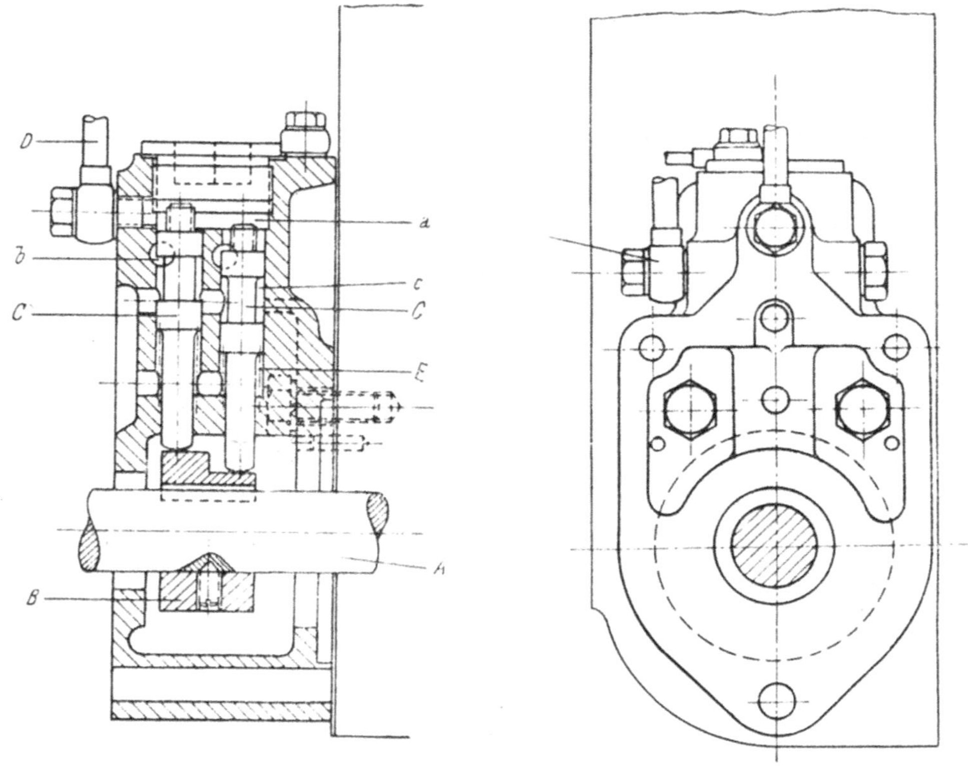

Abb. 258. Steuerschieber für pneumatisch gesteuerte Anlaßventile.

Die Steuerorgane sind einfache Abschlußorgane (Ventile oder Schieber). Die Leitung zum Rückschlagventil wird nicht nach jeder Füllung entlüftet, weil dann der Luftverbrauch unnötig groß wäre. Der Leitungsinhalt nimmt somit an der Entspannung im Zylinder bis zum unteren Totpunkt hin teil.

Das Rückschlagventil nach Abb. 242 ist als Anlaßventil an einer ortsfesten Maschine mit 5 l Zylinderinhalt verwendet. Das dazugehörige Steuerventil zeigt Abb. 243 und das Schema des Leitungssystems Abb. 244. Das Steuerventil wird über einen Stößel durch einen Nocken betätigt. Die Ventilspindel hat nach unten hin einen Führungszylinder mit dem Durchmesser des Ventiltellers. Dadurch ist die Spindel entlastet. Der Anlaßnocken hat im vorliegenden Beispiel zwei Erhebungen, weil im Zweitakt angelassen wird. Dazu muß auch ein Hilfsauslaßnocken mit zwei Erhebungen in Tätigkeit treten, während das Einlaßventil überhaupt nicht öffnen darf. Dies wird durch Verschieben der Nockenwelle, die mit besonderen Hilfsnocken besetzt ist, erreicht (Abb. 245 und 246). Damit die Rollenstößel nicht abgehoben werden müssen, haben die Nocken schräge Flankenübergänge In Betriebsstellung ist der Anlaßnocken außer Eingriff, das Anlaßventil also geschlossen.

Abb. 247 zeigt das Rückschlagventil eines kleinen Flugmotors. Der dazugehörige Steuerschieber nach Abb. 248 ist als Flachschieber ausgebildet. Die Luft

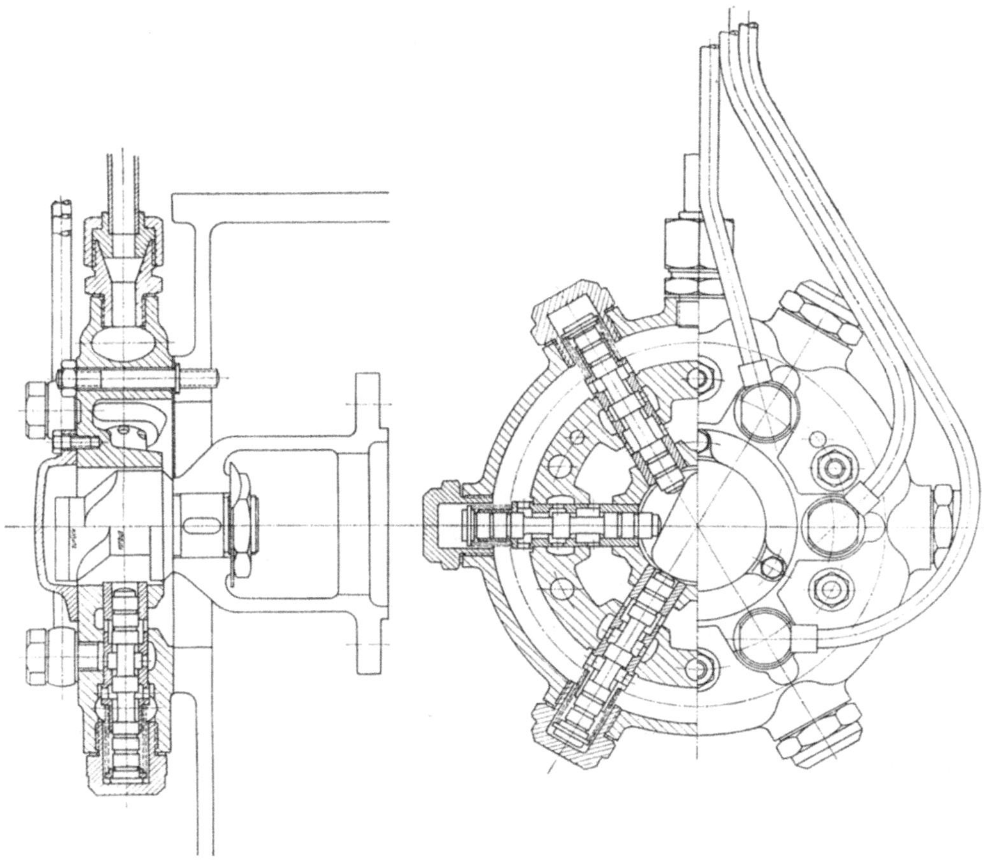

Abb. 239. Sternförmig angeordneter Steuerschieber für pneumatisch gesteuerte Anlaßventile.

wird zentral an der Stirnfläche des Schiebers zugeführt und gelangt durch die Bohrung *a* hinter den Schieber. Über den Langschlitz *b* im Steuerschieber strömt sie weiter in die entsprechende Anlaßleitung *c*. Durch die Länge des Schlitzes ist die Öffnungsdauer bestimmt. Das Leitungsschema ist auf Abb. 249 dargestellt.

Statt der Ventile und Flachschieber werden als Steuerelemente auch Längs- und Rundschieber verwendet.

d) Anlaßgefäße.

Die Anlaßgefäße (z. B. Abb. 250) sind nahtlos gezogene oder geschweißte oder durch Hartlötung aus einzelnen Teilen hergestellte Gefäße. Der Ventilkopf ist aufgeschraubt oder angeflanscht und trägt die Absperrorgane für die Hauptleitung zur Maschine, für die Fülleitung für die Entwässerungsleitung und für die Meßleitung zu einem Manometer. Ferner ist ein kleines Entlüftungsventil zum Entleeren der Flasche vorgesehen. Ein Sicherheitsventil, welches in den Ventilraum der Fülleitung einmündet, sichert beim Füllen sowohl die Flasche, als auch die Fülleitung und den Luftverdichter vor zu hohem Druck. Der Flansch ist durch eine Ringdichtung abgedichtet und kann bei Innenüberprüfung der Flasche leicht entfernt werden. Das Entwässerungsrohr führt an die tiefste Stelle der Flasche.

Bei der Festigkeitsrechnung ist es zweckmäßig, die von den Versicherungsgesellschaften aufgestellten Formeln zu verwenden. Nach den Vorschriften des germanischen Lloyd z. B. ist die Wandstärke für nahtlose Gefäße nach folgender Formel zu rechnen:

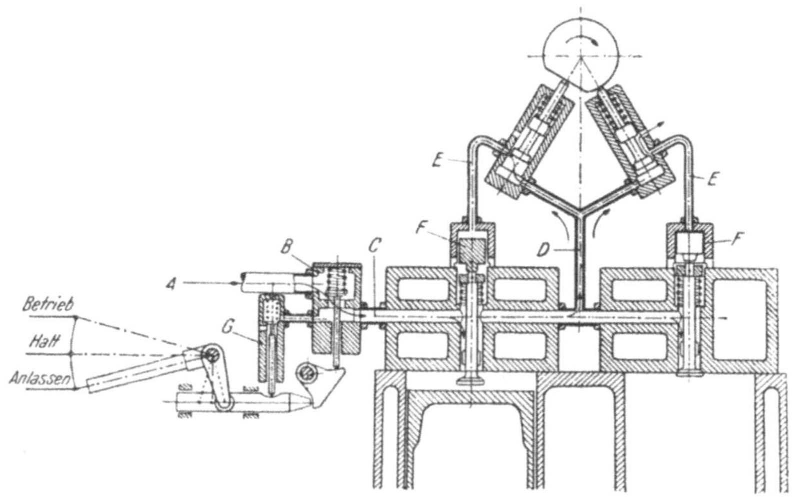

Abb. 240. Schaltschema pneumatisch gesteuerter Ventile.

$$s = \frac{D \cdot p \cdot x}{200\, K_z}$$

Es bedeutet hierin

s = die Blechdicke in mm,

D = den größten inneren Durchmesser in mm,

p = den höchsten Betriebsüberdruck in kg/cm^2,

K_z = die vorgeschriebene Mindestfestigkeit des für das Gefäß verwendeten Bleches,

x = den Sicherheitsgrad.

Der Sicherheitsgrad ist bei nahtlos gewalzten, gepreßten oder gezogenen Gefäßen mit 4.25 einzusetzen.

Für geschweißte Gefäße ist die so gefundene Wandstärke je nach der Güte der Schweißung mit einem Faktor $\frac{1}{0{,}7}$ bis $\frac{1}{0{,}9}$ zu multiplizieren.

Die erforderliche Größe der Anlaßflasche hängt von der Art des Betriebes ab. Ortsfeste Maschinen werden weniger oft angelassen als Schiffsmotoren oder Fahrzeugmotoren, können daher mit kleineren Flaschen ausgerüstet werden als letztere. Der germanische Lloyd gibt auch Vorschriften über den Mindestinhalt der Gefäße für Schiffsanlagen. Er ist

$$J = \frac{N_e \cdot c_1 \cdot c_2}{\sqrt[3]{n^2 (P-p)}}$$

Hierin bedeuten:

J den Inhalt der Anlaßluftgefäße in Litern,
N_e die effektive Höchstleistung des Motors in PS,
n die Motordrehzahl je Minute,
P den höchsten Betriebsdruck im Anlaßbehälter in kg/cm²,
p den niedrigsten Anlaßdruck, bei dem die kalte Maschine (bei $+ 20^0$ C) noch anspringt,
c_1 einen Beiwert,
c_2 einen Beiwert von der Größe $1 + \frac{P-25}{100}$.

Der Beiwert c_1 ist aus nachstehender Zahlentafel zu entnehmen.

Zahlenwerte für c_1

Zahl der Zylinder	Einfachwirkende Motoren	Doppeltwirkende Motoren
1	6200	
2	5100	
3	4200	2060
4	3450	1820
5	2850	1600
6	2430	1420
7	2120	1280
8	1920	1175
9	1790	1110
10	1730	1090
11	1710	1075
12	1700	1065

Bei ortsfesten Motoren genügt es nach praktischen Erfahrungen, den Inhalt der Anlaßgefäße so groß auszuführen, daß ein 6- bis 10maliges Anlassen mit einer Füllung möglich ist. Viertakt- und einfachwirkende Zweitaktmotoren brauchen für ein Anfahren das 2- bis 4fache, doppeltwirkende Zweitaktmotoren das 1,5- bis 3fache des gesamten Zylinderinhaltes.

Um mit kleinen Anlaßgefäßen auszukommen, wird manchmal der höchste Speicherdruck höher als der nötige Anlaßdruck gewählt (bis 100 at). In diesem Falle muß ein Druckminderventil eingebaut werden, welches den Flaschendruck auf den höchst bemessenen Anlaßdruck von rund 30 at abmindert.

Die Gefäße werden entweder durch einen unmittelbar von der Maschine oder einen getrennt angetriebenen Hochdruckkompressor oder durch die Maschine selbst über ein Abfüllventil aufgepumpt. Abb. 251 zeigt ein Beispiel eines Abfüllventiles.

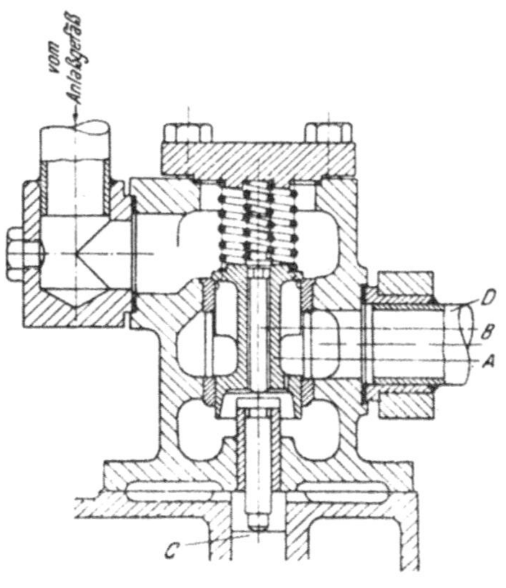

Abb. 241. Hauptluftventil zur Anlaßleitung mit Vorströmventilchen zur Abminderung der Steuerkraft.

Es ist ein aus hochhitzebeständigem Stahl hergestellter Rückschlagkörper *A*, der bei Überdruck im Zylinder gegen das Arbeitsgefäß hin aufgedrückt wird, ein Rückströmen aus dem Gefäß aber verhindert. Wenn das Gefäß aufgefüllt ist, wird der Rückschlagkörper durch die Spindel *B* von Hand aus auf seinen Sitz gepreßt. Die Füllung des Gefäßes ist in diesem Falle ein Gemisch aus Luft und Verbrennungsgasen. Die je Hub entnommene Menge ist so gering, daß dadurch der Arbeitsprozeß kaum beeinflußt wird. Um auch beim Abfüllen aus der Maschine reine Luft zu erhalten, werden auch Abfüllventile ausgeführt, bei denen gleichzeitig mit dem Öffnen der Brennstoff des betreffenden Zylinders abgestellt wird.

Es genügt im allgemeinen an einem Zylinder der Maschine ein Abzapfventil anzubringen (vgl. auch Abb. 244). Sollte dabei die Auffüllzeit zu lange sein, so kann ein weiterer Zylinder mit einem Ventil versehen werden.

Selten werden die Anlaßgefäße durch Abschießen einer Anlaßpatrone an das Gefäß gefüllt („Anschießen des Motors"). Das Pulver sowie die Größe und Stärke des Anlaßgefäßes müssen dabei sorgfältig erprobt werden. Das Gefäß muß ohne Hauptventil unmittelbar an die Maschine geschaltet sein, damit sofort nach dem Abschießen der Patrone der Anlauf beginnen kann und einerseits zu hohe Drücke, andererseits zu große Wärmeverluste vermieden bleiben.

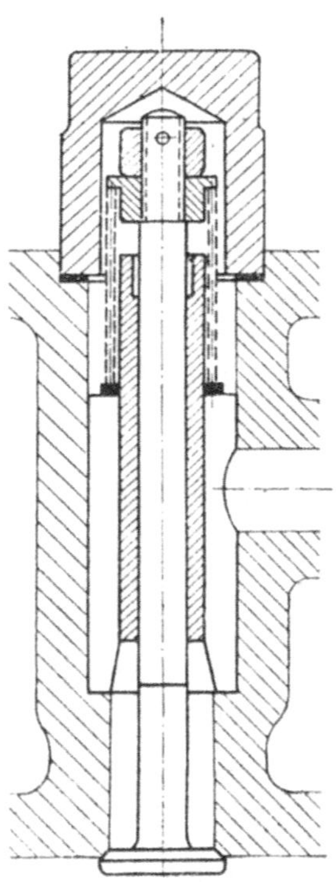

Abb. 242. Rückschlagventil als Anlaßventil für einen Dieselmotor mit 5 l Zylinderinhalt.

E. Umsteuerung.

Große und mittelgroße Schiffsdieselmotoren werden umsteuerbar ausgeführt. Bei Bewegungsumkehr kehrt sich der Sinn der Kolbenbewegung um, d. h. Raum verdrängende Bewegung wird zur Raum erweiternden und umgekehrt. Wenn dabei die Ladungswechselorgane sowie die Pumpen und Anlaßgeräte ihre richtige Funktion beibehalten sollen, muß ihr Antrieb sinngemäß verändert werden. Dies geschieht durch die Umsteuereinrichtung.

I. Umsteuereinrichtungen an Viertaktmotoren.

1. Umsteuerdiagramm, Baugrundsätze, Bauelemente.

Bei der Umsteuerung von Viertaktmaschinen kann dem Arbeitshub des Vorwärtslaufes entweder der Verdichtungshub oder der Ausschubhub des Rückwärtslaufes zugeordnet werden. Demgemäß ergeben sich für die Aufeinanderfolge der zugeordneten Hübe die beiden in nachstehender Tabelle angeführten Varianten des Umsteuervorganges:

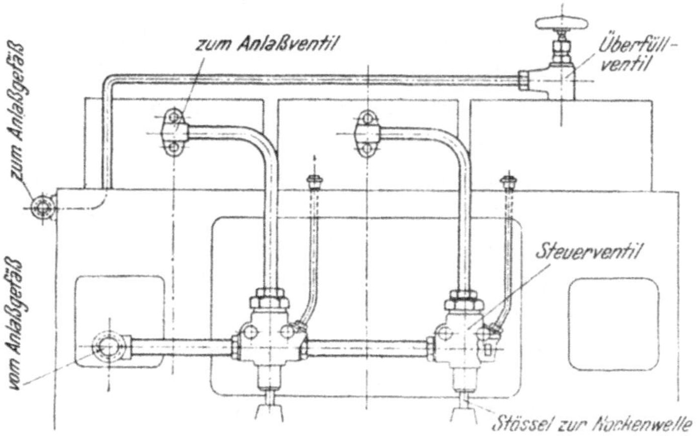

Abb. 244 Schaltschema für das Auslaßventil und den Steuerschieber nach Abb. 242 und 243.

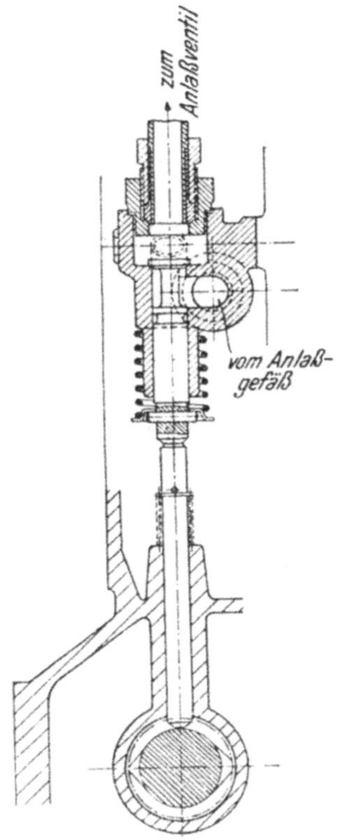

Abb. 243. Steuerventil für das Auslaßventil nach Abb. 242.

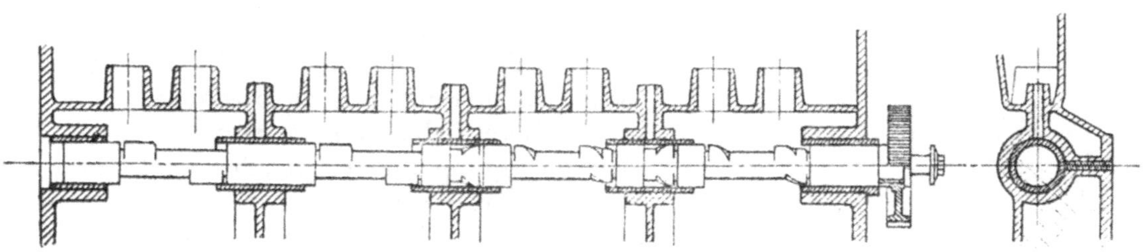

Abb. 245. Anordnung der verschiebbaren Nockenwelle im Gestell (hiezu gehört Steuerventil nach Abb. 243).

Vorwärtslauf:	Rückwärtslauf: I	II
Entspannen	Verdichten	Ausschieben
Ausschieben	Entspannen	Ansaugen
Ansaugen	Ausschieben	Verdichten
Verdichten	Ansaugen	Entspannen

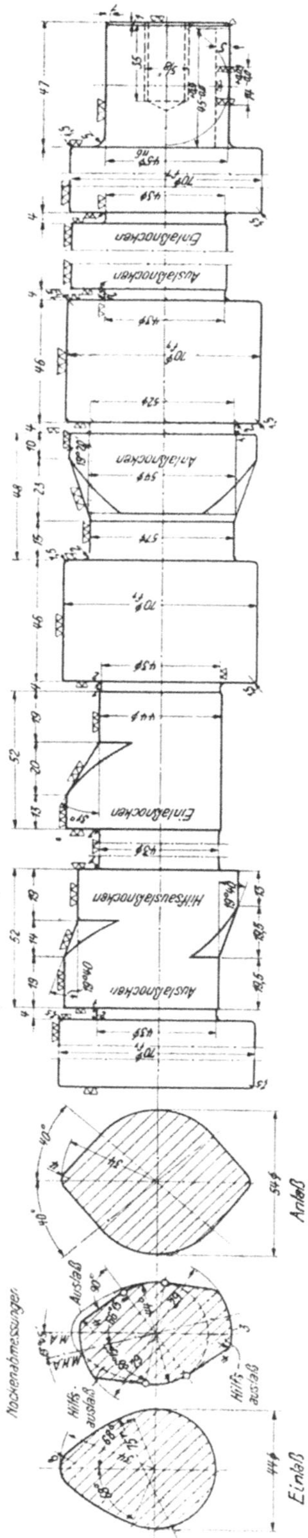

Abb. 246. Nockenwelle und Nockenform zu Abb. 245.

Das Steuerdiagramm der Variante I zeigt Abb. 252. Das vollgezeichnete Nockenbündel gilt für den Vorwärtslauf, das gestrichelt gezeichnete für den Rückwärtslauf. Ein- und Auslaßnocken vertauschen etwa ihre Lage. Die Auflaufflanken für den Brennstoffnocken liegen für die beiden Nocken „vorwärts“ und „rückwärts“ spiegelgleich zur Vertikalen knapp nebeneinander. Ebenso die Anlaßzeiten. Es müssen dabei bei der Umsteuerung alle vier Nocken (Einlaß, Auslaß, Anlaß und Brennstoff) durch andere ersetzt werden.

Für die Hubfolge nach der Variante II gilt das Diagramm nach Abb. 253. Die Nocken für den Rückwärtslauf sind gegen die der Variante I um 180^0 versetzt. Weil nur die Auflaufflanke des Brennstoffnockens eine zeitgebundene Tätigkeit (Einspritzung) auszuüben hat, kann dabei die Ablaufflanke (Saughub) so gelegt werden, daß sie für den Rückwärtslauf als Auflaufflanke richtig liegt. Der Brennstoffnocken hat dann einen Öffnungswinkel von $180 + \beta$ Graden, wobei β der Kurbelwinkel des Förderbeginns vor oberem Totpunkt ist. Damit arbeitet die Pumpe auch ohne Umsteuerung gleich richtig in Vor- und Rückwärtslauf. Diese Umsteuerfolge nach *Kurt Schmidt* hat besonders dann ihren Vorteil, wenn die Brennstoffpumpe nicht von der Nokkenwelle, sondern über eine eigene Nockenwelle angetrieben wird, weil sich dann ein eigenes Umsteuergetriebe für die Pumpe erübrigt.

Bei der Festlegung des Umsteuergetriebes ist allgemein folgendes zu beachten:

1. Beim Umschalten von Vorwärts- auf Rückwärtsgang und umgekehrt sind sinngemäß die zugehörigen Nocken in Eingriff zu bringen.
2. Dies darf nur dann geschehen, wenn der Schalthebel (Manövrierhebel), der über die Stellungen „Anlassen“, „Halt“ und „Betrieb“ zu schalten ist, auf „Halt“ steht.
3. Der Schalthebel darf hingegen nur dann betätigt werden, wenn der Umsteuervorgang beendet ist.

Bei der Vielzahl der Ausführungsformen finden sich viele gemeinsame oder zum Teil gemeinsame Bauelemente, die im folgenden in ihrer Wirkung kurz beschrieben seien:

Die Nocken werden ausschließlich durch

Verschieben der Nockenwelle entweder unmittelbar von Hand oder mittelbar über Druckluft und Öl gewechselt. Bei der Ausführung des Nockenpaares nach Abb. 254 muß der Rollenstößel während der Verschiebung vom Nocken abgehoben werden. Bei der Ausführung nach Abb. 255 gehen die beiden Nocken in schrägen Flächen ineinander über, so daß die Nockenwelle bei aufliegender Rolle verschoben werden kann.

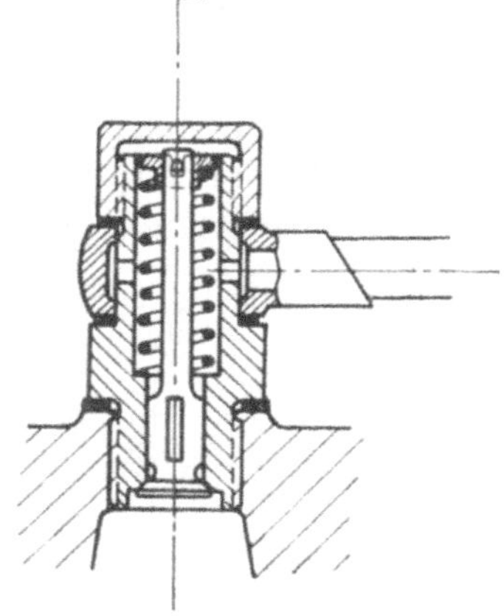

Abb. 247. Anlaßrückschlagventil eines kleinen Sternmotors.

Die Rolle wird entweder durch Ausschwenken des unteren Stoßstangenendes mit Hilfe eines Lenkers und einer exzentrischen Lenkerwelle oder durch Verdrehung der am Kipphebelbock exzentrisch gelagerten Ventilhebelwelle am oberen Stoßstangenende abgehoben. Die Verschiebbarkeit der Nockenwelle im Antriebsrad ist in der Regel durch Nutung von Welle und Nabe geschaffen (Abb. 256).

Bei indirekter Verschiebung der Nockenwelle wird die Druckluft von einem Anlaßgefäß entnommen. Sie wird durch den Schalthebel oder das Schaltrad über ein Ventil- oder Schiebersystem gesteuert. Als Schieber werden Längs- oder Drehschieber verwendet. Die Steuerluft wirkt entweder unmittelbar auf den Umsteuerkolben, der die Nockenwelle verschiebt, oder mittelbar über einen Ölbehälter. Im letzten Fall kann durch Einbau einer Drosselscheibe die Bewegung gedämpft werden. Im ersten Fall wird der Umsteuerkolben zweckmäßig mit einer Ölbremse gekuppelt. Nach dem Umsteuern muß der Umsteuerzylinder stets entlüftet werden.

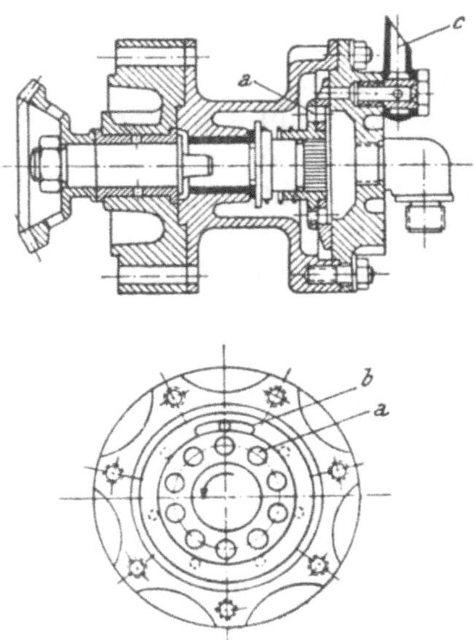

Abb. 248. Steuerschieber für das Auslaßventil nach Abb. 247.

Die Forderungen nach Punkt 2 und 3 werden durch mechanische oder pneumatische Verriegelungen zwischen dem Anlaß-, Brennstoff- und Umsteuersystem erfüllt.

2. Ausführungsbeispiele.

In Abb. 257 ist das Schema einer Umsteuerungseinrichtung dargestellt, die von Hand zu betätigen ist (Klöckner-Humboldt-Deutz A. G.). Die Handverstellung ist nur bei kleineren Motoren möglich. Über die vertikale Umsteuerwelle *1* wird die Nockenwelle verschoben. Die Nocken (*6* und *7*) sind als Schrägnocken ausgebildet. Die Brennstoffpumpe ist getrennt angetrieben und wird nicht umgesteuert (Umsteuerverfahren nach *Schmidt*). Der Schalthebel *13* wirkt auf die Schaltstange *11*. In Anlaßstellung ist das Schnellhubventil *15* geöffnet. Das Entlüftungsventil *16* ist dabei geschlossen, so daß vom Anlaßgefäß her die Hauptanlaßleitung *19* und die Steuerleitung *20* zum Anlaßstern *18* unter Druck gesetzt werden. Vom Anlaßstern wird die Steuerluft zu den einzelnen luftgesteuerten Anlaßventilen geleitet. In den Stellungen „Halt“ und „Betrieb“ ist das Hauptanlaßventil *15* geschlossen und das Entlüftungsventil *16* offen, die Anlaßluftleitung demnach druckfrei. Von der Schaltstange wird weiterhin ein Gestänge *10* betätigt, welches in Haltstellung die Reglerstange *9* der Einspritzpumpe auf Nullfüllung stellt. In Anlaß- und Betriebsstellung wird dieses Gestänge nach links gerückt, so daß die Reglerstange frei spielen kann. Im vorliegenden Beispiel wird also während des Anlassens Brennstoff gegeben. Das ist bei dem verwendeten Anlaßventil mit Rückschlagsicherung (vgl. Abschnitt D III, 3) zulässig. Der Hebel wird von Anlaßstellung auf Betriebsstellung geschaltet, wenn die ersten Zündungen hörbar sind. Das Umsteuerungs- und Anlaßsystem wird durch die Segmentscheiben *3* und *12* derart verriegelt, daß ersteres nur in Haltstellung betätigt und anderseits die Maschine nur angelassen werden kann, wenn der Umsteuerhebel auf einer der Stellungen „Vorwärts“ oder „Rückwärts“ steht.

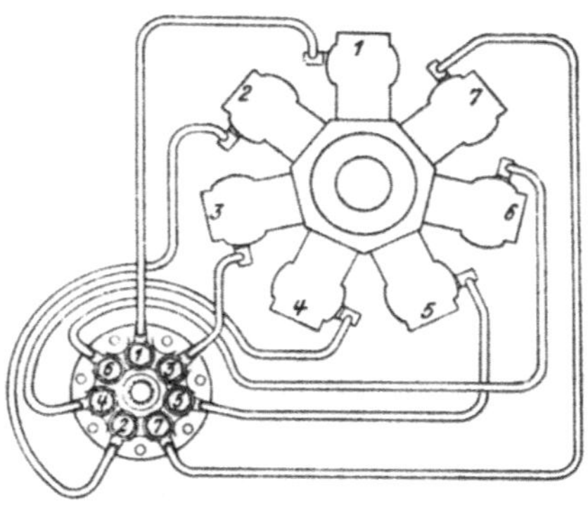

Abb. 249. Leitungsschema für das Rückschlagventil und den Steuerschieber nach Abb. 247 und 248.

Abb. 258 zeigt dieselbe Umsteuerungseinrichtung jedoch mit mittelbarer Verschiebung der Nockenwelle über Druckluft und Öl. Auf der Kurbel *2* ist der Umsteuerhebel *5* gelagert. Ein in der Skizze nicht eingezeichnetes Federsystem drückt den Hebel stets in die Mittellage, so daß der vertikale Bolzen an dem dem Handgriff gegenüberliegenden Hebelende bei Freilassen des Hebels immer gegen die Mitte der Umsteuerwelle gedrückt wird. Wird z. B. der Hebel von der gezeichneten Vorwärtsstellung auf die Rückwärtsstellung gedrückt, so bleibt zunächst die Steuerwelle in Ruhe, weil ihre Verstellkräfte zu groß sind. Es wird aber der über den vertikalen Bolzen angeordnete Steuerschieber *6* nach rechts gerückt. Dadurch wird zunächst das Ventil *7* geöffnet und die linke Schieberkammer über die Leitungen *28* und über das Ventil *8* vom Anlaßgefäß her unter Druck gesetzt. Von den Leitungen *29* und *30*, die in der Mittellage des Schiebers entlüftet sind, wird bei Rechtslage des Schiebers die Leitung *29* unter Druck gesetzt, während die Leitung *30* entlüftet bleibt. Dadurch wird der Ölbehälter *15* belüftet, der rechte Behälter *16* bleibt entlüftet. In der weiteren Folge strömt vom Behälter *15* Öl auf die rechte Seite des Verstellkolbens im Zylinder *13*, der sich daraufhin nach links bewegt und über das Zahnsegment *4* die Umsteuerwelle und Nockenwelle in die Stellung „Rückwärts“ verschiebt. Bei dieser Bewegung sinkt der Ölspiegel im Behälter *15*, während er im Behälter *16* steigt.

Weil besonders beim Anlaßvorgang nach dem Umsteuern hohe Drücke im Zylinder auftreten können, pflegt man bei größeren Motoren je Zylinder ein Sicherheitsventil anzuordnen. Es ist dies ein federbelastetes Ventil, das bei zu hohem Innendruck öffnet. Das Sicherheitsventil *19* der Anlage hat als Besonderheit einen Entlastungskolben, der in Umsteuerstellung durch die Leitung *31* unter Druck gesetzt werden kann, worauf das Ventil angehoben wird. Die Nockenwelle kann dann leichter verschoben werden, weil diese bei entsprechender Stellung das Aus- und Einlaßventil nicht gegen Innendruck zu öffnen braucht. In Mittelstellung des Schiebers ist auch die Leitung *31* über einen Kanal im Schieber entlastet.

Das Anlaßsystem entspricht dem in Abb. 257. In gleicher Art ist auch das

Umsteuer- und Anlaßsystem durch die Segmentscheiben *3* und *11* verriegelt. Außerdem ist das Ventil *8*, das den Weg zum Umsteuerschieber freigibt, nur in

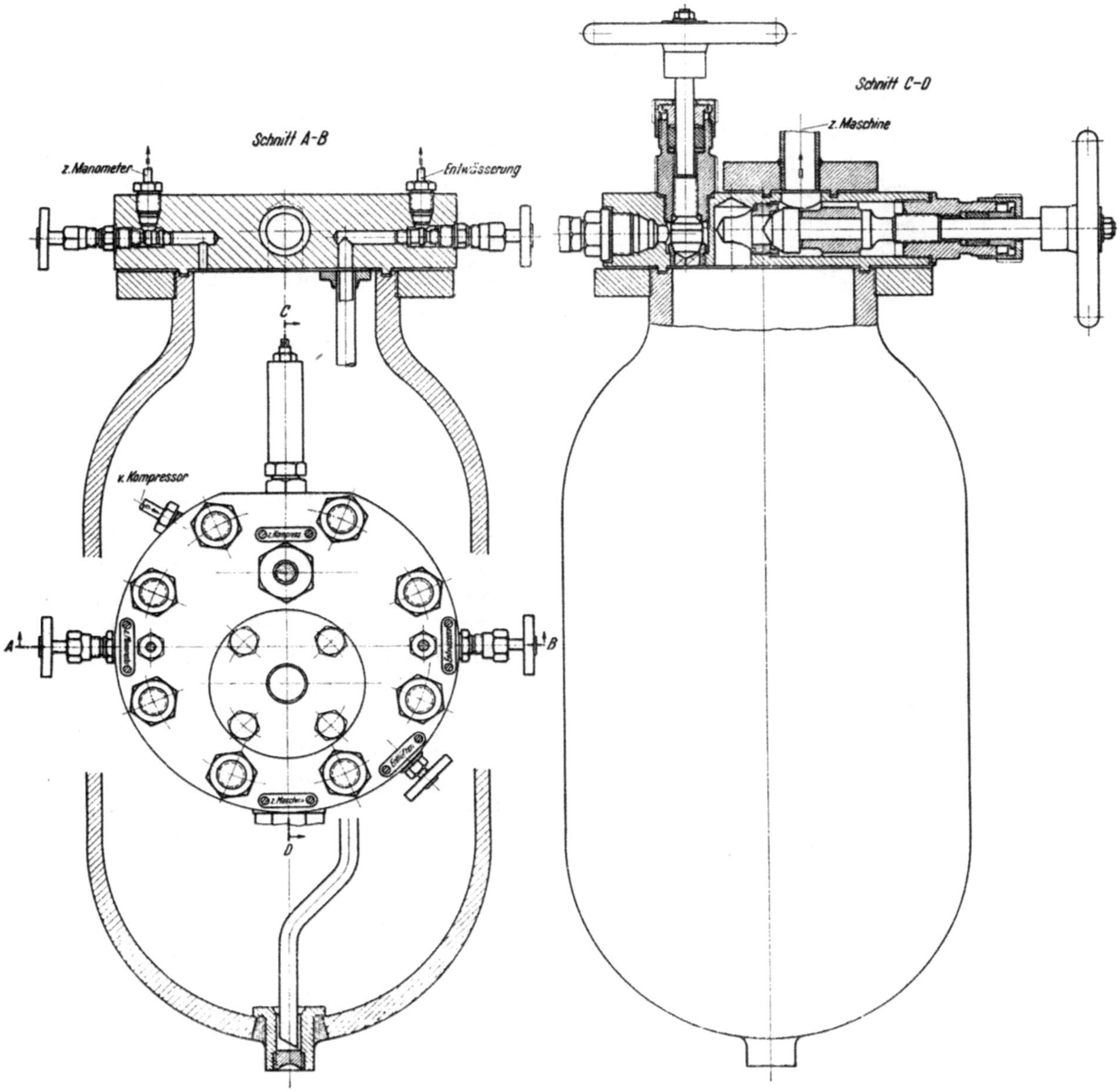

Abb. 250. Anlaßflasche für 80 at Druck

Haltestellung geöffnet, so daß auch der Steuerkolben nicht unter Druck gesetzt werden kann, wenn der Schalthebel auf einer anderen Stellung als „Halt" steht.

In der Umsteuereinrichtung für eine Großmaschine der MAN nach Abb. 259 wird der Steuerkolben *36* auch von Öl beaufschlagt, das durch Druckluft unter Druck gesetzt wird. Die Luft wird diesmal über einen Rundschieber gesteuert. Der Umsteuerhebel *21* betätigt einerseits das Zuluftventil *35*, welches wieder mit einem kleinen zentralen Vorhubventil ausgestattet ist, andererseits einen Rundschieber *27*, der die Luft auf die Ölbehälter *30* und *31* derart verteilt, daß jeweils ein Zylinder belüftet und der andere entlüftet wird. In der Mittelstellung sind beide Zylinder entlüftet. Die Bewegung des Steuerkolbens wird einerseits über die Zahnstange *37* und ein Ritzel auf die Lenkerwelle *38*, andererseits über die Kurvenleiste *39* und die Rollen *40* auf einen Schleifring übertragen, der auf der Nockenwelle gelagert ist und diese achsial mitnimmt. Die Bewegungen der Lenkerwelle und der Nockenwelle sind so abgestimmt, daß letztere bei ausgeschwenkter Stoßstange verschoben wird und hierauf die Stoßstangen wieder eingeschwenkt werden. Das Anlaßsystem wird durch den Schalthebel *1* über die Nockenwelle *22* betätigt. Ein Nocken steuert das Hauptanlaßventil *5*, welches zur Verminderung der Öffnungskräfte ein kleines Vorstromventil trägt. Ein zweiter Nocken *3* steuert ein Entlüftungsventil *2* für die Hauptleitung zu den Anlaßventilen. In Betriebsstellung ist dieses Ventilchen offen. Zur Verriegelung des Umsteuer- und Anlaßsystems dient der Nocken *23*, der Hebel *24* und die Scheibe *25*. Die Brennstoffüllung wird durch das Handrad *9* über ein Getriebe *10*, die Welle *11*, den Nocken *12* und das Gestänge *13*, *14*, *18* und *15* eingestellt. In Haltstellung ist der Brennstoff über den Hebel *8*, die Welle *7* und das Kegelräderpaar *6* abgestellt. Die Brennstoffpumpe wird unmittelbar von der Nockenwelle betrieben und mit dieser umgesteuert.

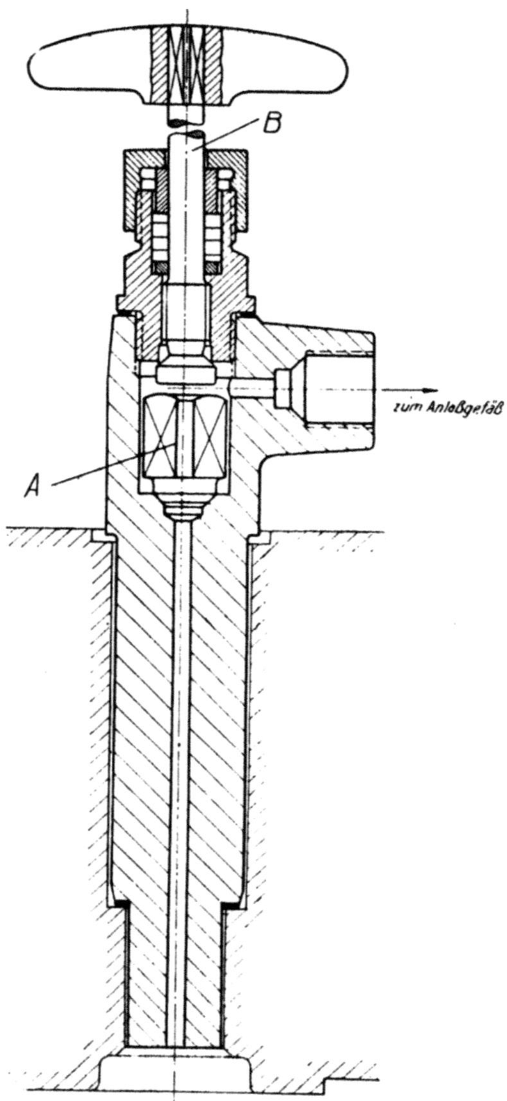

Abb. 251. Abfüllventil zum Aufladen des Anlaßgefäßes mit Brenngasen aus dem Zylinder.

Im Gegensatz dazu zeigt die Abb. 260 eine Umsteuereinrichtung eines Schiffsmotors der MWM, bei dem die Pumpe erst über Zahnräder von der Nockenwelle angetrieben wird. Die Umsteuerfolge ist nach der Variante *I* gewählt, so daß die Pumpe mitumgesteuert werden muß. Die Pumpenwelle hat je ein Nockensystem für den Vorwärts- und Rückwärtslauf und ist verschiebbar. Sie wird durch die Pfeilräder *14* und *15* angetrieben und bei der Verschiebung der Nockenwelle auch durch diese mitverschoben. Die Rollen werden dabei über das

Gestänge *32* abgehoben, welches vom Bedienungsstand aus durch das Handrad *54* betätigt wird. Unterschiedlich gegenüber den bisherigen Beispielen ist auch die Art, wie die Rollen von der Nockenwelle angehoben werden. Die Ventilhebel sind auf exzentrischen Zapfen gelagert, die gemeinsam durch die Welle *11* vom Um-

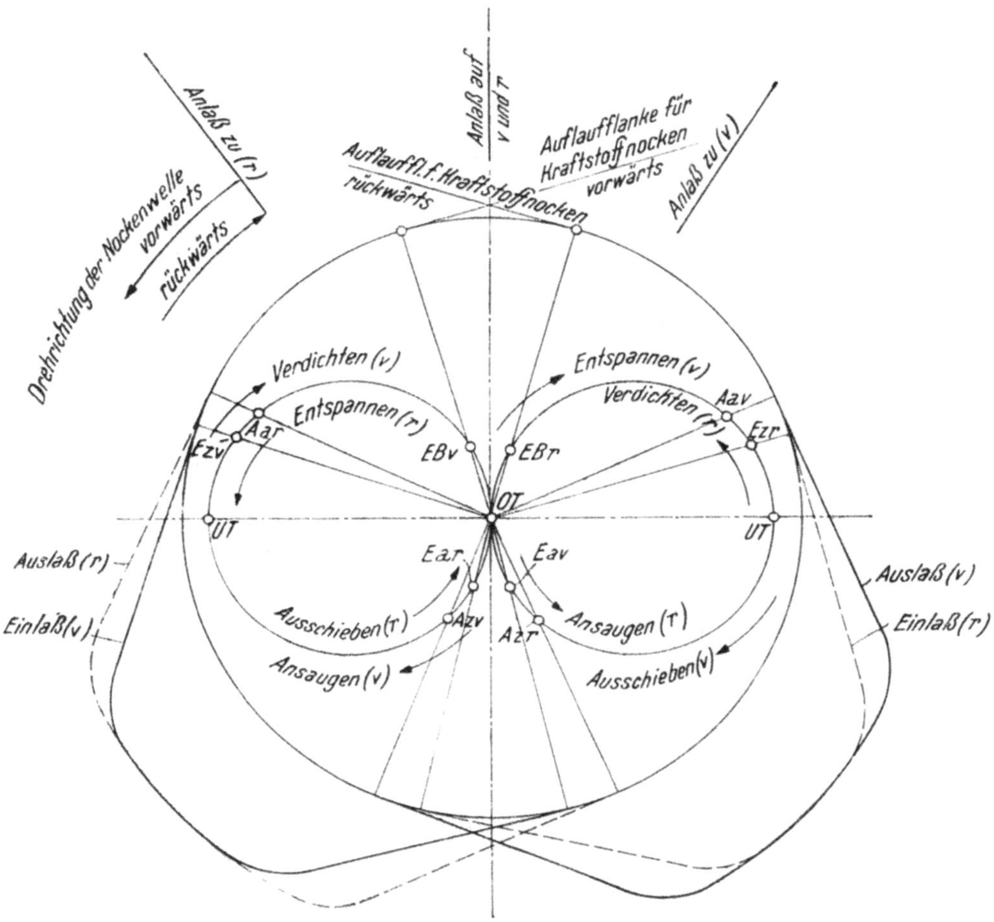

Abb. 252. Steuerdiagramm einer umsteuerbaren Viertakt-Dieselmaschine

steuerkolben *46* über die Zahnstange *48* und ein Ritzel verdreht werden. Dadurch werden die Stoßstangen abgehoben und wieder aufgesetzt. Inzwischen wird die Nockenwelle *1* durch die Nockenscheibe *51* und das Hebelsystem *50* verschoben. Der Umsteuerkolben wird diesmal unmittelbar durch Druckluft bewegt, die über den Schaltkasten *36* zugeführt wird. Damit die Bewegung nicht zu plötzlich wird, ist über eine zweite Zahnstange *48* die Ölbremse *(47, 45)* gekuppelt. Das Anlaßsystem ist grundsätzlich gleich wie in den oben beschriebenen Beispielen. Ebenso die gegenseitige Sicherung des Anlaß- und Umsteuervorganges. Exzentrische Ventilhebellagerung wird auch dann ausgeführt, wenn die Nockenwelle in Zylinderkopfhöhe verlegt ist.

Aufgeladene Viertaktmotoren werden in gleicher Weise umgesteuert wie unaufgeladene. Wenn als Aufladegebläse ein *Schleudergebläse* in Verwendung ist, das von der Maschine selbst angetrieben wird, genügt für den Rückwärtslauf im allgemeinen die verringerte Förderung des verkehrt laufenden Gebläses, weil der Leistungsbedarf während des Manöverierens im allgemeinen geringer ist. Dieses Gebläse braucht also nicht umgeschaltet zu werden. Maschinen mit *Abgasturbosatz*

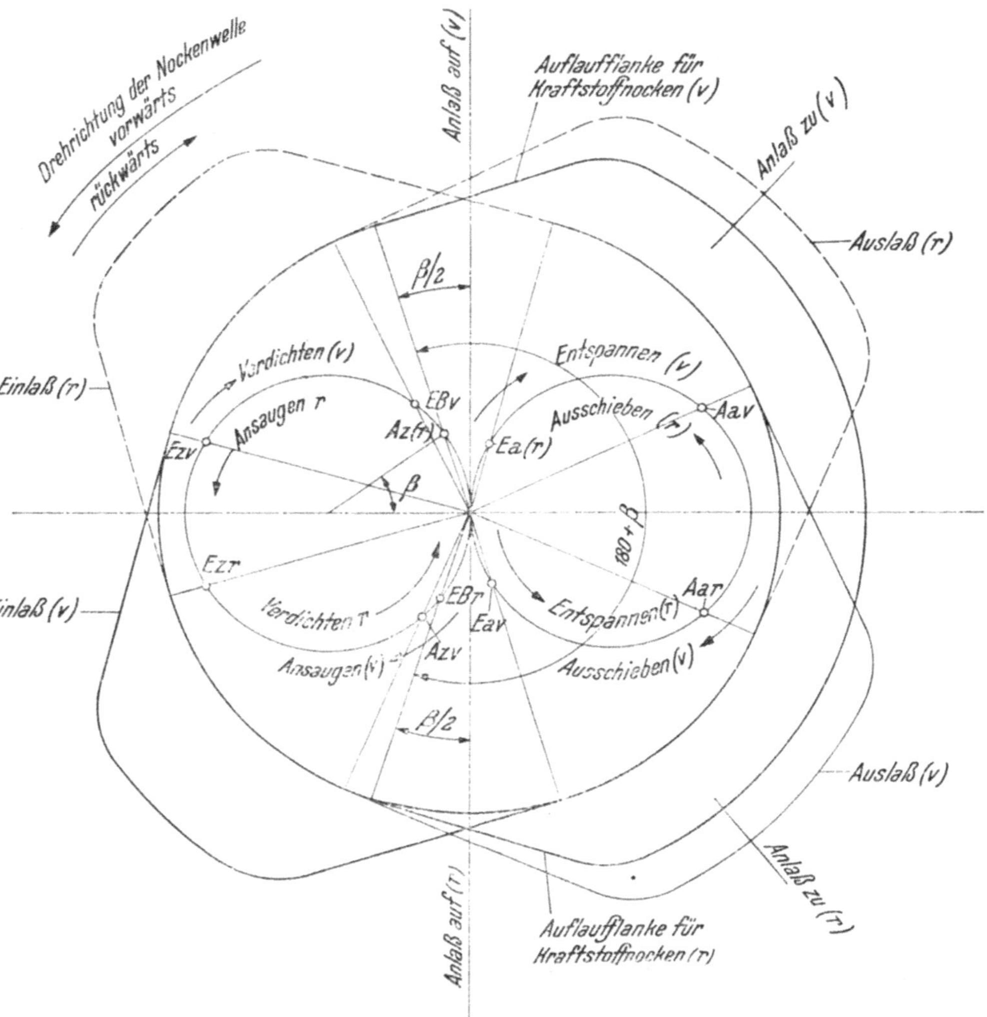

Abb. 255. Steuerdiagramm einer umsteuerbaren Viertakt-Dieselmaschine.

arbeiten im Rückwärtslauf genau so wie im Vorwärtslauf, weil sich die Dehrichtung der Aufladegruppe nicht ändert. Wenn zur Aufladung ein *Drehkolbengebläse* (z. B. Roots-Gebläse) verwendet ist, muß — weil sich bei der Bewegungsumkehr auch die Förderrichtung der Luft umkehrt — beim Rückwärtslauf entweder das Gebläse ausgeschaltet oder seine Bewegungsrichtung durch ein Wendegetriebe umgeschaltet oder durch sinngemäß angeordnete Schieber der Luftweg zur Maschine geändert werden. Meist genügt es aus oben angeführtem Grunde bei Rückwärtslauf das Gebläse abzuschalten. Als Beispiel dafür zeigen die Abb. 261 und 262

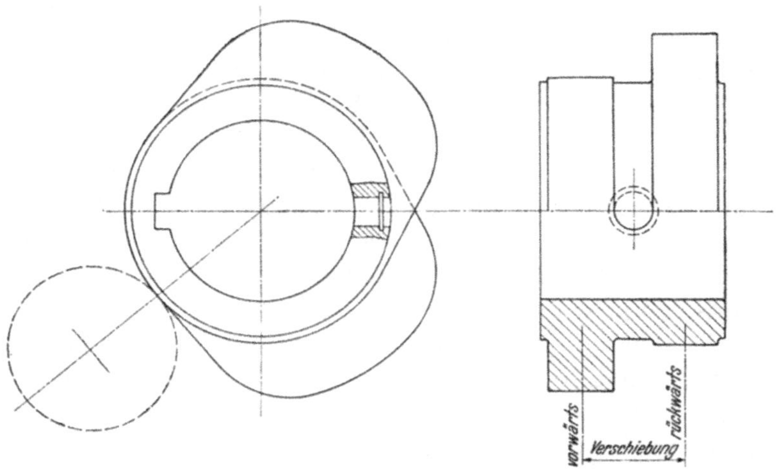

Abb. 254. Nockenpaar einer umsteuerbaren Maschine.

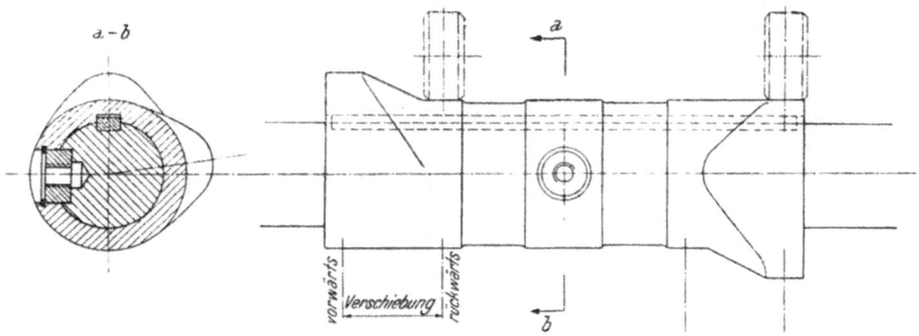

Abb. 255. Nockenpaar einer umsteuerbaren Maschine.

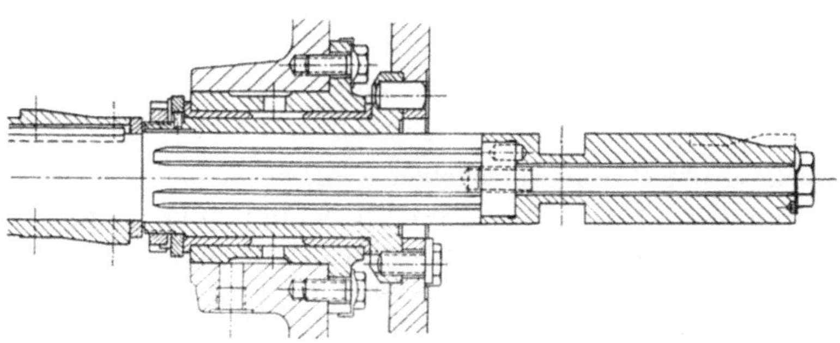

Abb. 256. Antrieb der verschiebbaren Nockenwelle.

das Umsteuerschema einer mit Roots-Gebläse ausgerüsteten Viertaktschiffsdieselmaschine der Firma Krupp. Vom Anlaßgefäß wird die Luft über einen Ventilkasten geleitet, der durch den Anlaß- und Umsteuerhebel über drei Nocken in der Weise geschaltet wird, wie dies für die drei Stellungen in der Nebenskizze links der Abb. 261 angedeutet ist. Durch einen Umsteuerhebel wird ein Längsschieber so verstellt, daß die Luft sinngemäß auf den Umsteuerkolben oder unter diesen geleitet wird und wechselweise die andere Kolbenseite entlüftet wird. Gleichachsig mit dem Umsteuerzylinder und darüber liegt ein Ölzylinder, der einerseits als Ölbremse, andererseits als Umsteuerzylinder in Verbindung mit einer Handpumpe beim Handumsteuern wirkt. Der Umsteuerkolben trägt am unteren Ende eine Zahnstange, die über ein Ritzel und eine horizontale Umsteuerwelle die Nockenwelle nach rechts und links verschiebt. Die Rollen werden durch eine Lenkerwelle ausgeschwenkt, die von der Umsteuerwelle durch ein Kegelräderpaar angetrieben wird. Ausschwenken der Rollen und Verschieben der Welle sind wieder sinngemäß zugeordnet. Außer den üblichen Verriegelungen am Bedienungsstand ist diesmal die Umsteuerwelle auch weiter mit dem Ein- und Ausschalthebel für das Gebläse derart verblockt, daß ein Umschalten auf „Zurück" nur möglich ist, wenn das Gebläse ausgeschaltet ist (Kupplung ausgerückt). Andererseits kann das Gebläse erst wieder eingeschaltet werden, wenn die Maschine auf „Vorwärts" steht. Beim Ausschalten des Gebläses wird automatisch ein Luftschieber für den Lufteintritt geöffnet.

II. Umsteuereinrichtungen an Zweitaktmotoren.

1. Umsteuerdiagramm, Bauelemente.

Man baut große Schiffsmotoren fast ausnahmslos mit Schlitzsteuerung durch den Kolben. Dabei ist die Auspuff- und Spülperiode richtig im Arbeitsprozeß eingeordnet, gleichgültig wie die Drehrichtung der Maschine ist. Im Steuerdiagramm (Abb. 263) wird Auslaß- und Einlaßbeginn zum Auslaß- und Einlaßende und umgekehrt. Nur der Brennstoff- und der Anlaßnocken muß geändert werden.

Dies kann grundsätzlich gleich wie bei Viertaktmotoren durch Verschiebung der Nockenwelle geschehen. Weil es sich jedoch bei der Lagenänderung der Nocken beim Zweitaktmotor nur um verhältnismäßig geringe Winkel handelt, kann der Brennstoffnocken auch durch einfachere Mittel verschoben werden. Führt man Auf- und Ablaufflanke des Nockens symmetrisch aus, so kann die Ablaufflanke beim Vorwärtslauf als Auflaufflanke beim Rückwärtslauf und umgekehrt wirken, wenn der Brennstoffnocken bei der Umsteuerung um einen Winkel

$$\alpha_s = \alpha_n - 2\beta$$

gegen die Vorwärtsdrehrichtung verschoben wird, worin β der Winkel ist, um den die Brennstoffpumpe vor Totpunkt zu fördern beginnt und α_n der Öffnungswinkel des Brennstoffnockens zwischen Einspritzbeginn „Vorwärts" und „Rückwärts" ist. Ein einfaches Mittel zur automatischen Verstellung ist der Antrieb der Brennstoffpumpe durch eine Schleppkupplung nach Abb. 264. Die beiden Kupplungshälften sind um den Schleppwinkel gegeneinander verdrehbar und liegen je nach der Drehrichtung mit der einen oder anderen Klauenflanke aneinander. Der Umsteuervorgang beruht in diesem Falle nur in der Verschiebung des Anlaßnockens.

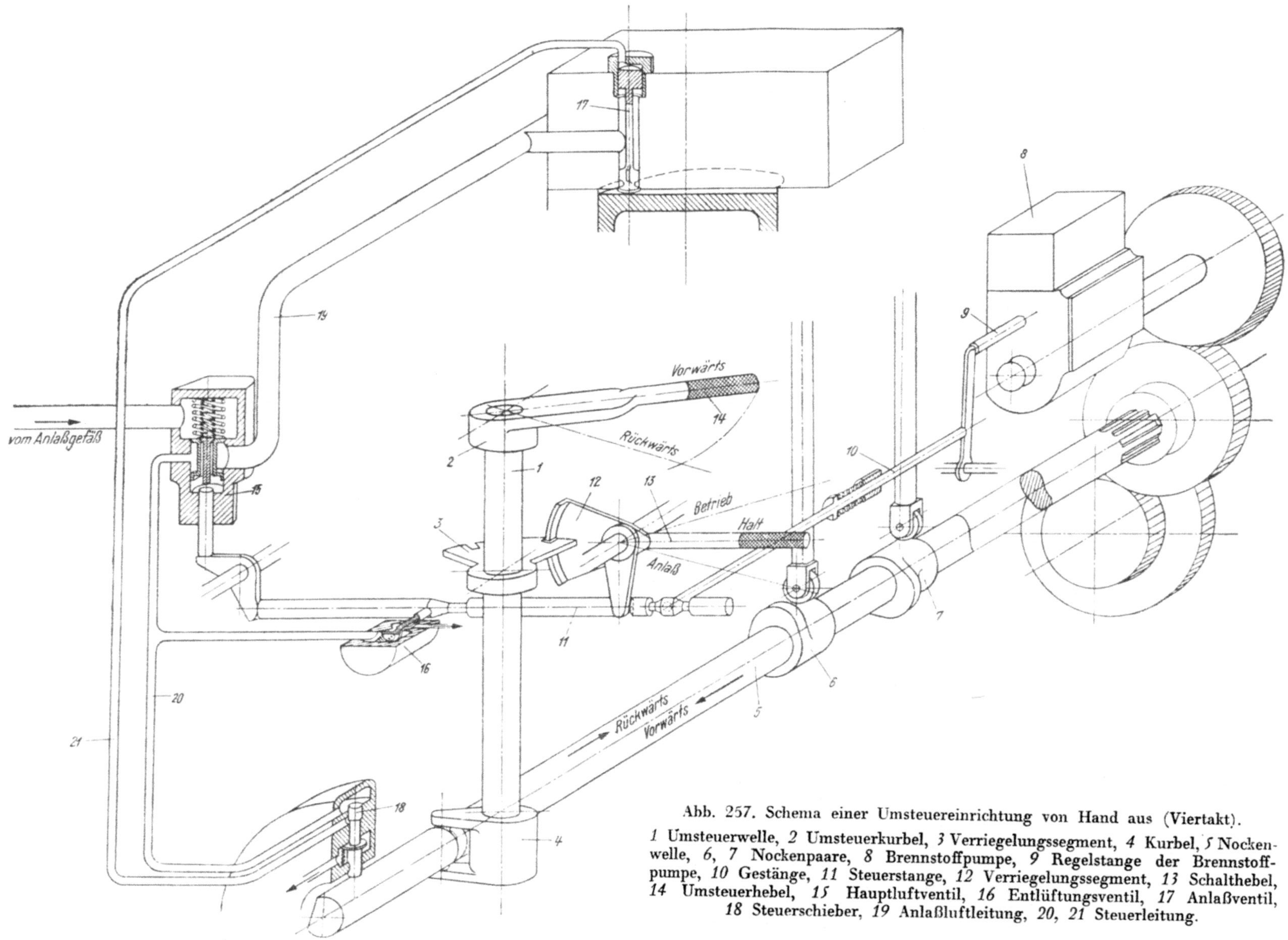

Abb. 257. Schema einer Umsteuereinrichtung von Hand aus (Viertakt).

1 Umsteuerwelle, *2* Umsteuerkurbel, *3* Verriegelungssegment, *4* Kurbel, *5* Nockenwelle, *6*, *7* Nockenpaare, *8* Brennstoffpumpe, *9* Regelstange der Brennstoffpumpe, *10* Gestänge, *11* Steuerstange, *12* Verriegelungssegment, *13* Schalthebel, *14* Umsteuerhebel, *15* Hauptluftventil, *16* Entlüftungsventil, *17* Anlaßventil, *18* Steuerschieber, *19* Anlaßluftleitung, *20*, *21* Steuerleitung.

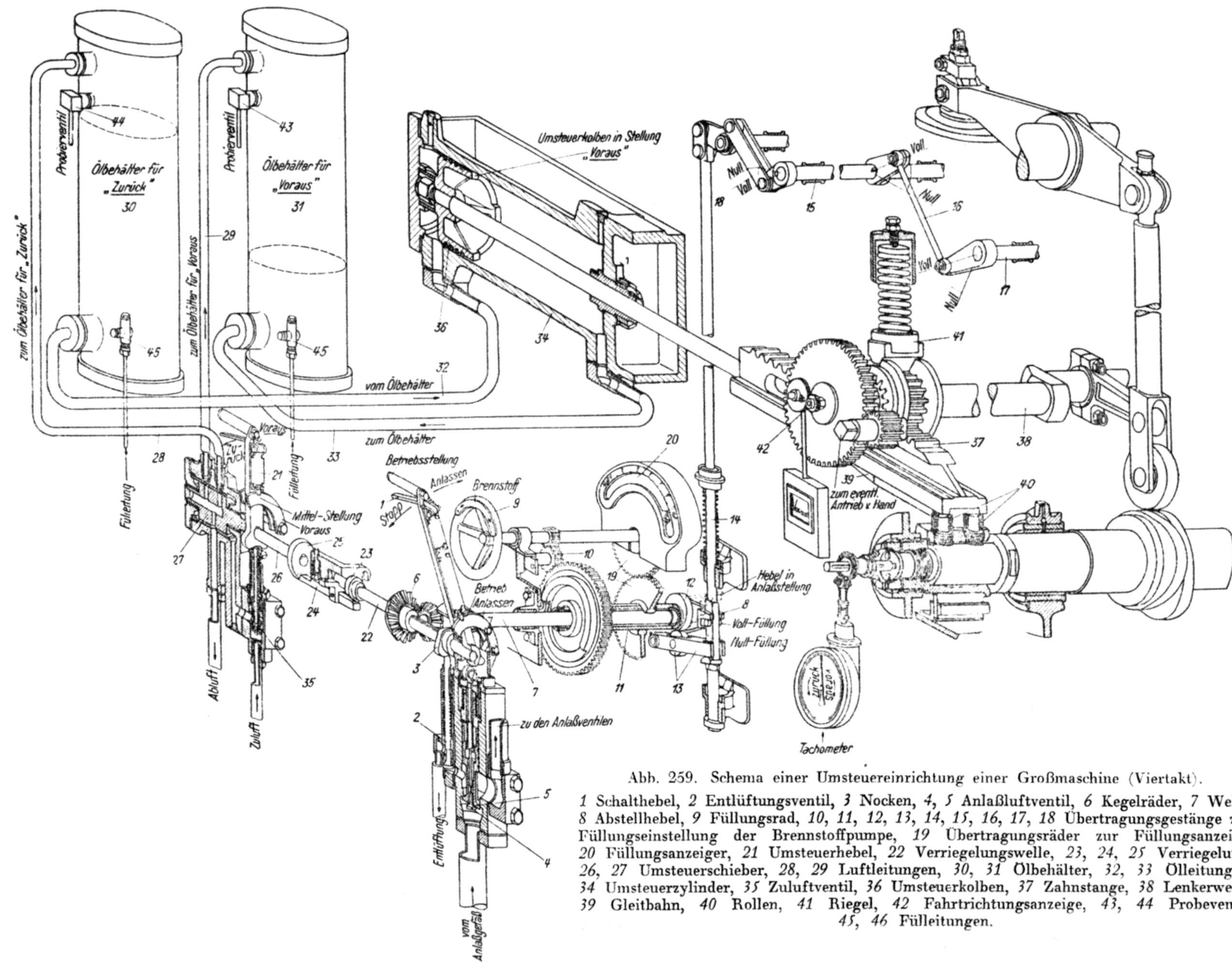

Abb. 259. Schema einer Umsteuereinrichtung einer Großmaschine (Viertakt).

1 Schalthebel, *2* Entlüftungsventil, *3* Nocken, *4*, *5* Anlaßluftventil, *6* Kegelräder, *7* Welle, *8* Abstellhebel, *9* Füllungsrad, *10*, *11*, *12*, *13*, *14*, *15*, *16*, *17*, *18* Übertragungsgestänge zur Füllungseinstellung der Brennstoffpumpe, *19* Übertragungsräder zur Füllungsanzeige, *20* Füllungsanzeiger, *21* Umsteuerhebel, *22* Verriegelungswelle, *23*, *24*, *25* Verriegelung, *26*, *27* Umsteuerschieber, *28*, *29* Luftleitungen, *30*, *31* Ölbehälter, *32*, *33* Ölleitungen, *34* Umsteuerzylinder, *35* Zuluftventil, *36* Umsteuerkolben, *37* Zahnstange, *38* Lenkerwelle, *39* Gleitbahn, *40* Rollen, *41* Riegel, *42* Fahrtrichtungsanzeige, *43*, *44* Probeventil, *45*, *46* Fülleitungen.

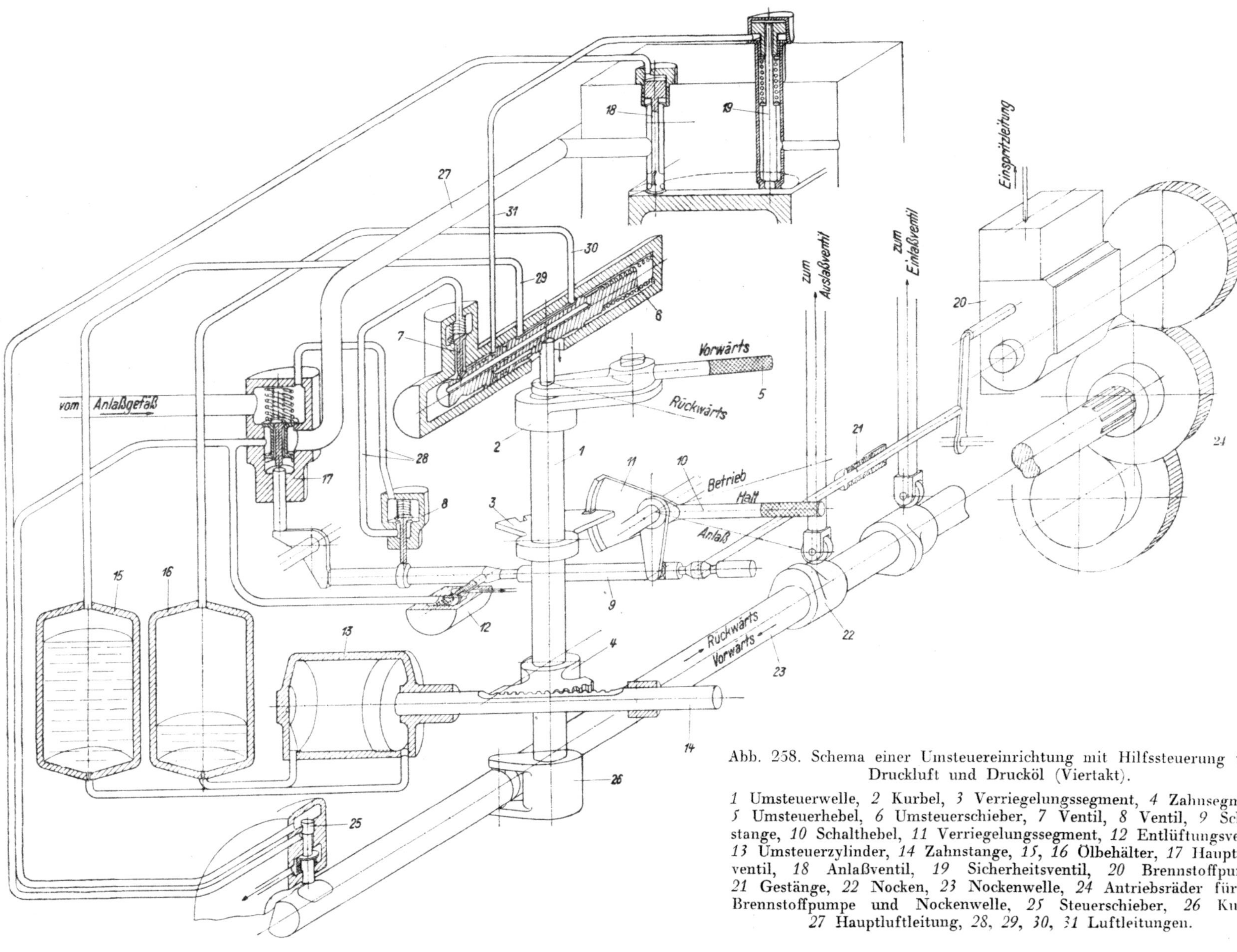

Abb. 258. Schema einer Umsteuereinrichtung mit Hilfssteuerung über Druckluft und Drucköl (Viertakt).

1 Umsteuerwelle, *2* Kurbel, *3* Verriegelungssegment, *4* Zahnsegment, *5* Umsteuerhebel, *6* Umsteuerschieber, *7* Ventil, *8* Ventil, *9* Schaltstange, *10* Schalthebel, *11* Verriegelungssegment, *12* Entlüftungsventil, *13* Umsteuerzylinder, *14* Zahnstange, *15*, *16* Ölbehälter, *17* Hauptluftventil, *18* Anlaßventil, *19* Sicherheitsventil, *20* Brennstoffpumpe, *21* Gestänge, *22* Nocken, *23* Nockenwelle, *24* Antriebsräder für die Brennstoffpumpe und Nockenwelle, *25* Steuerschieber, *26* Kurbel, *27* Hauptluftleitung, *28*, *29*, *30*, *31* Luftleitungen.

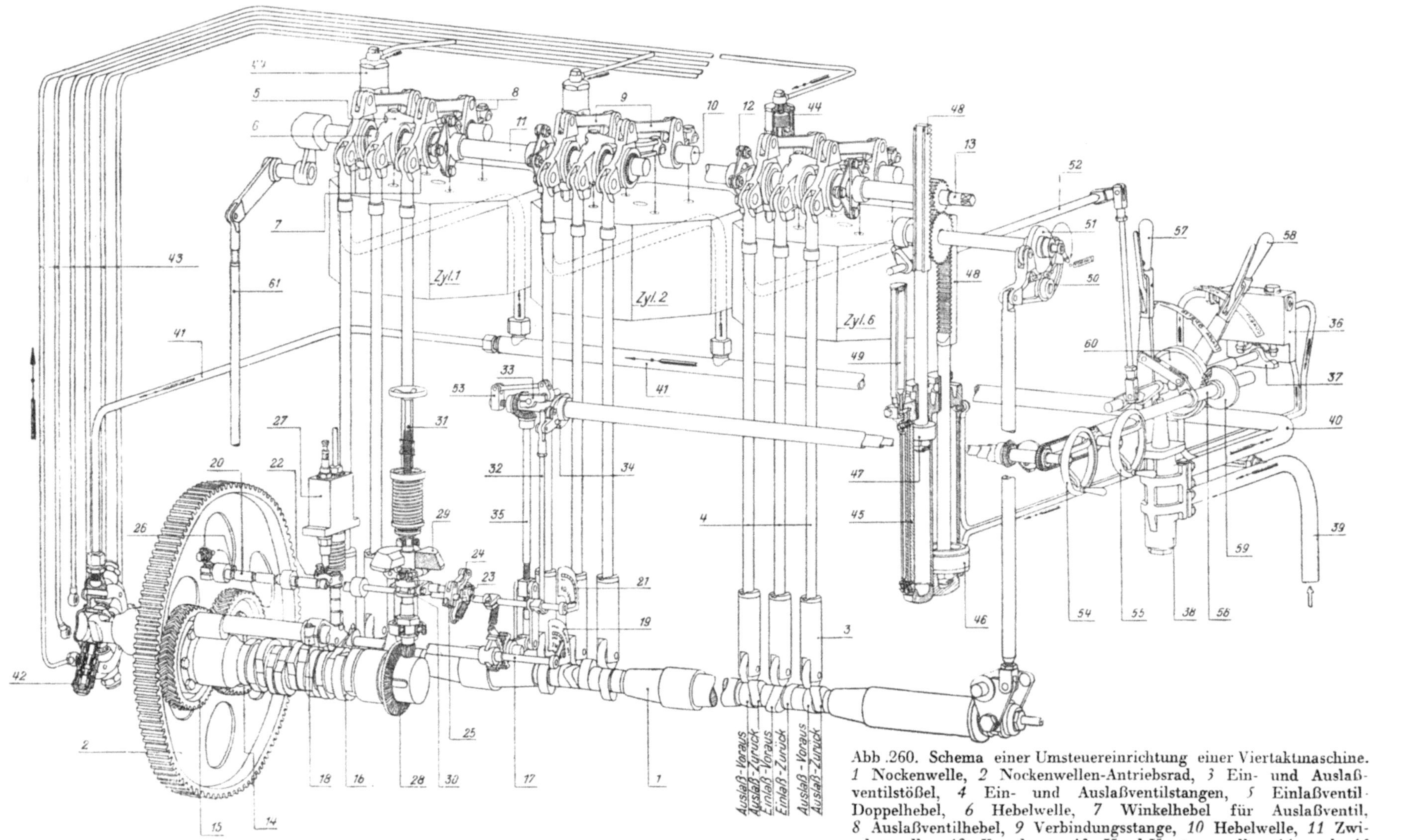

Abb. 260. **Schema** einer Umsteuereinrichtung einer Viertaktmaschine. *1* **Nockenwelle,** *2* Nockenwellen-**Antriebsrad,** *3* Ein- **und Auslaß**ventilstößel, *4* Ein- und Auslaßventilstangen, *5* Einlaßventil-Doppelhebel, *6* Hebelwelle, *7* Winkelhebel für Auslaßventil, *8* Auslaßventilhebel, *9* Verbindungsstange, *10* **Hebelwelle,** *11* Zwischenwelle, *12* Kupplung, *13* Hand-Umsteuerwelle, *14* und *15* **Pfeilräder** zum Einspritzpumpenantrieb, *16* Einspritznockenwelle, *17* Einspritzpumpen-Exzenterwelle, *18* **Pumpenhebel,** *19* Anzeiger der **Zündpunktverstellung,** *20* Einspritzpumpen-Regulierwelle, *21* Anzeiger der Einspritzregulierung, *22* Einspritzreguli‹rhebel, *23* Gabelhebel, *24* Hebel, *25* Klemmhebel, *26* Hebel für Abstellung, *27* Einspritzpumpe, *28* Regler-Antriebsrad, *29* Sicherheitsregler, *30* Reglermuffe, *31* Sicherheitsdrehzahl-Verstellspindel, *32* Spindel zur Regulier- und Abstellvorrichtung, *33* Hebel zur Regulier-Abstellvorrichtung, *34* Nocken zur Schnellabstellung, *35* Spindel zur Zündpunktverstellung, *36* Steuerventil zur Umsteuerung, *37* Doppelhebel zum Steuerventil, *38* Hauptanlaßventil, *39* Anlaßluftleitung von der Luftflasche, *40* Verteilerleitung zu den Anlaßventilen, *41* von der Verteilerleitung zum Anlaßluft-Verteiler, *42* Anlaßluft-Verteiler, *43* Leitungen zu den Anlaßluftventilen, *44* Anlaßluftventil, *45* Umsteuergehäuse, *46* Druckkolben zur Umsteuerung, *47* Ölbremszylinder zur Umsteuerung, *48* Zahnstangen, *49* Windkessel, *50* Rollenhebel, *51* Nocken, *52* Verblockung der Zahnstangen, *53* Wandermutter zur Füllungsverstellung, *54* Handrad für Drehzahlverstellung, *55* Handrad zur Zündpunktverstellung, *56* Welle zur Schnellabstellung, *57* Fahrhebel, *58* Umsteuerhebel, *59* Verblockungsscheibe, *60* Verblockungselement.

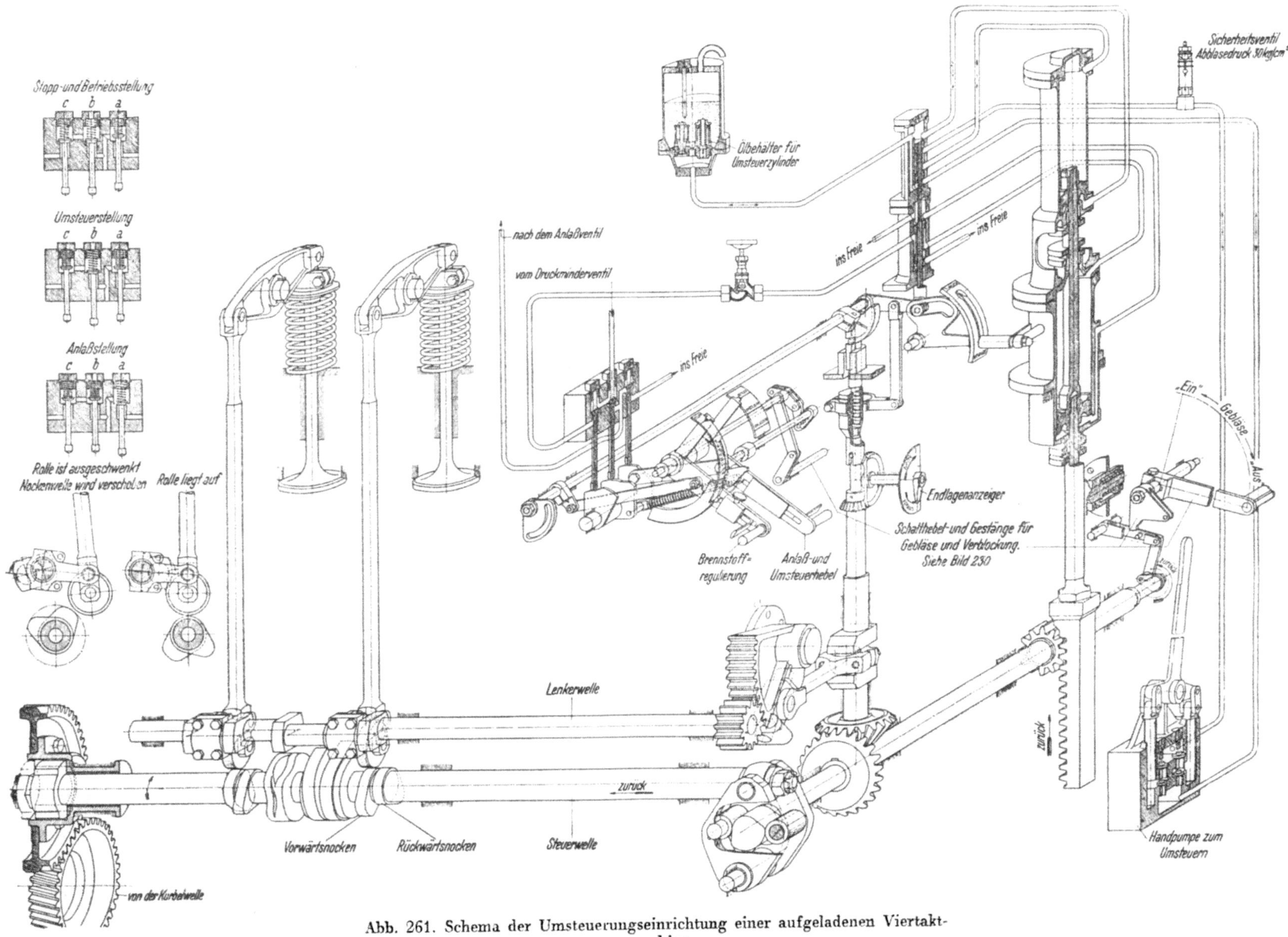

Abb. 261. Schema der Umsteuerungseinrichtung einer aufgeladenen Viertaktmaschine.

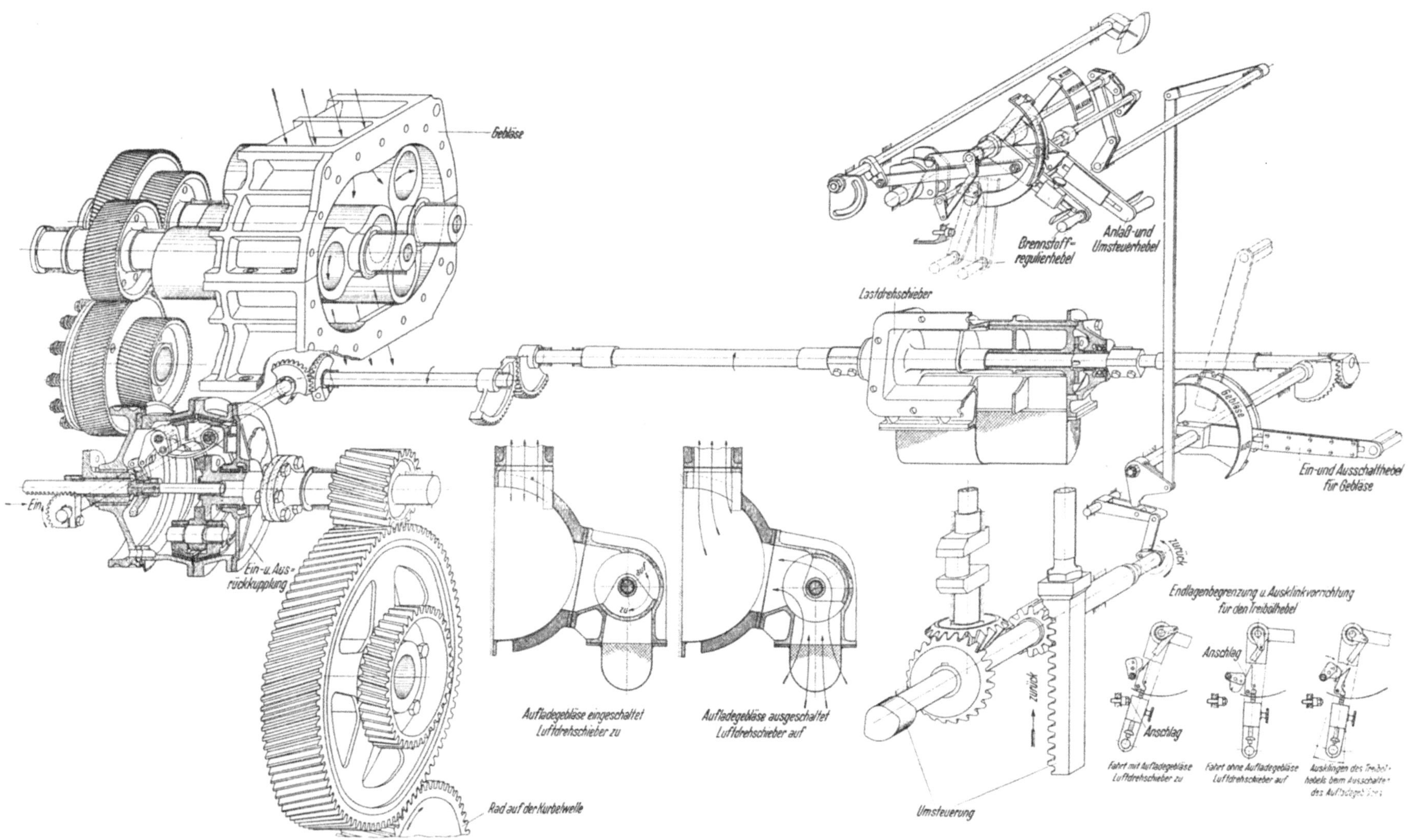

Abb. 262. Gebläseschaltung zur Einrichtung nach Abb. 261.

Auf dem Gebläseantrieb braucht die Umsteuereinrichtung nicht einzuwirken, wenn ein Schleudergebläse verwendet ist. Die geringere Luftförderung beim Rückwärtslauf reicht bei zweckmäßiger Gebläsekonstruktion auch dabei im allgemeinen aus, um den verminderten Leistungsbedarf bei Rückwärtsfahrt zu decken. Bei allen Gebläsen aber, die mit der Drehrichtung auch die Richtung der Luftförderung umkehren, muß beim Umsteuervorgang entweder die Drehrichtung geändert oder — was einfacher ist — die Luftführung sinngemäß umgekehrt werden. Eine Kupplung zur automatischen Umkehr der Drehrichtung, wie sie von dem Motorenwerk Darmstadt entwickelt wurde und mit Erfolg verwendet wird, zeigt Abb. 265. Das Gebläse wird durch eine Kette über das Kettenrad *67*, die Hohlwelle *53* und das Kegelrad *48* angetrieben, die sich frei auf der Gebläsewelle drehen können. Das Kegelrad greift in Planetenräder *36* (3 Stück) ein, die auf Achse im Teil *21* drehbar sind. Andererseits greift in die Planetenräder das Tellerrad *31* ein, das auf der Gebläsewelle aufgekeilt ist. Durch zwei Freilaufrollensysteme *5* und *5a* wird in der einen Drehrichtung der Körper *21* mit dem Tellerrad *31* gekuppelt. Der andere Freilauf *5* geht leer. Damit wird die Gebläsewelle im Antriebsdrehsinn mitgenommen. Beim Rückwärtslauf entkuppelt der Freilauf *5a*, während der Freilauf *5* einkuppelt. Somit wird der Teil *21* festgehalten. Das Planetengetriebe wirkt dann als Umkehrgetriebe, so daß das Gebläse auf die Maschine bezogen verkehrt, also absolut genommen in gleichem Drehsinn läuft, wie beim Vorwärtslauf.

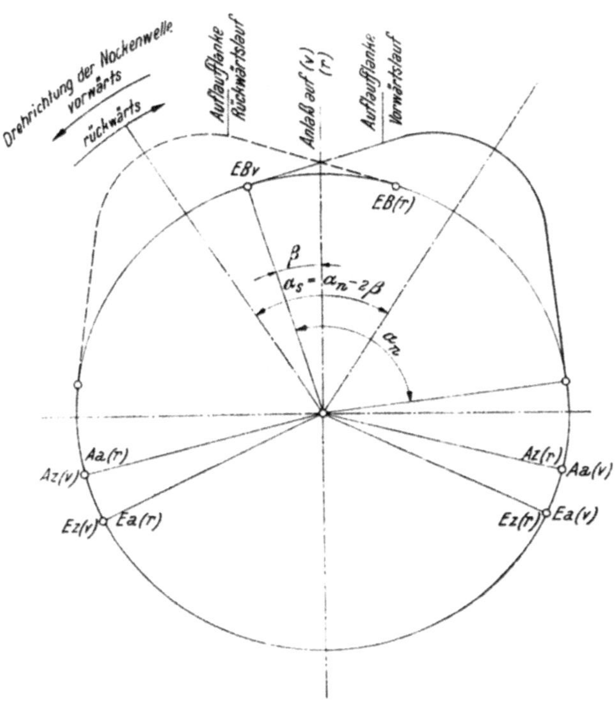

Abb. 263. Steuerdiagramm einer umsteuerbaren Zweitaktmaschine.

Abb. 266 und 267 zeigen die Möglichkeit der Umkehr der Luftförderrichtung durch Klappen bzw. Schieber. Im ersten Fall sind selbsttätige Klappen angeordnet, welche den Luftstrom immer zur Maschine richten, gleichgültig wie die Drehrichtung des Gebläses ist. Im zweiten Fall wird der Luftstrom durch Drehschieber, die mit dem Umsteuergestänge in Verbindung sind, sinngemäß geändert.

2. Ausführungsbeispiele.

Abb. 268 zeigt für eine Zweitaktmaschine mit V-Anordnung der Zylinder die Anlaß- und Umsteuereinrichtung. Es ist ein Schleudergebläse verwendet, das nicht umgesteuert wird. Das Schema zeigt, wie einfach das im wesentlichen bei allen Zweitaktmotoren verwendete System ist gegenüber dem der Viertaktmotoren. Mit

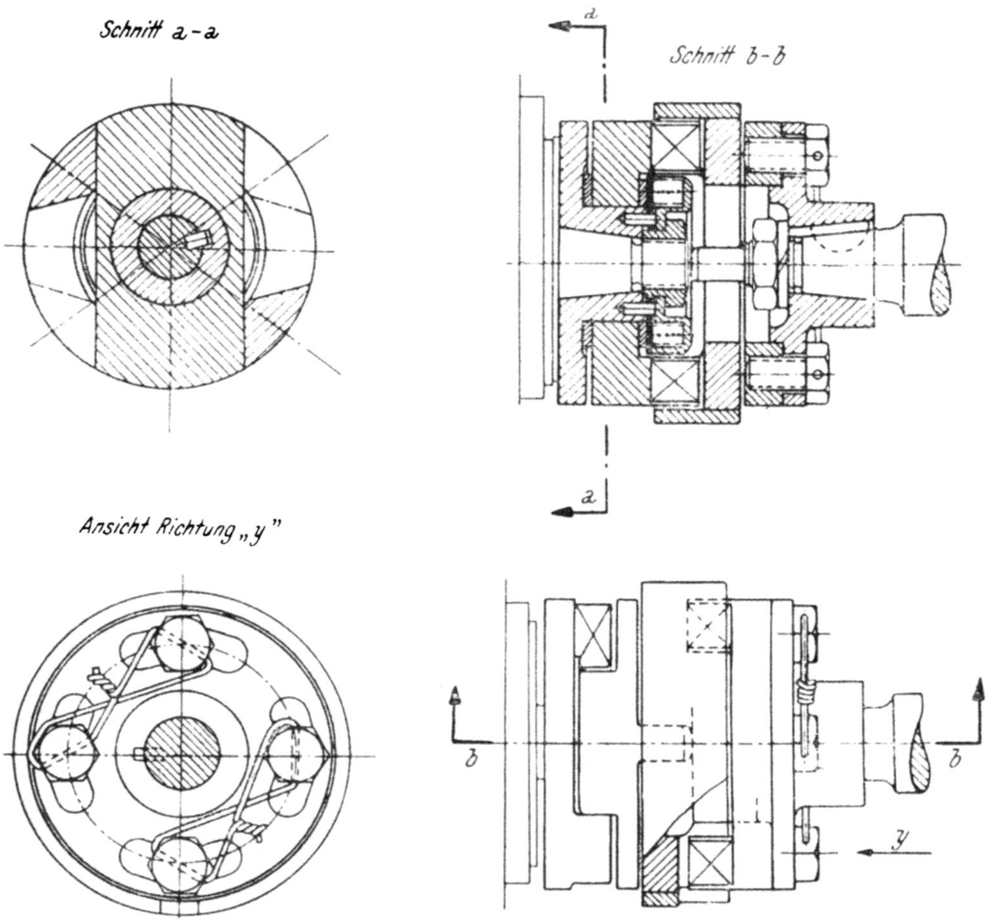

Abb. 264. Schleppkupplung für den Antrieb der Brennstoffpumpe einer umsteuerbaren Zweitaktmaschine.

dem Handhebel *1* wird Anlaß und Betrieb für Vor- und Rückwärtslauf gesteuert. Die Umsteuereinrichtung wirkt nur auf den Anlaßnocken *4*, der durch den Nocken *2* und den Hebel *3* verschoben wird, während die Brennstoffpumpe durch Schleppkupplung angetrieben ist. Das Hauptanlaßventil *5* wird durch das Steuerventilchen *6* von den beiden Nocken *7* oder *8* pneumatisch aufgesteuert und setzt die Anlaßleitung *9* sowie den Steuerstern *10* unter Druck. Das Anlaßventil *11* am Zylinder ist pneumatisch gesteuert. In der Haltstellung wird die Reglerstange *15* der Einspritzpumpe durch die Nocken *12* und *13* über die Hebel *14* zwangsläufig auf Null-Füllung gestellt.

Abschließend sei noch auf eine Umsteuereinrichtung einer Zweitaktmaschine mit Archauloff-Einspritzung (Abb. 269) verwiesen, weil diese besonders einfach

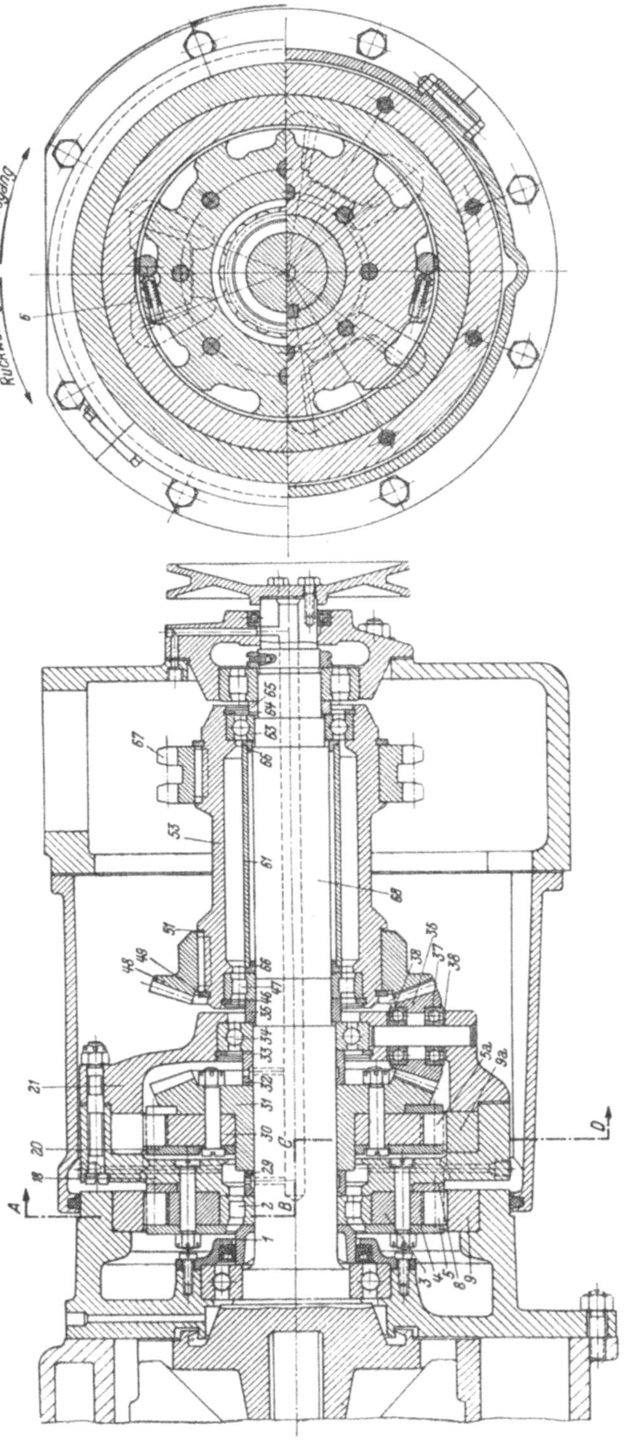

Abb. 265. Automatische Umsteuerkupplung für das Gebläse eines Zweitaktmotors (Modaag).

1 **Distanzbüchse,** *2* Einstellager, *3* Getriebeinnenring, *4* **Führungsscheibe,** *5* und *5a* **Rolle,** *6* **Feder,** *8* **Führungsscheibe,** *9* und *9a* äußerer **Laufring,** *18* Gehäuse, *20* Führungsscheibe, *21* **Kegelradkäfig,** *29* **Distanzbüchse,** *30* **Getriebeinnenring,** *31* **hinteres Kegelrad,** *32* Distanzbüchse, *33* Seegerring, *34* **Kugellager,** *35* Distanzbüchse, *36* **kleines** Kegelrad, *37* **Querkugellager,** *38* Distanzscheibe, *46* Seegerring, *47* **Einstellager,** *48* vorderes **Kegelrad,** *49* Seegerring, *51* Distanzbeilage, *53* **Radnabe,** *61* **Distanzrohr,** *63* Radiaxlager, *64* Seegerring, *65* **Distanzbüchse,** *66* Distanzring, *67* Antriebskettenrad, *68* **Gebläseantriebswelle.**

ist. Bei der Archauloff-Einspritzung wird die Brennstoffpumpe über einen vom Zylinderdruck betätigten Kolben *M* angetrieben. Es braucht demnach die Brennstoffpumpe überhaupt nicht umgesteuert zu werden. Der Umsteuervorgang beruht

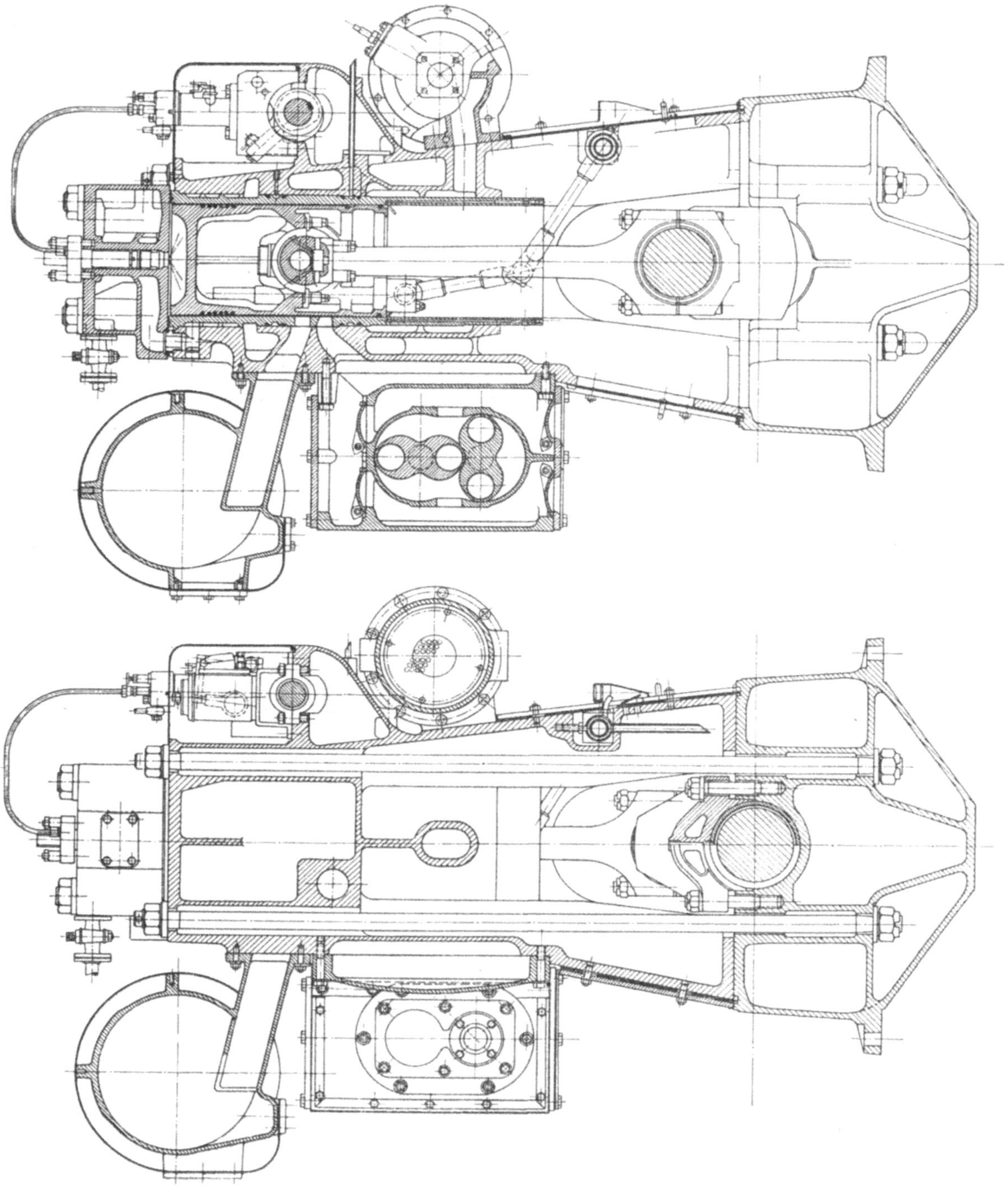

Abb. 266. Selbsttätig wirkende Klappen zur Änderung des Luftstromes durch das Gebläse einer Zweitaktmaschine (MAN).

dann nur auf einer relativen Verdrehung des Anlaßsteuernockens *A* durch das Handrad *J* und ein Kegelrädergetriebe. Bemerkenswert ist, daß über eine Druckluftleitung *Q* das Einspritzventil *P* entlastet werden kann. Dies ist beim Anlassen sowie bei langsamer Fahrt notwendig, weil dabei der Verdichtungsdruck im Zylinder niedriger liegt und die Einspritzung entweder ausbleiben oder erst zu spät

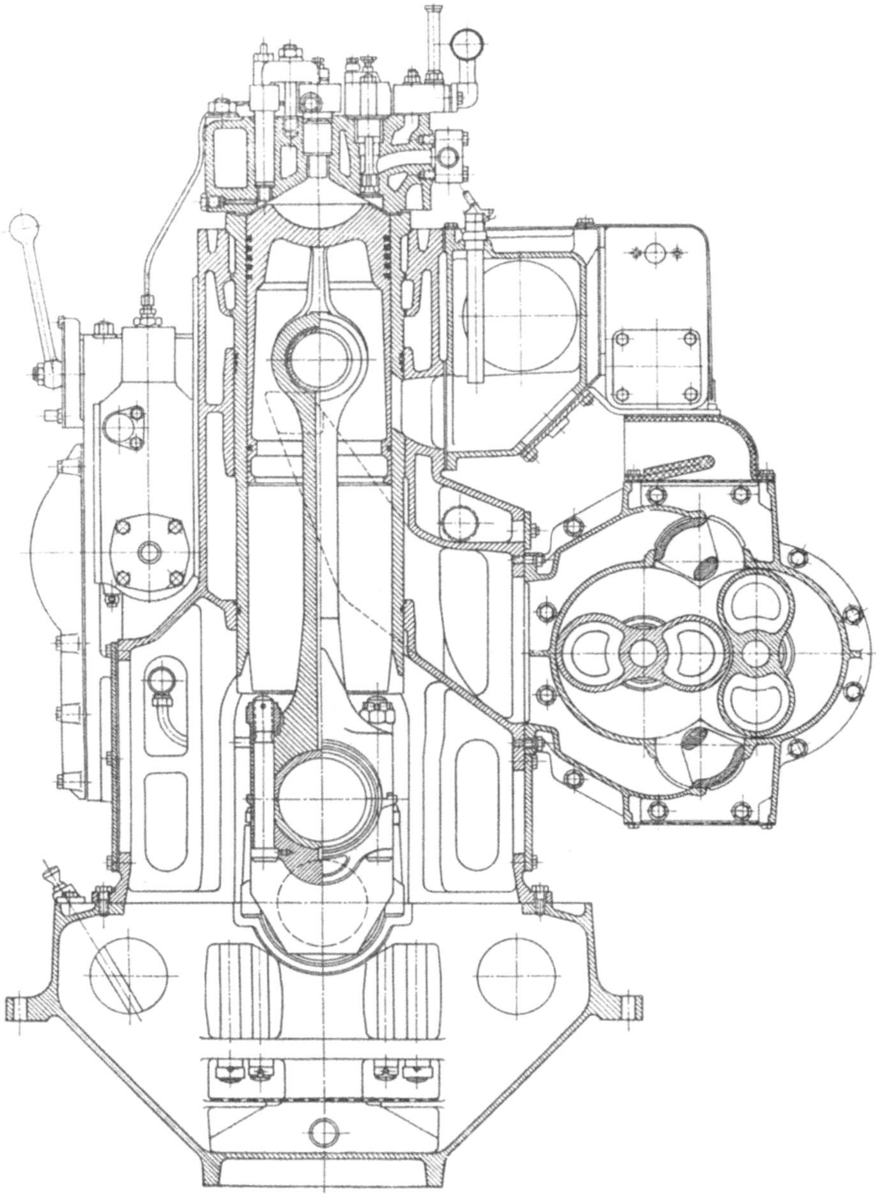

Abb. 267. Drehschieber zur Änderung des Luftstromes durch das Gebläse einer umsteuerbaren Zweitaktmaschine (Deutz).

beginnen könnte. Der Anlaßsteuerstern, bei dem in der gezeichneten Art die Steuerschieber achsial angeordnet sind, sowie der Entlastungskolben im Brennstoffventil werden durch den Anlaßhebel *D* belüftet. In der Halt- und Betriebsstellung ist das Anlaßsystem und das Brennstoffventil entlüftet. Bei langsamer Fahrt ist der Anlaßstern entlüftet und das Brennstoffventil belüftet. Die Brennstoffüllung wird durch den Hebel *H* eingestellt. Sie ist durch einen vom Steuermechanismus her betätigten Segmentriegel derart blockiert, daß sie nur nach erfolgter Umsteuerung verstellt werden kann.

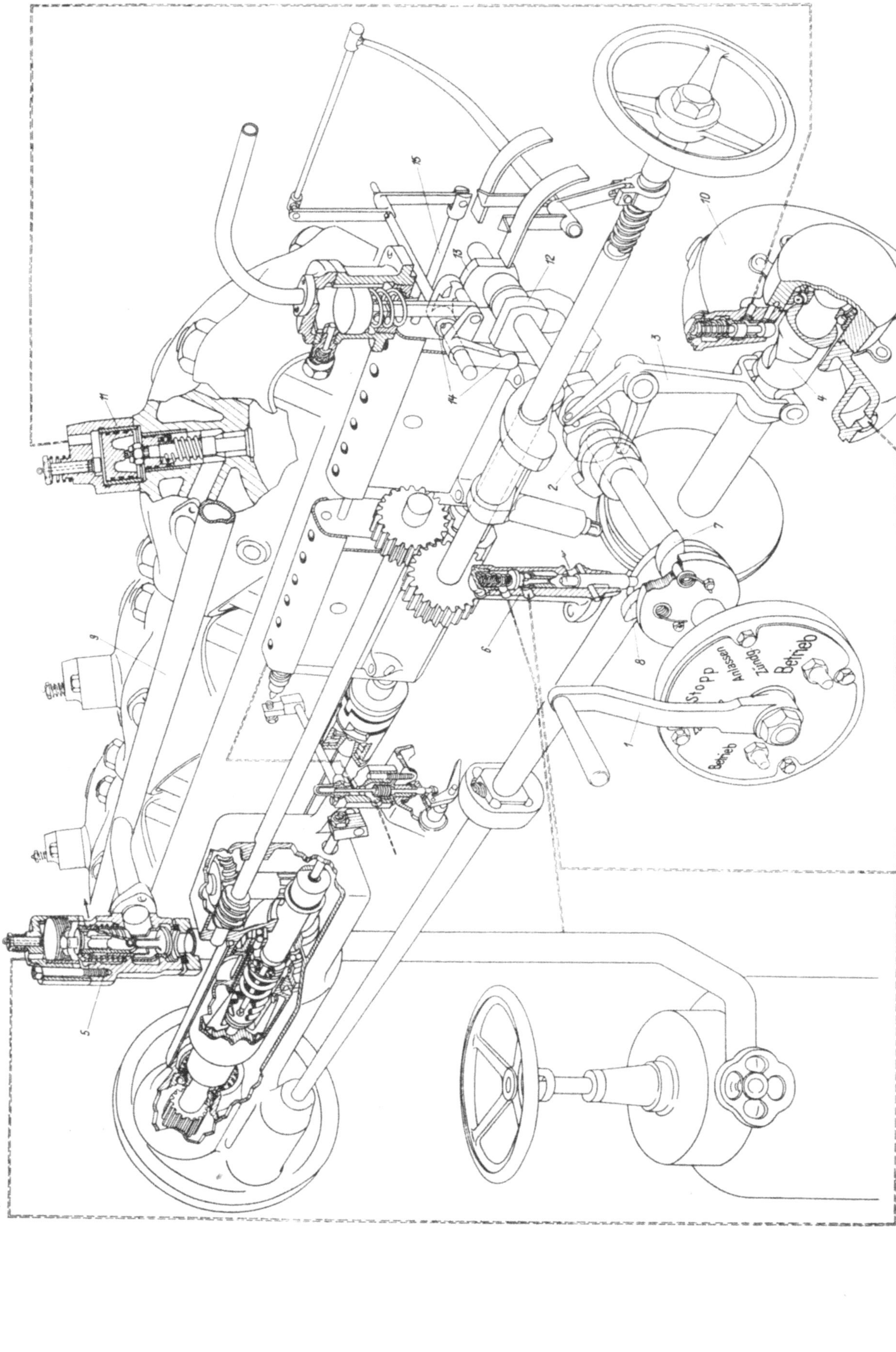

Abb. 268. Umsteuerschema einer Zweitaktmaschine (Deutz).
1 Schalthebel, 2 Schaltnocken, 3 Hebel, 4 Anlaßnocken, 5 Hauptventil, 6 Entlüftungsventil, 7, 8 Entlüftungsnocken, 9 Anlaßluftleitung, 10 Steuerschieber, 11 Anlaßventil, 12, 13 Verriegelungsnocken, 14 Hebel, 15 Regelstange der Brennstoffpumpe.

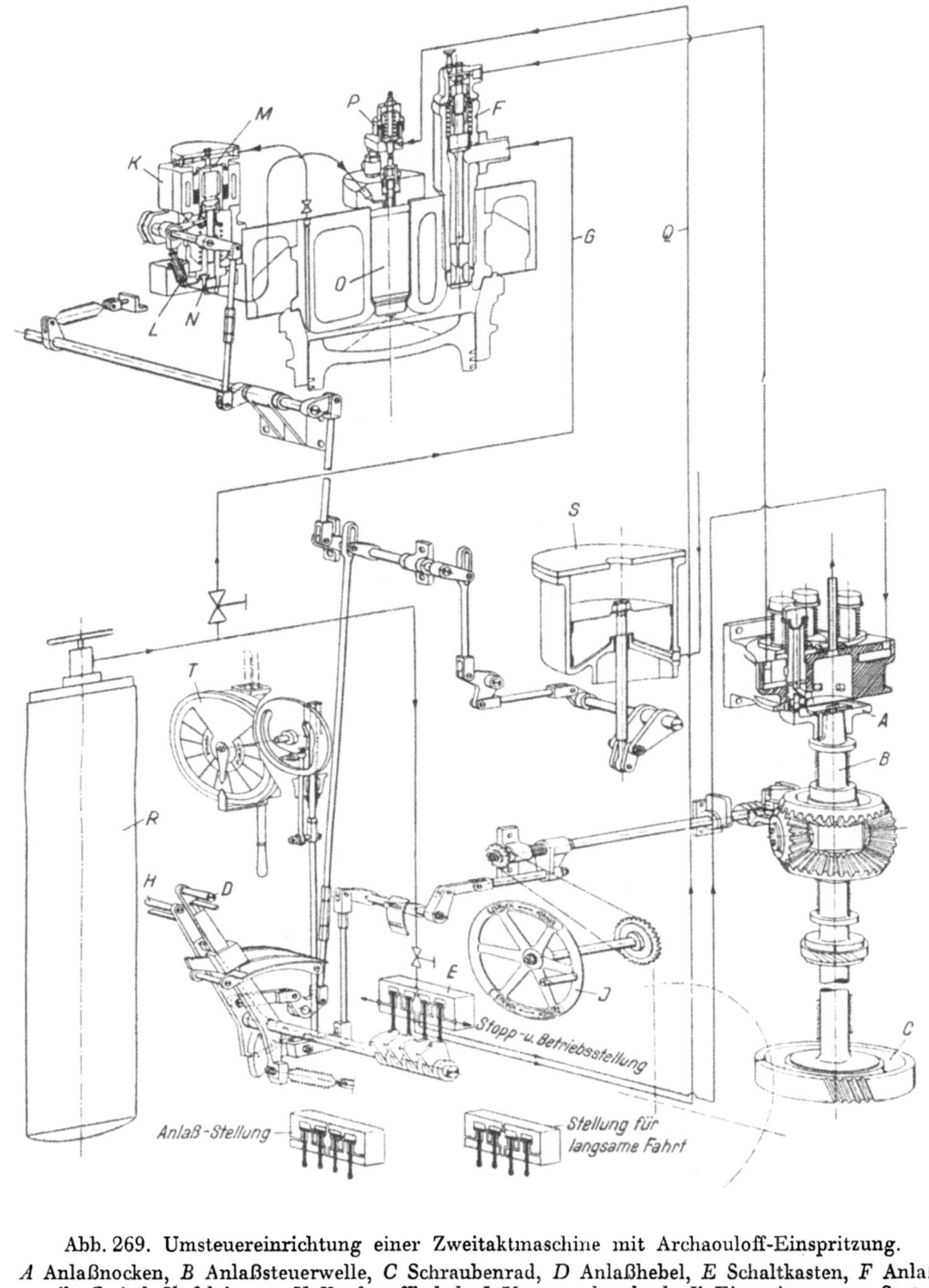

Abb. 269. Umsteuereinrichtung einer Zweitaktmaschine mit Archaouloff-Einspritzung. *A* Anlaßnocken, *B* Anlaßsteuerwelle, *C* Schraubenrad, *D* Anlaßhebel, *E* Schaltkasten, *F* Anlaßventil, *G* Anlaßluftleitung, *H* Kraftstoffhebel, *J* Umsteuerhandrad, *K* Einspritzpumpe, System Archaouloff, *L* regelbares Saugventil, *M* Gaszylinder der Einspritzpumpe, *N* Kraftstoffzylinder der Einspritzpumpe, *O* Einspritzventil, *P* Entlastungszylinder am Einspritzventil, *Q* Druckluftleitung, *R* Anlaßluftflasche, *S* Regler, betätigt durch Spülluftdruck, *T* Maschinentelegraph.

Schrifttum.

1. *Brix F. A.:* Das bizentrische polare Exzenterschieberdiagramm. Z. V. D. I., 1897, S. 431.
2. *Mehlig H.* und *Schütz R.:* Tafeln für Kolbenweg und Geschwindigkeit beim Kurbeltrieb. ATZ, 1933, Heft 22, S. 556.
3. *Magg J.:* Die Steuerungen der Verbrennungskraftmaschinen. Berlin, Springer, 1914.
4. *Schnürle A.:* Die Gasmaschinen. Wien, Springer, 1939.
5. *Mayr F.:* Ortsfeste und Schiffsdieselmotoren. Wien, Springer, 1943.
6. *Richter L.:* Gemischbildung im Benzinmotor. Wien, Springer. (In Vorbereitung.)
7. *Pischinger A.* und *Cordier O.:* Gemischbildung und Verbrennung im Dieselmotor. Wien, Springer, 1939.
8. *List H.:* Ladungswechsel. Wien, Springer. (In Vorbereitung.)
9. *Kremser H.:* Der Aufbau schnellaufender Verbrennungskraftmaschinen für Kraftfahrzeuge und Triebwagen. Wien, Springer, 1942.
10. *Wittenbauer F.:* Graphische Dynamik. Berlin, J. Springer, 1923.
11. *Federhofer K.:* Graphische Kinematik und Kinetostatik, I., Heft 2 der „Ergebnisse der Mathematik und ihrer Grenzgebiete.“ Berlin, J. Springer, 1932.
12. *Pischinger A.:* Druckschwingungen in rasch beschleunigten Stäben. Ing.-Archiv 1935, Heft 6.
13. *Englisch C.:* Verschleiß, Betriebszahlen und Wirtschaftlichkeit von Verbrennungskraftmaschinen. Wien, Springer, 1943.
14. *Schmidt E.* und *Mann H.:* Werkstoffe für Anlaßventile. ATZ. 1936, Heft 12.
15. *Williams:* Investigation of the Faktore Influenzing Wear of Valva Seats in Internal Combustion engines. Inst. of Aut. Enginneers, Journal 1937, Nr. 7.
16. *List H.:* Untersuchungen an einem Wirbelkammermotor. MTZ. Bd. 4, 1942.
17. *Göhner O.:* Schubspannungsverteilung im Querschnitt von Schraubenfedern. Ing.-Archiv I, 1930, S. 619, und II, 1931, S. 1.
18. *Hütte I,* 27. Auflage, S. 725, Berlin, 1942.
19. *Richter L.:* Über zylindrische Schraubenfedern und Federsätze. Z. V. d. I., 1944, Bd. 88, S. 415. der deutschen Luftfahrtforschung.
20. *Hussmann A.:* Beanspruchung und Konstruktion von schraubenförmigen Ventilfedern. Jahrbuch 1937
21. *Musatti* und *Golbiani:* Die Schraubenfedern. La metallurgia italiana 1932.
22. *Nixon F.:* Berechnung zylindrischer Schraubenfedern aus rundem Draht. Aircraft Energieering 1933.
23. *Magg J.:* Schwingungserscheinungen in zylindrischen Schraubenfedern und die Gesetze des Schlagens der Ventile. Verhandlungen des Vereines zur Förderung des Gewerbefleißes, 1912, Bd. 91, S. 480.
24. *Runge C.:* Theorie und Praxis der Reihen. Leipzig, Göschen, 1904.
25. *Schlaefke K.:* Zur harmonischen Analyse von Nockenformen. Jahrbuch der deutschen Luftfahrtforschung, 1940, S. 87.
26. *Hussmann A.:* Schwingungen in schraubenförmigen Ventilfedern. Jahrbuch 1938 der deutschen Luftfahrtforschung, II., S. 119.
27. *Luftwissen,* Band 11, Nr. 1, S. 23, Berlin, 1944.
28. *Riedel W.:* Schiebermotoren. Bussien, Automobiltechnisches Handbuch. Berlin, 1942.
29. *Triebnigg H.:* Der Leistungsaufwand beim Anlassen von Verbrennungskraftmaschinen. ATZ. 1937, Heft 7.
30. *Magg J.:* Die Dieselmaschine. Berlin, Springer, 1928.

GPSR Compliance

The European Union's (EU) General Product Safety Regulation (GPSR) is a set of rules that requires consumer products to be safe and our obligations to ensure this.

If you have any concerns about our products, you can contact us on ProductSafety@springernature.com

In case Publisher is established outside the EU, the EU authorized representative is:

Springer Nature Customer Service Center GmbH
Europaplatz 3
69115 Heidelberg, Germany

Batch number: 10578403

Printed by Printforce, the Netherlands